COURS COMPLET

D'AGRICULTURE.

TOME XVII BIS.

—

VAC — ZIZ.

IMPR. ET FOND. DE FELIX LOCQUIN ET COMP., RUE N.-DAME-D. VICTOIRES, 16.

COURS COMPLET

D'AGRICULTURE

OU

NOUVEAU DICTIONNAIRE D'AGRICULTURE

THÉORIQUE ET PRATIQUE,

D'ÉCONOMIE RURALE ET DE MÉDECINE VÉTÉRINAIRE;

RÉDIGÉ

SUR LE PLAN DE L'ANCIEN DICTIONNAIRE DE L'ABBÉ ROZIER,

Par M. le Baron de MOROGUES, Pair de France, Membre de l'Institut,
de la Société royale et centrale d'Agriculture, de la Société d'Horticulture de Londres, etc., etc.;

M. MIRBEL, de l'Académie royale des Sciences, Professeur de Culture au Jardin du Roi, etc.;

M. le Vicomte HÉRICART DE THURY, Président de la Société royale d'Agriculture
et de la Société d'Horticulture de Paris, etc.;

M. DESVAUX, Directeur du Jardin botanique d'Angers;

M. ANTOINE, Professeur d'Agriculture à Roville;

M. TOLLARD aîné, Membre du Conseil de la Société d'Horticulture de Paris, etc., etc.;

M. PAYEN, Membre de la Société royale d'Agriculture, Manufacturier-Chimiste,
Professeur de Chimie industrielle et agricole, Membre de la Société Philomathique, etc., etc.;

M. BARTHÉLEMY aîné, ex-Professeur à l'École royale Vétérinaire d'Alfort,
Correspondant de la Société royale d'Agriculture, Membre titulaire de l'Académie royale de Médecine;

M. GROGNIER, Professeur à l'École royale Vétérinaire de Lyon;

SOUS LA DIRECTION

De M. L. VIVIEN, Membre de plusieurs Sociétés savantes.

PRÉCÉDÉ D'UN

Tableau historique de l'Agriculture

DES DIVERS PAYS DU GLOBE ET DE LA FRANCE EN PARTICULIER,

ET D'UNE

BIBLIOGRAPHIE AGRICOLE

COMPLÈTE ET RAISONNÉE.

TOME DIX-SEPTIÈME BIS.

PARIS,

POURRAT FRÈRES, ÉDITEURS,

RUE DES PETITS-AUGUSTINS, 5.

1839

COURS COMPLET
D'AGRICULTURE

ou

NOUVEAU DICTIONNAIRE D'AGRICULTURE

THÉORIQUE ET PRATIQUE,

D'ÉCONOMIE RURALE ET DE MÉDECINE VÉTÉRINAIRE.

———————⋆❉⋆———————

V.

VACANTS. Dans quelques parties du sud-ouest de la France, ce mot est synonyme de PATURAGE.

VACCIN. (*Art vétérinaire.*) Nous désignons sous le nom de *vaccin* la matière vaccinale, c'est à dire le principe susceptible de reproduire la vaccine par voie d'inoculation. Ce liquide occupe les cellules du corps réticulaire de la peau.

Le fluide de la vaccine est surtout efficace, et même ne jouit de la propriété de communiquer cette affection et de préserver de la variole, qu'autant qu'il est limpide, visqueux, inodore, d'une saveur âcre et salée; qu'il a une couleur brillante, argentée; qu'il sort avec lenteur; qu'il prend une forme globuleuse sur le bouton qu'on vient de piquer; qu'il file entre les doigts; qu'il se détache difficilement de la lancette; qu'il se dessèche promptement à l'air, sous la forme d'un enduit gommeux; qu'il rend raides les fils sur lesquels il se dessèche, et qu'il s'en détache en écailles d'une certaine consistance et d'un aspect vitré; enfin qu'il se mêle difficilement avec le sang. Le vaccin présente ces caractères durant la période d'irritation du bouton; il les perd après cette époque. Le contact de la lumière, de la chaleur, de l'air atmosphérique et de tous les corps oxigénés, lui fait perdre la propriété de communiquer la vraie vaccine; il ne produit alors qu'une pustule non préservative. Il est donc préférable de l'inoculer immédiatement de l'individu vacciné à l'individu à vacciner, et de l'employer par conséquent au moment même où on l'extrait du bouton. L'on doit, autant que possible, puiser le vaccin dans des boutons encore intacts, c'est à dire dans ceux qui n'ont pas encore été ouverts, soit par l'instrument, soit par accident. Il est trop tard de s'y prendre lorsqu'il existe des croûtes sur les boutons; à cette époque la matière n'est plus aussi pure, elle a pris une teinte jaunâtre et une consistance puriforme.

VACCINE. (*Médec. vétérin.*) Maladie particulière à la vache, qui consiste dans l'éruption, sur les mamelles ou les trayons ou tétines, de pustules ou boutons qui ont d'abord le caractère inflammatoire, puis entrent en suppuration, et finissent par se dessécher et tomber comme les pustules claveleuses. Cette maladie n'a rien d'inquiétant pour les sujets sur lesquels elle se développe ; elle est contagieuse pour plusieurs espèces d'animaux et pour l'homme ; mais la matière contagieuse est fixe : elle a besoin, pour développer son action, d'un contact immédiat, d'une véritable inoculation.

Il est peu d'affections qui aient occupé autant et d'une manière aussi sérieuse l'attention des médecins. On a cru que la vaccine et la petite-vérole étaient la même maladie ; que la première provenait d'une source plus pure, puisqu'elle était prise sur des sujets plus rapprochés de l'état de nature, et on l'a dite, pour cette raison, moins grave et moins dangereuse, ce que l'expérience a confirmé. On a remarqué aussi que l'une et l'autre maladie laissaient après elles, sur la peau, des cicatrices creuses et toujours aplaties, et que la vaccine préservait l'homme de la petite-vérole ; de là, dans un premier moment d'enthousiasme, on a été trop loin, en présumant que la vaccine préservait les animaux de beaucoup de maladies, notamment de la CLAVELÉE, de l'affection appelée GOURME, de la MORVE, des EAUX AUX JAMBES, de la MALADIE DES CHIENS, etc.

La vaccine porte en Angleterre le nom de *cowpox*, et en Irlande celui de *shinach ;* en France on la nomme *picotte, variole* ou *vérole des vaches ;* c'est dans quelques départements seulement que la variole, ou la vaccine de ces animaux, est appelée *vérole.* La vaccine paraît avoir été observée d'abord en Angleterre, en 1768, puis dans le Holstein, le Mecklembourg, la Saxe, la Norvége, la Hollande, la Prusse, l'Italie, l'Espagne, l'Amérique septentrionale et la France, où Rabaut-Pommier en a fait mention avant que le docteur Jenner en ait parlé comme d'une découverte particulière et nouvelle. Cependant, avant le docteur Jenner, cette affection était peu connue, ou plutôt elle ne l'était point. Ce médecin, établi dans une contrée de l'Angleterre où les vaches sont communément affectées de la vaccine, s'est le premier assuré que celle-ci se transmet souvent aux gens occupés à traire les vaches, lorsque ces personnes, n'ayant pas eu la variole, ont des gerçures ou des excoriations aux doigts des mains ; elles contractent parfois de cette manière des pustules aux doigts, et, après avoir été ainsi vaccinées naturellement, pour ainsi dire, elles sont préservées pour toujours de la petite-vérole, et ne sont plus aptes à la contracter. D'après cette observation de fait, Jenner a tenté, en 1796, de transmettre la vaccine, par voie d'inoculation, à plusieurs personnes qui n'avaient pas eu la variole, et, ayant réussi, il a exposé les sujets vaccinés à la contagion variolique ; il leur a ensuite inoculé la petite-vérole, et le succès le plus complet a couronné son espérance. Ainsi a été trouvée la méthode préservative de la petite-vérole.

On sait que la matière vaccinale, puisée directement sur la vache, est transmissible aux hommes et aux moutons, et qu'elle développe la vaccine chez les uns et les autres ; on sait aussi qu'en reportant cette matière de l'homme à la vache, on reproduit et l'on retrempe même, lorsqu'il s'est affaibli, le cowpox sur ce dernier animal. Avant qu'un succès constant eût couronné cette expérience répétée, on s'est livré à des recherches pour s'assurer si le cowpox existait réellement en France ; elles ont paru assez positives pour que l'on puisse croire avoir la certitude que cette affection y a été observée.

Cependant, cette importante découverte, inaperçue pendant si long-temps, serait peut-être encore ignorée si Jenner ne l'avait pour ainsi dire refaite.

Elle fixa dès lors l'attention de l'Europe, et surtout celle de la France, où un comité central de vaccine fut organisé. Les premières vaccinations pratiquées en France, en 1800, ne furent pas satisfaisantes; mais de nouvelles expériences furent plus heureuses, et naturalisèrent cette méthode à Paris, d'où elle s'est propagée à toute la France, par les soins et les instructions du comité central, aboli en 1824, et auquel a succédé une commission prise dans le sein de l'Académie royale de médecine. La vaccine s'est ensuite répandue jusqu'en Asie et en Amérique.

Symptômes de la vaccine chez la vache. Cette maladie se manifeste chez ces animaux de cette espèce, d'abord par le défaut d'appétit, la répugnance pour les aliments, la continuation de la rumination sans que le bol alimentaire revienne à la bouche, le soufflement, la diminution de la sécrétion du lait, qui devient plus séreux et moins épais que de coutume; le regard sombre et triste, l'accélération du pouls, le développement de la fièvre éruptive, puis, après trois ou quatre jours, par l'apparition de pustules plates, circulaires, creusées dans leur centre en forme de chaton ou cul-de-poule, et entourées à leur base d'un cercle étroit et rouge, dont l'étendue augmente graduellement sur les mamelles ou les tétines, particulièrement autour du pis, quelquefois aussi, mais très rarement, sur les naseaux et les paupières. Ces pustules se développent en quatre ou cinq jours; à mesure qu'elles grossissent, l'animal devient de plus en plus inquiet; elles sont enflammées, surtout à leur base, chaudes et douloureuses quand on les comprime; elles augmentent en grosseur, tout en restant déprimées à leur centre; bientôt elles deviennent diaphanes, prennent une couleur plombée argentine; ensuite le cercle rouge prend une teinte livide, la mamelle s'endurcit profondément aux endroits où les pustules sont placées,

l'animal est de plus en plus agité; le liquide contenu dans les pustules devient limpide, reste inodore, quelquefois se colore légèrement, s'épaissit insensiblement, et se dessèche vers le onzième ou le douzième jour. Alors les pustules commencent à brunir dans le centre et graduellement vers les bords, puis elles se réduisent en une croûte de couleur rouge obscur, unie, épaisse, et douloureuse pour l'animal quand on le trait. Cette dessiccation ne s'accomplit qu'en dix ou douze jours; ensuite les croûtes tombent, et laissent autant de cicatrices rondes sur les mamelles. On remarquera que la marche de la vaccine a chez la vache, comme chez l'homme, des périodes dans ses développements.

Causes. La vaccine est contagieuse dans l'acception rigoureuse de ce terme, c'est-à-dire qu'elle ne se communique point par simple contact ni par voie d'épizootie, mais seulement par application du fluide vaccin sous la peau dénuée d'épiderme; la croûte vaccinale paraît même jouir de la même propriété, mais le liquide est plus sûr. Cependant il est reconnu que les personnes qui traient les vaches affectées du cowpox, recevant sur leurs doigts le liquide des pustules qu'elles crèvent en pressant sur le pis, portent la contagion d'étable en étable. Mais cette cause n'est pas la seule, et la vaccine a dû se développer une première fois spontanément chez la vache. Quelles en sont les véritables causes? Elles sont encore inconnues. Ce qu'il y a de certain, c'est que la vaccine se transporte par l'inoculation, de la vache à l'homme et de l'homme à la vache, de l'homme à la brebis et de la brebis à l'homme, de la vache à la brebis et de la brebis à la vache, sans que la matière vaccinale éprouve d'altération notable, si ce n'est peut-être en passant par la brebis; mais il est facile de lui redonner son activité première en la faisant repasser par la vache : c'est ce que les expériences qui ont été faites par Voisin ont mis hors de doute. Quoi qu'il

XVII.   50

en soit, la vaccine règne particulièrement dans la saison humide, et sur les
vaches qui paissent dans les prés bas et
froids; elle passe même pour enzootique,
à peu près, dans quelques pays.

Quoiqu'il soit vrai que la vaccine des
vaches n'offre par elle-même aucun
danger, quoiqu'on ait avancé que tout
traitement à son égard est inutile, qu'il
n'est pas même nécessaire d'avoir recours à aucun des moyens généraux;
que tout au plus, lorsque les mamelles
affectées sont douloureuses, on peut
faire usage de topiques émollients pour
les assouplir, il n'en est pas moins vrai
que les bêtes sont malades, que dans les
trois premiers jours elles éprouvent une
sorte de mouvement fébrile et beaucoup
de malaise; elles sont tristes, mangent
moins, et résistent autant qu'elles le
peuvent au trayage de leur lait. Dès lors
elles exigent nos attentions et nos soins,
ou au moins quelques précautions, et
un autre régime que celui d'ordinaire.
On doit continuer de les traire, néanmoins avec quelque ménagement; seulement, lorsque le lait paraît altéré dans
sa blancheur et dans son goût, encore
faut-il ne pas discontinuer tout-à-fait,
afin de prévenir les engorgements et
d'empêcher que la vache ne donne plus
après sa guérison, mais alors il ne faut
presser que mollement la partie haute
du trayon seulement. Le lait, dans cet
état, n'est plus bon pour la consommation de l'homme, mais on peut le donner aux cochons. La matière contagieuse
pouvant se communiquer par l'ouverture ou l'excoriation des pustules qui la
renferment, il ne saurait nuire de séparer les vaches malades d'avec celles
qui ne sont pas encore atteintes de la
maladie; on peut aussi donner aux vaches séparées des breuvages mucilagi-
neux tièdes, des boissons blanchies avec
la mouture d'orge légèrement nitrée, de
bons feurres d'avoine, quelques racines
légumineuses cuites, et les tenir dans
une température douce et uniforme, à
l'abri des courants d'air, du froid et de

l'humidité, et leur faire une bonne litière, fraîchement renouvelée et épaisse,
afin que les mamelles, dans aucune position, et alors que les bêtes se couchent,
ne portent jamais sur des fientes ni sur
le sol ordinairement humide et froid de
l'étable.

VACHE. (*Econ. rur.*) Femelle du taureau. (*Voy.* BOEUF.)

« Une bonne vache, dit M. de Buffon, doit être, eu égard à son espèce
d'un grand corsage, avoir le ventre gros,
l'espace compris entre la dernière fausse
côte et les os du bassin un peu long, le
front large, les yeux noirs, ouverts et
vifs, la tête ramassée, le poitrail et les
épaules charnus, les jambes grosses et
tendineuses, les cornes belles, polies et
brunes, les oreilles velues, les mâchoires
serrées, le fanon pendant, la queue
longue et garnie de poils, la corne du
pied petite et d'un bleu jaune, les
jambes courtes, le pis gros et grand,
les mamelons ou trayons gros et longs.

La vache est en pleine puberté à dix-
huit mois. Quoiqu'elle puisse déjà en-
gendrer à cet âge, on fera bien d'attendre jusqu'à trois ans, avant de lui permettre de s'accoupler. Elle est dans sa
force depuis trois ans jusqu'à neuf. Elle
vit de quatorze à quinze ans, suivant
M. de Buffon, c'est à dire sept fois le
temps de son accroissement, qui a lieu
en deux ans; mais il me semble que
ce savant naturaliste a fixé le terme trop
bas. Communément les vaches en vivent
vingt. On porterait le terme de leur vie
plus loin, si l'on en jugeait par les exceptions; car j'ai connu une vache qui
a été vingt-six ans dans la même étable.
Depuis l'âge de deux ans elle a eu un
veau tous les onze ou douze mois. À
vingt-six, on l'a vendue, après avoir
donné un veau, à peu près le prix qu'elle
avait coûté. Il est possible qu'elle ait
vécu encore quelque temps. Cette bête
était de l'espèce moyenne du pays; elle
avait bon appétit, donnait autant de
lait que chacune des autres. On a élevé
et conservé son dernier veau qui était

une femelle. Je sais que, dans une autre étable, une vache d'assez belle taille a vécu vingt-deux ans, n'ayant jamais manqué, depuis l'âge de deux ans, de donner un veau tous les dix mois. On l'a trouvée morte un matin dans l'étable, vraisemblablement d'un coup de sang, car rien n'annonçait du dépérissement dans cette vache.

Quelques particularités dans la forme suffisent pour faire distinguer les vaches d'une province ou d'un royaume. Les marchands de bêtes à cornes, qui en ont l'habitude, ne s'y trompent pas plus que les maquignons ne se trompent à la vue d'un cheval, qu'ils reconnaissent pour être breton ou normand. La taille est ce qui frappe les moins connaisseurs. Les plus hautes vaches sont les flandrines, les bressanes et les hollandaises, qu'on retrouve dans les marais de la Charente, du Poitou et de l'Aunis. Celles de Suisse, des Cévennes et de l'Auvergne occupent le second rang; je placerais ensuite les vaches du pays de Caux. Il y en a de communes et au dessous de celles-ci partout. Les plus petites sont celles d'Ouessant et de la Sologne. Rozier les fait descendre, avec assez de vraisemblance, des vaches que les Hollandais tirent tous les ans du Danemarck, où elles sont très belles. (*Voy.* les articles BÊTES BOVINES et BOEUF.)

Il existe une race de vaches sans cornes, qu'on croit originaire d'Asie, d'où elle a été importée, dit-on, en Angleterre. Ces animaux ont de la taille, de la grosseur et de la longueur; ils acquièrent un poids considérable, et ne diffèrent en apparence des autres races que par la privation des cornes. Le sommet de la tête est dur, et donne aux taureaux presque la force de lutter contre ceux qui en sont pourvus. On remarque sur l'os frontal une protubérance peu apparente sur l'animal vivant, mais sensible sur la tête dépouillée de la peau et des chairs, qui n'existe pas dans les autres. Les vaches sont bonnes laitières. Cette race, probablement parce

qu'elle a peu de moyens d'attaque et de défense, est douce et facile à soigner. On en a tenté l'acclimatation à Rambouillet, et plus récemment à l'École royale d'Alfort, où on s'en promet un plein succès.

Pour avoir les plus belles productions, il ne suffit pas de faire un bon choix de taureau, il faut que les femelles lui correspondent. Plus elles auront de taille, plus les veaux qui en naîtront seront gros et forts. Il sera utile de renouveler et d'entretenir le troupeau, en se débarrassant des vaches tarées, ou trop vieilles, ou incapables de produire, ou peu abondantes en lait. On élèvera les génisses issues de mères reconnues pour bonnes, on en achètera dans le pays, ou on en fera venir de lieux éloignés. Dans ces achats on doit consulter les ressources du canton qu'on habite, afin de n'introduire dans ses étables que des vaches qu'on puisse y nourrir : ainsi qu'il a déjà été remarqué, les grandes consomment beaucoup et ne produisent pas toujours à proportion de leur taille. A examiner la chose théoriquement, on observera que si une grande vache donne plus de lait qu'une petite, il faut plus de fourrage pour la nourrir. Veut-on connaître celles qui méritent la préférence, il y a un calcul à faire: c'est de savoir si la même quantité d'herbe donne plus de lait quand elle a passé par le corps de huit grandes vaches que par celui de douze petites. Or je crois que ce calcul n'a pas été fait. J'ai seulement lu qu'en Suisse on estimait la consommation d'une vache à lait de taille moyenne, pour la saison du pâturage, c'est à dire du 10 mai au 14 octobre, au produit en herbe de 4 arpents, chacun de 36,000 pieds carrés, et à 150 livres de trèfle vert par jour en été, représentées en hiver par 25 livres de trèfle sec, le trèfle perdant les quatre cinquièmes par la dessiccation. Il faut donc s'en tenir à l'expérience ; et comme il est d'expérience que les grandes vaches du Holstein, de Hollande et de Suisse, maigrissent, languissent et meurent souvent dans des pâturages moins gras, la question semble décidée. Il y a cependant une remarque à faire, c'est qu'on peut choisir les plus belles et les meilleures dans la classe de celles qui conviennent au pays, et que dans beaucoup d'endroits, pour être en état d'avoir de grandes races, il suffit d'améliorer et de multiplier les pâturages.

En France, comme dans beaucoup d'autres royaumes, pour renouveler leurs troupeaux, les cultivateurs achètent des vaches à des foires ou à des marchés. On leur vend des génisses de deux ans, prêtes à être remplies. J'ai vu un grand nombre de ces génisses languir et mourir, et j'en ai cherché la cause. Les pays où je faisais ces recherches sont des pays où les vaches restent une grande partie de l'année à l'étable, et sont nourries le plus souvent d'aliments secs. Il m'a paru que ces génisses venant de pays d'élèves, c'est-à-dire de pays où il y a des pâturages humides, dans lesquels elles passent les journées entières, ne pouvaient pas s'accoutumer à une manière de vivre trop opposée à celle qu'elles avaient menée depuis leur naissance. Tout changement, lorsqu'il est brusque, est toujours fâcheux. Il faudrait que les cultivateurs des pays secs, lorsqu'ils achètent de ces génisses, les nourrissent quelque temps d'herbe fraîche, et ensuite d'herbe fanée, en passant par degrés à la nourriture sèche, ou qu'ils ne les achetassent que dans la saison où ils envoient leurs vaches paitre aux champs, soit dans ceux qui ont produit des grains, soit dans les regains des pâturages artificiels. Plusieurs, depuis quelques années, prennent le parti d'élever eux-mêmes leurs génisses, et je crois que ce parti est très sage, pourvu qu'ils aient un bon taureau, et qu'ils n'élèvent que les veaux des belles vaches, qu'ils les nourrissent bien, et qu'ils ne les fassent pas couvrir avant deux ans et demi ou trois ans.

Pour entretenir et renouveler un troupeau de vingt vaches, il suffit d'élever tous les trois ou quatre génisses. On voit des vaches qui sont bonnes au delà de douze ans : on les conserve tant qu'elles se soutiennent ; mais communément après douze ans, on ne doit pas en attendre un grand profit : c'est l'âge où l'on s'en défait. Ainsi, en élevant tous les ans trois ou quatre génisses, on peut remplacer les vaches qu'on vend et celles qui meurent [1].

[1] Un objet bien important dans l'entretien des bêtes à cornes, et spécialement des vaches à lait, est le choix de la race à laquelle on doit se fixer. Il n'est pas question de savoir ici si une race est plus belle qu'une autre, c'est la dernière chose que doive considérer un cultivateur ; il n'est pas même question de savoir si chaque individu de cette race donne une plus ou moins grande quantité de lait, de beurre ou de fromage. La question importante est celle-ci : cent milliers de foin de telle qualité, ou de tel autre genre de nourriture donnée, étant consommés par des bêtes de telle race, quelle est celle qui produira la plus grande quantité de lait, de beurre ou de viande ? Voilà presque le seul point qui doive intéresser le cultivateur, parce que c'est de là que dépend le bénéfice plus ou moins considérable qu'il peut tirer de l'entretien du bétail. On conçoit bien cependant qu'il doit prendre aussi en considération les qualités qui distinguent chaque race, sous le rapport du plus ou moins de facilité avec laquelle elle s'accommode d'un climat donné, du genre d'aliment le plus commun dans le pays, de la vigueur des élèves qui y naissent, etc.

Malheureusement nous manquons entièrement des données nécessaires pour guider un cultivateur judicieux dans le choix de la race qu'il doit adopter. On n'a fait encore, ou du moins on n'a publié aucune expérience suivie et concluante pour déterminer le profit réel qu'on doit espérer de chaque race. Ce serait un sujet de recherches bien intéressant et qui mériterait de fixer l'attention des hommes qui aiment à employer leur terrain d'une manière utile. Voici comme je comprends que pourrait être faite cette expérience.

On ferait choix de quelques unes des races les plus renommées parmi les vaches laitières : par exemple, une des meilleures races de la Suisse, la race normande et la race flamande, pour les mettre en comparaison entre elles et avec la race ordinaire du pays où l'expérience serait faite. Il serait nécessaire de travailler sur une douzaine de femelles au moins de chaque race, afin d'écarter la source d'erreurs qui pourraient naître des différences individuelles.

Je suppose donc qu'on ferait acheter par le même homme, bon connaisseur dans cette partie, douze vaches et un taureau dans chacun des cantons que je viens de désigner, en choisissant par-

De l'accouplement et de la multiplication de la race bovine. — Dans l'état sauvage, les vaches, comme les femelles des autres animaux, ont sans doute dans l'année une époque à peu près fixe où elles deviennent en chaleur ; mais la domesticité a dérangé la nature. Dans nos climats, les vaches reçoivent le taureau en tout temps ; on remarque cependant qu'en général elles ont plus de disposition à le recevoir au printemps et en été. Par des arrange-

tout les animaux réputés les meilleurs. On entretiendrait ces bêtes en quatre divisions séparées, en distinguant avec soin la consommation et les produits de chacune, et en recherchant la quantité et le genre de nourriture qu'exigent les bêtes de chaque race pour prospérer et donner des produits aussi abondants qu'on peut l'espérer.

Ce n'est pas dans une année, dans deux, ni même dans trois, qu'on pourrait espérer des résultats décisifs ; il faudrait attendre deux générations au moins pour observer les effets de la naturalisation.

Le croisement de ces races entre elles formerait ensuite un champ d'observations bien vaste, surtout si l'on voulait (et l'occasion serait trop belle pour la négliger) étudier l'effet de ces croisements sous le rapport des qualités qui en résulteraient, soit pour la promptitude ou la facilité de l'engraissement, soit sous le rapport du service qu'on pourrait tirer des animaux, comme bêtes de trait.

Il y aurait là de quoi occuper la vie d'un homme ; mais aussi je me persuade que ce serait une chose extrêmement instructive que la publication annuelle des comptes particuliers de chacune des divisions de cette marcarerie, avec les observations d'un homme éclairé, attentif et exempt de toute prévention systématique ; et rien ne pourrait contribuer davantage à l'avancement de nos connaissances dans une branche si importante de l'art agricole.

Une marcarerie destinée à une expérience de ce genre ne pourrait présenter les bénéfices ordinaires : d'abord, à cause de la nécessité d'acheter et d'entretenir quatre taureaux au lieu d'un ; ensuite parce que les dispositions nécessaires pour tenir toujours isolés les animaux, leur consommation et leurs produits, augmenteraient nécessairement les frais de main-d'œuvre et de surveillance.

(MATHIEU DE DOMBASLE.)

Le comice agricole de Bordeaux vient de décerner à M. Guénon de Libourne une médaille pour une méthode qu'il a découverte pour la distinction et le choix des vaches laitières, méthode qui paraît aussi certaine dans ses principes qu'aisée dans ses applications, et dont la publication ne pourra qu'être extrêmement utile à cette branche si importante de l'art agricole. (L. V.)

ments d'économie de nourriture, et par des circonstances particulières, on parvient à ne faire couvrir la majeure partie d'un troupeau de vaches que dans la saison la plus favorable au but qu'on se propose. Suivant l'auteur de la *Maison rustique*, édition de 1775 : « Dans « les pays chauds, on ne fait saillir les « vaches qu'aux mois de février et de « mars, et jamais en d'autres temps ; « c'est l'usage de presque tous les Italiens. Ils condamnent hautement ceux « qui en usent autrement. Leur raison « est que les vaches qui vêlent en novembre et en décembre allaitent leurs « veaux pendant qu'elles se nourrissent « de fourrage, et elles sont libres quand « les herbes renaissent : en sorte que « comme le lait est alors plus abondant, « plus gras et de meilleur goût que « quand elles ne mangent que du fourrage, par ce moyen on a tout le lait ; « on ne le partage point avec les veaux ; « on l'a meilleur ; on en a davantage, et « on tire tout le profit des bons beurres « et des bons fromages qui se font alors. » Cette spéculation des Italiens est fondée sur des calculs. Ils n'ont que le tort de blâmer indistinctement ceux qui ne suivent pas leur pratique. Des motifs aussi puissants déterminent une conduite différente. En Auvergne, pays où il y a beaucoup de vaches, les unes donnent le taureau à leurs vaches à la fin de mai, ou au commencement de juin, et les autres au commencement de mai : par cet arrangement, les veaux naissent pour les premiers en février, à l'approche du printemps, et pour les autres un mois plus tard. Ces derniers sont dans un pays abondant en foin, et les premiers n'ont que très peu de fourrage.

Quelques fermiers en pays de plaine font, par les mêmes motifs, couvrir leurs vaches en hiver, afin d'avoir des veaux en automne et du lait en hiver, saison où les veaux et le lait sont plus chers. Les paysans qui ont peu de ressources pour nourrir leurs vaches en hiver font en sorte qu'elles se remplissent en été, afin que les veaux naissant au printemps, où l'on trouve abondamment de l'herbe à leur donner, même quand il n'y a pas de pâture commune, ils aient en été beaucoup de lait qui puisse leur procurer du caillé et du fromage, dont ils se passent plus aisément en hiver.

Les signes de la chaleur de la vache ne sont pas équivoques. Elle saute sur les vaches, sur les bœufs, sur les taureaux mêmes; sa vulve est gonflée et proéminente, elle mugit alors très fréquemment et plus fortement qu'à l'ordinaire. Il faut, autant qu'on le peut, profiter de cet état pour lui donner le taureau; si on le laissait passer ou s'affaiblir, elle ne retiendrait pas aussi sûrement.

Quand les animaux mâles et femelles sont ensemble dans les pâturages, le taureau couvre en liberté, sans qu'on s'en mêle, les vaches qui sont en chaleur; mais quand il sert d'étalon à tout un pays, on lui en amène qu'il ne connaît pas. Quelquefois il les dédaigne, ou ne les couvre qu'à regret, ou parce qu'on lui inspire de la crainte, en lui montrant un bâton. Il arrive aussi au taureau de sortir avant d'avoir éjaculé la liqueur séminale, de monter plusieurs fois inutilement, de vouloir répéter l'acte de la génération, et d'être dérangé par les divers mouvements de la vache. Dans tous ces cas, on lui ôte la vache, pour la faire reparaître quelques instants après: alors il la couvre.

Les vaches retiennent souvent dès la première ou la seconde fois; rarement il faut qu'elles aillent au taureau une troisième fois: sitôt qu'elles sont pleines, il refuse de les couvrir, quoiqu'il y ait encore apparence de chaleur. Ordinairement toute la chaleur cesse dès qu'elles ont conçu; elles ne veulent plus souffrir les approches du taureau. On en voit qui sont fréquemment en chaleur et qui ne retiennent pas ou qui ne retiennent qu'après beaucoup de temps:

ce sont presque toujours celles qui ont avorté. Ce besoin répété du mâle et cette difficulté de concevoir tiennent à un dérangement, à une irritation dans les organes de la génération. Il ne faut pas garder des vaches qui ne conçoivent pas, surtout si elles sont d'un certain âge. L'accouplement fait, on sépare le taureau de la vache et on les laisse reposer.

Soins des vaches pendant qu'elles sont pleines.—Pendant la gestation, on ne doit employer les vaches ni au charroi ni au labourage, à moins qu'on n'y soit forcé; on les ménagera et on les traitera doucement; les gardiens éviteront de leur laisser sauter des fossés ou des haies, de les exposer aux grandes pluies ou aux grands froids, et de les frapper; on aura soin qu'elles ne soient pas froissées lorsqu'elles entrent dans l'étable ou lorsqu'elles en sortent; on fera en sorte que le sol sur lequel elles reposeront soit horizontal et non incliné du côté de la matrice; ou s'il l'est un peu, pour favoriser l'écoulement des urines, on tiendra la litière plus haute du côté de la croupe que du côté du train de devant. On donnera de l'air à leurs étables, afin qu'elles ne soient pas trop chaudes; on ne leur fera manger aucun aliment de mauvaise qualité; on ne les conduira point dans des pâturages trop humides et marécageux, mais bien dans des pâturages substantiels. Si c'est en hiver, on leur donnera à l'étable du son, ou de la luzerne, ou du sainfoin: par ce moyen on préviendra plusieurs causes d'avortement. Il en est une qu'on aura peine à croire et dont cependant l'existence me semble démontrée, c'est la contagion de l'avortement: on trouve cette cause développée et prouvée dans l'*Encyclop. méth.*, *Dict. d'agric.*; enfin si une vache est trop sanguine ou trop faible, on la saignera ou on lui donnera des substances capables de la fortifier.

Lorsque la vache pleine est une génisse qui n'a pas encore vêlé, on lui maniera souvent le pis pendant sa gestation, afin qu'elle s'accoutume au toucher et qu'elle se laisse traire facilement. Six semaines ou deux mois avant qu'une vache mette bas, on cesse de la traire. Le fœtus a besoin de tout le lait, qui d'ailleurs, dans les derniers temps, est de mauvaise qualité. Plusieurs vaches tarissent naturellement un mois ou même trois ou quatre mois avant de vêler : ce ne sont pas de bonnes vaches, car les bonnes ne tarissent jamais; si on cessait de les traire, leurs mamelles s'engorgeraient : il y en a qu'on parvient à tarir en ne les trayant sur la fin de la gestation d'abord qu'une fois par jour, ensuite tous les deux ou trois jours, en éloignant peu à peu les intervalles; ce ne sont pas celles qui ont le plus de lait qui le conservent le plus longtemps.

L'opinion générale est que les vaches portent neuf mois; mais il est extrêmement rare qu'une vache vêle juste à la fin du neuvième mois, ce qui ferait ou deux cent soixante-dix jours, si on ne comptait les mois que de trente jours, ou quelques jours de plus, suivant les mois pendant lesquels la gestation a lieu : par le résultat d'observations nombreuses et exactes, les vaches accouchent le plus souvent dans le cours du dixième mois, plus vers le milieu qu'aux deux extrémités. (*Voy.* le mot GESTATION.)

Vêlement ou accouchement de la vache. —Quand les vaches sont prêtes à vêler, leur pis grossit et se remplit de lait, l'entrée du vagin se gonfle, les eaux, qu'on appelle *mouillures*, ne tardent pas à percer; quelquefois elles percent longtemps d'avance. Le veau, poussé par les efforts de la mère, dans l'état naturel se présente par les pieds de devant et par le museau. S'il se présente par une autre partie, il faut le retourner dans la matrice et lui donner la position convenable à sa sortie. Il y a des vaches dont les veaux ne se présentent jamais bien. Les fermiers et les fermières, les vachers même qui ont de l'intelli-

gence, apprennent à les aider dans les cas embarrassants; ils réussissent souvent. Quelquefois leurs efforts sont infructueux et ils perdent la vache et le veau. Les génisses, plus étroites que les vaches d'un certain âge, ont plus de peine à mettre bas. Il arrive fréquemment qu'une saignée pratiquée dans un travail laborieux l'abrége et le facilite; mais on doit bien s'en donner de garde, si la bête est délicate et déjà épuisée : alors, au lieu de la saigner, il faut la ranimer avec du vin chaud ou quelque autre boisson fortifiante.

Dans les vacheries bien soignées, à l'époque où une vache doit vêler, on la visite tous les soirs. Si on présume qu'elle doit vêler dans la nuit, on tient une lampe allumée et on veille, pour la secourir en cas de besoin.

Si le délivre ne sort pas de la matrice, il est utile de l'extraire avec la main; cette méthode est préférable aux breuvages échauffants qu'on fait prendre aux vaches. Sans cette précaution, le délivre se putréfie dans la matrice et tombe peu à peu en lambeaux, accompagné d'une sanie qui infecte toute l'étable; c'est une des causes d'AVORTEMENT. Les vaches ont plus de peine à se rétablir. De l'eau blanche et de l'herbe fraîche sont les aliments qui leur conviennent le mieux dans cet état. Lorsque le délivre tombe à portée de la vache, elle le mange : on ne s'aperçoit pas qu'elle en soit incommodée; néanmoins on a soin de l'éloigner d'elle.

Quelquefois la matrice, qu'on nomme *portière*, sort avec le veau; il faut la faire rentrer quand la vache a vêlé. On est dans l'usage, en la replaçant, d'y mettre un peu de sel et de poivre, qui servent d'astringents et l'empêchent de sortir de nouveau.

Quelques vaches, même parmi celles d'une espèce commune, ont deux veaux d'une seule portée. On en tue un à sa naissance, ou si on les conserve tous les deux, on les fait téter ensemble quinze jours; on en vend un à cet âge et on garde encore quelque temps l'autre, qui acquiert beaucoup de force, tétant le lait de deux.

Au moment où le veau vient de naître, sa mère le lèche. Si elle n'y paraissait pas disposée, pour l'y engager on jetterait sur le veau quelques poignées de son ou de sel, ou un mélange de sel et de mie de pain.

On ne prend aucune précaution pour lier le cordon ombilical; il se sèche en peu de temps; quelquefois la mère le mâche. Elle a tant de propension à le mâcher, que si on lui laissait son veau dans les premiers temps, elle causerait quelque ulcération à cette partie, à force de la lécher et de la mâcher.

La vache ayant fraîchement vêlé, on lui donne dans de l'eau chaude du son mêlé d'un peu d'avoine ou de pois. On continue ainsi pendant quelques jours; on ajoute pour sa nourriture du bon foin, ou du trèfle, ou de la luzerne sèche, si c'est en hiver. En été, on la mène paître dans les pâturages, ou on lui apporte de bonne herbe à l'étable. Dès qu'elle est rétablie, on la remet à la nourriture des autres. (*Voy.* PART.)

Quantité de lait que peuvent donner les vaches. —En général, le lait des vaches qui ont vêlé depuis peu est séreux. Il n'est bon ni pour faire du beurre ni pour faire du fromage, parce qu'il ne contient point de parties butireuses et caséeuses, ou qu'il n'en contient que très peu. Aussi doit-il être employé à la nourriture des veaux, pour lesquels la nature l'a ainsi préparé. Il y a des vaches qui l'ont trop séreux et trop longtemps séreux, et d'autres trop épais dans un temps où il faudrait qu'il fût léger. Dans ces deux cas, il est également pernicieux aux veaux : l'un les relâche et les empêche de profiter; l'autre leur donne des indigestions souvent mortelles. Il serait possible, avec du soin, de prévenir ces accidents, si on examinait la qualité du lait; on corrigerait les deux défauts en donnant à certaines vaches des aliments plus substantiels, et à d'autres des aliments plus aqueux.

Les vaches ont plus ou moins de lait selon leur taille et leur espèce, le climat, la constitution des individus, la saison, les aliments qu'on leur donne, et la distance de l'époque où elles ont vêlé. Les vaches flandrines, bressannes et hollandaises en ont le plus de toutes. Celles de Suisse en ont plus que les françaises, et celles-ci beaucoup plus que les africaines.

J'ai connu une vache née en Frise, qui, introduite à Rambouillet dans la ferme du roi, avait jusqu'à 14 pintes de lait, c'est à dire 42 livres, pendant six semaines après avoir vêlé. Peu à peu cette quantité diminuait et se réduisait à 8 pintes ou 24 livres. Nourrie dans les gras pâturages de la Hollande, elle en aurait eu quelques pintes de plus. Les vaches suisses les plus abondantes en ont 12 pintes ou 36 livres. Il y a quelques vaches de Basse-Normandie qui parviennent à en donner cette quantité; mais ces exemples sont rares. J'estime qu'en général les vaches hollandaises, à nourriture égale, en donnent un tiers de plus que les vaches françaises. Une bonne vache française commune donne 6 pintes de lait, ou environ 18 livres, pendant les premiers mois qui suivent le vêlement. Une bonne vache suisse aussi fraîche vêlée rend par jour, dans un bon pâturage de la montagne, 6 à 7 pots de lait, pesant chacun 4 livres de 17 onces, ce qui fait 27 à 28 livres. Certains individus de la même espèce fournissent plus de lait que d'autres. Cela ne dépend pas de la grosseur du pis : quelquefois il n'est gros que parce qu'il est charnu; mais cela dépend des organes destinés à la sécrétion du lait. M. Macquarre, médecin français, de l'ancienne Société royale de médecine, qui a voyagé avec intérêt en Russie, d'où il m'a rapporté quelques notes sur les bestiaux, assure qu'une vache hollandaise, achetée par un homme riche, lui avait été vendue 560 livres de notre monnaie. Les vaches russes ne donnant pas beaucoup de lait, les gens riches font venir ces animaux de Hollande.

Il paraît que c'est dans les climats qui approchent du tempéré qu'on en tire le plus de lait, à égale bonté de pâturage : car les vaches africaines qui peuvent donner 3 ou 4 pintes de lait par jour sont réputées les meilleures. Le lait devient d'autant plus rare que les pays sont plus chauds.

On se plaint, dans plusieurs communes du pays de Caux, que le laitage y prend une couleur bleue deux ou trois jours après la traite. Cette plainte est très fondée, car je me suis assuré du fait. Cette couleur, semblable à celle de l'indigo, se forme peu à peu à la surface du vase, prend ensuite de l'intensité, et pénètre la totalité du coagulum ; si on bat la crème bleue, le beurre en est seulement terne, et le petit-lait conserve la couleur bleue. Quelques recherches que j'aie pu faire pour en découvrir la cause, je n'ai pu y parvenir. Il est plus que probable que cet effet est dû à quelques herbes que mangent les vaches. Ce qu'il y a de certain, c'est que les bêtes dont le lait devient bleu lorsqu'elles sont dans certaines fermes, n'en donnent que du blanc si elles sont transplantées ailleurs. Au reste, ce lait n'a aucune saveur désagréable. (*Voy.* LAIT.)

Du choix des vaches à lait. — « Le choix de bonnes vaches, dit M. Twamley, est une chose fort importante : l'expérience a prouvé que parmi ces animaux il y en avait dont le lait avait beaucoup plus de consistance et était d'une qualité bien supérieure à celui des autres, et que cette supériorité de qualité ne dépendait pas de la moindre quantité de lait que pouvaient fournir des vaches d'une grosseur égale. Il faut donc juger la valeur d'une vache à lait par la qualité et la quantité de la crème qu'aura produite son lait dans un espace de temps donné, plutôt que par la quantité du lait lui-même ; et cette quantité et cette qualité

XVII.

de la crème produite varient suivant les individus.

« Il faut que celui qui établit une laiterie commence, s'il n'a pas un nombre suffisant de vaches à lait, par en acheter ; et comme personne ne vend ses meilleurs bestiaux sous ce rapport, mais les garde au contraire pour son usage, il en résultera que celui qui se fournira de bestiaux aux marchés aura toujours un mauvais choix [1] : il n'y a qu'un remède à cet inconvénient, c'est de faire soi-même des élèves. Le meilleur âge d'une vache à lait est de quatre à cinq ans jusqu'à dix, bien que, lorsqu'une vache est vieille, elle donne à la vérité une plus grande quantité de lait, mais de qualité inférieure, et la bête coûte plus à nourrir. Lorsqu'on achète des vaches pour en tirer parti de suite pour une laiterie, il faut qu'elles n'aient pas plus de six ans.

« Comme parmi un grand nombre de vaches d'une même espèce, il peut s'en rencontrer une dont le lait soit d'une qualité tout à fait différente de celui des autres, bien qu'à l'œil et au goût il puisse paraître semblable, et comme il est absolument nécessaire de connaître la qualité de lait produite par chaque

[1] On regarde, dans la vallée d'York, les caractères suivants comme les meilleurs signes auxquels on reconnaît une bonne vache laitière : la cuisse longue et mince, la croupe rabattue et maigre, les pis longs et donnant le lait facilement sans le perdre, les veines du flanc grosses, et les cornes jaunes. On ne voit jamais, dit-on, de vache qui ait la cuisse épaisse et charnue donner beaucoup de lait. Cependant, en observant les faits sans prévention, on remarque qu'il y a très peu de certitude dans les signes que l'on considère communément comme indiquant une bonne vache laitière. Je n'ai guère vu que l'indice que l'on tire de la grosseur des *veines de lait* ou vaisseaux lactifères, qui puisse être considéré comme à peu près infaillible. C'est à celui-là que je conseillerais de s'arrêter, à toutes personnes qui achètent une vache laitière. (MATHIEU DE DOMBASLE.)

Nous avons déjà mentionné, dans une note précédente, la découverte faite par un éleveur de la Gironde d'indices réputés certains pour le choix et l'appréciation des vaches laitières. (L. V.)

vache , nous conseillerons d'établir comme règle invariable que , le premier jour de chaque mois au moins, le lait de chaque vache sera trait et conservé à part, afin de mieux connaître, par ce moyen, la quantité que chacune d'elles en donne, aussi bien que sa qualité [1]. Faute de prendre cette précaution, il serait possible que le propriétaire d'une laiterie fît chaque jour, pendant plusieurs années, une dépense qui ne lui rapporterait rien. Plusieurs autres avantages résulteront de l'adoption de cette règle : car non seulement il peut arriver que le lait d'une vache soit en général d'une qualité bien inférieure à celui des autres, et qu'il donne par conséquent un faible produit, ce dont on ne manquerait pas de s'apercevoir ; mais il se pourrait que, par l'effet d'un mal accidentel ou de quelque autre circonstance, le lait d'une vache acquît un mauvais goût, ce qui gâterait tout le lait avec lequel il serait mêlé, et occasionnerait par là un dommage que l'on éviterait par la précaution que nous venons d'indiquer, outre que l'on échapperait au danger d'attribuer ce dommage à d'autres causes qui ne l'auraient pas produit. Un autre avantage non moins important de cette mesure serait de mettre le propriétaire à même d'acquérir une prompte connaissance pratique de sa laiterie ; car il s'apercevra de la sorte de beaucoup de choses, qui autrement lui échapperaient , et qui peuvent influer sur ses bénéfices [2]. »

[1] En comparant le lait de deux vaches pour en bien apprécier les qualités respectives, on devra faire attention au temps qui s'est écoulé depuis qu'elles ont mis bas ; car le lait d'une vache est toujours plus léger peu après qu'elle a vêlé que plus tard ; il s'épaissit graduellement à proportion que l'on s'éloigne de l'époque où elle a mis bas. Cependant le lait d'une vache qui a nouvellement vêlé a une couleur plus riche qu'en tout autre temps, mais surtout pendant les deux premières semaines : c'est une teinte fausse que l'on ne doit pas désirer de voir au lait.

[2] Comme l'on voit, ce qu'il importe le plus de connaître, ce sont la qualité et la quantité du lait que donne chaque vache isolément, et c'est au

Engraissement des veaux. — Les veaux sont destinés ou à être livrés jeunes au boucher, ou à être élevés et à perpétuer l'espèce.

Parmi les veaux qui doivent aller aux boucheries , les uns, et c'est le plus grand nombre, y sont portés après avoir seulement tété leurs mères un mois ou six semaines, quelquefois moins quand on est pressé de laitage ; ces veaux sont en chair , mais ne sont pas gras. D'autres sont engraissés avec un soin particulier : on connaît ces derniers à Paris sous le nom de *veaux de Pontoise,* parce que les environs de Pontoise en fournissent beaucoup. Cette méthode se pratique encore ailleurs. Je donnerai quelques détails sur la manière dont on les engraisse : ils seront puisés dans les réponses que m'a faites M. le marquis de Grouchy, dont la terre était près de Pontoise.

Veaux de Pontoise. — L'usage d'engraisser les veaux dans ce canton est très ancien. On ignore l'époque où il a commencé et celle où il s'est introduit. Deux raisons ont déterminé sans doute quelques cultivateurs intelligents et calculateurs à tirer ce parti de leur lait : l'une, qu'ils étaient trop loin de la capitale pour le vendre à des laitières ; l'autre, que leur lait étant de mauvaise qualité, vraisemblablement à cause des pâturages, ils ne pouvaient avantageusement le convertir en beurre et en fromage. C'est par un principe qui a du rapport avec celui-ci que les Limousins vendent leur foin à Paris, en le faisant passer par le corps des bœufs qu'ils engraissent. On en peut dire autant des Manceaux (habitants du Maine), qui engraissent des volailles avec du sarrasin

moyen d'un essai, d'un examen mensuel) que le directeur de la laiterie doit constater le fait.

Des expériences, qui auraient besoin d'être suivies, ont paru montrer que les vaches châtrées conservaient pendant plusieurs années la même quantité de lait qu'elles donnaient à l'époque où l'opération avait été faite. Cette observation serait certainement d'une grande importance économique. (*Voy.* CASTRATION.)

dont ils n'auraient pas de débouché. Les profits qu'on a vu faire aux premiers ont servi d'appât et d'encouragement aux autres.

On ne laisse point téter les veaux qu'on engraisse, on les sèvre de mère dès le moment de leur naissance; mais on leur fait boire dans des seaux du lait sortant du pis sans le passer, en en réglant la quantité sur leur âge et leur appétit. Dans les premiers moments, c'est le lait de leur mère qu'on leur donne; s'il ne suffit pas, on en prend à une autre vache fraîchement vélée. Dans la suite, on leur fait boire du lait qui a plus de consistance.

S'ils ne veulent pas boire seuls, on leur passe les doigts dans la bouche en inclinant le vaisseau plein de lait. A la faveur de ce petit artifice, plusieurs se déterminent à avaler; il y en a qui le refusent constamment. On n'a pour ceux-ci d'autre moyen que de leur faire téter leurs mères.

L'usage est de leur porter à boire le matin, à midi et le soir pendant le premier mois, et les deux mois suivants le matin et le soir.

Les mâles et les femelles peuvent également engraisser, pourvu qu'ils soient d'une bonne nature; il y en a qui engraissent difficilement.

Dans les premiers quinze jours, un veau consomme 6 pintes de lait par jour, mesure de Paris; 8 pintes dans les quinze jours suivants, et 10 pintes jusqu'à ce qu'on le vende. La pinte de Paris est un peu plus petite que le litre.

On nourrit ces veaux en hiver de la même manière qu'en été.

Lorsqu'on a suffisamment de lait, on ne leur donne pas autre chose; si on en manque, on ajoute à leur nourriture une pinte d'eau avec trois ou quatre œufs par repas. On leur donne ces œufs entiers, c'est à dire avec les coquilles, qui, étant une matière absorbante, comme les yeux d'écrevisse, neutralisent les acides qu'ils ont dans leur estomac, et contribuent beaucoup à leur

santé; le jaune les nourrit et prévient la diarrhée. On assure qu'aux environs de Rouen on leur donne du pain à chanter avec du lait.

Chaque fois qu'on les fait boire, on les bouchonne et on répand de la litière sous eux.

On les tient dans un endroit qui n'est ni trop chaud ni trop froid.

La plupart des vaches des environs de Pontoise viennent de la Basse-Normandie. Elles peuvent, bien nourries, donner 12 pintes de lait, c'est à dire 36 livres, quand elles ont nouvellement vélé. On leur fait manger du son en hiver et de bonne herbe en été.

Les fermiers qui engraissent des veaux en engraissent autant que le lait de leurs vaches le leur permet. Ils achètent aux particuliers des veaux de différents âges, pourvu qu'ils soient encore veaux de lait.

On les vend ordinairement quand ils ont trois mois, à des bouchers ou à des marchands, qui les portent à Paris ou à Versailles. Ils en donnent un prix proportionné à leur poids et à la saison où ils ont plus ou moins de débit.

A six semaines, un veau engraissé, de grosseur moyenne, peut peser de 80 à 90 livres, et à trois mois, de 120 à 130 livres.

Il est de meilleure qualité quand il est tué où il a été nourri. Il faut avoir l'attention de le laisser saigner le plus qu'il est possible; on le suspend quelque temps la tête en bas, et ensuite on le conduit dans une charrette sur beaucoup de paille, enveloppé dans sa peau. Avec ces soins, la chair est belle, blanche, tendre et bonne, et se vend le double du veau ordinaire.

Éducation des élèves. — Pour perpétuer l'espèce des bêtes bovines, on élève des femelles et des mâles, dont quelques uns restent taureaux, et les autres doivent être châtrés pour faire des bœufs de travail. Ils exigent les mêmes soins dans leur jeunesse. Pour élever, on préfère les veaux nés aux mois d'avril, mai et juin. Ceux qui naissent plus tard ne peuvent acquérir assez de force avant l'hiver; ils languissent de froid et périssent. Beaucoup de fermiers les laissent téter leurs mères six semaines ou deux mois.

Il y a des veaux qui tètent avec une grande facilité; mais il y en a qui ont bien de la peine à prendre le pis. On leur examine l'intérieur de la bouche; si on y aperçoit des BARBILLONS, on les coupe. Quand la mère va au pâturage, on la ramène pour faire téter son veau; elle en prend tellement l'habitude, qu'elle revient d'elle-même. Si elle reste à l'étable, on délie le veau à certaines heures, afin qu'il tète; car on le tient dans la même étable séparé d'elle.

D'autres fermiers sèvrent de mère leurs veaux en naissant, comme on sèvre les veaux qu'on veut engraisser, et ils leur font boire du lait de la même manière. Madame Cretté de Palluel, qui a donné un mémoire sur l'éducation des génisses, regarde comme un abus impardonnable de laisser téter les veaux, soit qu'on les destine aux bouchers, soit qu'on les destine à être élevés. Elle allègue pour raisons de son opinion : 1° que le veau qui tète donne, dans le pis de sa mère, des coups de tête assez violents pour y faire des contusions; 2° qu'accoutumé à téter on ne le sèvre que difficilement; 3° que la mère privée de son veau trois ou quatre heures après sa naissance ne s'y attache pas, et retourne au taureau plus promptement que celle qui donne à téter. Ces deux dernières raisons me paraissent les meilleures; la dernière surtout est une raison d'économie qui a bien de la force. Je sais que dans la Suisse, et maintenant dans beaucoup de fermes en France, on aime mieux faire boire les veaux.

On règle leurs repas; on leur donne, comme aux veaux d'engraissement, autant de lait qu'ils en peuvent boire. Si on leur donne des œufs crus, ils n'en viennent que mieux : la dose est de deux ou trois par jour pendant un mois. Dans quelques cantons de la Franche-Comté, après avoir laissé téter les veaux quinze jours seulement, on leur fait prendre de la soupe faite avec du pain et du lait auquel on ajoute un jaune d'œuf; c'est au propriétaire à calculer s'il a plus de profit à les nourrir abondamment, afin de les vendre plus tôt, de les mieux vendre, et de jouir plus promptement du produit des vaches.

Au bout de six semaines, on sèvre les veaux qu'on laissait téter, et on les met à la nourriture de ceux qu'on a sevrés dès leur naissance; mais je trouve que c'est sevrer trop tôt de mère les premiers. Ils formeraient de plus belles races si on les laissait téter deux ou trois mois. On donne aux uns comme aux autres un quart d'eau mêlée avec le lait; de semaine en semaine on augmente la quantité d'eau, jusqu'à ce qu'on n'y mette presque plus de lait, observant de donner de l'eau, surtout dans le commencement, à un degré de chaleur égal à celui du lait qu'on vient de traire. A mesure qu'on diminue la proportion du lait, on rend la boisson plus nourrissante d'une autre manière. Dans le mélange on délaie de la farine de froment, en petite quantité d'abord, puis en plus grande quantité quand on a totalement supprimé le lait pour ne plus donner que de l'eau. Les veaux peu à peu s'accoutument à manger ; alors on leur donne du son, et le fourrage le meilleur, de la gerbée d'avoine avec son grain, ou du lentillon. A l'âge de trois à quatre mois, ils sont assez forts pour être à la nourriture des vaches, et pour aller avec elles au pâturage, pourvu qu'il ne soit pas éloigné : car ces jeunes animaux exigent encore des ménagements. On évite de les tenir dehors aux heures où il fait froid; le premier hiver est le seul qu'ils aient à redouter.

Dans les montagnes d'Auvergne, on laisse téter les veaux d'élève huit ou dix mois. Après ce temps, on les accoutume à paître et à manger du foin. Ils ne sont cependant à l'ordinaire des vaches qu'à la troisième année.

Pour détruire le caractère impétueux des jeunes taureaux en ne retranchant qu'une partie de leur force, on les châtre. Il faut choisir l'âge le plus convenable. Suivant M. de Buffon, c'est à dix-huit mois ou deux ans; ceux qu'on y soumet plus tôt périssent presque tous. Cependant les jeunes veaux à qui on ôte les testicules quelque temps après leur naissance, et qui survivent à cette opération, si dangereuse à cet âge, deviennent des bœufs plus grands, plus gros, plus gras que ceux auxquels on ne fait la castration qu'à deux, trois ou quatre ans. Mais ceux-ci paraissent conserver plus de courage et d'activité; et ceux qui ne la subissent qu'à l'âge de six, sept ou huit ans, ne perdent presque rien des autres qualités du sexe masculin; ils sont plus impétueux, plus indociles que les autres bœufs; et dans le temps de la chaleur des femelles, ils cherchent encore à s'en approcher; mais il faut avoir soin de les en écarter. (*Voyez* les articles BŒUF et CASTRATION; *voy.* aussi au mot ENGRAISSEMENT, § III.)

Une nourriture très abondante et choisie doit être donnée aux veaux qu'on destine à devenir bœufs, afin qu'ils acquièrent toute la grosseur dont leur race est susceptible; une fausse économie, sous ce rapport, peut par la suite influer d'une manière ruineuse sur les services qu'ils rendraient et sur leur valeur lorsqu'on les vendra pour la boucherie. C'est donc dans les pâturages gras qu'il faut les mettre, puisque leur manière de manger ne leur permet pas de se bien nourrir dans ceux dont l'herbe est courte ou rare. En général ils souffrent plus que les autres animaux de la transition des plaines dans les montagnes, *et vice versâ;* au moment de cette transition, il faut leur donner du grain.

Manière de traire les vaches. —

Lorsque les vaches ont allaité leurs veaux un mois ou six semaines, ou lorsqu'on veut faire boire les veaux, on trait les vaches pour tirer parti de leur lait. La manière n'est point indifférente. Souvent, par la maladresse ou la paresse des personnes auxquelles on confie ce soin, une vache diminue de produit, devient sèche et perd un ou deux mamelons. Il faut traire avec précaution, éviter de meurtrir le pis, et épuiser tout le lait à chaque traite.

On lave d'abord avec de l'eau le pis de chaque vache, et surtout les mamelons. On les presse ensuite avec deux doigts de haut en bas sans toucher à la substance du pis. Les vaches ayant quatre mamelons, on en trait deux du même côté à la fois, on passe aux deux autres pour reprendre les deux premiers, et ainsi de suite jusqu'à ce qu'il ne vienne plus de lait. Pendant qu'on trait les mamelons d'un côté, ceux de l'autre se remplissent, tant qu'il y a du lait au pis. Il descend d'un jet dans le vase, où il fait l'arrosoir; ce qui dépend de la manière de traire, et quelquefois de l'ouverture des mamelons. Au milieu de l'action de traire, les mamelons se sèchent, on a besoin de les adoucir en les humectant de lait.

Ordinairement on trait les vaches le matin et le soir, à des heures réglées. On les trait une troisième fois au milieu de la journée, quand elles abondent en lait; ce qui arrive lorsqu'elles ont vêlé depuis peu. On ne cesse point de les traire, si elles sont bonnes, jusqu'à ce qu'elles vêlent. Cependant on ménage davantage une génisse qui est pleine pour la seconde fois, si elle a pris le taureau de bonne heure, parce qu'en continuant de la traire on l'empêche de prendre son entier accroissement.

Quand une vache a le pis chatouilleux, ce qui peut être un défaut d'éducation, on prend des précautions pour la traire. Afin d'éviter ses coups de pied, on trait les deux mamelons d'un côté, en se plaçant toujours du côté opposé et en changeant de place chaque fois qu'on a vidé deux mamelons. La vache donne des coups avec le pied qui est du côté des deux mamelons qu'on trait. Souvent cette difficulté n'a lieu que pendant un temps : si elle continue et devient considérable, on lui plie une jambe, qu'on attache avec une corde ; dans cette attitude gênante elle se laisse traire.

L'auteur du *Voyage en Auvergne*, M. Le Grand-d'Aussy, dit que dans les montagnes les vaches ne se laissent bien traire qu'à la vue de leurs veaux, qui sont dans une loge près de leur parc : on les en fait sortir, ils approchent de leurs mères qu'ils tètent un instant, alors elles se laissent traire. Il n'est pas rare, dans tous les pays, de voir des vaches perdre leur lait pendant quelques jours après l'enlèvement de leurs veaux. Cette suppression ne dure pas, le lait revient au pis.

On emploie, pour traire les vaches, de petits seaux de bois de chêne ou de sapin, que l'on tient très propres. Chaque fois qu'on doit s'en servir, il faut les laver et les bien nettoyer.

Souvent la personne qui trait se met à genoux ; mais cette position n'est pas commode : les Suisses, qui ont dans leurs *chalets* et dans leurs vacheries beaucoup de vaches à traire, emploient un petit siége rond ; ce siége n'a qu'un pied terminé par une pointe de fer, afin qu'il entre dans les planches de sapin dont sont formés les planchers ; ils se l'attachent, pour n'être pas obligés de le transporter de vache en vache. Appuyés sur ce siége, en écartant les deux jambes, qui forment deux autres pieds, ils sont à leur aise et ne se fatiguent pas. (*Voy. pl.* CCCXXXII, *fig.* 2 et 3.)

Après qu'on a trait les vaches, on passe le lait dans un couloir de cuivre ou de bois, pour le mettre dans le lieu qui lui est destiné. Il y a différentes espèces de couloirs : les uns ont la forme d'une petite terrine creuse, percée au fond de trous fins, s'ils sont en cuivre,

ou garnis d'une toile de crin, s'ils sont en bois ; les autres sont des vases de bois cerclés, en forme de cônes tronqués ; on pose un linge sur la partie évasée, et on place dessous un petit baquet pour recevoir le lait. Les Suisses appellent ce vaisseau un *bagnolet*. (*Voy*. LAIT et LAITERIE.)

Des soins et de la nourriture des vaches. — Je ne puis donner des idées exactes sur les soins et la nourriture des vaches sans les placer dans les diverses positions où elles se trouvent relativement aux pays, à la manière dont on les conduit et aux ressources des propriétaires. Ici, les vaches restent une grande partie de l'année dans des étables, et elles sont, en été, jour et nuit dehors, soit dans les montagnes, soit dans les vallons ou les plaines : là, après avoir passé seulement la plus mauvaise saison sans sortir, dès que le temps est doux, on les mène dans les bois ou dans les communes le matin, pour les en ramener le soir ; ailleurs elles ne paissent aux champs que trois mois de l'année, étant nourries le surplus du temps dans les étables, le plus souvent au sec ; enfin on voit les vaches des pauvres gens, dans certains cantons, ne respirer l'air libre que quelques heures dans le beau temps, en paissant le long des chemins et des haies. Je rapporterai un exemple du genre de vie des vaches dans chacune de ces positions.

Vaches qui restent aux étables une partie de l'année, et vivent dans la montagne en plein air une autre partie. L'Auvergne est une province où les vaches sont un des gros objets de produit. La partie montueuse surtout, fertile en pâturages, élève et entretient un grand nombre de ces animaux, pour faire le commerce de bestiaux et celui de fromages. Dans un mémoire que m'a communiqué M. de Bricude, j'ai puisé les renseignements que je consigne ici.

On distingue en trois classes les vaches qui peuplent les montagnes. Les plus d belles et les plus nombreuses sont sur les montagnes de Sallers, dans une étendue de 6 lieues de diamètre. L'espèce moyenne occupe 10 lieues en carré sur les mont Dore et pays voisins : on trouve la plus petite sur la montagne du Cantal. Cette diversité dans la taille tient à la nature des pâturages, plus substantiels et plus abondants sur les montagnes de Sallers que partout ailleurs. Les habitants de Sallers ne veulent que des vaches à poil roux; ceux qui avoisinent le mont Dore préfèrent la couleur pie de blanc et de noir; et auprès du Cantal, on ne recherche que la couleur fauve. On ne peut rendre raison de ces goûts, qui dépendent d'usages et d'opinions de pays. Les vaches de presque toute la Suisse sont de couleur fauve; celles d'une partie du Mâconnais et du Beaujolais sont blanches; la plupart de celles de Nort-Hollande sont pies de noir et de blanc; quelques particuliers en ont qui sont pies de fauve et de blanc : bien des gens croient que les noires sont les meilleures. Il est vraisemblable qu'il y a de bonnes vaches de tout poil; on s'accorde cependant à ne point faire de cas des vaches bai blanc pâle.

La vacherie, dans les cantons à pâturages en Auvergne, est la principale partie des domaines; elle est composée d'un certain nombre de vaches qu'on ne fait jamais travailler, mais qu'on destine à donner des veaux et du lait. Une vacherie en a depuis vingt jusqu'à cent, jamais au dessus de cent, parce que l'exploitation en serait trop pénible; jamais au dessous de vingt, parce qu'on n'aurait pas dans un seul jour de quoi faire un fromage entier; le lait de la veille serait aigre quand on l'emploierait.

La moitié des veaux naissants est vendue au boucher; l'autre moitié est élevée dans la vacherie jusqu'à l'âge de trois ans, époque où on livre les génisses au taureau pour la première fois : chacun des veaux conservés tête deux mères. Dès que les génisses sont plei-

nes, elles tiennent leur rang parmi les vaches.

Les veaux sont appelés *tendrons* jusqu'à l'âge de six mois; ils prennent ensuite le nom de *bourrets* jusqu'à la fin de l'année; ils se nomment *doublons* à la seconde année, et pendant la troisième *génisses* ou *terçons*.

Dans une vacherie on nourrit toujours un certain nombre de veaux de trois années différentes, destinés à être vendus à l'étranger, ou à remplir le vide de la vacherie. La totalité de la jeunesse s'appelle *vassive;* elle égale presque toujours le nombre des vaches.

En hiver, dès le matin, les vachers se distribuent le soin de la vacherie. L'un en nettoie les auges et emporte les restes de fourrage, qui, une fois rebutés par les vaches, ne peuvent plus leur être présentés; ils servent de nourriture aux juments, aux poulains, etc. : d'autres vachers étrillent et brossent les bêtes. On ne prend pas tous les jours ce soin, si utile à la santé : il serait à désirer qu'on l'exigeât des domestiques. On cure les vaches de temps en temps. La disette de paille et le préjugé où l'on est que, pour avoir de bon engrais, les litières doivent pourrir sous les animaux, empêchent d'enlever les fumiers aussi souvent qu'il le faudrait.

On mène boire les vaches et on met le fourrage dans les auges : une botte est la ration de deux. Vers les trois heures après midi, on nettoie également les auges; on conduit les vaches à l'abreuvoir et on leur donne pour la soirée et la nuit la ration du matin.

L'ordre et l'économie qu'on emploie dans la consommation des fourrages des vacheries basses me paraissent bien entendus. Les vaches, au retour des montagnes, où elles n'ont vécu que d'herbe fraîche, ont besoin d'être accoutumées par degrés à la paille sèche. Dans les premiers temps, on leur en donne mêlée avec beaucoup de foin; peu à peu on diminue la proportion du foin et on augmente celle de la paille, qu'elles mangent seule dans le mois de décembre : c'est de la paille de seigle ou de froment. Vers la mi-janvier, lorsqu'elles sont près de mettre bas, on les remet à l'usage du foin pur et on leur en donne plus largement. Après qu'elles ont vélé, on augmente leur nourriture ; on choisit pour elles la meilleure qualité de foin, et on leur donne surtout les regains, qui leur procurent beaucoup de lait. Vers la fin de l'hiver, on revient encore au mélange de paille et de foin ; si l'hiver est très long et que les fourrages manquent, on finit par leur donner de la paille seule. Dans les vacheries hautes, où il y a abondance de foin, elles ne mangent pas autre chose depuis leur retour de la montagne jusqu'à ce qu'on les y reconduise.

M. de Brieude se plaint avec raison de la mauvaise construction des étables, qui sont mal pavées, trop basses et humides, sans pente pour l'écoulement des urines, sans fenêtres, ou avec des fenêtres étroites, qu'on bouche toujours. Les auges sont malpropres et trop basses, les murs mal crépis et salpêtrés, les portes trop étroites. Lorsqu'on cure les vaches, on place le fumier devant les portes, sans le porter à une certaine distance : toutes ces causes rendent infect et insalubre l'air des étables. (*Voy.* l'article ÉTABLE.)

Dès que le printemps arrive et que les prés commencent à se couvrir de verdure, on fait sortir des étables la jeunesse appelée *vassive ;* on la mène dans les pacages de la meilleure qualité, qu'on ne fauche jamais et qui sont autour des domaines pour servir de pâture journalière aux bœufs de travail et aux animaux malades ; on l'y mène, afin de l'égayer, de lui faire respirer l'air et de la rafraîchir par l'herbe tendre. Cette première sortie se fait vers les derniers jours de mars ou au commencement d'avril dans les domaines de la partie inférieure des vallons.

Peu de jours après, toutes les bêtes de la vacherie vont dans les prairies, après avoir langui longtemps dans des étables, dont elles ne sortaient que deux fois par jour pour aller à l'abreuvoir. Dans ces premiers moments, elles témoignent, par leurs mugissements et par la légèreté de leur course, toute la joie, tout le plaisir qu'elles ressentent de respirer un air nouveau, de paître l'herbe fraîche. On continue cependant à leur donner pour la nuit un mélange de paille et de foin, jusqu'à la *montée,* c'est à dire jusqu'au moment où elles vont à la montagne. S'il n'y a plus de fourrage, ce qui arrive quand l'hiver a été long, elles sont réduites à la pâture des prairies ; cette disette diminue leur lait.

Vers le 8 ou le 10 mai, les vacheries basses et les mieux exposées vont à la montagne, si le rapport d'un vacher qu'on y a envoyé auparavant annonce que l'herbe a assez poussé. Les vaches, lorsque la douceur de la saison les y invite, marquent une grande impatience de faire le voyage. La sortie des étables dans les vacheries hautes se fait dans le même ordre, mais un peu plus tard ; il y en a, aux pieds des montagnes de Sallers et du mont Dore, qui ne sortent pour aller dans les prés que vers la fin de mai, et qui ne vont sur les montagnes que dans le mois de juin : le sommet du Cantal n'est garni d'herbe qu'à cette époque. Ses vacheries ne peuvent y aller plus tôt ; mais celles-ci ne manquent jamais de fourrage jusqu'à la montée.

Une vacherie étant composée de différentes sortes d'animaux, lorsqu'elle prend son essor, tout s'achemine vers la montagne, vaches, taureaux, vassive, chevaux étalons, poulains, truies pleines et cochons à engraisser ; il ne reste dans le domaine que les bœufs de labour et les juments pleines ou qu'on veut faire couvrir.

Cette famille arrive dans ses nouveaux pâturages, y reçoit le logement, qu'elle ne quitte plus de tout l'été. Sa marche est régulière et tous ses mouvements sont pour ainsi dire comptés.

Les vaches errent presque tout le jour dans la montagne, et elles passent les nuits dans un parc, où elles se rendent aussi à certaines heures du jour pour se faire traire. Ce parc est fermé de claies à jour, qu'on change de place de temps en temps afin que la vacherie couche successivement sur tout le terrain qu'on veut engraisser. Des vachers intelligents ont des claies tissues de baguettes beaucoup plus hautes que celles des claies à jour; c'est un abri qui adoucit la violence des ouragans, qui garantit des pluies froides du commencement de la saison et soulage beaucoup les animaux; il n'est point d'orage de grêle qui, frappant sur une vacherie, ne supprime le lait pour deux jours. Il y a des propriétaires qui ont fait construire des murs pour mettre leurs vaches un peu plus à couvert. Les veaux, dans une loge où ils habitent, sont toujours protégés contre les injures de l'air et les incursions des loups; les vaches ne sortent de leur parc, pour aller en pâture, qu'après que la rosée et les brouillards sont dissipés : on emploie la matinée à les traire et à faire téter les veaux. Les vachers attentifs et intelligents ne leur laissent prendre que ce qu'il leur faut de lait, dont ils connaissent la qualité par la nature des herbes que mangent les vaches; souvent, faute de cette observation, on leur donne des indigestions laiteuses.

Les vaches, en paissant, s'avancent vers l'abreuvoir, où elles arrivent à dix ou onze heures; elles continuent de paître et reviennent au parc à une heure après midi. Lorsqu'elles y sont rassemblées toutes, on les trait de nouveau; elles retournent en pâture dans une autre partie de la montagne et à l'abreuvoir comme le matin, et rentrent au parc avant la nuit. A leur retour, on les attache à des piquets, afin qu'elles ne se muisent pas; quelques vachers préfèrent de ne pas les attacher, pour qu'elles puissent se défendre contre les loups,

assez hardis quelquefois pour aller les attaquer dans leurs parcs.

La vassive sort aussi de sa loge pour aller paître aux heures indiquées; elle a son quartier séparé : on ne lui abandonne que le plus maigre pâturage.

La marche de tous ces animaux est si exactement mesurée, qu'il n'y a point d'heure dans la journée où un vacher ne puisse, sans la voir, fixer sur quelle partie de la montagne sa vacherie pâture. Cette habitude est très économique et bien entendue : par ce moyen chaque portion de pacage reste intacte pendant vingt-quatre heures et n'est point foulée, en sorte que l'herbe a le temps de repousser. M. de Brieude fait, à cette occasion, une remarque très judicieuse, c'est que ce mouvement lent et uniforme est très favorable à la sécrétion du lait. Les vachers ont observé que si leurs vaches se fatiguent, ou pour aller à un abreuvoir éloigné, ou pour toute autre cause, leur lait diminue sensiblement.

Le froid et la neige viennent enfin les chasser vers la fin de septembre. Leur première impression est si sensible à ces animaux, qui viennent d'éprouver une saison souvent très chaude, que leur lait en est diminué de moitié. Dès que les gelées blanches arrivent, on se hâte de les faire descendre dans la plaine pour y consommer les dernières herbes. Tout est rentré dans les domaines à la Toussaint.

La plupart des vaches ont pris le taureau pendant le cours de l'été; elles sont devenues pleines; c'est une des principales causes de la diminution de leur lait. Elles n'en ont presque plus quand elles sont renfermées dans l'étable, au mois de novembre.

Pour soigner les bestiaux dans la montagne, et pour tout le travail de la laiterie, on emploie deux hommes pour vingt vaches, trois pour trente, cinq pour cinquante, et six pour quatre-vingts ou cent vaches. Ceux qui conduisent le travail de la laiterie s'appellent *buroniers*, parce que *buron* est le nom de l'endroit où l'on fait les fromages.

La manière dont en Suisse on conduit les vaches pendant l'été a beaucoup d'analogie avec celle dont on les conduit en Auvergne. C'est sans doute à peu près la même dans tous les pays de montagnes qui se dégarnissent de neige en été, et où ces animaux sont une des principales sources de richesse. En examinant moi-même sur les lieux ce qui se passe en Lorraine et en Franche-Comté, j'ai vu que l'économie de ces pays ne différait presque pas de celle de la Suisse. Un mémoire de M. Jean-Jacques Dick, pasteur de l'église de Bolligue, qui a remporté un prix proposé par la Société économique de Berne, en 1770, donne des détails curieux et intéressants sur les Alpes de l'Emmenthal, du bailliage de Thun, de l'Oberland qui comprend les bailliages d'Eentersun, d'Interlachen et d'Obershali, du Frutigthal, du Simmenthal, du pays de Gessenai, du pays de Vaud, et surtout des bailliages d'Aigle, de Vevai et de Benmont, tous appartenant au canton de Berne, considérés relativement au parti qu'on tire des vaches en été. J'en extrairai ce qui concerne le soin et la nourriture de ces animaux.

On les fait sortir de leurs étables du milieu à la fin de mai, selon que l'été est plus ou moins avancé, et que les Alpes sont printanières ou tardives. On appelle printanières les montagnes basses, et tardives les hautes montagnes. Il y a des pays où l'on n'a que des montagnes basses, d'autres où l'on en a de basses et de hautes, et d'autres où l'on n'en a que de hautes. L'Emmenthal est dans le premier cas, et l'Oberland dans le second. Les propriétaires ou les communes qui ont toutes leurs montagnes basses y laissent leurs troupeaux depuis le commencement jusqu'à la fin de la saison. Ceux qui en ont de hautes et de basses mettent d'abord les vaches dans les basses, et ensuite dans les hautes, lorsque après le rapport des visiteurs elles sont en valeur, c'est à dire couvertes de bonne herbe. Enfin on fait paître les parties basses des hautes montagnes les premières, et par degrés les parties élevées, si on ne possède que de hautes montagnes. Par la même raison que des montagnes basses les vaches vont aux hautes montagnes, ou des parties basses de celles-ci aux parties les plus élevées, elles redescendent vers la fin de la saison, soit dans les montagnes basses, soit dans les parties basses des hautes, pour y brouter ce qui s'y trouve d'herbe, et rentrer ensuite dans leurs quartiers d'hiver.

La disette de fourrage sec a souvent forcé de faire sortir les bestiaux de leurs étables avant que l'herbe eût acquis, dans les montagnes basses même, assez de force. La même cause a déterminé ceux qui n'ont que de hautes montagnes à y mener leurs vaches trop tôt, l'herbe commençant à peine à verdir. Le bétail affamé l'eut bientôt dévorée; le froid continuant, on n'eut d'autre ressource que de nourrir les vaches avec leur propre lait et quelques graines. On se voit réduit à cette extrémité s'il survient de la neige au milieu de la saison, dans les montagnes où l'on est sans provisions.

Quelques jours après l'arrivée à la montagne, quand les bêtes sont suffisamment reposées du voyage, on mesure leur lait; on attend quelquefois jusqu'à quinze jours pour faire cette opération. Deux circonstances la rendent nécessaire : ou les pâturages de la montagne appartiennent à des particuliers qui, n'ayant pas assez de vaches pour consommer toute l'herbe et faire une quantité suffisante de fromages, en louent aux paysans des environs, moyennant un prix qui dépend de la quantité de lait qu'elles peuvent fournir; ou ces pâturages appartiennent à une communauté, dont les membres ont le droit d'y envoyer une ou plusieurs vaches. Comme on sait par l'expérience combien on retire de fromages, de beurre, de séra, d'une quantité déterminée de lait, après le mesurage, tout est réglé, et chaque propriétaire reçoit en automne ce qui lui revient. Ce sont les propriétaires eux-mêmes qui mesurent le lait; ils se transportent sur la montagne, et traient leurs vaches le matin et le soir une fois seulement. Alors on pèse ce lait, et ils s'en retournent.

Une vache se loue à proportion de la quantité de lait qu'elle donne. Pour le temps de la montagne, c'est depuis 24 jusqu'à 48 francs. Par exemple, une vache qui donnerait dix à onze livres de lait se louerait 24 francs, et celle qui en donnerait le double se louerait 48 fr. On la loue davantage quand on la mène paître dans des montagnes dangereuses, parce qu'on a à courir le risque de la perdre dans un précipice.

On appelle *fruitiers*, en Suisse, les hommes qui veillent sur les vaches, et qui s'occupent à les traire et à fabriquer les fromages. Ce mot répond à celui de *buronier* en Auvergne, comme le mot FRUITERIE (*voy.* ce mot) répond à celui de *buron*, qui est le lieu où se font les fromages.

Un des grands soins des fruitiers, c'est de s'approvisionner du bois nécessaire pour faire les fromages. Il y a des Alpes qui en sont totalement dépourvues; d'autres où l'on n'en a qu'avec bien de la peine : il faut l'aller chercher jusqu'à deux lieues, par des chemins très difficiles; d'autres où il est facile de s'en procurer. C'est pour cela qu'on a distingué les Alpes en alpes à vaches, alpes à engrais, alpes à taureaux, et alpes à brebis. Les vaches à lait sont conduites dans les premières, les bœufs ou les vaches qu'on engraisse dans les secondes, les élèves de l'un et de l'autre sexe, et les chevaux même, dans les troisièmes, enfin les bêtes à laine et les chèvres dans les quatrièmes. Quelquefois toutes ces espèces de bétail paissent dans les mêmes alpes, mais dans des enclos différents. Des alpes à vaches peuvent se changer en alpes à engrais, ou en alpes à taureaux, *et vice versâ,* selon qu'elles se dépouillent ou qu'elles se repeuplent de bois.

La garde des bestiaux est presque inutile, quand la montagne a des barrières naturelles, formées par des rocs escarpés, des torrents profonds ou des haies. Elle n'est pas plus nécessaire, si on a pu partager la montagne en enclos artificiels, comme dans l'Emmenthal et l'Oberland. Mais lorsque les Alpes sont trop étendues et pleines de rochers et de hauteurs escarpées, entre lesquels se trouvent de bonnes places, on doit avoir continuellement l'œil sur les animaux, afin qu'ils ne tombent pas dans des précipices; ce qui arrive quelquefois, malgré les attentions des vachers. Les places les plus dangereuses sont réservées aux jeunes bêtes, moins pesantes et moins précieuses que les vaches à lait. Les plus difficiles à grimper et les plus escarpées sont la pâture du menu bétail. Les vachers redoutent beaucoup les moments où il tombe de la grêle, parce qu'alors les bêtes effarouchées courent çà et là pour chercher un abri, et peuvent se précipiter dans leur course incertaine.

Les meilleurs endroits des montagnes sont ceux qu'on appelle parcs : c'est là que le chalet est placé; c'est de là que l'on emmène les vaches dans les places qu'on appelle *journées*, et qu'on fait brouter tour à tour; c'est là qu'elles reviennent pour se faire traire et pour passer les nuits. Ces endroits sont les mieux fumés et produisent le plus d'herbe. On en ménage la pâture pour les mauvais temps; on a soin de pratiquer de petits sentiers qui conduisent les animaux du parc ou de l'étable aux pâturages.

On trait les vaches une fois le matin et une fois le soir, à des heures fixes. La plupart viennent d'elles-mêmes et avertissent les fruitiers par leurs mugissements. Dans quelques montagnes, on a construit des vacheries capables de contenir ou toutes les vaches, ou une partie du troupeau ; on les y attache pour les traire : quand la vacherie est grande, elles peuvent s'y retirer dans le mauvais temps. Leurs excréments sont ramassés soigneusement, et répandus en automne sur les endroits qu'on désire le plus fertiliser. Si la vacherie est petite, on fait entrer, par une petite porte, un certain nombre de vaches pour les traire, et on les fait passer par une autre porte pour les remplacer par de nouvelles jusqu'à ce que toutes soient traites.

Les fruitiers laborieux et prévoyants recueillent sur les meilleures places un peu de foin, qui leur sert s'il survient de la neige pendant l'été ; ce qui n'est pas rare. On n'a pas ces ressources dans l'Oberland, où les vaches viennent se faire traire au parc et non dans les étables, et où par conséquent on ne ramasse pas d'engrais pour fertiliser des places propres à donner du foin. Ordinairement, si la neige n'a pas d'épaisseur, on se contente de ne pas mener le bétail dans les parties hautes, jusqu'à ce qu'elle soit fondue, et on la fait descendre ces jours-là. Dans quelques alpes, il y a des endroits bien exposés au soleil, qu'on appelle *pâturages de neige,* où elle disparaît aux premiers rayons de cet astre ; on les conserve pour les cas de nécessité. On a même, dans quelques circonstances, poussé l'industrie jusqu'à rouler de grosses boules de neige pour découvrir l'herbe.

Dans les alpes basses, les troupeaux restent depuis le milieu de mai jusqu'à la Saint-Michel, et quelquefois plus longtemps encore.

Dans les hautes montagnes, le séjour est de douze semaines, ou de quatorze au plus. Communément les vaches y montent à la Saint-Jean, et en descendent vers le 21 septembre.

En Russie, suivant M. Macquarre, on conduit les vaches au mois de mai, jusqu'au mois d'octobre, dans les prairies où elles restent jour et nuit. Les vaches russes ne sont pas les seules qui passent plusieurs mois dans les prairies sans rentrer à l'étable : en France, il y a des pays où cet usage a lieu, particulièrement dans une partie du Hainaut. Elles restent au pâturage depuis le mois de mai jusqu'à la Saint-Martin, et au delà quand la saison le permet.

Vaches qui sont presque toute l'année à la pâture, mais qui couchent toutes les nuits dans les étables. — Dans les pays de forêts ou de communes, les vaches couchent toutes les nuits dans leurs étables. Elles vont de jour paître dans les communes plus ou moins longtemps dans l'année, selon que les communes sont plus ou moins libres : car il y en a qui sont interdites au mois de mars, afin que l'herbe s'y élève. Ou la fauche au mois de juin. Les vaches alors s'y rendent tous les matins, y passent la journée et en reviennent le soir, depuis la fauchaison jusqu'au mois de mars. Elles sont aux champs huit mois de l'année : la neige seule et les grandes gelées les empêchent de sortir. D'autres communes ne se fauchent jamais. Les pâtis des bois sont aussi accessibles presque toute l'année, il y a peu de jours où les vaches ne s'y rendent ; des gardiens les y conduisent et les surveillent. On attache des sonnettes à chaque bête, surtout quand on les mène paître dans les bois, afin d'éviter qu'il ne s'en égare. Elles boivent aux étangs ou aux ruisseaux qu'elles rencontrent. Les propriétaires d'un certain nombre de vaches, lorsqu'ils ont des pâturages particuliers, les font garder par des serviteurs ou des servantes à leurs gages. Les vaches des pauvres gens se réunissent en un troupeau commun : chacun contribue aux frais du gardien, qui, le matin, annonce son départ par le son d'une corne, et qui le soir ramène au village tout le bétail. On trait les vaches le matin avant leur départ, et le soir après leur retour.

Dans ces positions, les vaches coûtent peu à nourrir. On leur met le soir quelques aliments dans les auges ou crèches, tantôt de la paille de froment, ou de seigle, ou d'avoine; tantôt des herbes qu'on a ramassées en été et qu'on a fait faner; tantôt des branchages, ou des feuilles d'arbres ou de vigne, etc., selon les ressources du pays. Quand elles sont près de vêler ou peu de temps après, on leur donne du son ou un peu de grain. En général, ces vaches sont mal soignées, et l'on compte trop sur la pâture des champs.

Vaches qui sont toujours à l'é-
table, excepté quelques mois de l'an-
née, pendant lesquels elles sont à la
pâture le jour seulement. — Madame
Cretté de Palluel, déjà mentionnée,
dont la ferme était dans les environs
de Paris, pour donner du vert à ses
vaches, commençait dès le 1er avril,
suivant son mémoire imprimé, par les
feuilles de gros navets, semés dans l'automne précédent, et qui montent à
cette époque. On leur faisait manger
ensuite l'escourgeon ou orge d'hiver,
la chicorée sauvage, dont la culture
comme fourrage a été introduite par
M. Cretté de Palluel (*voy.* Chicorée
sauvage), la dragée, le trèfle, la vesce
et autres plantes qu'elle faisait couper
et porter dans les râteliers. On leur en
donnait deux fois par jour et deux fois
de la paille. Elles arrivaient ainsi jusqu'à la fauchaison des prés; on leur en
abandonnait quelques uns après la
première herbe. Aux approches de l'hiver, elles vivaient, indépendamment de
la paille, de gros navets jusqu'aux fortes gelées. On réservait pour la saison
la plus rigoureuse les pommes de terre
et les betteraves. On coupait ces racines
par tranches. Lorsqu'elles étaient épui-
sées, on avait recours aux regains des
prés et des luzernes, et au trèfle qu'on
avait fané, en le mêlant sur le terrain

qui l'avait produit, avec de la paille d'orge ou d'avoine.

Madame Cretté de Palluel, aussi près de la capitale, où les veaux, le lait et le fromage sont toujours de débit et ont beaucoup de valeur, et d'où l'on tire abondamment des engrais pour faire rapporter aux terres toutes sortes de denrées utiles à l'amélioration du bétail, offrait ici un exemple, que sans doute on n'imitera pas entièrement partout, mais qui peut indiquer des espèces de plantes qu'on n'aurait pas imaginé de cultiver en grand pour cet objet. Cette dame recommandait avec raison beaucoup de propreté dans les vacheries, de renouveler souvent la litière, de donner de l'air, de faire boire de l'eau pure aux animaux, pourvu qu'elle ne fût pas fraîchement tirée.

Je connais des positions moins heureuses, où avec peu de ressources les vaches sont bien soignées, non pas généralement, mais par des cultivateurs intelligents. Je les suppose rentrées dans leurs étables, où elles restent ordinairement depuis la Toussaint jusqu'à la Saint-Jean, ne sortant que pour aller boire une ou deux fois le jour. Ces animaux ont à peu près 3 pieds 10 pouces de hauteur, 6 pieds de longueur et 5 pieds de grosseur. On leur donne pendant tout l'hiver, trois fois par jour, des balles de froment ou d'autres grains: j'estime que chaque vache en mange 6 livres; trois fois aussi de la longue paille d'avoine ou de froment, environ 15 livres par jour, en comprenant ce qu'elles répandent autour d'elles et dont on leur fait de la litière, et 3 livres de son, qui n'est point maigre, parce qu'il est le résultat de la mouture d'un méteil de seigle et de froment moulu à la grosse. On ajoute de temps en temps 5 ou 6 livres de feuilles de choux, et 3 livres de sainfoin, quand on en récolte. Ces aliments sont variés et alternés dans la journée; ce qui est une bonne méthode, parce que les animaux aiment à changer d'aliments. On délaie le son dans l'eau, qu'on fait chauffer seulement quand il fait froid, excepté celui des vaches fraîchement vélées, pour lesquelles on le fait toujours chauffer. Ces mélanges d'eau et de son se nomment *buvées*. Les vaches fraîchement vélées mangent un peu plus de son que les autres à cette époque; mais en fixant ici le poids du son à 3 livres pour chaque vache, j'établis une dose que l'on peut dépasser. Depuis quelques années, on a cultivé des raves, soit en les semant avec de la moutarde au mois de juillet, soit en les semant avec du sainfoin dans la même saison, soit en les semant seules : cette culture a procuré de quoi donner aux vaches pendant l'hiver. Les avantages qu'on en a retirés promettent qu'elle se soutiendra et qu'elle augmentera, et qu'on pourra y essayer celle de plusieurs autres plantes utiles à la nourriture du bétail. Je préviens que quand on sème des navets avec du sainfoin, il faut que ce soient des navets plats, qui n'ont qu'un filet de racine dans la terre, parce que, les navets s'élevant au dessus, on peut les arracher sans déraciner aucun pied de sainfoin.

Dans le Boulonnais, on prépare pour les vaches une buvée qu'on appelle *caux*. C'est un mélange de feuilles de choux, de navets, de pommes de terre et de son, qu'on fait bouillir dans suffisante quantité d'eau.

On continue à donner des pailles aux vaches et du son jusqu'au mois de mai : alors on leur abandonne, non pas toujours, mais quelquefois, des sainfoins, dont on n'espère pas beaucoup d'herbe; on les y conduit le jour; le soir, elles trouvent en rentrant des pailles pour la nuit. Lorsque les pois et les vesces sont en fleurs, on leur en apporte des charges à l'étable; chaque vache en mange de 80 à 100 livres. Les jours de pluie, où le transport de cette verdure n'est pas praticable, elles sont réduites à la paille et au son. Après la fauchaison des sainfoins, elles vont paître dans les regains jusqu'à la Toussaint. Ces regains, vers le mois d'octobre, ne donnent presque plus d'herbe. Alors on y supplée à l'étable par des charges de moutarde en vert du poids aussi d'environ 100 livres pour chaque vache. Cet aliment, le dernier vert qu'elles mangent, les conduit jusqu'à la Toussaint.

Les vaches nourries ainsi ne sont pas grasses, mais elles se soutiennent dans un état d'embonpoint suffisant.

On les trait deux fois par jour; on cure les étables deux fois par semaine, on met les aliments dans des râteliers placés au dessus des mangeoires, afin que rien ne se perde. On a des fenêtres et des ventouses pour aérer quand on le croit nécessaire. Si on pouvait prendre l'habitude d'étriller ou brosser les vaches, de nettoyer les étables une fois de plus par semaine, de donner plus d'étendue et de hauteur aux vacheries; d'ouvrir chaque jour les fenêtres, même en hiver, pendant que les vaches vont boire, pour les refermer à leur retour; de cultiver pour elles des pommes de terre, qui réussiraient, ou d'augmenter la culture des raves ou des choux, qui est assurée, je suis convaincu que le pays, quelque peu propre qu'il ait paru longtemps à la multiplication des vaches, en verrait encore augmenter le nombre à son grand avantage, puisque l'engrais qu'elles procurent est celui qui lui convient le mieux. Ce pays est une partie de la Beauce, où l'agriculture a déjà fait de grands progrès.

Vaches qui ne sortent de l'étable que quelques heures, certains jours d'été. — Le dernier exemple que j'aie à rapporter est celui du genre de vie qu'on fait mener aux vaches des pauvres gens, qui n'en ont qu'une, dans les pays où il n'y a ni bois ni pâturages, mais où les deux tiers des terres au moins sont habituellement ensemencés en grains.

On donne à la vache chaque jour, pendant cinq mois, à commencer de la Toussaint jusqu'à la fin de mars, en différentes fois, une botte de paille d'avoine du poids de 14 à 15 livres, 3 livres de son, moitié le matin et moitié le soir, et 6 livres de balles de froment ou d'autres grains, en plusieurs repas, et quelques poignées de vesce fanée, mêlée avec la paille, pendant qu'on la trait. À la fin d'avril, époque où l'on commence à voir de l'herbe dans les froments, les propriétaires de vaches en font cueillir. Ce soin regarde les femmes et les enfants. Quand il est défendu de cueillir de l'herbe dans les froments, déjà trop forts pour qu'on ne puisse les fouler impunément, on va en prendre dans les grains de mars. La recherche des plantes nuisibles aux récoltes, et ce qu'on peut trouver le long des chemins, fournissent pendant trois mois et demi environ trois charges d'herbe par jour, chacune du poids de 25 à 30 livres. Lorsqu'on en trouve plus que la consommation de la vache, on fait faner le surplus pour une autre saison. De la récolte au temps où l'on bat les grains pour fournir des pailles, la vache mange de la vesce cueillie en vert et séchée, et ce que l'on trouve d'herbe dans les champs qu'on moissonne. On la fait boire deux fois par jour; on la nettoie seulement tous les huit jours, et on ne la sort dans beaucoup d'endroits que les jours de fêtes, parce qu'on ne perd pas de temps pour la faire paître le long des chemins, sur les fossés et dans les endroits incultes, s'il y en a.

On peut reprocher aux propriétaires de ces vaches de leur refuser de l'air, en les tenant, pendant la majeure partie de l'année, enfermées dans des étables trop chaudes et souvent sans fenêtres. Le préjugé calcule toujours mal : il est vrai qu'une vache dans une étable chaude a plus de lait que si elle était exposée au froid; mais, pour un peu de lait de plus, faut-il risquer de perdre la bête, qui meurt étouffée très fréquemment? Déjà cependant des fermiers instruits s'occupent à éclairer les pauvres gens; il faudra du temps pour y parvenir, mais à la fin les lumières l'emporteront.

Curieux de savoir si un paysan avait de l'avantage à nourrir une vache dans les pays où il n'y a pas de pâture commune, quand il ne possède ni à titre de propriété, ni à titre de loyer, aucune portion de terre, et qu'il est obligé de tout acheter, voici le calcul que j'ai fait et ses résultats. J'ai fait ces calculs il y a longtemps (en 1790); je les reproduis ici, quoique peut-être les prix aient augmenté. C'est au moins une base sur laquelle on peut en établir de conformes au temps actuel.

	fr.	c.
Il faut cent cinquante bottes de paille d'avoine, du poids de 14 à 15 livres, à raison de 17 f. 50 cent. le cent	26	25
Pendant trois mois et demi, trois charges d'herbe par jour, du poids de 25 à 30 livres chacune, à 10 cent. la charge. . .	31	50
Deux mesures de son ou un demi-boisseau par jour pendant six mois, à 20 cent. la mesure, et à 4 fr. 50 cent. le setier. .	36	»
De la vesce fanée pour	20	»
Quinze setiers de balles de grains, à 30 cent. le setier	4	50
Sel pour saler les fromages, à 10 cent. la livre; coquerettes, ou baies d'alkekenge pour jaunir le beurre.	4	»
La vache ayant coûté 150 fr., il faut en estimer l'intérêt, qui est de 7 fr. 50 cent	7	50
On l'achète à deux ans, et on la vend à dix, ou on la perd; si on la perdait au bout de ce temps, il devrait rentrer en produit de plus, pour le fonds, par an, 18 fr.; mais comme il est possible qu'on la vende plus de la moitié de ce qu'elle a coûté, je mets pour ces événements éventuels 9 f. 25 cent.	9	25
	139	»

Je suppose que la vache fr.
donne tous les ans un
veau, qu'on vend à qua-
tre semaines 21 fr. . . . 21
Pendant six mois trois livres et demie de beurre
par semaine, ce qui fait
84 livres par an. La va-
che qui fait l'objet de
ce calcul est une vache
de taille commune ;
car une petite vache
comme les vaches bre-
tonnes n'est censée four-   150 fr.
nir par an que 50 livres
de beurre. J'estime le
beurre à 60 cent. la li-
vre. 54
Pendant six mois dix fro-
mages par mois, à 30 c. 30
De quoi fumer un arpent
et demi de terre à 30 fr.
par arpent. 45

Produit . . . . . 150 fr.
Dépense. , . . . 139

Reste net. 11

D'après ces calculs, qui sont très
exacts, on voit qu'un paysan, dans la
position supposée, n'a pas d'avantage à
nourrir une vache, puisque ses soins
avec onze francs de produit net ne sont
pas payés ; mais cette position est la plus
défavorable de toutes : car il doit acheter tout ce que consomme sa vache. Si
sa femme ou ses enfants sont en état
d'aller à l'herbe, ils gagnent eux-mêmes
les 31 fr. 50 c., prix des charges d'herbe
pendant trois mois et demi ; la femme
soigne la vache et le mari n'interrompt
pas ses travaux lucratifs. Lorsque le paysan est locataire de terre, la vache consomme sa paille, les balles de son grain ;
ses champs fournissent à tous les affour-
ragements : il a besoin de sa vache pour
avoir des engrais, qu'il lui serait impossible de se procurer autrement. La vache
est nécessaire aux terres pour qu'elles

produisent du grain, comme les terres
sont nécessaires à la vache pour la nourrir. Le paysan locataire n'a à défalquer
sur le profit de la vache que l'intérêt
du prix qu'elle lui a coûté et une portion de la location des terres, dont la
majeure partie du produit est en grain,
qu'il vend ou qui sert à le nourrir. Le
paysan propriétaire de terres n'avance
que l'intérêt du prix de sa vache ; cette
somme prélevée, tout ce qu'il en retire
est à son profit. Quatre arpents et demi
de terre de 100 perches, à 22 pieds la
perche, cultivés en trois soles, dont une
est de temps en temps en jachères, ou
3 arpents sans jachères, suffisent pour
l'entretien d'une vache, si on en aide le
produit de ce qu'on peut cueillir d'herbe
dans les grains.

*Résumé des soins et de la nourri-
ture des vaches.* — Pour conserver aux
vaches la santé, sans laquelle elles n'auront pas de beaux veaux ni la quantité
de lait qu'on en attend, il est utile de
les brosser et étriller tant qu'elles restent
renfermées. Des curages fréquents
des étables ; la litière souvent renouvelée ; les mangeoires nettoyées chaque
fois qu'on apporte de la nourriture ; les
repas répétés avec des intervalles de repos, pour laisser aux animaux le temps
de ruminer ; les vaisseaux dont on se
sert toujours tenus proprement ; les
portes, les ventouses et les fenêtres habituellement ouvertes en été, saison où
on doit les couvrir d'un canevas à cause
des mouches, et ouvertes au moins quelques instants dans les jours froids : voilà
les principaux soins qu'exigent les vaches dans les vacheries ; il est bon aussi
d'y établir, au dessus des mangeoires,
des râteliers pour recevoir les fourrages.
Quand on conduit ces animaux ou à la
montagne, ou aux champs, ou dans les
bois, il ne faut point presser leur marche, soit en allant, soit en revenant, et
ne leur point faire sauter de fossés ni de
haies ; on leur évitera s'il est possible les
gelées blanches, les ouragans, la neige et
la grêle. Tout l'art du propriétaire sera

de chercher à leur procurer le plus long-temps possible de l'herbe verte ou fanée, chacun cultivant ce que son pays comportera. Ayez du fourrage vert de bonne heure au printemps, ayez-en en été, et le plus longtemps possible en automne; et réservez pour l'hiver des racines, des feuilles ou des fruits aqueux, capables de tempérer les effets de pailles sèches: avec ces moyens, vos vaches seront bien soignées.

On fait servir les vaches à la charrue et même à la voiture; mais il faut que les terres soient légères et qu'on charge peu la voiture, car les vaches ne sont pas fortes. On attellera ensemble deux vaches qui soient de la même taille et de la même force, afin de conserver l'égalité du tirage. Il est nécessaire de ne point exiger trop des vaches, de cesser de les employer à ce travail quelque temps avant qu'elles vêlent et quelque temps après, et de les bien nourrir. (*Voy.* À ATTELAGE.)

Les Anglais ont imaginé, pour déterminer plus promptement l'embonpoint des vaches mises à la réforme, de les châtrer, c'est à dire de leur enlever les ovaires; l'engraissement par ce moyen se fait plus vite, il est moins coûteux, la chair est plus fine et plus délicate; il ne paraît pas que cette méthode ait été suivie parmi nous. Peut-être le mériterait-elle, car il y a beaucoup de circonstances où les vaches ayant quelque défaut, comme mauvaises portières, peu laitières, etc., on pourrait les engraisser [1].

Tout ce que j'ai dit jusqu'ici sur les vaches prouve que, pour en tirer le plus grand parti, il faut de l'attention et un certain ordre de connaissances. Les soins particuliers et de détail sont confiés à des femmes dans la majeure partie des fermes et métairies de France; dans les grandes vacheries, ce sont des hommes qui les soignent. Je crois que les fermiers dont les femmes partagent la surveillance, et auxquelles est donné le département des vaches, doivent ne pas perdre de vue cet objet d'économie, indépendamment de ce que beaucoup de fermières, susceptibles de préjugés, de routine ou d'une sorte de vanité mal entendue, gouvernent mal les vaches, ou leur donnent à contre-temps des aliments qui les incommodent, ou qui sont trop au dessus du produit qu'on en retire : c'est au fermier à se charger du choix et de l'achat de ces animaux, de la culture des plantes qui leur conviennent; c'est à lui à en prescrire la quantité, à veiller sur la tenue des étables, sur la santé des vaches; c'est à lui enfin à savoir quand il faut les renouveler et à donner les ordres pour que le service des étables et la conduite aux pâturages se fassent exactement et convenablement.   (PARMENTIER.)

VACHE ARTIFICIELLE. (*Chasse.*) Machine légère qui représente une vache, et dont le chasseur s'affuble pour approcher, à la faveur de ce déguisement, des espèces d'oiseaux très farouches qu'effraierait la vue de l'homme.

VACHER. (*Econ. rur.*) Celui qui mène paître les vaches et qui les surveille dans les PATURAGES. (*Voy.* PATRE et BERGER.)

VACHERIE. Etable à vaches. (*Voy.* ETABLE.)

VACHES RONGEANTES. (*Voy.* TIC.)

VACIET. C'est le MUSCARI CHEVELU.

VAGUES (TERRAINS) OU TERRES VAINES. Terrains incultes et de nul rapport. (*Voy.* LANDE et COMMUNAUX.)

VAINE PATURE. (*Econ. et législat. rur.*) On appelle vaine pâture la coutume, généralement adoptée en France, de livrer à la dépaissance du bétail certains pâturages accidentels, provenant de la réunion de parcelles appartenant à plusieurs propriétaires qui renoncent momentanément à leurs droits pour jouir des avantages réels ou supposés de la pâture en commun.

---

[1] Nous avons parlé précédemment de la castration des vaches laitières, dans le but de prévenir cependant longtemps la diminution du lait qu'elles donnent.

XVII.   53

La vaine pâture a lieu sur les CHAU-MES après la récolte des céréales; sur les prés après que le foin ou le regain a été enlevé; enfin, sur les jachères. La vaine pâture diffère de la pâture communale en ce que celle-ci est indivise, appartient à tous les habitants d'une même commune indistinctement sans fraction ni délimitation; en ce que le paquis communal (*compascua*) ne peut être soumis à aucune espèce de culture sans perdre son caractère, et sans être partagé. (*Voy.* COMMUNAUX.)

Quand on examine cette question sans préjugés, quand on cherche à dégager la vérité des opinions adverses, pour formuler un jugement qui soit l'expression de la réalité, il ne faut pas se laisser étourdir par les clameurs de la foule, souvent routinière et ignorante de ses propres avantages; il ne faut pas se laisser non plus circonvenir par des opinions trop avancées, excentriques, élaborées pour un monde à venir dans la région des théories et des abstractions sociales. Les apôtres et les partisans de la vaine pâture se sont proclamés les avocats de la classe pauvre et souffrante. Combattre leurs opinions et leurs raisonnements serait encourir le grave reproche d'impopularité; se ranger à leur avis ce serait dans bien des cas vouloir perpétuer la routine et barrer le chemin au progrès.

La vaine pâture peut être considérée sous deux points de vue différents, ou plutôt dans deux cas particuliers: 1° dans les territoires qui possèdent un *pasquier* ou pâturage communal; 2° dans les territoires auxquels n'est annexée aucune propriété communale exclusivement consacrée à la dépaissance du bétail. Dans le premier cas, la garde du bétail de chaque propriétaire est presque toujours confiée à un berger payé en commun. Dans le second cas, chaque particulier, chaque cultivateur fait garder ses bestiaux comme bon lui semble.

Quand la vaine pâture est usitée dans une commune qui possède un pâtis communal, le bétail prend la plus grande partie de sa nourriture hors de l'étable. Les conséquences immédiates qui découlent de cet état de choses sont désastreuses pour le pays et pour les petits propriétaires. En effet, personne ne songe à cultiver les fourrages artificiels et les racines qui, tout en préparant la terre pour les récoltes suivantes, donnent un moyen facile et peu coûteux de détruire les mauvaises herbes qui se multiplient avec une effrayante rapidité dans les céréales, et qui forcent le cultivateur à avoir recours à la jachère, si onéreuse en même temps qu'elle serait inutile dans toute autre combinaison agricole. Les excréments des animaux se perdent sur les chemins, ou sont déposés sur les friches, sans profit pour les terres cultivées. Notons encore que si la garde des bestiaux est confiée à un berger soigneux, il n'en est pas moins vrai que le soin du bétail exige de la part du petit propriétaire une plus grande dépense de temps qu'on ne le suppose communément. Il faut une personne, dans chaque ménage, pour *lâcher* le bétail lorsque le troupeau va au pâturage; il faut encore qu'une personne se trouve à l'étable lorsque le troupeau rentre.

Qu'on ne croie pas que les communaux soient aussi avantageux à la classe pauvre qu'on voudrait nous le persuader. Originairement les communaux appartenaient également à tous les propriétaires indistinctement et par parties égales: c'est une vérité de tradition que l'on suit encore aujourd'hui lorsqu'on opère le partage des pâquiers ou pâtis. Mais lorsqu'on les abandonne à la dépaissance du bétail, les riches propriétaires en profitent presque seuls. Ayant assez de terres pour en consacrer une partie en fourrages supplémentaires pour les animaux qui reviennent du pâturage commun, ils chargent celui-ci d'une grande quantité de bétail qui n'y trouve pas une nourriture suffisante.

Le manœuvre et le petit propriétaire, n'ayant que peu de prés et de fourrages à leur disposition, sont obligés de restreindre le nombre de leurs animaux pour laisser le champ libre à ceux des riches qui en tirent ainsi plus de profit que les autres. Il n'est même pas rare que le pauvre soit obligé de renoncer à avoir une vache ou des moutons. C'est donc à tort que l'on répète tous les jours que les pâtures communales sont le *patrimoine des pauvres ;* on s'écarterait moins de la vérité en avançant qu'ils sont *l'apanage presque exclusif des riches.* (*Voy.* COMMUNAUX.)

Ces inconvénients sont inhérents à la vaine pâture, qui n'a lieu que momentanément sur les terres cultivées. Le pauvre qui n'a que deux ou trois parcelles de terres cultivées en seigle et en pommes de terres, n'a pas ordinairement le moyen de nourrir une vache, et le parcours de ses terres après la récolte ne profite qu'aux riches. Si, tenté par l'appât que lui présente la vaine pâture, il essaie d'avoir des bêtes à cornes ou des bêtes à laine, il verra ses animaux affamés dépérir de jour en jour. Comme dans le cas dont il s'agit la commune n'a point de berger, chaque habitant est obligé de faire garder ses animaux ; c'est ordinairement aux enfants que l'on confie ce soin. Je ne dirai pas qu'il en résulte que le bétail n'est mi gardé ni soigné comme il devrait l'être ; c'est là le moindre des maux. Le philanthrope et le philosophe n'auront pas trouvé exagéré ce qu'on a dit de la vaine pâture : *c'est pour la jeunesse une école de brigandage et de démoralisation.* Loin des yeux de leurs parents, les enfants, au contact de cœurs pervertis et dépravés, s'accoutument à ne faire aucune distinction entre le bien d'autrui et celui qui leur appartient. Ils n'entendent que les éloges et ne voient que les exemples du vice. Pour eux le mensonge est un jeu, le vol un badinage, et le pillage un amusement. Il y a un garde champêtre, cela

est vrai ; mais son fils est d'ordinaire le premier délinquant. Je ne chercherai pas à assombrir le tableau : les propriétaires qui habitent les champs n'ont été que trop souvent les victimes de la vaine pâture et de ses conséquences ; mais en présence d'un tel fléau, leur conviendrait-il de se renfermer dans leurs tentes ou de s'envelopper de leur manteau pour ne pas apercevoir de pareils désordres ? C'est à eux qu'il appartient de réformer nos campagnes sous ce rapport, et toutes les classes y gagneront, en même temps que les cultivateurs seront les premiers à en profiter, sur quelque espèce de terre que ce puisse être. Examinons d'abord les résultats inévitables de la vaine pâture sur les chaumes et la jachère. Je veux bien que les bestiaux y trouvent quelques herbes desséchées, quelques épis échappés à l'attention des glaneurs ; mais en vérité on ne peut comparer cet avantage aux fâcheux résultats d'un déchaumage qui ouvre le sein de la terre à l'influence des agents météoriques, qui provoque la germination des mauvaises graines pour les enfouir plus tard. Il n'est pas possible non plus, si un tiers peut à chaque instant envoyer ses bestiaux sur votre terre, d'exécuter avant l'hiver ces labours si profitables pour une grande partie de nos terrains. Quel cultivateur, ayant une pièce de terre au milieu d'un canton destiné à faire jachère, osera, par exemple, l'emblaver en colza ? des bestiaux affamés se jetteront sur sa récolte, et ne seront point arrêtés par les enfants chargés de la garde du bétail, et plus soucieux de leurs amusements qu'attentifs à préserver la propriété d'autrui. Un cultivateur instruit, qui voudrait dans un finage soumis à la vaine pâture faire un pas dans la carrière du progrès, sera arrêté à son début ; il se verra forcé de se laisser remorquer par la routine, il subira chaque jour le supplice de Tantale. Toute tentative qui aurait pour but d'ensemencer une terre hors des époques où cette opération a lieu dans la contrée, échouera infailliblement.

Les résultats qui accompagnent la vaine pâture sur les prairies ne sont pas moins déplorables. Les animaux piétinent la terre en toute saison, mais surtout à l'automne lorsque le sol est humide. Les carex, les joncs, les oseilles, la patience, pullulent dans les prairies basses soumises au pâturage et surtout à la vaine pâture. Si un propriétaire veut assainir son pré, et creuser des rigoles de desséchement ou d'irrigation, ses travaux sont bientôt comblés et détruits. S'il veut rajeunir sa prairie, la vaine pâture est pour lui une source intarissable d'embarras et de tracasseries, et il est bien rare qu'il puisse lutter avec avantage contre ce fléau incessant et vivace, parce qu'il a passé en coutume.

On nous objectera que ce n'est pas tout que d'abattre un édifice, que de déraciner les abus auxquels se cramponne la routine agricole; qu'il faut encore savoir comment reconstruire l'édifice que nous cherchons à détruire; qu'un monument défectueux dans ses dispositions est encore préférable à des ruines; qu'il vaut mieux encore avoir à combattre quelques mauvaises herbes, nourrir des bestiaux chétifs, que de n'avoir ni bestiaux, ni fumier; en un mot, qu'il faut que nous subissions le joug de la vaine pâture, si nous ne pouvons indiquer les moyens de nourrir autrement le bétail.

A cela nous dirons qu'il y a peu d'articles dans cet ouvrage qui ne répondent plus ou moins directement à l'objection, et qui n'indiquent un remède au mal. Nous ne pouvons dissimuler néanmoins que le manœuvre, n'ayant plus le bénéfice de la vaine pâture, ne pourra plus nourrir ni vaches, ni moutons; qu'il en sera souvent de même du petit propriétaire. Mais nous avons déjà dit que la nourriture de cette vache au moyen de la vaine pâture n'est qu'un appât, qu'une déception qui occasionne au possesseur des pertes incalculables. Celui qui n'aura pas assez de terre pour nourrir une vache ne doit point pour cela s'en priver. Qu'il loue à un cultivateur un coin de pré, de trèfle, de luzerne : l'augmentation de lait et de fumier le dédommagera amplement de ce dont il est privé par l'abolition de la vaine pâture[1].

Nous dirons peu de choses des moyens que doit prendre le législateur pour arriver soit graduellement, soit immédiatement, à la suppression de la vaine pâture. Nous renvoyons pour cela à l'art. RÉUNIONS TERRITORIALES. (*Voy.* aussi les articles PATURAGE, PARCOURS et USAGER.)

ANTOINE de Roville.

VAINES (TERRES). (*Voy.* VAGUES.)

VALADÉE ou VALLÉE. (*Vignes.*) On nomme ainsi, dans différents vignobles, des fosses profondes, creusées entre deux rangs de ceps de vigne, pour les remplir d'engrais de toute espèce, surtout de branches d'arbres, de bruyère, de genêt, etc. (*Voy.* VIGNE.)

VALANCE, *Valantia* L. (*Botan. agric.*) Genre de plantes de la famille des RUBIACÉES, dont deux espèces sont fort communes, et très connues dans nos campagnes sous les noms vulgaires de CROISETTE VELUE et de GRATERON.

VALA-RATIÉ. Nom qu'on donne dans les Cévennes aux tranchées ou rigoles destinées à recevoir et à diriger vers un point commun, pour le besoin des IRRIGATIONS (*voy.* ce mot), les eaux des sources et des ruisseaux. Souvent ces rigoles sont recouvertes de pierres plates et de terre cultivée. (*Voy.* PIERRÉE et DESSÉCHEMENT.)

Dans les mêmes cantons, on nomme *valat* les rigoles spécialement destinées

---

[1] Il y a déjà longtemps qu'un écrivain économiste a fait remarquer que dans l'élection de Soissons il y avait, en 1729, trente-deux paroisses qui avaient 4,000 arpents de communaux et contenaient 2,470 familles; quelque temps avant la révolution elles étaient réduites à 1,089 familles. Dans vingt villages sans communes, il y a 90 feux de plus que dans vingt villages qui ont des communes : avec des communes, il y a une vache sur 13 arpents 1/8; sans communes, une vache sur 9 arpents 1/6.

à diriger les eaux des averses, pour prévenir la formation des torrents sur le flanc des terrains en pente.

VALERIANE, *Valeriana*. (*Hortic.*) Plante herbacée, type d'une famille à laquelle elle donne son nom, et dont 70 espèces connues forment un genre. Plusieurs de ces espèces sont cultivées dans les jardins d'ornement; quelques-unes sont recommandées comme plantes médicinales.

Une espèce est cultivée comme plante potagère : c'est la *Valeriana locusta*. (*Voy.* MACHE.)

VALERIANE GRECQUE. (*Voy.* POLÉMOINE.)

VALIÈRE. Mouton gras amené du Poitou à Paris. (*Voy.* BÊTES OVINES.)

VALLAT. C'est un fossé, dans les idiomes du midi de la France. (*Voy.* VALARATIÉ.)

VALLÉE. (*Voy.* VALADÉE.)

VAN. (*Écon. rur.*) Ustensile d'osier, fait en forme de coquille et à deux anses, servant à séparer des grains ou graines la poussière, les pailles, les ordures et autres corps étrangers qui s'y trouvent mêlés. Le derrière du van est un peu élevé et courbé en rond, et son creux diminue insensiblement jusque sur le devant. (*Voy. Pl.* CCCXXXII, *fig.* 4, ci-dessus, p. 339.)

Les vans d'osier sont de différentes grandeurs, selon les pays et selon l'espèce ou la quantité de grains qu'on se propose de vanner. C'est avec ces vans qu'on nettoie le froment, le seigle, l'orge, l'avoine et beaucoup de graines de la famille des légumineuses. Pour s'en servir utilement, il faut agiter le grain d'une certaine manière, et employer, dans ce mouvement, un tour de poignet que l'adresse naturelle et l'habitude seule peuvent donner. On le verse ensuite dans un courant d'air, afin que les pailles et les autres ordures soient facilement emportées. (*Voy.* VANNAGE.)

VANGA. (*Instr. arat. Jardin.*) Bêche à fer pointu, dont on se sert dans quelques lieux pour labourer les terres ro-

cailleuses. Elle était connue sous le même nom du temps des Romains. (*Voy.* BÊCHE.)

VANNAGE. (*Écon. rur.*) Nettoiement du grain au moyen du VAN. (*Voy.* ce mot et l'article NETTOIEMENT DES GRAINS.)

L'usage du van est aujourd'hui remplacé, dans beaucoup d'exploitations rurales de quelque importance, par celui du TARARE (*voy.* ce mot), qui est au premier ce que la machine à battre les grains (*voy.* BATTAGE) est au FLÉAU.

VANNE. (*Écon. rur.*) Gros ventaux de bois de chêne que l'on hausse et que l'on baisse dans des coulisses pour lâcher ou retenir les eaux d'une ÉCLUSE, d'un ÉTANG, d'un CANAL. (*Voy.* ces mots et l'article IRRIGATION.)

VANNETTE. Petite VANNE.

VAQUE. C'est une CHÈVRE stérile, dans les environs de Lyon.

VAQUE. Ce mot, dans quelques localités, est employé comme synonyme de terrain VAGUE, DE LANDE, de COMMUNAL.

VAQUETTE. C'est le GOUET COMMUN, aux environs de Boulogne.

VARAIRE, *Veratrum* L. (*Hortic.*) Genre de plantes de la famille des COLCHICÉES, dont on compte 4 espèces admises dans nos jardins. Deux d'entre elles, sous les noms d'HELLÉBORE BLANC et d'HELLÉBORE NOIR, sont en outre cultivées comme plantes médicinales.

VAREC, *fucus* L. (*Botan. agric.*) Genre de plantes de la CRYPTOGAMIE (*voy.* ce mot, ci-dessus, t. VIII, p. 26), dont toutes les espèces végètent sur les rochers sous-marins, et sont fréquemment jetées sur les côtes, où l'économie rurale les emploie à divers usages, notamment à l'engrais des terres. (*Voy.* les mots ENGRAIS, §. II, art. 5, et SOUDE.)

VAREIGNE. Aux environs de Tours, on emploie ce mot comme synonyme de celui de jardin MARAICHER dans les environs de Paris.

VARENNE. Plaine sablonneuse et in-

abolition a mis la fortune publique à la merci de quelques particuliers ; l'individu qui coupe prématurément ses raisins force ses voisins à l'alternative d'une vendange précoce, ou d'une spoliation assurée ; l'étranger n'ayant plus de garantie pour ses achats retire ses ordres , parce qu'il ne sait plus où placer sa confiance. L'individu peut ne voir que le présent, il appartient à la société de prévoir l'avenir ; elle seule peut conserver et perpétuer cette bonne foi sans laquelle le commerce n'est qu'une lutte de méfiance entre le fabricant et le consommateur.

Tout le monde convient que le moment le plus favorable à la vendange est, en général, celui de la maturité du raisin ; cette maturité peut être connue par la réunion des signes suivants :

1° La queue verte de la grappe devient brune. En Champagne, on exprime cette altération de la queue de la grappe en disant qu'elle *fait bois*. En Bourgogne, on appelle cet état de la queue du raisin *queue tannée.*

2° La grappe devient pendante.

3° Le grain du raisin a perdu sa dureté ; la pellicule en est devenue mince et *translucide*, comme l'observe Olivier de Serres.

4° La grappe et les grains du raisin se détachent aisément et sans efforts.

5° Le jus du raisin est savoureux, doux, épais et gluant.

6° Les pépins des grains du raisin sont vides de substance glutineuse , d'après l'observation d'Olivier de Serres.

La chute des feuilles annonce plutôt le retour de l'hiver que la maturité du raisin : aussi regardons-nous ce signe comme très fautif, de même que la pourriture que mille causes peuvent décider, sans qu'aucune d'elles nous permette d'en déduire une preuve de la maturité. Cependant, lorsque les gelées forcent les feuilles à tomber, il n'est plus permis de différer la vendange, parce que le raisin , surtout le noir, n'est plus dans le cas de mûrir. Un plus

long séjour sur le cep ne pourrait qu'en décider la putréfaction.

Dans les climats très chauds où l'atmosphère conserve une très grande sécheresse, et où, par conséquent, le raisin, parvenu à maturité, se dessèche et acquiert la propriété de donner du vin plus spiritueux et surtout plus liquoreux, on peut sans crainte retarder la vendange.

En 1769, les raisins encore verts, dit Rozier, ont été surpris par les gelées des 7, 8 et 9 octobre. Ils n'ont plus rien gagné à rester sur le cep jusqu'à la fin du mois, et le vin a été acide et mal coloré.

Il est des qualités de vin qu'on ne peut obtenir qu'en laissant dessécher sur le cep les raisins qui doivent le fournir. C'est ainsi qu'à Rivesaltes, et dans les îles de Candie et de Chypre, on laisse faner le raisin avant de le couper. On dessèche le raisin qui fournit le Tockai. On procède de même pour quelques vins liquoreux d'Italie. Les vins d'Arbois et de Château-Chàlons, en Franche-Comté, proviennent de raisins qu'on ne vendange qu'en décembre. A Condrieu, où le vin blanc est renommé, on ne vendange que dans le mois de novembre. En Touraine et ailleurs, on fait le *vin de paille*, en cueillant les raisins par un temps sec et ardent ; on les étend sur des claies, sans qu'ils se touchent ; on expose ces claies au soleil, et on les enferme lorsqu'il est passé ; on enlève avec soin les grains qui pourrissent, et, lorsque le raisin est bien fané, on le presse et on le fait fermenter.

Olivier de Serres nous dit expressément que l'expérience a prouvé que *le point de la lune, pour vendanger, est toujours le meilleur en sa descente qu'en sa montée, pour la garde du vin*. Néanmoins il convient qu'il vaut mieux consulter le temps que la lune, lorsque le raisin est mûr ; et nous sommes parfaitement de son avis.

Mais il est des climats où le raisin ne

parvient jamais à maturité : tels sont presque tous les pays du nord de la France; et alors on est forcé de vendanger un raisin vert, pour ne pas l'exposer à pourrir sur le cep : l'automne humide et pluvieux ne pourrait qu'ajouter à la mauvaise qualité du suc.

Tous les vignobles des environs de Paris sont dans ce cas : aussi les vendanges y sont-elles plus avancées que dans le midi, où le raisin ne discontinue pas de mûrir (quoique la chaleur du soleil aille toujours en décroissant), parce que l'air y est sec.

Lorsqu'on a reconnu et constaté la nécessité de commencer la vendange, il y a encore bien des précautions à prendre avant d'y procéder. En général, il ne faut en entreprendre le travail que lorsque le sol et les raisins sont secs, et que, d'un autre côté, le temps paraît assez assuré pour que les travaux ne soient pas interrompus. Olivier de Serres recommande de ne vendanger que lorsque le soleil a dissipé la rosée que la fraîcheur des nuits dépose sur le raisin : ce conseil d'Olivier de Serres est d'autant plus judicieux, que l'observation a prouvé que le raisin cueilli dans un temps froid fermentait plus lentement et bien plus difficilement que lorsqu'on le cueille par un temps chaud.

Non seulement il faut donc profiter d'un beau jour pour cueillir le raisin, mais il convient, autant que faire se peut, que la cueillette de tous ceux qui doivent composer une cuve de vendange se fasse à la même température; et, dans le cas où cela serait impossible, il faut tenir les raisins dans un endroit chaud, pour qu'ils y prennent tous le même degré de chaleur avant le foulage.

Mais s'il est des précautions à prendre pour s'assurer du moment le plus convenable à la vendange, il en est encore d'indispensables pour pouvoir y procéder. Un agriculteur intelligent ne livre point à des mercenaires peu exercés ou maladroits la coupe du rai-

sin; et comme cette partie du travail de la vendange n'est pas la moins importante, nous nous permettrons quelques réflexions à ce sujet.

1° Il convient de prendre un nombre suffisant de vendangeurs pour terminer la cuvée dans le jour; c'est le seul moyen d'obtenir une fermentation bien égale.

2° Il faut n'employer que les personnes qui ont déjà contracté l'habitude de ce travail. Les élèves qu'on fait en ce genre doivent être peu nombreux.

3° Les travaux doivent être dirigés et surveillés par un homme sévère et intelligent.

4° Il convient de couper très court les queues des raisins, et c'est avec de bons ciseaux qu'il faut faire cette opération. Dans le pays de Vaud, on détache la grappe avec l'ongle du pouce droit; en Champagne, on se sert d'une serpette, etc.

5° Il ne faut couper que les raisins sains et mûrs : tout ce qui est pourri doit être rejeté avec soin, et ceux qui sont encore verts doivent être laissés sur la souche.

On vendange en deux ou trois reprises dans tous les lieux où l'on est jaloux de soigner la qualité des vins. En général, la première cuvée provenant du premier triage est toujours la meilleure : les raisins en sont mieux nourris, les grains de chaque grappe plus égaux, et la maturité est plus parfaite et plus uniforme dans toute la masse; d'ailleurs, ce premier choix ne porte que sur les raisins qui, étant parvenus à maturité les premiers, ont été par conséquent mieux exposés au soleil que les autres, et doivent donner du meilleur vin.

Il est néanmoins des pays où l'on recueille presque tous les raisins indistinctement et en un seul temps : on exprime le tout sans trier, et l'on a des vins très inférieurs à ce qu'ils pourraient être, si de plus grandes précautions étaient apportées dans l'opération de la vendange. Le Languedoc et la Provence nous offrent partout des exemples de cette négligence ; et je n'en vois pas d'autre cause que la trop grande quantité de vin qui repousse des soins minutieux, lesquels deviendraient, au reste, inutiles pour la très grande partie des vins qu'on destine à la distillation. On doit aux agriculteurs de ces climats la justice de convenir que les vins destinés à la boisson sont traités avec bien plus de précautions. Il est même des cantons où l'on vendange en plusieurs reprises, surtout lorsqu'il est question de fabriquer des vins blancs. Cette méthode se pratique dans plusieurs vignobles des environs d'Agde et de Béziers. Ces réflexions nous confirment encore dans l'idée que chaque localité doit avoir des procédés propres, qu'il est toujours dangereux d'ériger en principes généraux.

M. Mourgues a consigné une observation dans les journaux de physique, qui établit la nécessité, dans plusieurs cas, de vendanger en deux temps : en 1773, les vins furent très verts en Languedoc, parce qu'un vent d'est très violent et très humide, qui souffla les 12, 13 et 14 juin, fit couler la vigne qui était en fleur : les brouillards qui survinrent les 16 et 17, et la chaleur qui leur succédait dès les sept heures du matin, finirent par dessécher et brûler la fleur fatiguée. Les vents chauds, qui régnèrent vers la fin de juin, firent sortir une infinité de nouveaux raisins : la vendange fut faite du 8 au 15 octobre ; la fermentation fut prompte et vive, mais de courte durée ; le vin fut vert et peu abondant. Le volume ne rendait pas. On eût obvié à cette mauvaise récolte en triant le raisin, et en vendangeant en deux reprises.

Lorsqu'il est question de trier les raisins mûrs, on peut généralement se conduire d'après les principes suivants : ne couper que les raisins les mieux exposés, ceux dont les grains sont également gros et colorés ; rejeter tout ce qui

est abrité et près de la terre ; préférer les raisins mûris à la base des sarments, etc.

Dans les vignobles qui fournissent les diverses qualités de vins de Bordeaux, on trie les raisins avec soin ; mais la manière de trier les raisins rouges diffère de celle qu'on suit pour trier les raisins blancs : dans les tries des rouges, on ne ramasse les grains ni pourris ni verts : dans celles des blancs, on ramasse le pourri et le plus mûr ; et les tries ne recommencent que quand il y a beaucoup de grains pourris. Cette opération est tellement minutieuse dans certains cantons, tels que Sainte-Croix, Loupiac, etc., que les vendanges y durent jusqu'à deux mois. Dans le Médoc, on fait deux tries pour les vins rouges ; à Langon, on en fait trois ou quatre pour le raisin blanc ; à Sainte-Croix, cinq à six ; à Langoiron, deux à trois, et deux dans toutes les Graves. C'est ce qui résulte des renseignements qui m'ont été fournis par M. Labadie.

Dans quelques pays, on redoute une vendange composée de raisins parfaitement mûrs. On craint alors que le vin ne soit trop doux ; et on y remédie en y mêlant de gros raisins moins mûrs.

Il est encore des pays où, le raisin ne parvenant jamais à une maturité absolue, et ne pouvant pas par conséquent développer cette portion de principe sucré nécessaire à la formation de l'alcool, on procède à la vendange avant même l'apparition des frimas, parce que le raisin jouit encore d'un principe acerbe qui donne une qualité toute particulière au vin. On a observé, dans tous ces endroits, qu'un degré de plus vers la maturité produit un vin de qualité différente.

6° Lorsque le raisin est coupé, on doit le mettre dans des paniers, et avoir l'attention de ne pas les employer d'une trop grande capacité, pour éviter que les raisins ne se tassent et que le suc ne coule à pure perte. Néanmoins, comme il est bien difficile que le raisin soit transporté de la vigne dans la cuve sans qu'on l'altère par la pression, et conséquemment sans qu'on l'exprime plus ou moins, on ne doit se servir du panier que pour recevoir les raisins à mesure qu'on les coupe ; et, dès qu'il est plein, on doit le vider dans un baquet ou dans une hotte pour effectuer commodément le transport jusqu'à la cuve. Ce transport se fait sur charrette, à dos d'homme ou à dos de mulet : les localités et les distances décident de l'emploi de l'un ou l'autre de ces trois moyens. La charrette, plus économique sans doute, a l'inconvénient de fouler les raisins par une suite nécessaire des secousses qu'elle éprouve ; le mouvement du cheval est plus doux, plus régulier, et ne fatigue pas sensiblement la vendange ; la hotte est employée dans tous les pays où le raisin est peu mûr et ne risque pas de s'écraser, surtout dans le cas où le cellier n'est pas éloigné.

En Champagne, on dépose le raisin dans de grands paniers, que l'on porte au pressoir à dos de cheval, et qu'on recouvre d'une longue toile pour amortir l'action du soleil et éviter toute fermentation. On le tient à l'ombre jusqu'au soir. (*Voy.* les articles FERMENTATION et VIN.)   (CHAPTAL.)

VENDANGEOIR, VINOTERIE. (*Architecture rurale.*) Ensemble de bâtiments spécialement et exclusivement destinés à la fabrication et à la conservation du vin.

Lorsqu'un propriétaire ne possède qu'une petite étendue de vignes, il se contente de consacrer une portion de ses bâtiments à cette exploitation, et cette portion, qui en est la vinoterie, ne change rien à la dénomination générale de la ferme ou de l'habitation à laquelle elle est attachée, parce que cette culture n'est alors qu'un faible accessoire à une autre culture plus étendue, ou aux autres moyens d'existence du propriétaire. Dans ce cas, la vinoterie n'est souvent composée que d'une vinée

de dimensions suffisantes pour servir en même temps de cellier, et d'une cave au dessous, pour y descendre les vins nouveaux après leur premier soutirage. (*Voy.* VINÉE, CELLIER et CAVE.)

On place cette vinoterie dans l'endroit le plus commode de l'établissement, et par forme d'appendice à l'habitation ou aux autres bâtiments de l'exploitation.

Mais lorsque l'étendue des vignes à exploiter est considérable, comme cela se rencontre souvent dans les grands vignobles, leur culture devient l'occupation principale du propriétaire ; elle est, pour ainsi dire, exclusive de toute autre, parce qu'elle absorbe tout son temps, tous ses moyens et tous ses engrais ; et l'habitation ainsi que les bâtiments nécessaires à une aussi grande exploitation sont tous disposés pour la rendre la plus commode et la moins dispendieuse. C'est alors que l'établissement prend le nom de *vendangeoir*.

Un vendangeoir proprement dit est donc une construction rurale qui est particulière aux grands vignobles. Ses bâtiments doivent être assez nombreux et assez étendus pour satisfaire pleinement à tous les besoins de cette culture ; on doit en proportionner les dimensions aux produits présumés de l'exploitation, et les augmenter en raison du temps qu'il faudra les conserver localement pour attendre tranquillement le moment de leur vente la plus avantageuse. Enfin leur disposition générale et leur distribution particulière doivent présenter le service le plus commode et le plus économique, et surtout offrir au propriétaire la surveillance la plus facile et la plus immédiate sur toutes les opérations de la fabrication du vin ; car de toutes les récoltes celle-ci est peut-être la plus coûteuse, et sûrement la plus exposée aux tentations de ceux que l'on y emploie, et la fabrication du vin ne souffre aucune négligence.

Les bâtiments d'un vendangeoir consistent ordinairement, savoir : 1° dans un logement pour le propriétaire, qui est plus ou moins grand , plus ou moins complet, suivant ses facultés et selon qu'il est destiné à son habitation ordinaire ou à lui servir seulement de pied à terre pour le temps des vendanges ; 2° dans un autre logement pour l'économe chargé de la surveillance journalière des caves, des tonneliers et des vignerons ; 3° dans une vinée de grandeur suffisante pour y placer commodément le nombre de cuves qui sera nécessaire aux besoins de l'exploitation ; 4° dans un pressoir, c'est à dire dans la pièce dans laquelle cette machine doit être placée ; 5° dans un cellier de grandeur convenable pour pouvoir y resserrer tous les vins nouveaux jusqu'à leur premier soutirage ; 6° dans des caves assez vastes pour contenir au moins deux années de récoltes en vin ; 7° enfin dans des emplacements commodes pour resserrer sainement les différents approvisionnements nécessaires à l'exploitation , comme échalas, perches, cercles, tonneaux, etc.

La récolte moyenne d'une semblable exploitation étant toujours connue localement, il est facile de calculer rigoureusement le nombre et les dimensions des différents bâtiments qui doivent composer un vendangeoir ; mais l'art consiste à savoir les disposer de la manière la plus commode et la plus avantageuse pour le propriétaire.

Tel est le but que je me suis proposé et que j'ai cherché à remplir dans le plan de vendangeoir représenté *pl.* CCCXXXV et CCCXXXVI. La première de ces planches montre l'ensemble du rez-de-chaussée du vendangeoir ; sur la seconde on voit (*fig.* 2) la coupe générale du bâtiment, et (*fig.* 1) le plan des caves et de la disposition des tonneaux.

La vinée (*voy.* la pl. CCCXXXV) contient cinq cuves, dont trois en bois, et peut en avoir encore deux autres en pierre, dans le fond, même avec une galerie placée à hauteur convenable pour faciliter la décharge de feuillettes de vendange et la manœuvre dans les cuves. La galerie des cuves de bois, et la fenêtre qui y correspond sur la cour, sont disposées de manière qu'en acculant une voiture chargée de vendange contre cette fenêtre, et en plaçant deux madriers sur son appui et sur la galerie, on peut conduire les vaisseaux remplis de vendange près de ces cuves le plus directement, dans le moins de temps et avec le moins de bras possible.

Les deux cuves de pierre sont ici supplémentaires et ne doivent servir que dans les années de grande abondance. Les feuillettes de vendange y sont amenées par le pressoir auquel la vinée communique directement, et elles sont hissées sur la galerie de ces cuves au moyen d'une rampe mobile.

On tire la *goutte* de toutes ces cuves par des canelles adaptées à leur partie inférieure , et elles sont garnies de couvercles que l'on manie très facilement à l'aide de poulies de renvoi.

Le pressoir est placé dans l'aile droite du vendangeoir. On y arrive aisément pour y déposer la vendange destinée à faire du vin blanc. Il est également à la portée de la vinée, pour le pressurage des marcs des vins rouges, ainsi que du cellier , qui est à la suite de la vinée, pour le transport des vins de pressurage ; en sorte que toutes ces opérations se font à couvert, dans le moins de temps et avec le moins de bras possible. On voit d'ailleurs que la disposition de la vinée, entre le pressoir, le cellier et le logement du propriétaire, est telle que, sans être obligé de sortir dans sa cour, il peut, à tout moment, aller inspecter la fermentation du vin dans les cuves, et qu'en se plaçant dans la baie de communication de la vinée avec le pressoir, il peut apercevoir tout ce qui se passe dans les trois pièces de l'atelier, et empêcher par sa présence les abus trop fréquents que se permettent les ouvriers employés à la fabrication du vin, lorsqu'ils ne sont pas surveillés.

Après le soutirage des vins nouveaux, on peut les descendre dans les caves par la vinée, qui communique de plain pied avec le premier palier de leur escalier. Elles sont assez spacieuses pour contenir 600 feuillettes engerbées. (*Voy.* Part. Cave.)   (De Perthuis.)

VENOFERO. En provençal, c'est la FOLLE AVOINE.

VENT. (*Météorologie agric.*) Mouvement plus ou moins rapide de l'air dans une même direction.

Nous n'avons pas à nous occuper des causes productrices du vent; nous devons seulement envisager ce phénomène météorologique dans ses rapports avec l'agriculture.

Si les vents passent sur des montagnes couvertes de neige, ils se chargent de froid et se font ressentir tels dans les plaines, même à une assez grande distance, suivant leur direction et force de direction. Si, pendant l'été, la neige des montagnes est fondue, mais si ces montagnes sont humides, les vents que l'on ressent dans la plaine sont ou frais ou même froids, en raison de la rapidité de l'évaporation occasionnée par la rapidité des vents, parce que toute évaporation produit le froid. Si, au contraire, ils passent sur des montagnes, sur des terrains secs, ils produiront une sensation chaude, quand même leur direction viendrait du nord.

Tout homme qui veut acheter des biens de campagne doit examiner soigneusement à quels vents, à quelles rafales de vents ils sont exposés; examiner les points d'où ils soufflent, et surtout s'ils ne passent pas sur des étangs, sur des relaissés de rivières, et sur toute espèce de putréfaction susceptible d'altérer la santé de ses habitants. Chaque pays, chaque canton a son vent plus ou moins nuisible, son côté d'où viennent les grêles, les ouragans. Qu'il examine donc si la majorité de ses fonds en est à couvert, s'il peut se garantir des coups dangereux de vents par des plantations de forêts, par des haies élevées, par des ARBRES quelconques.

VENT (ARBRE EN PLEIN). (*Voy.* PLEIN-VENT.)

VENTADOUIRO. Espèce de fourche à quatre dents plates et rapprochées, en bois léger, qu'on emploie, dans le midi de la France, pour séparer les menues pailles du grain. C'est le *ventilabrum* des Latins. (*Voy.* l'article suivant.)

VENTAGE. (*Econ. rur.*) Rozier emploie ce mot pour désigner l'action de nettoyer le grain battu des balles et menues pailles qui le salissent, en l'exposant à un courant d'air qui emporte les parties les plus légères et ne laisse retomber sur l'AIRE que les parties lourdes, c'est à dire le grain. Rozier décrit ainsi cette opération, encore employée dans beaucoup de petites exploitations du Midi :

« On a eu la précaution de placer l'aire sur un lieu élevé et exposé au courant de tous les vents, ou du moins des principaux qui règnent dans le canton, et si l'un d'eux souffle, on se hâte d'en profiter pour *venter.* A cet effet, le grain et tout ce qui l'environne sont rassemblés en carré long et étroit, dans le milieu ou dans un coin de l'aire, suivant sa position. Alors les ouvriers, armés de fourches à dents longues et serrées les unes près des autres (*voy.* VENTADOUIRO), jettent en l'air, au dessus et derrière leur tête, le grain et tout ce qui se rencontre; alors la force du vent entraîne au loin les corps légers, et le grain et les petites pierres tombent à côté du batteur où ils forment un nouveau monceau, et continuent jusqu'à ce que le premier ait été tout *dégrossi.* C'est ainsi que se nomme cette première opération.

« Si le vent continue, les mêmes batteurs abandonnent les fourches, prennent des pelles de bois et jettent aussi haut et aussi loin qu'ils peuvent contre le vent le grain dégrossi : c'est en quoi consiste proprement l'action de *venter.* Les petits corps rassemblés sur la pelle ont chacun une pesanteur spécifique, et en raison de cette pesanteur et de la force avec laquelle ils sont poussés, ils tombent plus ou moins loin. Ainsi les pierrailles se séparent du grain ainsi que les débris de paille, de balle, etc. » (*Voyez* NETTOIEMENT DES GRAINS.)

VENTAISON, BLÉ VENTÉ. Maladie du FROMENT, dans laquelle le blé est RE-TRAIT (*voy.* ce mot), et qu'on attribue principalement à l'action du vent.

VENTE. (*Vocab. forest.*) Ce mot, dans le langage forestier, signifie l'adjudication qui se fait d'une certaine étendue de bois à couper, et cette étendue elle-même.

VENTILATEUR. (*Econ. rur.*) Appareil propre à produire un courant d'air. On en a fait l'application dans différents cas d'économie rurale. (*Voyez* GRAINS, NETTOIEMENT DES GRAINS, TARARE, etc.)

VENTIS. (*Vocab. forest.*) Arbres abattus par les vents. (*Voy.* CHABLIS.)

On nomme *faux-ventis* ceux qu'on a fait tomber soit à l'aide de cordages, soit en les déracinant, comme s'ils avaient été abattus par le vent. (*Voy.* ABATTIS.)

VENTURES. On donne ce nom, dans quelques cantons, aux menues pailles, balles, etc., qui sont séparées du grain par le VENTAGE ou le VANNAGE. (*Voyez* ces mots, et CRIBLURES.)

VENUE. Synonyme de croissance.

VER BLANC. C'est la larve du HANNETON.

VER BLANC DU TERREAU. C'est la larve d'une TIPULE; les jardiniers en éprouvent quelquefois des dommages notables. Un des meilleurs moyens de s'en garantir est de placer une poignée de charbon pilé au pied des plantes qu'on veut préserver.

VER DES BLÉS. C'est la FAUSSE-TEIGNE des blés.

VER COQUIN. Dans quelques vignobles, c'est la larve de la PYRALE.

VER A SOIE. (*Econ. rur.*) Insecte qui produit la soie.

L'éducation des vers à soie a été, surtout depuis une vingtaine d'années, l'objet d'un grand nombre de très bons traités, publiés soit en France, soit en Italie; cette industrie, devenue d'une importance majeure dans notre économie rurale [1], est donc aujourd'hui à la

[1] En 1812, époque à laquelle s'arrêtent les documents sur lesquels M. le comte Chaptal a composé son précieux traité *De l'industrie française*, la récolte des cocons avait lieu dans onze de nos départements, et déjà il n'était presque plus de localité, depuis Moulins jusqu'à Montpellier, où les habitants ne s'exerçassent à quelque opération de l'industrie sétifère, tant pour élever le ver à soie, filer le cocon, organsiner la soie, que pour la transformer en tissus. M. Chaptal, dans l'ouvrage cité, donne le tableau suivant des récoltes de cocons en France, de 1808 à 1812:

Récoltes de cocons, évaluées en kilogrammes.

DÉPARTEMENTS.	1808	1809	1810	1811	1812
	kil.	kil.	kil.	kil.	kil.
Ain..........	2,700	2,300	1,500	950	5,650
Allier........	3,000	2,000	2,500	1,200	2,860
Ardèche.......	698,400	1,000,000	249,600	499,000	1,235,000
Bouches-du-Rhône.	586,000	490,000	201,000	161,000	393,116
Drôme........	622,246	587,000	327,500	324,000	676,610
Gard.........	1,260,000	1,200,000	1,280,000	1,160,000	770,000
Hérault.......	517,000	455,000	155,000	163,000	218,773
Indre-et-Loire...	30,000	27,000	24,000	27,000	16,000
Isère.........	180,000	210,000	180,000	180,000	832,000
Loire........	31,000	24,000	9,000	8,600	16,000
Var.........	176,040	156,000	1,102,000	77,000	94,500
Vaucluse......	1,680,000	1,740,000	1,500,000	1,176,000	991,000
Totaux...	5,786,386	5,893,300	5,032,000	3,777,750	5,249,509

Le produit moyen annuel fut donc, pour ces cinq années, de 5,147,609 kil., qui, à raison de 3 fr.

le kil., formèrent une valeur de 15,442,827 fr., répartie sur l'agriculture de douze départements, portée de tous les cultivateurs, qui trouveront dans les écrits des Dandolo, des Bonafous, des Loiseleur - Deslongchamps, etc., des guides expérimentés et sûrs. C'est d'après ces écrits spéciaux, notamment d'après ceux de M. Mathieu Bonafous, que nous rédigerons cet article, qui, nous l'espérons du moins, ne laissera rien à désirer pour les détails de la pratique.

Plan du travail.

§ I. HISTOIRE NATURELLE DU VER A SOIE.

§ II. DE LA NOURRITURE DES VERS A SOIE.

valeur plus que doublée par la main-d'œuvre pour approprier la soie à la fabrication des tissus et de la bonneterie.

Aujourd'hui le nombre des départements producteurs et la production elle-même se sont augmentés, et cependant nous sommes bien loin encore de fournir aux besoins de nos manufactures et de notre consommation intérieure. Le dernier *Tableau général du commerce de la France* publié par l'administration des douanes (pour 1834) porte à près de 81 millions et demi la valeur en francs des soies tirées de l'étranger, soit en cocons, soit grèges, moulinées et en bourre; et à cette énorme importation nous n'avons à opposer qu'une exportation dont le total n'atteint pas 26 millions : c'est donc une valeur annuelle de près de 56 millions de francs dont nous sommes tributaires envers l'étranger pour une production qu'il nous serait facile d'obtenir chez nous. « Il est surprenant, dirons-nous avec M. le comte Chaptal, que le mûrier n'exigeant presque aucun soin et pouvant être heureusement cultivé dans la moitié de la France, cette industrie ne se soit pas répandue davantage ; cela doit paraître plus étonnant encore si l'on considère que l'éducation du ver à soie et la récolte du cocon sont entièrement terminées en six semaines, et que le produit est acheté de suite par le fileur. D'autres usages sans doute contrarient cette culture ; d'ailleurs les habitudes se prennent et se quittent difficilement. Mais le mûrier ne demandant que des terres légères et profondes, on peut le planter sur le bord des propriétés et enrichir son domaine sans nuire aux récoltes qui y prospèrent déjà. L'exemple seul de quelques agriculteurs zélés pourra déterminer enfin cet heureux accroissement de la richesse territoriale. »

Voy. dans notre *Tableau de l'agriculture française* (t. 1ᵉʳ de ce *Dictionnaire*), un aperçu des progrès récents de la culture du mûrier et de l'éducation du ver à soie dans plusieurs de nos départements, et de l'état actuel de cette industrie en France.   L. V.

Art. 1ᵉʳ De la nourriture ordinaire.

Art. 2 Des succédanées de la feuille de mûrier, pour la nourriture du ver à soie.

§ III. DES CONDITIONS ATMOSPHÉRIQUES DE L'ÉDUCATION DES VERS A SOIE.

Chaleur.
Humidité.
Lumière.

§ IV. DES ATELIERS PROPRES A L'ÉDUCATION DES VERS A SOIE.

§ V. USTENSILES QUI SERVENT A L'ÉDUCATION DES VERS A SOIE.

§ VI. DES SOINS PRÉLIMINAIRES POUR LA NAISSANCE DES VERS A SOIE.

Art. 1ᵉʳ. Préparation de la graine.

Art. 2. De l'étuve et de la naissance des vers.

Art. 3. Transport des vers éclos de l'étuve au petit atelier.

§ VII. DE L'ÉDUCATION DES VERS A SOIE JUSQU'A LA FIN DU SEPTIÈME AGE.

Art. 1ᵉʳ Premier âge.

Art. 2. Second âge.

Art. 3. Troisième âge.

Art. 4. Quatrième âge.

Art. 5. Première période du cinquième âge.

Art. 6. Dernière période du cinquième âge. Maturité des vers à soie.

Première disposition pour former les haies.
Avant-dernier nettoiement des claies; achèvement des haies, etc.
Séparation des vers à soie; dernier nettoiement des claies.
Direction de l'atelier jusqu'à l'accomplissement du cinquième âge.
Tableau récapitulatif de l'éducation des vers à soie jusqu'au sixième âge, calculé sur une once d'œufs.

Art. 7. Des sixième et septième

âges, et des moyens d'obtenir une bonne graine.

Confection des cocons, leur récolte et leur diminution de poids.

Choix et conservation des cocons destinés à fournir la graine.

Naissance et accouplement des papillons.

Séparation des papillons, ponte des œufs et leur conservation.

§ VIII. Des éducations multiples de vers a soie.

§ IX. Maladies des vers a soie.

Grasserie.
Consomption.
Jaunisse.
Muscardine, etc.

§ I. Histoire naturelle du ver a soie.

Le ver à soie (*bombyx mori*, Fab.), comme toutes les chenilles (*Voy.* ce mot), est soumis à plusieurs changements : le premier a lieu par le passage de l'état d'*embryon* à l'état de *chenille*; le second est le passage de l'état de chenille à celui de *chrysalide* dans le cocon qu'elle a formé ; le troisième enfin est la transformation de la chrysalide en *papillon*.

Aussitôt que ces métamorphoses se sont opérées, les papillons mâles (*pl.* CCCXXXVII,*fig.* 1) s'accouplent avec les femelles (même planche, *fig.* 2), et celles-ci, peu de temps après, déposent leurs œufs. De l'œuf éclot une chenille (*fig.* 3), composée de douze articulations, et ayant de chaque côté neuf petites ouvertures, que l'on nomme *stigmates*, organes de la respiration. Sa peau, velue à sa naissance, devient rase ; sa couleur est d'un blanc sale ou jaunâtre; elle a seize pattes : les six premières, écailleuses, sont fixées sous les trois premiers anneaux, et les dix

autres, attachées à la partie postérieure du corps, sont membraneuses, et se gonflent ou s'aplatissent au gré de la chenille. La tête est écailleuse et armée de deux mâchoires faites en scie, qui se meuvent horizontalement ; sous ces mâchoires se trouve placée une filière, laquelle communique intérieurement avec deux petits vaisseaux qui contiennent la soie à l'état de fluide. Derrière la tête on aperçoit des rides nombreuses ; et l'on remarque sur le dernier anneau du corps un petit tubercule charnu.

La chaleur propre du ver à soie est, comme celle des autres animaux à sang froid, à peu près égale à celle de la température de l'air au milieu duquel il respire.

Un caractère également particulier aux autres chenilles, c'est de changer de peau plusieurs fois avant de passer à l'état de chrysalide ou nymphe. Les vers à soie en changent quatre fois, et ces changements de peau s'appellent *mues*. Une peau seule, chez un insecte qui, en peu de temps, augmente mille fois de poids et de volume, aurait difficilement pu se distendre au point de l'envelopper entièrement.

Les rudiments de toutes ces peaux sont étendus sur le corps du ver à soie, et l'insecte, croissant plus que la peau, ne peut se distendre ; la première peau tombe et est remplacée par la seconde, plus molle et de couleur plus pâle ; celle-ci se détache de la même façon, fait place à la troisième, et ainsi de suite.

Lorsque l'époque de la mue approche, le ver à soie mange peu, et par l'effet de la diète et de ses pertes excrémenteuses, il s'amincit et se dépouille avec moins de peine; il verse des baves de soie qu'il fixe sur les corps solides qui l'entourent, afin que sa peau soit retenue lorsqu'il fera des efforts pour la quitter : cette opération faite, il demeure plus ou moins immobile, et ensuite agite vivement la tête. De cette manière, l'écaille qui la couvre, poussée en avant par celle qui s'est formée dessous, est la première pièce qui se détache. Alors le ver à soie fait ses efforts pour s'avancer à travers l'ouverture du premier anneau, qui est plus étroit que les autres ; il met en liberté les deux premières pattes, et à force de mouvements vermiculaires, il se débarrasse de son fourreau. La chenille éprouve une crise qui lui est favorable : il sort de la superficie de son corps une liqueur qui se répand entre l'ancienne et la nouvelle peau et en facilite la séparation.

Pendant les deux premiers jours après la mue, le ver à soie est dans un état de langueur : il a peu d'appétit, mais ensuite il devient extrêmement avide, et sa faim ne se ralentit et ne cesse que lorsqu'il va subir une autre mue.

La dernière mue, visible à nos yeux, étant terminée, le ver à soie dévore une quantité prodigieuse de feuilles ; et lorsqu'il est parvenu à son plus grand degré d'accroissement, son appétit décline encore et l'abandonne tout à fait ; il cherche à changer de place, à s'isoler, et à se mettre en repos ; il se vide de toutes ses matières excrémenteuses, et il ne reste en lui que la substance animale.

Lorsque la chenille est réduite à cet état, sa peau se contracte, et cette contraction l'aide à filer ou à faire en sorte qu'elle puisse verser aisément la soie contenue dans ses vaisseaux.

Alors la formation de la chrysalide se prépare, et elle s'accomplit lorsque la soie est toute versée, et que la dépouille ridée du ver à soie se sépare dans l'intérieur du cocon.

Le changement de la chrysalide en papillon, ou animal parfait, a lieu dans une espèce d'enveloppe renfermée dans le cocon ; la nymphe, métamorphosée en papillon, déchire cette enveloppe, ainsi que le cocon, et abandonne les dépouilles dont elle était revêtue. A peine sortis du cocon, les papillons mâles fécondent les femelles, et, après

la ponte des œufs, les uns et les autres meurent en peu de temps sans avoir pris aucune nourriture.

Une qualité des vers à soie, précieuse pour nous, est l'instinct qui les porte à ne jamais abandonner l'endroit où on les a déposés ; ils ne sont errants qu'au moment de leur naissance, et ensuite lorsqu'ils ressentent le besoin de verser leur soie, ou qu'ils se trouvent atteints de maladie.

On désigne sous le nom d'*âges* l'intervalle qu'on observe entre les mues et entre le passage de l'insecte d'un état à un autre.

Le premier âge commence à la naissance des vers à soie et se termine avec leur premier sommeil, ou première mue.

Le second âge dure depuis le réveil jusqu'au second sommeil.

Les troisième et quatrième âges se mesurent de la même manière.

Après la quatrième mue commence le cinquième âge, dans lequel on distingue deux périodes.

La première comprend le temps qui s'écoule depuis le réveil des vers jusqu'à leur parfaite maturité ;

La seconde, depuis la maturité jusqu'à la formation du cocon et au changement de la chenille en chrysalide.

Le sixième âge comprend le temps que l'animal reste à l'état de chrysalide ;

Le septième et dernier âge embrasse la vie du papillon.

Le temps que le ver à soie emploie, dans nos climats, à parcourir ces différentes périodes est à peu près de 60 jours, plus ou moins, suivant le degré de chaleur dans lequel il vit.

N'envisageant pas ici le ver à soie comme naturalistes, mais seulement dans ses rapports avec notre économie rurale, nous n'avons pas, au moins quant à présent, à nous occuper des espèces distinctes de notre ver commun, et plus ou moins connues, qui se trouvent dans les régions de l'Asie orientale, leur patrie originaire ; nous dirons seulement quelque chose de certaines races ou variétés qui vivent en Europe.

La plus importante est celle à cocons blancs. Ces vers ne diffèrent en rien des autres, quant à la nourriture et au régime. La multiplication de cette race serait avantageuse aux manufactures, puisque la soie n'aurait pas besoin de recevoir de préparations pour être soumise à la teinture, et qu'il y a des tissus dont la fabrication exige une blancheur si pure, qu'on ne peut l'obtenir que d'une soie naturellement blanche.

On connaît en outre des vers qui ne changent que trois fois de peau avant de former leurs cocons : on les nomme *vers de trois mues*. Leurs œufs pèsent un onzième de moins que ceux des vers communs; les vers eux-mêmes et leurs cocons sont de deux cinquièmes plus petits que les communs.

Dans le premier et dans le second âge, les vers de cette race mangent à peu près autant de feuilles que les vers de quatre mues dans les mêmes âges; mais ils mangent, dans le troisième et le quatrième âge, presque autant que les vers communs, et avec plus de voracité que ces derniers.

Il faut changer leur litière le cinquième jour du troisième âge, parce que cet âge est un peu plus long que chez les vers communs.

Leurs cocons donnent une soie plus fine et plus belle que celle des autres vers; ils sont mieux construits, et le fileur en retire comparativement une plus grande quantité de soie. Leur éducation dure environ quatre jours de moins que celle des vers ordinaires; on peut en conséquence effeuiller plus tôt les mûriers, épargner du temps et des frais, et l'animal, ayant une carrière plus courte, a moins de dangers à courir.

Il paraît assez surprenant, d'après cela, que les vers à trois mues soient moins recherchés que les autres. On prétend qu'ils sont plus délicats; mais M. Dandolo affirme qu'ils sont très vigoureux. « Si je m'adonnais à faire filer la soie, dit ce grand agronome, je n'élèverais que des vers de trois mues et de ceux à cocon blanc; j'aurais grand soin tous les ans de choisir les cocons les plus blancs pour la graine, afin qu'ils ne s'abâtardissent pas. »

§. II. DE LA NOURRITURE DES VERS A SOIE.

ART. 1er. *De la nourriture ordinaire.*

La feuille du MÛRIER blanc ou noir est le seul aliment qui convienne parfaitement au ver à soie; mais il est reconnu que la feuille du mûrier blanc (*morus alba* Lin.), plus précoce, plus abondante et plus délicate que celle du mûrier noir (*morus nigra* Lin.), produit une soie qui est généralement préférée.

On distingue dans la feuille du mûrier cinq substances différentes : 1° le parenchyme solide ou substance fibreuse, 2° la matière colorante, 3° l'eau, 4° la substance sucrée, 5° la substance résineuse. La substance fibreuse, la matière colorante et l'eau, moins celle qui devient partie intégrante de l'animal, ne sont point proprement des substances nutritives pour le ver à soie. La substance sucrée est celle qui nourrit le ver, le fait croître et se convertit en substance animale. La substance résineuse est celle qui se sépare insensiblement de la feuille, et qui, attirée par l'organisme animal, s'accumule, s'épure et emplit les deux petits réservoirs de la chenille. D'après cela, la variété du mûrier dont les feuilles donnent une plus grande proportion de principes sucrés et de substance résineuse sous un moindre volume de parenchyme fournira la meilleure nourriture qu'on puisse donner aux vers à soie [1].

[1] M. d'Arcet, par des analyses récentes, et antérieurement plusieurs autres chimistes, ont de plus constaté la présence de l'azote dans la feuille du mûrier. M. d'Arcet en évalue la quantité à 4 pour 100 dans la feuille. Or, aucun autre végétal

Au mot MURIER, nous avons consigné les détails nécessaires sur la cueillette des feuilles de cet arbre; nous y renvoyons.

Dans les deux premiers âges du ver à soie, il est essentiel que la feuille soit cueillie sur de jeunes mûriers. Un beau vert est toujours l'indice d'une bonne feuille.

La feuille recouverte d'une substance visqueuse, connue sous le nom de MIELLÉE (*voy.* ce mot), est toujours funeste au ver à soie. On ne doit l'employer qu'à défaut de toute autre, après l'avoir lavée et soigneusement essuyée.

La feuille tachée de ROUILLE ne fait aucun mal à cet insecte; il évite la partie rouillée et ne ronge que celle qui est saine; il lui faut donc une plus grande quantité de cette feuille, pour qu'il ait moins de peine à prendre sa nourriture.

La feuille mouillée par la pluie ou la rosée est toujours pernicieuse; il vaut mieux faire jeûner les vers pendant quelques heures, que de les nourrir avec cette feuille, surtout lorsqu'ils sont faibles ou que l'époque de leur mue approche.

On doit toujours tenir en réserve une certaine quantité de feuilles pour le besoin journalier des vers à soie.

Lorsque des pluies longues et sans intervalle obligent de cueillir les feuilles mouillées, M. Bonafous conseille de les faire sécher de la manière suivante:

On porte la feuille à l'entrepôt, on la dépose sur un pavé de briques, ou sur un sol quelconque très propre; on l'étend avec des fourches de bois; on la jette en l'air; on la tourne dans tous les sens à l'aide de râteaux, et on la pousse sur une autre partie du sol qui soit parfaitement sèche, afin que toute l'humidité qu'elle conserve puisse se dissiper.

Lorsqu'il y a une grande quantité de feuilles à sécher, on les entasse et on les presse pour qu'elles se réchauffent; ensuite on les étend, afin que la chaleur qu'elles ont acquise fasse évaporer l'humidité qui reste encore. S'il n'y a qu'une petite quantité de feuilles, on prend une toile et on met dessus quinze à vingt livres de feuilles; on plie cette toile en double dans sa longueur en forme d'un grand sac, et deux personnes, tenant ses deux extrémités, font remuer la feuille, qui sèche en peu de minutes.

On peut aussi faire sécher la feuille en la plaçant autour d'un gros feu de paille: on la tourne dans tous les sens, et on la rend aussi sèche que si elle eût été cueillie par une belle journée.

Si la feuille n'était mouillée que par la rosée, il suffirait de se servir d'une toile, comme nous l'avons conseillé plus haut.

Il est démontré, par des expériences exactes, que les vers à soie provenant d'une once d'œufs consomment quinze quintaux quatre-vingt-huit livres et douze onces de feuilles (poids de marc); mais comme la feuille perd de son poids par l'évaporation et l'épluchement, il en faut une quantité de dix-huit quintaux quatre-vingts livres, tirée de l'arbre et partagée comme ci après:

Premier âge, feuilles bien mondées et coupées très menu. . . . . 7 liv.

Deuxième âge, feuilles mondées et coupées menu . . 21 »

Troisième âge, feuilles mondées et médiocrement coupées 69 3/4

Quatrième âge, feuilles médiocrement mondées et coupées grossièrement dans les trois ou quatre premiers jours après la troisième mue, et quand les vers commencent à dormir la quatrième fois. . . . . 210 »

ne fournit une quantité proportionnelle aussi considérable de ce principe, quoique dans beaucoup d'autres on en ait signalé la présence. M. d'Arcet est porté à croire que c'est là une des raisons principales qui rendent impossible la substitution absolue des feuilles d'un autre végétal à celles du mûrier, pour l'éducation du ver à soie.

L. V.

Cinquième âge, feuilles mondées grossièrement. . . . 1,281 »

TOTAL de la feuille mondée. 1,588 3/4
Diminution du poids que la
feuille a subie en la mondant :
Premier âge . . 1 1/2
Deuxième âge. . 3 3/4
Troisième âge. . 11 1/4   169 3/4
Quatrième âge . 32 1/4
Cinquième âge. 121 »
Perte en évaporation pendant
toute l'éducation des vers à
soie. 121 1/2

TOTALITÉ de la feuille tirée
de l'arbre. . . . . . . 1,880 »

La feuille mondée que le ver a soie
mange est, en raison du poids des œufs
dont il est né, dans la proportion qui
suit :

Dans le premier âge, le ver à soie
mange en feuilles mondées cent douze
fois le poids des œufs que l'on a fait
éclore. 112
Dans le deuxième âge. . . . 336
Dans le troisième âge . . . 1,120
Dans le quatrième âge . . . 3,360
Dans le cinquième âge . . . 20,296

D'après cette base, tout le monde
peut faire, par approximation, le calcul
de la feuille qu'une quantité donnée de
vers à soie doit consommer dans le cours
de l'éducation.

Dans les deux premiers âges, on met
plus de soin à monder la feuille, en
ôtant tous les petits rameaux, les bourgeons et les pétioles des feuilles, pour
qu'il n'y ait rien d'inutile à la nourriture
des vers à soie.

Dans le troisième âge, on monde la
feuille avec moins de soin, et moins encore dans le quatrième et le cinquième
âge. Il est indifférent de laisser ou d'ôter
les bourgeons dans les derniers âges,
parce que l'animal ne les ronge pas.

On doit observer que l'on peut avoir
besoin d'une quantité de feuilles plus
grande que celle que nous avons indi-

quée, lorsque les vers à soie naissent
dans une saison défavorable et qui aurait retardé le développement du mûrier ; de même que la quantité indiquée
peut excéder le besoin des vers à soie
lorsque, par l'effet d'une saison propice,
la feuille est moins aqueuse et par conséquent plus nourrissante.

Ces proportions sont établies sur le
cours ordinaire des saisons, et dans la
supposition que les trois quarts des
chenilles provenant d'une once d'œufs
parviennent à leur maturité.

Lorsque le ver à soie n'a que la feuille
dont il a besoin, il la mange avec appétit, la digère facilement et conserve
toute sa vigueur.

Hormis les exceptions dont nous parlerons plus tard, on divise la nourriture
des vers à soie en quatre repas par jour.
En général, on ne doit pas donner à
manger aux vers à soie avant qu'ils aient
consommé toute la feuille qu'on leur a
déjà distribuée ; et à cet égard, le bon
sens doit prescrire à l'éducateur soigneux tout ce qu'il n'est pas possible de
déterminer. Il ne saurait assez se pénétrer que, dans l'art de gouverner les
vers à soie, on doit s'appliquer essentiellement à obtenir, avec la moindre
quantité de feuilles, la plus grande quantité possible de bons cocons.

Sans peser chaque fois la feuille, il
est un moyen sûr de régler la nourriture
des vers à soie, surtout lorsqu'ils sont
gros : c'est de ne donner une nouvelle
feuille qu'une heure ou une heure et
demie après qu'ils ont mangé totalement
la précédente, et qu'il n'en reste que les
nervures. Mais on ne donnera la feuille
aux vers à soie que sept à huit heures au
moins après l'avoir cueillie ; il est même
important, dans les derniers âges, de la
ramasser un, deux et même trois jours
avant de l'employer. La feuille se conserve facilement trois ou quatre jours
sans qu'elle se flétrisse, si elle n'est pas
trop entassée, et si on a soin de la remuer de temps en temps.

Le meilleur local pour bien conserver

la feuille est un magasin, une cave, ou une chambre au rez-de-chaussée, fraiche, légèrement humide et fermée de manière à ce que la lumière ni l'air extérieur ne puissent, pour ainsi dire, y pénétrer.

Si la feuille est trop chaude lorsqu'elle arrive au dépôt, il faut ouvrir la fenêtre du côté où il y a le plus de fraîcheur, remuer les feuilles, les éparpiller plusieurs fois pour les amener à la température locale, et il suffit ensuite de tenir le dépôt bien fermé.

ART. 2. *Des succédanées de la feuille de mûrier, pour la nourriture du ver à soie.*

De nombreuses recherches ont été faites, de nombreux essais ont été tentés pour remplacer, au besoin, la feuille du mûrier dans l'éducation du ver à soie. La Société d'Encouragement pour l'Industrie nationale avait, en 1819, proposé sur ce sujet un prix qui fut retiré du concours deux ans après. C'est qu'en effet aucune substance ne paraît pouvoir remplacer, au moins absolument, celle que la nature a indiquée. Burgsdorf et Pallas ont observé cependant que le ver à soie se nourrit volontiers des feuilles de l'ERABLE DE TARTARIE, *acer tartaricum* L.; on a trouvé aussi que les feuilles de la RONCE COMMUNE et celles du PISSENLIT (*leontedon taraxacum*) pouvaient entretenir le ver à soie, les premières jusqu'à la deuxième mue, les autres jusqu'à la quatrième; mais la quantité et la qualité de la soie fournie par l'insecte souffrent plus ou moins de ces substitutions, qui, d'ailleurs, ne pourraient excéder, sans entraîner la mort de l'animal, les bornes indiquées.

M. Bonafous, qui s'est livré sur le même objet à des observations suivies, a songé d'abord à chercher les succédanées dans les végétaux de la famille des URTICÉES, dont le mûrier est très voisin. Il a essayé, sans aucun succès, de nourrir ses vers avec des feuilles d'ORTIE, de PARIÉTAIRE, de CHANVRE, de HOUBLON et de FIGUIER. La feuille du BROUSSONETIA (*broussonetia papyrifera*) lui avait donné de meilleurs résultats; mais la délicatesse de cet arbrisseau, qui craint les gelées tardives, le dissuada d'insister sur les essais dont il avait été l'objet. Enfin, un assez grand nombre d'autres végétaux ont été inutilement soumis à des épreuves analogues; les résultats les moins mauvais ont été donnés par la CAMÉLINE (*myagrum sativum* L.) et le LOTUS ou MICOCOULIER DE PROVENCE, *celtis australis* L.

Un arbre voisin du mûrier, et de la même famille, le MACLURE ÉPINEUX, *maclura aurantiaca* Nuttall, paraît néanmoins devoir offrir comme succédanée du mûrier une ressource plus efficace qu'aucun des végétaux précédemment essayés; laissons parler M. Bonafous, à qui on en doit l'indication :

« J'étais porté à croire qu'on découvrirait difficilement une substance propre tout à la fois et à remplacer la feuille du mûrier et à résister aux gelées; cependant, me trouvant à Montpellier, au mois d'avril 1834, lorsqu'un froid de quatre degrés R. au dessous de zéro atteignit un grand nombre de mûriers, je fus curieux d'étudier les effets du froid sur une multitude de plantes cultivées au Jardin de l'Ecole-de-Médecine, et y ayant observé qu'un arbre de la famille des urticées [1], que les botanistes ne distinguent du mûrier que parce que les fleurs ont un style, avait résisté à cet abaissement de température, tandis que le mûrier blanc, le mûrier noir, le mûrier des Philippines, celui de Constantinople, n'avaient pu le supporter, je crus utile de m'assurer si cet arbre, introduit récemment en Europe sous le nom de *maclura auran-*

---

[1] La plupart des botanistes modernes le rangent dans la famille des ARTOCARPÉES, formée aux dépens de celle des URTICÉES.   L. V.

tiaca, pouvait être employé, avec succès, à la nourriture du ver à soie.

« Je fis éclore à cet effet des graines de ver à soie d'une variété de Syrie, que je venais de recevoir, et, à peine les vers nés, j'en formai deux divisions que je nourris dans le même local, l'une avec des feuilles de *maclura*, et l'autre avec des feuilles de mûrier blanc.

« Les vers alimentés avec le *maclura* eurent un accroissement plus rapide pendant les deux premiers âges ; mais ensuite les vers nourris avec le mûrier blanc prirent à leur tour le dessus sur leurs frères, et soutinrent cette supériorité jusqu'à la montée ; ceux nourris avec le *maclura* contractèrent une teinte verdâtre, qui les faisait facilement distinguer des autres, et, quoiqu'en retard de sept à huit jours, ils formèrent des cocons d'une structure régulière et d'un tissu aussi ferme que ceux des vers nourris avec des feuilles de mûrier. Tels furent les cocons que M. Farel, correspondant de la Société royale et centrale d'Agriculture, m'envoya de Montpellier, dès qu'il eut achevé, sous les yeux de la Société d'Agriculture de l'Hérault, l'éducation comparative que mon départ de ce département ne m'avait pas permis de conduire moi-même jusqu'à son terme.

« Il ressort donc de ce fait que le *maclura aurantiaca*, sans offrir au même degré les qualités qui rendent le mûrier si adapté à l'éducation du ver à soie, présente un avantage précieux, celui de ne pas être susceptible de geler à des degrés de froid que le mûrier ne peut endurer, et de pouvoir le suppléer dans le cas de gelée jusqu'à ce que ce dernier ait poussé des secondes feuilles. Il est vrai que je ne saurais indiquer la limite à laquelle le *maclura* cesse de végéter en Europe ; toutefois, je puis assurer qu'il n'a encore jamais gelé dans les jardins botaniques de Paris, de Strasbourg, de Genève, etc., ni dans celui que je dirige, à Turin, où je l'ai introduit depuis cinq à six ans.

« En appelant sur ce premier essai l'attention des agriculteurs, ajoute M. Bonafous, j'engage ceux qui s'occupent de la production de la soie à planter quelques pieds de *maclura* pour subvenir à la nourriture du ver à soie lorsque les feuilles naissantes du mûrier se trouvent frappées par la gelée. Un *maclura* de 12 à 15 pieds, tel que celui de MONTPELLIER, qui a servi à mon expérience, suffit pour nourrir, pendant les deux premiers âges, une quantité de vers provenant de 2 à 3 onces de graine. » (*Voy.* MACLURE.)

M. Bonafous, en faisant à l'Académie des Sciences de Paris hommage de sa traduction italienne des traités chinois sur la culture du mûrier et l'éducation du ver à soie, publiés en français par M. Stanislas Julien, a fait remarquer que, non content de reproduire en langue italienne le texte de cet intéressant ouvrage, il avait ajouté à cette publication quelques notes, ainsi que les expériences qu'il avait dû faire dans le but de vérifier la plupart des procédés chinois, ce qui l'avait conduit à reconnaître que plusieurs pratiques, quelque étranges qu'elles paraissent, méritaient d'être accueillies. Tel est, par exemple, l'usage de donner au ver à soie de la farine de riz. M. Bonafous a reconnu que non seulement le ver à soie mangeait la feuille de mûrier saupoudrée de farine de riz, mais que cet insecte mangeait avec la même avidité la farine de toutes nos autres céréales, ainsi que la fécule de pomme de terre. Ces diverses substances, qui seules ne seraient point mangées par les vers à soie, deviennent au contraire dans ce cas un aliment tout à fait de leur goût, et produisent un développement plus rapide. Les cocons sont plus beaux et plus lourds.

§ III. DES CONDITIONS ATMOSPHÉRIQUES DE L'ÉDUCATION DES VERS A SOIE.

Chaleur. — Un des principaux fondements de l'art d'élever les vers à soie est de connaître et de fixer avec précision les diverses températures dans lesquelles il doit vivre, selon ses différents âges. Il a besoin de moins de chaleur à mesure qu'il se développe et qu'il acquiert plus de force.

Les degrés de chaleur les plus convenables à la bonne éducation des vers, et les plus propres à nous faire obtenir une belle soie, sont les suivants, indiqués par le thermomètre de Réaumur :

Dans le premier âge, environ . . . . 19 degrés.
Dans le deuxième. . . . 18 à 19
Dans le troisième. . . . 17 à 18
Dans le quatrième. . . . 16 à 17
Dans le 5ᵉ { au 1ᵉʳ période. 16 à 17 1/2
{ au 2ᵉ . . . . . 16 1/2 à 15 1/2

Nos sens n'étant pas assez exercés pour juger exactement de la température, le secours du THERMOMÈTRE nous est indispensable, et l'on aura soin de placer plusieurs de ces instruments dans l'atelier des vers à soie.

Les variations subites de température sont toujours nuisibles aux vers à soie ; cependant il est moins dangereux que le thermomètre descende d'un ou de deux degrés, que s'il venait à s'élever au delà de la température indiquée.

Le froid ordinaire n'est pas nuisible aux vers ; il ne fait que retarder leur développement : mais il leur est contraire lorsqu'ils sont assoupis ou qu'ils vont l'être, car il s'oppose alors à la crise voulue par la nature ; de même lorsque les vers approchent de leur maturité, ou qu'ils y sont parvenus, le froid endurcit la matière soyeuse contenue dans les petits réservoirs de l'insecte.

La chaleur influe puissamment sur la finesse de la soie. Si l'on ne peut éviter une température trop chaude, il n'y a rien à redouter lorsque l'air peut circuler dans l'atelier ; mais si l'air extérieur est dans un trop grand calme, on peut, en faisant de petites flammes dans les cheminées, exciter dans les colonnes d'air environnantes un mouvement salutaire.

Il est nécessaire de tenir un thermomètre à l'air libre, pour connaître exactement la température de l'atmosphère : on a, par ce moyen, un rapport certain entre la chaleur extérieure et celle de l'atelier.

Un autre instrument nommé *thermométrographe* est très utile pour indiquer les *maxima* et les *minima* de la température de l'atelier.

Humidité. — L'humidité est un des principaux obstacles qui s'opposent à la bonne réussite des vers à soie ; les HYGROMÈTRES sont donc aussi très utiles, en servant à mesurer le degré de sécheresse ou d'humidité de l'air dans leur habitation.

Il est démontré par l'expérience que, tant que l'hygromètre ne dépasse point les soixante-cinq degrés d'humidité, on n'a rien à craindre pour les vers à soie.

Toutes les fois que l'hygromètre marque soixante-dix degrés, on doit faire brûler de la paille ou du petit bois léger dans les cheminées ; la flamme qui s'élève met en mouvement l'air environnant, et donne à l'air intérieur une légère agitation, qui sèche l'atelier.

Un hygromètre, placé au dehors et à l'ombre, indiquera l'état de sécheresse ou d'humidité générale de l'atmosphère.

Lorsque les vents secs du nord soufflent, il est rare que les vers à soie ne prospèrent pas, même entre les mains des gens les plus ignorants.

Les accidents qui frappent les vers ont ordinairement lieu dans le cinquième âge, à raison des vents du sud, qui rendent l'air humide : l'observation nous prouve que l'air extrêmement humide et chaud fait plus de mal aux vers à soie que l'air vicié. Cette dernière circonstance est cependant aussi très pernicieuse, comme nous le verrons plus bas, en parlant des ateliers.

Lumière. — C'est une erreur populaire de croire que la lumière ne vivifie pas le ver à soie, comme elle le fait pour tous les autres êtres vivants ; la nature même nous apprend que cette chenille est faite pour vivre à la lumière, puisqu'elle l'a destinée à vivre en plein air ; la lumière n'incommode le ver à soie que lorsqu'il est parvenu à l'état de phalène.

Les feuilles même de mûrier, dans un atelier bien éclairé, dégagent de l'air vital très pur ; tandis que, dans l'obscurité, elles rendent moins propre à la respiration l'air avec lequel elles se trouvent en contact.

Au danger de l'obscurité, il faut ajouter celui que causent les lumières dont on se sert, surtout si l'on emploie des huiles abondantes en odeur et en fumée.

Il est difficile de s'imaginer combien la grande quantité de lumière qui se dégage de la combustion des corps secs et légers exerce une heureuse influence sur la santé et l'accroissement de l'insecte. La chaleur du feu sans flamme ou avec une flamme légère ne produit jamais autant d'effet.

§ IV. DES ATELIERS PROPRES A L'ÉDUCATION DES VERS A SOIE.

« On a peine à concevoir, disait il y a moins de vingt ans l'homme à qui l'industrie sétifère doit le plus en Europe, M. le comte Dandolo, on a peine à concevoir comment, pendant plusieurs siècles, l'exercice de l'art d'élever les vers à soie, si utile et si précieux, est resté entre les mains de gens généralement ignorants.

« Tandis qu'il est de fait que l'abondance et la certitude des produits annuels des cocons reposent uniquement sur la bonne éducation des vers à soie pendant tout le cours de leur vie, et que tout le monde sait que ces insectes ne sont pas des animaux qui appartiennent à nos climats, et qu'ils ne vivent parmi nous que par les soins que nous avons pris pour les rendre domestiques, on ne croirait pas qu'il manque encore des règles sûres pour leur donner une habitation propre à leurs besoins, et qui leur soit

utilement adaptée dans leurs différents âges.

« L'expérience prouve que les hommes et les animaux tombent malades, et meurent même dans des habitations trop étroites, où ils ne peuvent pas respirer et transpirer librement ; et même dans les grandes habitations, si l'air ne peut s'y renouveler facilement.

« On dirait que, pour les vers à soie, les lois hygiéniques universelles doivent être violées ou négligées.

« On ne pensait pas sans doute que 5 onces d'œufs produisent près de 200,000 vers, qui tous doivent respirer librement et constamment un air pur, et sécréter les substances nécessaires à leur vie.

« Un local sagement construit, selon les principes de l'art, où l'air puisse se renouveler en tout temps et dans tous les cas, et conserver sa siccité, doit seul contribuer puissamment à la santé et à la prospérité constante de l'animal, et, par suite, à la production d'une grande quantité de cocons de très belle qualité.

« Lorsqu'on a bien préparé l'habitation des vers à soie, on a déjà obtenu le plus grand des avantages, et alors tout marche pour ainsi dire de soi-même. »

M. le comte Dandolo donne ensuite la description et les plans de deux sortes d'ateliers pour l'éducation des vers à soie, les uns propres aux éducations nombreuses, telles par exemple que celle de 20 onces d'œufs (devant produire environ vingt-quatre quintaux de cocons, et 800,000 de vers), convenables aux grands propriétaires ; les autres réduits aux besoins des moyens propriétaires, dont les éducations ne dépassent guère 5 onces d'œufs.

En Italie, où les grands ateliers se sont propagés, d'après les conseils et l'exemple de Dandolo, la reconnaissance des compatriotes de cet agronome zélé leur a fait donner le nom de *Dandolières*. Chez nous, grands ou petits, les ateliers de vers à soie portent les noms de *magnanière*, *magnandrie*, *ma-*

gnanerie, *magnassière*, *coconiè-re*, etc., et ceux qui se livrent à l'éducation de ces insectes, les noms analogues de *magnaniers*, *magnadiers*, *magnandiers*, *magnassiers*, etc.[1].

Nous allons transcrire d'abord les descriptions des deux sortes d'ateliers telles que les a données le comte Dandolo.

Son grand atelier a 30 pieds de largeur, 77 de longueur, et 12 de hauteur à peu près, non compris le toit. (*Pl.* CCCXXXVIII, *fig.* 1re.) On peut placer dans la largeur six rangs de tables ou claies (*voy.* le § suivant) *ff*, *ff*, *ff*, de 2 pieds et demi de longueur chacune. Comme ces claies sont placées de deux en deux, il paraît n'y en avoir que trois rangs. Les intervalles soit des claies aux murs latéraux, soit des claies entre elles, sont d'à peu près trois pieds. Les claies sont supportées par des traverses de bois fixées elles-mêmes à des pieux de quatre pouces de diamètre placés entre les rangs de claies contigus.

Cette magnanière est éclairée par treize fenêtres, avec des jalousies au dehors, et en dedans des châssis de papier, *e*, *e*, *e*, etc. Sous chaque fenêtre, près du pavé, on a ménagé des soupiraux ou trous carrés d'à peu près 13 pouces, fermés d'une planche mobile, afin de pouvoir à volonté faire circuler l'air dans l'atelier. Quand l'air de la fenêtre n'est pas nécessaire, on tient les châssis de papier fermés. On ouvre également les jalousies ou on les tient fermées, selon le besoin.

Huit soupiraux en deux lignes sont établis au plancher ou au plafond de l'atelier; ils correspondent perpendiculairement au milieu des passages pratiqués entre les claies. Ces soupiraux se ferment avec un vitrage mobile, pour avoir de la lumière, et, au besoin,

on les bouche avec des châssis mobiles de toile blanche.

Six autres soupiraux *d*, *d*, etc., pratiqués au pavé, communiquent avec les chambres de dessous.

Des treize fenêtres, trois sont placées à une extrémité de l'atelier; trois portes correspondantes *a*, *a*, *a*, placées à l'extrémité opposée permettent d'établir à volonté des courants d'air. Ces portes donnent entrée à une salle particulière A, de 36 pieds sur 30, dans laquelle les claies sont assez élevées au dessus du pavé pour qu'on puisse librement faire le service de l'atelier. Il y a dans cette salle six fenêtres avec un soupirail pour chacune, et quatre autres soupiraux au plancher ou au plafond.

Il y a six cheminées *h*, *h*, etc., dans la grande salle, une à chaque angle et une au milieu des deux grands côtés. En outre, un grand poële *g* est au milieu de l'atelier.

L'atelier est éclairé la nuit par de petits quinquets qui ne donnent pas de fumée; ils sont placés le long des grands côtés entre les fenêtres.

Le pavé de la salle ou vestibule A est en briques, afin qu'au besoin il puisse servir pour sécher la feuille.

Entre le grand atelier et le vestibule il y a une petite chambre B ayant deux portes, l'une, *i*, pour communiquer avec l'atelier; l'autre, *a*, avec le vestibule. Dans le pavé de cette chambre on a ménagé une ouverture ou trappe *c*, qui communique avec l'étage inférieur et qui est recouverte de deux battants mobiles en bois. Cette ouverture sert pour jeter la litière et les ordures; elle est utile aussi pour monter facilement la feuille par le moyen d'une poulie.

Telle est la disposition de ce grand atelier, où les vers ne sont établis qu'après la quatrième mue.

L'air ne peut y rester stagnant, ni s'y charger de trop d'humidité. Ce bâtiment étant isolé de trois côtés, il arrive facilement que, d'après les différentes

[1] Dans la Touraine, les ateliers de vers à soie portent aussi le nom de *vérerie*.

Le nom plus commun de *magnanière*, ou autres analogues, dérive de *magnan* ou *magnian*, noms du ver à soie dans le Languedoc et la Provence.

expositions des soupiraux, l'air extérieur ne tarde pas à s'y équilibrer et à y maintenir une douce température. On peut d'ailleurs, au besoin, provoquer le mouvement de grandes colonnes d'air en faisant de la flamme dans les six cheminées, lesquelles, hors ce cas, sont tenues bouchées avec des planches faites exprès.

En fermant, avec de petites planches, les soupiraux qui sont au niveau du plancher, lorsqu'il y a un grand courant d'air, on peut le régler comme on veut. On en fait autant des soupiraux supérieurs, avec cet avantage qu'ayant un vitrage et un châssis, on peut ouvrir et fermer l'un et l'autre selon le besoin.

On n'emploie le poêle que lorsqu'il faut échauffer l'air et l'atelier.

Dans ce cas, pendant que le poêle chauffe l'atelier, une colonne d'air extérieur entre continuellement dans une portion du corps du poêle, qui est comme détachée du lieu où on fait du feu et d'où sort la fumée. Cet air s'échauffe et sort par plusieurs trous dans l'atelier.

Des baromètres, des thermomètres, des thermométrographes et des hygromètres sont placés dans divers points de la salle.

L'atelier moyen (*pl.* CCCXXXVIII, *fig.* 2) porte 40 pieds de longueur (dans œuvre), 18 de largeur et 13 de hauteur jusqu'au pignon du toit. On y place six claies l'une sur l'autre. De chaque côté est un autre rang de claies, entre lesquelles et le mur on laisse 2 pouces d'intervalle, pour laisser circuler l'air. Ces claies ont environ 30 pouces de large.

Au milieu de l'atelier sont deux rangs de claies de 33 pouces de largeur chacune; il y a 1 pied 10 pouces d'un rang à l'autre. Cette distance suffit pour qu'on puisse passer et y monter, parce que les pieux, les liteaux placés perpendiculairement et ceux mis en travers pour soutenir le double rang des claies, forment une espèce d'échelle par laquelle on monte commodément jusqu'au plan-

cher, et on donne aisément à manger aux vers de la moitié à peu près des claies, l'autre moitié étant servie par les échelles.

Quatre soupiraux sont ménagés au plancher. Ils répondent à l'intervalle des claies, afin que l'air extérieur ne frappe pas directement sur celles-ci. Il y a huit autres soupiraux à la partie du mur qui est au niveau du pavé, une cheminée aux quatre angles, et trois poêles *a, a, a*. Cet atelier a quatre fenêtres.

Enfin, M. le comte Dandolo a fait établir aussi des petits ateliers (même planche, *fig.* 3), dans lesquels on peut recueillir et élever 4 onces d'œufs. Ce sont de petites chambres basses, de 18 pieds sur 11, au milieu desquelles sont quatre doubles rangs de claies, placées l'une sur l'autre et d'à peu près 30 pouces de largeur. Il y a quatre soupiraux au plafond, trois autres soupiraux rasant le pavé, deux cheminées à deux des angles, en diagonale, et un poêle au milieu d'un des grands côtés. Chaque petit atelier a son baromètre et deux thermomètres.

Dans tous ces ateliers, la propreté est soigneusement maintenue. «On n'y sent jamais aucune mauvaise odeur, dit M. Dandolo, et on n'y a pas besoin de parfums [1]. Le meilleur est l'odeur naturelle de la feuille, tant que les vers à soie vivent; et ensuite celle des cocons [2]. »

M. Bonafous a donné aussi les plans d'un atelier qu'il a fait construire pour l'éducation de 4 onces de graine. Cette construction est tout à fait dans les principes de celle du comte Dandolo,

---

[1] M. Dandolo fait allusion à l'usage où sont la plupart des éducateurs italiens d'employer des substances aromatiques pour masquer l'odeur méphitique de leurs ateliers malpropres et renfermés.

[2] Outre les précautions hygiéniques conseillées avec tant de raison par le comte Dandolo, M. Bonafous indique, comme un excellent auxiliaire, l'emploi du *chlorure de chaux* désinfectant, d'après le procédé Labarraque. (*Voy.* au mot DÉSINFECTION, ci-dessus, t. VIII, p. 273.)

comme on en peut juger par la *fig.* 4 de la *pl.* CCCXXXVIII. Les *figures* 5, 6, 7 et 8 en montrent l'élévation et la coupe. Nous renvoyons, du reste, l'explication détaillée de ces figures à la légende des planches, fin du volume.

M. d'Arcet, membre de l'Académie des Sciences, qu'une mission scientifique dans nos départements du midi avait mis à même d'étudier le système commun d'éducation des vers à soie dans cette partie de la France, et d'en reconnaître les vices, a publié, en 1835, les plans d'une magnanerie qui réunit toutes les conditions désirables de salubrité. Ces plans, étudiés avec M. Destailleurs, architecte du gouvernement, ont été mis à exécution à Villemonble, près Paris, dans le parc de M. Grimaudet. Nous les avons reproduits dans leur ensemble, afin de fournir aux éducateurs, par leur rapprochement avec ceux du comte Dandolo et de M. Bonafous, toutes les lumières possibles sur un objet trop négligé. La planche CCCXXXIX montre le plan du rez-de-chaussée (*fig.* 1) et le plan du premier étage (*fig.* 2) de la magnanerie de Villemonble; dans la planche CCCXL sont réunis divers détails de construction.

Nous renvoyons les détails explicatifs à la légende des planches, fin du volume.

La pièce M du rez-de-chaussée (*pl.* CCCXXXIX, *fig.* 1) est destinée au séchage des feuilles humides, au moyen de la ventilation.

La magnanerie de Villemonble est disposée de manière à pouvoir ne se servir que d'un quart de la grande salle, au commencement de l'éducation; il suffit pour cela de séparer, avec une toile recouverte de papier gris des deux côtés, la magnanerie en deux parties égales, et de boucher en haut et en bas les trous inégaux qui se trouveront à gauche du rideau de toile. Cette cloison mobile, placée dans toute la hauteur et la largeur de la pièce, selon la ligne R S de la *fig.* 2 (*pl.* CCCXXXIX), formera à

droite un atelier complet sous le rapport de l'assainissement[1]. Quand les vers à soie exigent plus de place, on enlève la cloison et on double ainsi le cube de la magnanerie, sans nuire à l'assainissement du local, et sans avoir d'autres dispositions à faire pour en assurer la parfaite ventilation.

En reportant la grande toile à la place indiquée par la ligne T U de la *fig.* 2 (*pl.* CCCXXXIX), et en se servant de l'atelier formé à gauche de cette toile, on triple l'espace employé, pendant les premiers jours de l'éducation des vers à soie; on quadruple enfin le cube du premier atelier en enlevant le rideau de toile, et en formant ainsi une seule salle des deux moitiés du côté gauche du bâtiment.

Ces dispositions procurent une économie notable sur la main-d'œuvre et sur la dépense en glace ou en combustible, et donnent, en outre, le moyen d'augmenter l'espace occupé par les vers à soie, dans le rapport de l'accroissement qu'ils prendront, à partir de leur premier âge jusqu'à l'époque de leur montée : tel est l'avantage qui résulte de la séparation du grand bâtiment en deux magnaneries égales et, sous tous les rapports, parfaitement semblables.

Maintenant, supposons, pour plus de clarté, une des deux magnaneries entièrement occupée; voici comment le travail de la ventilation doit s'y faire, et ce qui suit sera applicable en tout point à la seconde magnanerie formant le côté gauche du bâtiment, lorsque cette salle servira à l'éducation des vers à soie. C'est M. d'Arcet qui parle :

« Ayant attaché des thermomètres

---

[1] Cette partie de l'atelier, ainsi réduite, offre la condition la plus favorable non seulement pour l'éducation des vers à soie aux premiers âges, mais aussi pour l'éclosion de la graine : elle devient alors une étuve ou chambre chaude, dont la chaleur est plus facile à graduer que par les moyens d'incubation dont on se sert ordinairement.
(BONAFOUS.)

contre les carreaux de deux des portes vitrées de la chambre à air, et ayant placé symétriquement, à 1 ᵐ, 6 au dessus du plancher de la magnanerie, deux thermomètres et deux hygromètres pareils; je ferais du feu dans le calorifère 4, si l'air extérieur était trop froid ; je mettrais de la glace dans les caisses 18, si cet air était trop chaud, et je mettrais enfin de l'eau dans ces caisses ou dans quelques unes d'elles, si l'air employé à la ventilation était trop sec : on conçoit que j'arriverais ainsi facilement, en pratique, à donner au courant ventilateur le degré de chaleur et d'humidité le plus convenable pour entretenir les vers à soie en bon état de santé et pour les faire parvenir au plus grand développement possible [1].

« Quant au degré de ventilation à donner à la magnanerie, le fait de l'existence de vers à soie à l'état naturel sur les arbres et en plein air, à la Chine, prouve qu'ici on pourrait ne pas craindre d'outrepasser les limites nécessaires à l'assainissement de la salle ; mais il vaudra mieux ne faire que les atteindre, et il ne faudra que s'aider de l'odorat pour arriver à son but : il suffira, en effet, de ne ventiler la magnanerie que ce qu'il faudra pour que l'air ne s'y infecte pas vers le haut de la pièce ; ce qu'on pourra reconnaître facilement et à chaque instant, en se pla-

çant sur le plancher le plus élevé, vers les derniers rangs des claies [2].

« Les dispositions adoptées lors de la construction de la magnanerie de Villemonble donnent de grandes facilités pour y toujours pouvoir établir une forte ventilation [5].

« On sait que dans une pièce disposée de manière à ce que l'air, entrant par le bas, puisse sortir par des ouvertures égales percées vers le haut, il suffit, en plus, d'une différence d'un demi-degré centigrade entre la température de l'air de la pièce et celle de l'air extérieur, pour donner au courant ventilateur la vitesse nécessaire à l'assainissement de la salle, dans le cas où l'air trouve des ouvertures suffisantes pour y pénétrer et pour en sortir : on voit donc que, dans le climat du département de la Seine, on n'aura point de difficulté pour établir dans la magnanerie la ventilation convenable, qu'on aura très rarement à y faire usage de glace pour refroidir l'air extérieur, et que, par conséquent, on n'y aura presque jamais à faire usage du tarare ou du fourneau d'appel, pour donner à la ventilation la direction ascensionnelle qu'il faut lui imprimer [4].

« A Villemonble, il faudra presque toujours échauffer l'air extérieur avant de l'introduire dans la magnanerie ; ce but sera facilement atteint, au moyen

---

[1] Une température trop basse ou trop élevée peut, en effet, contrarier la croissance des vers à soie ; mais c'est la chaleur principalement qui leur est nuisible : 1° en excitant chez ces insectes un appétit qui n'est pas en rapport avec leurs forces digestives ; 2° en favorisant la fermentation de leur litière. Certains magnaniers, accoutumés à se guider d'après une routine aveugle, s'imaginent mal à propos qu'une litière épaisse est nécessaire pour entretenir la chaleur des vers à soie, et cette erreur me paraît une des plus contraires à la réussite des éducations. Non seulement il faut fréquemment déliter les vers ; mais dans cette opération, au lieu de jeter et de déposer à terre la litière des claies, comme on le fait ordinairement, on doit l'enlever avec soin et la transporter loin des habitations. J'ai vu dans mes ateliers la mortalité s'arrêter comme par enchantement par le simple enlèvement de la litière.   (Bonafous.)

[2] Les personnes vivant dans l'atelier, finissant par être insensibles à l'odeur qui s'y développe, doivent ne point s'en rapporter toujours à elles-mêmes.   (Bonafous.)

[3] On doit, pour bien comprendre ce qui suit, se souvenir que ce système de ventilation n'est parfait que lorsque toutes les fenêtres et les portes de la magnanerie salubre sont exactement fermées. Le contre-maître ne devra jamais ouvrir les fenêtres de l'atelier : quant aux portes, en y plaçant des contre-poids, on sera assuré qu'elles ne resteront jamais ouvertes inutilement.

[4] Dans les localités où il est difficile ou trop dispendieux de se procurer la glace nécessaire, on peut, entre autres moyens d'y suppléer, étendre dans l'intérieur des ateliers de grandes toiles mouillées, que l'on trempe dans l'eau aussi souvent qu'on le juge convenable. Les vapeurs froides qui s'en dégagent produisent un abaissement de température dont je me suis fort bien trouvé dans mainte circonstance.   (Bonafous.)

du calorifère 4 : dans ce cas, la ventilation s'établira d'elle-même et on n'aura qu'à la régler.

« Lorsque l'air extérieur sera assez chaud, on l'obligera à traverser la magnanerie, en forçant la ventilation, soit au moyen du tarare 22, soit en faisant usage du fourneau d'appel spécial, construit, en 25, au bas de la grande cheminée; et lorsque cet air sera trop chaud, on le refroidira au degré convenable, au moyen de la glace, dans la chambre à air 3, et on établira alors la ventilation, soit mécaniquement, au moyen du tarare 22, soit par le feu, en se servant pour cela du fourneau d'appel spécial 25. On voit que, sous ce rapport, le système de construction adopté ne laisse rien à désirer : voyons maintenant comment on pourra n'établir dans la magnanerie que le degré de ventilation convenable [1].

« Ici, trois moyens permettent de bien régler la puissance de la ventilation. Le premier et le plus simple consiste à ne donner aux chatières, 12, que l'ouverture jugée être nécessaire pour introduire dans la chambre 3 le volume d'air convenable.

« Le second moyen se trouve dans l'emploi raisonné de la tirette placée entre le tarare et la grande cheminée, et qui peut, à volonté, clore en tout ou en partie le passage 23, par lequel l'air vicié, sortant de la magnanerie, peut entrer dans la grande cheminée 21 [2]. L'emploi plus ou moins rapide du tarare, 22, donne enfin un troisième moyen de régler convenablement la ventilation, quand elle devra être éta-

[1] Je pense qu'en dirigeant bien les travaux d'une magnanerie salubre, l'assainissement y sera tel, qu'on n'aura plus besoin d'y avoir recours à l'emploi des fumigations de chlore gazeux : si cependant on voulait continuer à faire usage de ce moyen de désinfection, ce serait dans la chambre à air 3 qu'il faudrait placer les vases contenant le mélange fumigatoire. (D'ARCET.)

[2] C'est par l'un de ces deux premiers moyens qu'il faudra régler la ventilation toutes les fois que la température de la magnanerie sera plus élevée que celle de l'air extérieur.

blie mécaniquement et sans le secours du feu. »

Nous avons cru devoir nous arrêter avec quelque détail sur les plans de M. d'Arcet, parfaitement justifiés par une heureuse application, et qui seront particulièrement appropriés aux éleveurs des départements du centre ou du nord de la France.

Lorsqu'on a plusieurs onces d'œufs, il est, comme on l'a vu dans ce qui précède, avantageux d'avoir deux ateliers, l'un petit, et l'autre beaucoup plus grand; le premier doit contenir les vers à soie jusqu'à la fin du troisième âge, époque à laquelle on les fait passer dans l'autre. Si la quantité des vers à soie est petite, la chambre chaude peut elle-même servir de petit atelier jusqu'à la fin de la troisième mue.

La température du petit atelier pendant le premier âge doit être portée à 19 degrés environ.

§ V. USTENSILES QUI SERVENT A L'ÉDUCATION DES VERS A SOIE.

Poêle. — Le poêle, en pièces de terre cuite, est destiné à élever lentement et à volonté la température (*pl.* CCCXXXVII, *fig.* 6). La base de ce poêle (*fig.* 7) doit être un peu élevée au-dessus du sol, et l'air extérieur y arriver par le moyen d'un conduit à l'ouverture *a.* Là il est reçu dans la caisse *b* (*fig.* 6) où, après avoir fait plusieurs circuits, il trouve, dans un angle diagonalement opposé, l'orifice d'un tuyau qui traverse de bas en haut, et l'introduit dans la caisse supérieure *c,* de laquelle, après avoir circulé dans la première, il se décharge dans l'habitation par la bouche de chaleur *d.*

La fumée passe à travers la caisse *c* dans une ouverture qui la dirige vers la partie pyramidale du poêle, divisée dans sa longueur par quatre cloisons de gauche à droite; elle sort par un tuyau ordinaire.

Les vers à soie provenant d'une once d'œufs ayant deux cent trente-neuf pieds carrés de claies, il suffit d'avoir une petite cheminée sur un côté de la chambre.

Pour une chambre de deux à trois onces, il convient qu'il y en ait deux, placées dans des angles diagonalement opposés. Elles doivent être bouchées toutes les fois qu'elles ne servent pas.

L'avantage de ces cheminées n'est pas tant de réchauffer en y brûlant du gros bois, que de mettre en mouvement de grandes masses d'air, et de le renouveler en produisant une flamme très vive par la combustion d'un bois léger et très sec.

Plusieurs thermomètres, un thermométrographe et un hygromètre.

Le grattoir. Il est semblable à l'instrument dont on se sert pour enlever la pâte de la huche ; on l'emploie pour détacher les œufs des linges mouillés. Il ne doit avoir le fil ni trop gros ni trop fin. (*Pl.* CCCXXXVII, *fig.* 8.)

Boîtes pour faire éclore les œufs. Elles doivent être en carton ou en bois mince, et leur dimension doit être telle que chaque once d'œuf ait un espace d'environ dix pouces ca. 's. On les doublera de papier intérieurement, et le poids de la graine que chaque boîte doit contenir sera indiqué sur les côtés. (*Pl.* CCCXXXVII, *fig.* 9.)

Cuiller de fer-blanc. Elle est faite à peu près comme une large spatule, et sert à remuer les œufs lorsqu'ils sont près d'éclore.

Emporte-pièce. Ce fer, percé à l'extrémité, est fait de manière qu'à chaque coup de marteau on puisse percer promptement plusieurs *doubles de papier.* Les trous seront d'une grandeur suffisante pour qu'un ver naissant puisse y passer. (*Pl.* CCCXXXVII, *fig.* 10.)

Lorsque les vers éclosent, on se sert de ces papiers pour les séparer de la graine et les enlever de la boîte.

Pour retirer avec facilité chaque papier de sa boîte, on attachera à ses bords quatre bouts de fil en croix, qui, réunis par un nœud à une distance convena-

ble, lui serviront d'anse. Au lieu de papier troué, on peut se servir d'un voile clair.

Crochet. Petit fer recourbé qui sert à lever promptement des boîtes les petits rameaux chargés de vers, et à les placer sur les claies garnies de papier. En les prenant avec la main, on risquerait de blesser ces petits animaux. (*Pl.* CCCXXXVII, *fig.* 11.)

Les claies. Elles doivent se placer contre le mur à la distance d'un pouce environ, et doivent être soutenues par deux morceaux de bois qui y sont enfoncés, ou par des montants qui portent des traverses. Leur dimension la plus commode et la plus en usage est de trente à trente-deux pouces de largeur sur neuf à dix pieds de longueur : on les dispose l'une sur l'autre à la distance de vingt-deux pouces environ.

Les claies sont bordées de petites planches de quatre pouces de hauteur. Ces bords servent à soutenir les petites tables de transport, afin qu'elles n'appuient point sur les vers à soie. Le fond des claies est en cannes, à la distance d'un doigt les unes des autres, attachées avec des ficelles à des traverses de bois ; on peut les faire de toutes sortes de branches d'arbres.

Cette distance d'une canne à l'autre est indispensable pour laisser un libre cours à l'air, qui sèche promptement le papier dont les claies doivent être couvertes. (*Pl.* CCCXLI, *fig.* 1re.)

La fig. 2, même planche, montre une de ces claies isolément.

Petites tables de transport. Ce sont des planches minces, d'environ douze à quatorze pouces de largeur, et assez longues pour qu'on puisse les poser sur les côtés de la largeur des claies ; elles ont un manche au milieu, et doivent être très lisses, afin qu'en les inclinant les vers y montent sans peine. Il y a sur trois côtés un rebord d'environ un pouce.

Caisse de transport. Elle est très commode pour transporter les vers à soie dans un atelier éloigné de la chambre chaude. Chaque feuille de papier qu'on y étend doit contenir les vers provenant d'une once d'œufs. (*Pl.* CCCXXXVII, *fig.* 12.)

Couteau. Il doit être fait de manière à pouvoir couper aisément la feuille en très petits morceaux.

Double tranchant. C'est un tranchant ordinaire de cuisine, composé de deux lames parallèles : on se sert de cet instrument après avoir coupé la feuille avec le couteau. (*Pl.* CCCXXXVII, *fig.* 13.)

Coupe-feuille. Il est fait à peu près comme les HACHE-PAILLES ordinaires. A l'aide de cet instrument, on coupe en peu de temps une grande quantité de feuilles. (*Pl.* CCCXLI, *fig.* 3.)

Paniers carrés. Ils sont larges et peu profonds ; ils ont un crochet au milieu du manche, par lequel on les attache aux bords des claies, le long desquelles on les fait glisser, à mesure que l'on distribue la nourriture aux vers à soie : de cette manière, on a les mains libres pour répandre la feuille. (*Pl.* CCCXLI, *fig.* 7.)

La palette. Cet instrument est une espèce de palette ou feuille de fer-blanc repliée de trois côtés. Sans cet instrument, il serait assez difficile de bien nettoyer les papiers des claies, principalement durant le cinquième âge.

Petit balai. On le fait avec deux ou trois panicules de gros millet liés ensemble, ou avec des brindilles de bruyère ; il sert à distribuer également la feuille sur les claies.

Châssis pour placer les papillons. Ils sont couverts d'une toile, qui se lève facilement et qu'on peut changer au besoin. Ils ont un manche, qui en facilite le transport. (*Pl.* CCCXLI, *fig.* 4.)

Boîte pour conserver les papillons. Cette petite boîte ou cassette, percée à ses côtés, est très bonne pour ôter la lumière aux papillons sans qu'ils en souffrent et sans que les mâles se débattent. (*Pl.* CCCXXXVII, *fig.* 14.)

Chevalet. Il se ferme et occupe peu d'espace ; c'est sur lui que l'on étend les linges sur lesquels on dépose les papillons destinés à fournir la graine. (*Pl.* CCCXLI, *fig.* 5.)

Châssis à cordes. Petits châssis garnis de filets grossiers : on y place les linges qui contiennent la graine ; ils reçoivent l'air de tous côtés, et les œufs s'y conservent frais et secs. (*Pl.* CCCXLI, *fig.* 6.)

Indépendamment de ces ustensiles, il en est d'autres également utiles, mais assez connus pour nous dispenser de les décrire : tels sont les petits *bancs* ou marchepieds, les petites *échelles*, la *hotte* pour le transport de la litière, etc.

§. VI. DES SOINS PRÉLIMINAIRES POUR LA NAISSANCE DES VERS A SOIE.

Les premières opérations par lesquelles on commence chaque année à exercer l'art de faire produire les cocons sont de détacher des linges les œufs des vers à soie et de les disposer pour les faire éclore.

Ces opérations exigent beaucoup de soins et d'application ; mais celle qui a pour but de faire naître les vers à soie à propos et avec succès peut, avec raison, être considérée comme la plus essentielle.

La plupart des magnaniers ne se rendent pas assez compte de la grande différence qu'il y a entre les climats chauds d'où les vers à soie sont originaires, et les nôtres. Obligés cependant de suppléer par industrie au défaut de chaleur suffisante dans le climat, qu'a-t-on fait pour cela ? Il n'y a pas longtemps encore, les éleveurs regardaient comme suffisant d'employer la chaleur du fumier ou celle des lits, ou bien celle du corps humain, des cuisines, et autres lieux analogues.

Il est aujourd'hui reconnu que tous ces moyens sont très incertains et bien souvent pernicieux pour les insectes. Mais l'emploi de locaux chauffés artificiellement, comme des étuves ou des serres, fournit un moyen sûr et facile de faire naître en peu de jours une quantité quelconque de vers et de les élever avec le même avantage. Ce moyen, toutefois, demande de l'attention et de l'exactitude, sans quoi il arrive que des couvées entières se gâtent tout à coup ou au moins s'altèrent beaucoup.

Ce paragraphe a pour objet d'exposer les soins que les œufs exigent pour être disposés au développement convenable des vers.

Art. 1er. *Préparation de la graine.*

On suppose que les œufs sont bons et bien conservés. (*Voy.* ci-après.)

Vers la fin de mars ou le commencement d'avril, on porte les linges qui les contiennent dans une chambre dont la température soit à peu près égale à celle où on les a conservés; on en fait plusieurs doubles et on les plonge dans un seau d'eau de citerne ou de puits; on les agite de haut en bas jusqu'à ce que l'eau ait pénétré par tout, et on les laisse dans le seau pendant cinq à six minutes; on retire les linges, on les laisse égoutter deux ou trois minutes, les tenant dans les mains; on les pose ensuite sur une table; on les étend tous ou en partie, en tenant le linge bien étendu du côté où l'on veut commencer à détacher les œufs avec le grattoir. Les œufs se séparent doucement du linge; on les entasse sur le linge même; peu à peu on les enlève tous avec le même instrument, et on les dépose dans un bassin. On verse alors une certaine quantité d'eau sur les œufs; on les frotte avec la main, pour qu'ils se lavent et se détachent les uns des autres; on enlève les œufs qui surnagent; on agite cette eau, et on la verse sur un tamis ou sur un linge pour en séparer les œufs.

On met dans un bassin les œufs du tamis et ceux qui sont restés au fond du seau; on verse dessus de l'eau pure, du vin sain et léger, blanc ou rouge; on lave de nouveau les œufs, toujours très délicatement, afin qu'ils se séparent aisément les uns des autres. Lorsque l'eau

ou le vin est coulé, on fait bien égoutter les œufs, et on les étend sur d'autres linges secs.

Si l'on a un pavé en briques, on y étend ces linges en les changeant de place toutes les quatre ou cinq heures; à défaut de ce pavé, on pose les linges sur les claies. En deux jours environ, suivant que l'air est plus ou moins sec, la graine se sèche parfaitement sans le secours de la chaleur, qui lui serait pernicieuse.

Lorsque les œufs sont bien secs, on les met sur des assiettes de faïence ou d'étain par couches d'un demi-travers de doigt, et on les laisse, jusqu'à l'époque où on les fait éclore, dans des lieux frais et secs, à la température de huit à douze degrés de chaleur.

Toutes ces opérations n'exigent qu'une heure de temps pour 30 onces d'œufs.

Art. 2. *De l'étuve et de la naissance des vers.*

Une petite chambre bien sèche, bien éclairée, peut servir, comme nous l'avons dit tout à l'heure, à créer une température convenable à la naissance des vers à soie; il est avantageux qu'elle soit petite, parce qu'elle est plus économique, et qu'on y règle mieux la chaleur.

Les fenêtres de la chambre chaude doivent être garnies de contrevents pour la fermer du côté du soleil, lorsque la température extérieure est plus élevée qu'il ne faut.

Cette chambre chaude est garnie d'un poêle, de plusieurs thermomètres, d'un hygromètre, de claies ou de quelques tables et d'une cuiller pour remuer la graine. Elle a un soupirail sous le plancher supérieur et un autre au niveau du sol, ainsi qu'il a été dit ci-dessus, § IV.

Le point essentiel est de faire coïncider l'époque de la naissance du ver à soie avec le moment où le mûrier se développe et peut fournir à sa nourriture. On met alors dans de petites boîtes (*Pl.* CCCXXXVII, *fig.* 9) une quantité proportionnée de graine, et l'on prend note du jour et de l'heure où on les aura mises dans la chambre chaude, ainsi que de tout ce qu'il peut être utile de se rappeler. Les claies sur lesquelles on place ces boîtes seront recouvertes de papier, et on aura l'attention de les tenir à quelques pouces de distance les unes des autres.

La température de la chambre chaude ou étuve sera maintenue,

Dans les deux premiers jours,
à . . . . 14°
Dans le troisième jour . . . 15
Dans le quatrième jour . . . 16
Dans le cinquième jour . . 17
Dans le sixième jour 18
Dans le septième jour . . . 19
Dans le huitième jour . . . 20
Dans le neuvième jour . . . 21
Dans les dixième, onzième et
douzième jours 22

Si la saison contrariait le développement de la feuille, il faudrait retarder la naissance des vers, en conservant, pendant deux ou trois jours, une température égale sans jamais la varier.

Si, au contraire, on est pressé par la pousse des feuilles, on peut, pour gagner du temps, hâter la naissance des vers en élevant la température d'un degré et demi et même de deux degrés dans un seul jour.

Lorsque la température de l'étuve ou chambre chaude commence à atteindre dix-neuf degrés, il est bon d'y tenir deux plats d'environ six à huit pouces de diamètre, remplis d'eau ; l'évaporation de l'eau, qui se fait très lentement, tempère la sécheresse qui pourrait s'y établir, principalement lorsque les vents du nord dominent. Une grande siccité contrarie la naissance des vers.

On remue les œufs une ou deux fois par jour avec la cuiller ; mais ce soin est plus particulièrement utile à l'approche de l'éclosion.

Lorsque les œufs prennent une couleur blanchâtre, le ver est déjà formé :

cela arrive ordinairement du huitième au dixième jour. On met alors sur les œufs des morceaux de papier criblés de trous et coupés de manière à les couvrir tous ; pour recueillir ces petites chenilles, il suffit de tenir sur ce papier de jeunes rameaux de mûriers garnis de trois ou quatre feuilles.

Le premier jour, il n'éclôt ordinairement que peu de vers, et s'il y en a très peu, il vaut mieux les sacrifier, parce qu'en les mêlant avec ceux qui naissent le jour suivant, ils seraient toujours plus gros que les autres.

Les œufs bien conservés, qui n'ont point souffert par trop de chaleur ou trop de froid, n'éclosent pas avant leur terme, quoique placés dans l'étuve. Leur développement précoce ou tardif dépend moins de la chaleur du poêle que de la température dans laquelle on les a tenus pendant le cours de l'année. L'expérience démontre constamment que plus les vers tardent à naître, plus ils sont vigoureux, parce que l'embryon se développe plus insensiblement.

Les vers à soie nés par la méthode que nous avons indiquée auront une santé forte et soutenue ; on ne les verra jamais rouges ni noirs ; ils seront de couleur châtain foncé, la seule qu'ils doivent avoir.

Si les vents du nord ou les pluies froides arrêtent les progrès de la feuille, on abaissera peu à peu la température jusqu'à 17 et même jusqu'à 16°, jamais au-dessous. A mesure que la chenille croît et se fortifie, il lui faut moins de chaleur.

Art. 3. *Transport des vers éclos de l'étuve au petit atelier.*

On dispose dans le petit atelier autant de claies qu'il en faut en raison de la quantité de graines que l'on a.

Jusqu'à la 1re mue les vers à soie provenant d'un once d'œufs occupent un espace carré de . . . 9 pieds 6 pouc.
Jusqu'à la 2e mue . . 19   »
Jusqu'à la 3e mue . . 46   »
Jusqu'à la 4e mue . . 109   »

Ces espaces suffisent, et concilient en même temps une bonne éducation avec l'économie de la feuille.

Si l'on s'aperçoit qu'à la fin des différents âges les espaces destinés ne sont pas bien remplis, on doit croire qu'une partie des œufs n'est pas éclose, ou que les vers ont péri dans leur litière, ou enfin que les malades sont sortis des claies; au contraire, si les vers paraissent fortement attachés à leurs claies, on doit s'attendre à un très bon succès, et l'on sera attentif à ce qu'ils ne manquent ni de nourriture ni d'espace.

Ici, comme dans le § relatif aux magnanières, nous distinguons l'étuve ou chambre chauffée, où on fait éclore les œufs, du petit atelier où l'on doit transporter les vers nouvellement éclos pour les y laisser jusqu'à la troisième mue. Cette disposition, en effet, est la plus convenable à tous égards et la plus économique; mais, à son défaut, chacun se servira du local dont il pourra disposer. Si on n'avait qu'une seule pièce pour élever les vers à soie depuis leur naissance jusqu'à ce que le cocon soit formé, peu importerait, pourvu qu'on y maintînt à chaque époque les degrés de chaleur que nous avons indiqués [1].

Une seule chambre suffit, surtout pour quelqu'un qui ne fait éclore guère plus d'une once d'œufs, pourvu qu'elle contienne assez de claies pour présenter un espace d'à peu près 240 pieds carrés, que les vers occuperont à la dernière phase de leur développement.

Les claies doivent être placées l'une sur l'autre à la distance de vingt-deux pouces au moins, de la manière déjà indiquée, et on les garnit toutes de feuilles

[1] On a vu (§ IV) que dans la magnanerie dite *salubre* établie sur les plans de M. d'Arcet, il n'y a qu'un seul atelier pour l'éducation complète du ver; mais que cet atelier se partage à volonté en plusieurs compartiments ou ateliers plus ou moins étendus, au moyen de cloisons mobiles.

de papier, que l'on relève autour pour empêcher les vers de tomber.

Lorsque les rameaux épars sur le papier percé, ou sur le voile qui recouvre les œufs dans les boîtes, sont chargés de vers, on met ces boîtes sur la table de transport (*pl.* CCCXXXVII, *fig.* 12), et on les porte au petit atelier.

Lorsqu'on a placé cette petite table sur les bords d'une claie, on lève avec le crochet (même *pl.*, *fig.* 11) ces rameaux, et on les y pose assez loin les uns des autres pour que l'on puisse mettre de la feuille très menue non seulement sur ces rameaux, mais aussi dans les intervalles, afin que les vers à soie puissent mieux se distribuer.

Les vers à soie provenant d'une once de graine, et disposés de la manière ci-dessus, doivent occuper un espace d'à peu près dix-huit pouces carrés.

Chaque feuille de gros papier, de la longueur de vingt-trois pouces sur vingt et un de largeur, doit tenir un espace d'environ vingt-deux pouces carrés. Ayant soin de ne former sur ces feuilles de papier que de petits carrés d'à peu près dix pouces sur le côté, on occupe avec les vers nés d'une once quatre feuilles de papier; ce qui est l'espace convenable jusqu'à la première mue.

Ces feuilles de papier seront par conséquent quatre fois aussi grandes que l'étendue de la petite boîte. Dès-lors, il n'est plus nécessaire de remuer les chenilles jusqu'à la première mue. Toutes les feuilles de papier appartenant à la même boîte devront porter le même numéro.

Aussitôt qu'on a déposé les vers à soie sur le papier, on leur donne un peu de feuilles tendres coupées très menu, en remplissant, comme on l'a dit plus haut, les intervalles qu'on a laissés entre un rameau et l'autre, pour que peu à peu toute la superficie soit également couverte de chenilles : si les vers se rassemblent dans un endroit plutôt que dans un autre, on y place deux ou trois feuilles de mûrier, sur lesquelles une partie des vers ira s'attacher; on lève alors ces feuilles pour les replacer où il y a le moins de vers.

Toutes les fois que l'on met de nouveaux vers à soie sur un papier où il y en a d'autres, on leur donne un peu à manger comme on a fait pour les premiers; mais on ne doit renouveler le repas à ceux-ci que lorsqu'on a rempli une bonne quantité de papiers : de cette façon, ils recevront tous en même temps le second repas, et demeureront parfaitement égaux.

Lorsque ensuite on met les vers à soie nés d'une once d'œufs sur une seule feuille de papier pour les transporter hors de l'atelier, il importe, pour les avoir tous égaux, de ne point renouveler le repas aux premiers jusqu'à ce que la feuille de papier soit entièrement remplie.

On fera bien d'écrire sur la feuille de papier l'heure à laquelle on a commencé à la remplir, et celle où l'on a terminé.

La naissance des vers à soie est ordinairement plus abondante dans la matinée, lorsque les rayons du soleil commencent à vivifier leur habitation.

Pour conserver le petit nombre de vers éclos le premier jour, il faut les tenir clair-semés, en leur servant pendant deux jours la moitié de la nourriture que l'on donne aux autres, et en les plaçant dans l'endroit le plus frais de l'atelier.

La naissance du ver à soie s'opère graduellement, et ne dure pas moins de deux jours.

S'il convient de mettre les vers premiers nés dans l'endroit le plus frais, il importe de placer les autres dans l'endroit le plus chaud; et, au moyen d'un peu plus de feuilles que l'on donne aux derniers, on réussit à les avoir aussi avancés que les premiers.

Les propriétaires qui font éclore beaucoup de vers à soie pour leurs colons, à qui ils les distribuent en proportion de la quantité de feuilles que ceux-ci ont à cueillir, feront infiniment mieux de mettre toute la graine dans une seule boîte de la grandeur que nous avons fixée, et à mesure que les vers naîtront, ils les distribueront sur les feuilles de papier de la manière que nous avons indiquée. Par là, chaque colon aura des vers à soie nés à une même époque, et, par conséquent, égaux, sans avoir la peine de leur donner à manger deux fois.

On donne de préférence les premiers nés à ceux des colons qui ont la feuille la plus avancée.

Après avoir étendu les chenilles sur les feuilles de papier, on leur donne à manger, toutes les cinq heures environ, de la feuille tendre et coupée très menu.

Les œufs, dans l'étuve, éprouvent, avant d'éclore, une évaporation du douzième de leur poids, c'est à dire de quarante-sept grains par once.

Le poids des coques des vers à soie équivaut au cinquième environ du poids des œufs, c'est à dire cent seize grains par once. Dans les œufs de bonne qualité, il n'y a tout au plus qu'un cinquième qui n'éclôt pas dans les trois premiers jours.

Dans ces trois premiers jours, cette petite quantité continue à éclore; mais il est inutile de s'en occuper et il vaut mieux perdre le peu de vers nés le premier jour et les œufs qui ne sont pas éclos le troisième, que d'en être embarrassé pendant le cours de l'éducation qu'on entreprend : on peut compenser cette légère perte en ajoutant une petite quantité d'œufs à ceux qu'on s'est proposé de faire éclore.

§ VII. DE L'ÉDUCATION DES VERS A SOIE JUSQU'A LA FIN DU SEPTIÈME AGE.

Art. 1er. *Premier âge.*

Nous avons laissé dans le petit atelier les vers éclos à dix-neuf degrés de température, et commodément distribués sur les feuilles de papier : nous allons commencer leur éducation, en supposant qu'on entreprenne d'en gouverner une once. Les espaces qu'ils doivent occuper et la quantité de feuilles seront proportionnés à cette quantité de vers.

Lorsque les vers provenant d'une once auront accompli leur première mue ou âge, ils doivent occuper à peu près neuf pieds six pouces carrés.

Éducation du premier jour. Le premier jour après la naissance et la distribution des vers, on leur sert quatre repas avec quatorze onces de feuilles tendres, mondées, et coupées très menu; l'intervalle d'un repas à l'autre doit être de six heures. Pour le premier repas, on donne une légère dose de feuilles, et on l'augmente progressivement jusqu'au dernier.

Dans le premier âge, il est d'une grande importance de couper la feuille très menu, et de la déposer légèrement sur ces petits vers.

Ces animaux ont besoin de trouver dans peu d'espace et dans le même temps de quoi manger à leur aise; ils ne pourraient le faire avec la feuille entière ou coupée grossièrement, quoique donnée en quantité dix et même vingt fois plus grande, celle-ci n'ayant point autant de bords frais à leur présenter et se flétrissant avant d'être rongée.

Il est essentiel de ne couper la feuille qu'au moment où l'on doit la distribuer.

Il est parfois très utile de servir aux vers à soie quelques légers repas intermédiaires, comme on le verra par la suite.

La quantité de feuilles fixée pour chaque jour doit suffire pour les quatre repas de la journée entière. Le ver à soie mange sa portion dans une heure et demie environ, et ensuite il demeure plus ou moins en repos.

Toutes les fois qu'on leur donne à manger, on élargit peu à peu les petits carrés de vers en étendant davantage la feuille; et s'ils venaient à sortir de l'endroit où ils doivent être, on se servirait du petit balai pour les remettre à leur place.

Second jour. Il faut, ce jour-là, environ une livre six onces de feuilles pour les quatre repas : le premier doit être le plus léger, le dernier le plus fort. On se rappellera d'allonger et d'élargir les petits carrés.

Troisième jour. Il faut environ trois livres de feuilles pour les quatre repas. Les vers, ce jour-là, mangent avidement et occupent déjà les deux tiers de l'espace des feuilles de papier qu'on leur a destinées. S'ils mangeaient leur nourriture en très peu de temps, il faudrait leur donner un repas intermédiaire d'à peu près la moitié du premier.

Nous ne fixons point ici la quantité de feuilles de ces repas intermédiaires, parce qu'il serait impossible de le faire avec précision. On doit se régler à peu près sur la quantité de feuilles que l'on doit donner dans le cours de la journée, et suivant l'appétit que les vers manifestent.

Quatrième jour. Il ne faut plus qu'à peu près une livre six onces de feuilles. Le premier repas doit être de neuf onces environ; on diminue les autres à mesure qu'on s'aperçoit que la feuille n'a pas été bien rongée.

Il est important, pendant le premier âge, de tenir les vers à soie bien au large, afin d'empêcher, autant que possible, qu'ils ne dorment les uns sur les autres.

A la fin de la journée, la plus grande partie des vers sont assoupis et ne mangent plus.

Cinquième jour. On donne à peu près six onces de feuilles coupées très menu, en les répandant à plusieurs reprises dans les endroits où les vers mangent encore; lorsque six onces ne suffisent pas, on y ajoute ce qu'il faut de plus. A la fin de la journée, tous les vers sont assoupis, et plusieurs commencent même à s'éveiller.

Dans le premier âge, on renouvelle l'air de l'atelier en ouvrant seulement la porte. La température nécessaire se maintient à l'aide des poêles, ou du gros bois que l'on brûle dans les cheminées.

Art. 2. *Second âge.*

Les vers à soie provenant d'une once d'œufs occupent sur les claies, jusqu'à l'accomplissement du second âge, un espace d'environ dix-neuf pieds carrés.

La chaleur convenable au deuxième âge est de dix-huit à dix-neuf degrés.

On ne lève les vers de leur litière que lorsqu'ils sont presque tous éveillés. Il n'y aurait même pas d'inconvénient à attendre le réveil de tous les vers, vingt, trente heures et plus encore, à compter du moment que les premiers se sont éveillés.

Lorsqu'une grande quantité de vers sort des feuilles de papier où ils étaient placés, c'est un signe certain qu'il faut les déliter.

L'inégalité du développement des vers à soie est un très grand défaut, et qui a plusieurs causes :

1° De n'avoir pas placé les vers dans un espace proportionné à l'accroissement qu'ils devaient prendre pendant le premier âge ;

2° De n'avoir pas mis les vers nés les premiers jours dans l'endroit le moins chaud de l'atelier ;

3° De n'avoir pas mis dans l'endroit le plus chaud ceux qui sont nés les derniers ;

4° Enfin de ne pas avoir servi aux derniers nés quelques repas intermédiaires pour hâter leur croissance.

Il est d'autant plus utile d'attendre que les vers soient presque tous éveillés, avant de leur donner à manger, que ces insectes, en sortant de la mue, ont, comme on l'a dit, moins besoin de nourriture que d'air libre et d'une chaleur modérée.

Premier jour du second âge. Il faut, ce jour-là, environ deux livres quatre onces de rameaux tendres, et autant à peu près de feuilles mondées et coupées menu.

Au moment où presque tous les vers sont éveillés et qu'ils remuent la tête ou la tiennent droite, il faut se préparer à les transporter pour nettoyer les feuilles de papier où ils sont couchés.

On étend sur eux de petits rameaux tendres de mûrier, qui aient quatre, six ou huit feuilles.

On placera ces rameaux à une telle distance l'un de l'autre, qu'en étendant le mieux possible leurs feuilles il y ait entre elles un ou deux travers de doigt.

Lorsqu'on a couvert ainsi une des feuilles sur laquelle les vers sont couchés, on passe à une autre avec facilité, et ainsi de suite en commençant toujours à lever les vers des feuilles où l'on remarque le plus de mouvement.

On doit avoir toutes prêtes les petites tables de transport, sur lesquelles on pose les rameaux couverts de chenilles, qu'on doit avoir promptement levés des feuilles de papier.

Au lieu de faire de petits carrés de vers, on forme alors des bandes au milieu des claies.

Tous les vers qu'on aura transportés ne doivent occuper qu'un peu plus de la moitié de l'espace indiqué pour cet âge ; c'est à dire que la bande ne sera longue tout au plus que de la largeur d'une claie.

Lorsque l'opération est faite, on place de nouveaux rameaux pour recueillir les vers qui seraient demeurés sur la litière, et l'on rejette ceux qu'on trouve encore assoupis.

Le moyen indiqué pour changer la litière est le plus convenable dans tous les âges.

Une heure ou deux heures après que les vers ont été posés sur les claies, on leur donne un repas de douze onces de feuilles environ, tendres et coupées menu.

Dans le cours de la journée, on leur donne le restant de la feuille en deux autres repas.

Lorsqu'on a transporté les vers à soie sur les nouvelles claies, on nettoie celles où ils étaient, ayant soin de rouler les feuilles de papier et de les porter hors de l'atelier.

Second jour. Il faut environ six livres douze onces de feuilles mondées et coupées menu, qu'on donne en quatre repas de six en six heures.

Les deux premiers seront moindres que les deux derniers.

On élargit les bandes de vers de manière qu'à la fin de ce jour les deux tiers de l'espace soient occupés.

Troisième jour. Il faut environ sept livres et demie de feuilles mondées et coupées menu. Les deux premiers repas seront les plus abondants.

L'appétit diminue, et vers la fin de la journée plusieurs vers seront assoupis.

Il faut aussi élargir les bandes de manière à ce que les quatre cinquièmes au plus des claies soient occupés.

Quatrième jour. Il ne faut que deux livres quatre onces environ de feuilles mondées et coupées menu, que l'on distribue soigneusement suivant le besoin.

Dans ce jour, tous les vers s'endorment; le lendemain, ils s'éveillent, et accomplissent ainsi leur second âge.

Il sera utile de renouveler un peu plus l'air intérieur; s'il ne fait au dehors ni froid ni vent, on peut laisser les soupiraux ouverts, jusqu'à ce que le thermomètre descende d'un demi-degré et même d'un degré; ensuite on ferme toutes les ouvertures. La température s'élève de nouveau, et l'air intérieur se trouve renouvelé.

ART. 3. *Troisième âge.*

Dans cet âge, les vers provenant d'une once d'œufs occupent quarante-six pieds carrés.

La température de l'atelier doit être de dix-sept à dix-huit degrés environ.

Premier jour. Il faut trois livres six onces de petits rameaux et autant de feuilles mondées, et coupées un peu moins que jusque alors. Vers la fin de

cet âge, elles doivent être coupées encore plus grossièrement.

Les vers à soie annoncent leur réveil par un mouvement ondulatoire qu'ils font avec la tête lorsqu'on souffle horizontalement sur eux avec la bouche.

On emploie les petits rameaux comme dans le second âge; ils servent de premier repas aux vers à soie.

Une bande occupera un peu moins de la moitié de l'espace total des claies. On donne aux vers un second repas d'une livre quatorze onces environ de feuilles.

Si le changement de litière a lieu trop tard, et qu'on n'ait pas le temps de donner les trois repas dans ce jour, on mêlera la feuille restante à celle du jour suivant.

Si dans la litière portée hors de l'atelier on trouve encore des vers endormis, on les lève à l'aide de petits rameaux, et on les pose sur une claie séparée dans la partie la plus chaude de l'atelier; en les tenant plus écartés entre eux, ils ne tarderont pas à être aussi avancés que les premiers vers.

Second jour. Il faut vingt et une livres et demie environ de feuilles mondées et coupées, que l'on donnera en quatre repas; les deux premiers doivent être un peu moindres que les deux derniers.

Peu à peu on élargit l'espace que les vers occupent.

Troisième jour. Il faut environ vingt-deux livres et demie de feuilles mondées et coupées, qui seront données en quatre repas; le premier et le second doivent être les plus abondants.

Les vers approchent du moment de leur assoupissement.

Quatrième jour. Il faut environ douze livres et demie de feuilles mondées et coupées, pour les quatre repas, dont le premier sera le plus fort et le dernier le plus faible.

Si l'on aperçoit qu'une grande partie des vers d'une claie soient assoupis, et que les autres désirent encore manger, on ne doit pas s'en tenir au nombre exact des repas ; il faut en donner un léger une ou deux heures après, afin de rassasier les vers et de les faire assoupir plus vite.

Cinquième jour. Il faut environ six livres et demie de feuilles mondées et coupées, que l'on distribue où le besoin s'annonce.

Lorsque le ver à soie se prépare à la troisième et même à la quatrième mue, il importe que l'air intérieur ne soit pas trop agité et que la température de l'atelier ne s'abaisse point.

Sixième jour. Dans ce jour, les vers s'éveillent plus ou moins et accomplissent leur troisième âge.

Il suffit, dans cet âge, de tenir ouverts de temps en temps les soupiraux et la porte, et même les fenêtres lorsqu'il fait un temps calme, jusqu'à ce que la température intérieure descende environ d'un demi-degré.

Dans les journées pesantes et très humides, on donne un mouvement salutaire à l'air intérieur à l'aide de quelques feux clairs.

Art. IV. *Quatrième âge.*

Dans cet âge, les vers provenant d'une once d'œufs occupent un espace de cent neuf pieds carrés environ : on les dispose comme à l'ordinaire.

La température doit être de seize à dix-sept degrés : si la saison est tellement chaude, que, malgré tous les expédients possibles, on ne puisse maintenir la température à dix-sept degrés, l'augmentation de chaleur ne sera point dangereuse, pourvu que l'on ouvre les soupiraux du côté où le soleil donne le moins. Si l'air était sans mouvement, on ferait les feux de flamme que nous avons recommandés, afin de renouveler l'air et d'empêcher que la litière n'entre en fermentation.

L'expérience fait connaître l'importance d'avoir des ateliers dont l'étendue soit proportionnée à la quantité des vers à soie, tant pour l'économie qui en résulte que pour la facilité du service.

Une pièce spacieuse offre le grand avantage de procurer, avec moins de peine, des courants d'air plus réguliers et plus sûrs.

Premier jour du quatrième âge. Il faut neuf livres de petits rameaux et quatorze livres quatre onces de feuilles coupées grossièrement ; lorsque la troisième mue est achevée, il faut à la fois couvrir une ou deux claies avec de petits rameaux de mûrier ou avec les feuilles de cet arbre qui aient le plus de consistance ; on lève ensuite ces rameaux chargés de vers, et on les place sur les petites tables, pour les transporter comme on a fait dans les âges précédents : en employant deux personnes pour chaque once, on peut faire cette opération en peu de temps. Les bandes que l'on forme doivent occuper à peu près la moitié des claies où on les pose.

Lorsque les vers ont mangé la feuille des petits rameaux, on leur donne six livres douze onces de feuilles, avec lesquelles on remplit les intervalles qui sont entre les rameaux ; les autres sept livres et demie de feuilles ne doivent se distribuer que lorsque le second repas est entièrement fini.

On aura soin que la feuille que l'on donne aux vers, dans les trois premiers jours de cet âge, soit coupée très grossièrement.

Aussitôt qu'on a terminé le transport des chenilles, il faut nettoyer les claies avec toute la vitesse possible. On roule les papiers avec la litière, et on les porte loin de l'atelier.

Les vers, encore engourdis, ne tarderont pas à s'éveiller ; on les placera alors sur une claie séparée, comme on a fait lors de la seconde mue.

Second jour. Il faut environ trente-neuf livres de feuilles mondées et coupées grossièrement, que l'on distribue en quatre repas ; les deux premiers seront les plus faibles, les deux derniers les plus forts.

On élargit les bandes de vers.

Troisième jour. Il faut cinquante-deux livres et demie de feuilles mondées et coupées grossièrement ; les deux premiers repas seront les moindres, le dernier doit être de dix-sept livres quatre onces.

Quatrième jour. Il faut cinquante-neuf livres quatre onces de feuilles mondées et non coupées ; les trois premiers repas seront de seize livres quatre onces chacun ; le quatrième sera d'environ dix livres et demie.

Cinquième jour. Il faut donner aux vers vingt-neuf livres quatre onces de feuilles mondées, en se réglant sur les besoins. Le premier repas sera le plus abondant.

Une grande partie des vers s'endorment dans cette journée.

Sixième jour. Il faut six livres douze onces de feuilles mondées, que l'on distribue d'après le besoin que les vers en ont.

Ils commencent à s'assoupir.

Septième jour. Les vers se réveillent et accomplissent leur quatrième âge.

Pendant cet âge, il est utile d'allumer, trois ou quatre fois par jour, de petits copeaux ou de la paille dans les cheminées, et de tenir ouverts les soupiraux supérieurs ou ceux d'en bas.

Si la température extérieure n'est pas froide et que l'air soit calme, on peut ouvrir aussi les portes et les fenêtres.

Les vers à soie ont à craindre trois ennemis principaux :

1° La quantité presque incroyable de vapeurs aqueuses que produisent, chaque jour, la transpiration de l'insecte et l'évaporation de la feuille ;

2° Les émanations délétères qui se dégagent continuellement de l'animal, de ses excréments et des restes de sa nourriture ;

3° La qualité humide et chaude de l'air atmosphérique.

Les thermomètres, l'hygromètre', ainsi que l'odeur de l'atelier, indiquent positivement quand on doit faire un usage plus fréquent des feux de flamme,

ouvrir les soupiraux et faire des fumigations.

Art. V. *Première période du cinquième âge.*

Premier jour. D'hier à aujourd'hui, presque tous les vers doivent avoir accompli leur quatrième âge et être éveillés.

La température de l'atelier doit être constamment tenue de seize à seize degrés et demi.

Les vers provenant d'une once d'œufs doivent occuper, jusqu'au terme de leur cinquième âge, deux cent trente-neuf pieds carrés.

Dans le premier jour, les vers doivent occuper cent trente pieds carrés de claies, qui, joints aux cent neuf pieds qu'ils occupaient et qu'on doit nettoyer, forment aujourd'hui les deux cent trente-neuf pieds carrés de claies sur lesquelles les vers doivent s'étendre graduellement jusqu'à leur maturité.

Il faut, dans cette première journée, vingt et une livres de petits rameaux et une quantité égale de feuilles mondées.

On commence à distribuer promptement les jeunes rameaux ou des pincées de feuilles non mondées sur quatre ou cinq claies. A peine les vers sont montés sur les rameaux ou sur la feuille, qu'on les lève et qu'on les pose sur les tables de transport.

Si les vers d'une claie sont presque tous éveillés, et qu'ils suffisent pour occuper, eux seuls, un peu plus de deux claies, en formant au milieu d'elles un espace en long un peu plus grand que la moitié de la claie lorsque les cent trente pieds carrés de claies sont occupés, on doit nettoyer les claies qui sont restées vides ; et celles-ci se trouvant aussi occupées, on continue la même opération sur les autres claies, qui resteront successivement vides : on opère ainsi jusqu'à la dernière.

Si, en nettoyant, on trouvait des vers éveillés, on les enlèverait aussi en répandant de la feuille près d'eux, et on les transporterait comme on a fait des autres.

Si ensuite on en trouve encore quelques uns éveillés, on les prend avec la main, et l'on jette ceux qui se trouveraient encore assoupis. On roule la litière avec le papier, et on la porte dehors.

Dans cette litière, qu'on aura étendue hors de l'atelier, dans un lieu qui ne soit pas humide, on peut trouver des vers éveillés : on les place sur une claie, et on les tient au large dans l'endroit le plus chaud de l'atelier.

L'opération achevée, les vers doivent occuper un peu plus de la moitié des claies qu'on leur a destinées.

Si l'on veut diviser l'opération du nettoiement et celle du transport, on peut le faire en nettoyant la moitié à peu près des claies dans la première partie du jour, et l'autre dans la seconde. Dans ce cas, il faut servir un ou deux repas aux vers que l'on ne déplace pas encore; mais il vaut mieux nettoyer les claies en une seule fois. Trois ouvriers peuvent faire commodément ce travail en moins de trois heures.

Pendant l'exécution du transport, on fait usage deux ou trois fois de la bouteille fumigatoire. Si la température de l'atmosphère est douce et diffère peu de celle de l'atelier, il faut ouvrir, pendant le nettoiement, les portes, les fenêtres et les soupiraux, et faire des feux de flamme. S'il fait froid ou que le vent souffle, il ne faut ouvrir que les soupiraux.

Les vingt et une livres de petits rameaux ou de feuilles employées pour lever les vers leur servent pour un repas abondant; les autres vingt et une livres doivent se partager en deux repas à six heures de distance l'un de l'autre. En donnant le premier, il faut élargir et aligner les bandes de vers.

Second jour. Il faut environ soixante-cinq livres dix onces de feuilles mondées pour les quatre repas : le premier, qui doit être le plus petit, sera d'à peu

près douze livres, et le dernier de vingt-deux livres et demie.

Troisième jour. Il faut environ quatre-vingt-treize livres de feuilles mondées : le premier repas, qui doit être le moindre, sera de vingt-deux livres et demie; le dernier, plus grand, d'environ vingt-sept livres douze onces.

Quatrième jour. Il faut à peu près cent trente livres quatre onces de feuilles mondées : le premier repas, de vingt-sept livres douze onces; le dernier, de trente-sept livres et demie.

Cinquième jour. Il faut environ cent quatre-vingt-cinq livres et demie de feuilles mondées : le premier repas, de trente-sept livres et demie; le dernier, d'environ quarante-sept livres. On donne aux vers quelques repas intermédiaires, en se réglant sur leur besoin.

Vers la fin de ce jour ou au commencement du suivant, et selon la circonstance, on doit enlever les litières et nettoyer les claies.

Il ne faut donner le dernier repas qu'à trois ou quatre claies à la fois, afin d'avoir le temps de lever tranquillement les vers, avant qu'ils mangent toutes leurs feuilles.

On opère ce nettoiement en appuyant sur les bords des claies les tables de transport, et dès qu'une feuille de papier est chargée de vers, on la lève et on en fait une seule couche sur chaque table.

Lorsqu'on en a rempli quelques unes, et qu'on a ainsi levé les vers assez adroitement pour ne pas les blesser, on enlève la litière avec le papier, que l'on met dans les paniers carrés; on replace les feuilles de papier nettoyées et on y met les vers : il faut continuer de cette manière, jusqu'à ce qu'on ait changé la litière sur toutes les claies.

Pendant cette opération, il faut faire des feux de flamme, ouvrir les soupiraux selon l'état de l'atmosphère, et promener la bouteille fumigatoire. Dans tous les cas, les soupiraux supérieurs, et au moins ceux d'en bas, ou une partie, doivent être ouverts.

Sixième jour. Il faut deux cent vingt-trois livres de feuilles mondées, que l'on sert en quatre repas ; le dernier est plus abondant que les autres. Si toute la feuille a été consommée dans une heure, on donnera quelques repas intermédiaires.

Septième jour. Il faut environ deux cent quatorze livres et demie de feuilles mondées. Le premier repas doit être le plus fort et les autres doivent diminuer progressivement. On donnera, s'il le faut, des repas intermédiaires.

Huitième jour. Il faut environ cent cinquante livres de feuilles mondées en quatre repas, dont le premier doit être le plus abondant, c'est à dire de quarante-sept livres ; le dernier sera le plus petit : toujours des repas intermédiaires, s'il le faut.

Dans les derniers jours de l'éducation, on s'appliquera à leur donner la meilleure feuille possible, cueillie de préférence sur de vieux mûriers.

Dans cette journée, on doit nettoyer les claies comme précédemment, plus ou moins vite, suivant que le besoin l'exige ; les feux de flamme et la bouteille fumigatoire sont plus nécessaires encore qu'auparavant.

Neuvième jour. Il faut environ cent vingt livres quatorze onces de feuilles mondées ; on les distribue en raison du besoin. Les chenilles avancent vers leur maturité.

On doit de temps en temps faire un feu léger, particulièrement pendant la nuit ; il faut, matin et soir, promener la bouteille tout autour de l'atelier.

Lorsque l'on fait du feu, on ne doit jamais laisser les soupiraux fermés, afin que l'air se renouvelle entièrement.

Si pour changer l'air intérieur on laissait entrer un air beaucoup plus froid, il endurcirait un peu les vers ; et il n'y aurait autre chose à faire, dès que l'air intérieur serait changé, que de te-

nir allumés les poêles ou les cheminées, et de laisser les soupiraux un peu ouverts jusqu'à ce que la température s'établit à environ seize degrés et demi. Bientôt la chenille se ramollira et sera charnue au toucher, ce qui est l'indice d'une santé vigoureuse.

Dixième jour. Il faut environ cinquante-six livres quatre onces de feuilles ; on les distribue aux vers en proportion de leur besoin. Si cette quantité ne suffit pas, on en ajoutera d'autres.

Si ce dixième jour ne suffisait point à la complète maturité des vers, on attendrait le onzième.

ART. 6. *Dernière période du cinquième âge. Maturité des vers à soie.*

La complète maturité des vers à soie s'annonce par les signes suivants :

1° Ils montent sur les feuilles sans les ronger, élèvent la tête comme pour chercher autre chose ;

2° En les regardant horizontalement sur une table, ou en les prenant à la main et en les observant à travers la lumière, on s'aperçoit que le corps a une transparence semblable à celle d'une prune jaune ou d'un raisin blanc très mûr ;

3° Un grand nombre de vers à soie, tendant la tête, se traînent au bord des claies en cherchant à y grimper ;

4° Les anneaux des vers paraissent se raccourcir, et la peau de leur cou est toute ridée ;

5° Leur corps devient d'une mollesse semblable à de la pâte ;

6° Enfin, si l'on regarde les vers avec attention, on voit que la plupart traînent après eux un fil de soie qui sort de leur filière, et, en saisissant ce fil, on peut en tirer un assez long bout sans qu'il se rompe.

L'éducateur diligent doit avoir préparé des fagots ou bouquets bien liés, composés de bruyère, de genêt, etc., pour former des haies, sur lesquelles

les vers puissent monter et travailler à leurs cocons [1].

Première disposition pour former les haies. — A la première apparition des signes que nous avons indiqués, on place les fagots contre les bords intérieurs des claies, du côté qui gêne le moins le service, et on les tient à quinze pouces environ de distance l'un de l'autre.

Les rameaux ou fagots doivent être plus longs que la distance d'une claie inférieure à la supérieure, pour qu'ils puissent se courber en forme d'arc.

On plante ces premiers fagots entre les cannes des claies et non sur le papier qui les couvre, et de manière que les vers à soie qui seront montés ne puissent tomber hors de la claie; ils seront étendus en éventail pour que l'air puisse y passer librement.

Ayant ainsi placé sur chaque claie et à leur angle un nombre suffisant de fagots, les premiers vers qui sont mûrs trouvent facilement le chemin pour monter.

Cette journée demande une attention particulière pour visiter les claies, et si l'on y observe des vers parvenus à maturité, on les met au pied des fagots. On peut aussi placer sur les claies de petits rameaux secs de chêne, d'ormeau, etc. Bientôt les vers mûrs y montent, et on les pose au pied des petits fagots.

Dans les premières trois ou quatre

[1] Les plantes les plus propres à former les haies sont, parmi les herbacées, les racines de chiendent (*triticum repens*), la tige de l'ansérine à balai (*chenopodium scoparium*), l'armoise vulgaire (*artemisia campestris*).

Le séné bâtard (*coronilla emerus*), le cytise des jardins (*cytisus sessilifolius*), le chèvre-feuille velu (*lonicera xilosteum*), et principalement la bruyère commune (*erica vulgaris*).

Parmi les arbres :

Les rameaux de toutes les plantes inermes à branches menues et tortillées, telles que celles de l'ormeau, du châtaignier, du coudrier, du chêne, du bouleau, etc.

On coupe ces branches lorsque la feuille a déjà une certaine consistance, et on les fait sécher à l'ombre.

heures, pendant lesquelles on voit distinctement les signes qui annoncent la maturité des vers, il n'est pas nécessaire de se presser beaucoup de les faire monter, parce qu'en restant quelques heures de plus sur les claies ils se vident bien sur leur litière.

Quelle que soit la méthode que l'on suive dans cette opération, il sera toujours avantageux que ces fagots soient bien placés, bien arqués, propres et pas trop épais, afin que l'air y circule librement, et que les vers puissent travailler à leur aise. (*Voy. Pl. CCCIL, fig. 8.*)

Les cinquante-six livres quatre onces de feuilles mondées que l'on a encore en réserve doivent être servies aux vers peu à peu et à mesure qu'ils en ont besoin.

Avant-dernier nettoiement des claies, achèvement des haies, etc. — Dès que beaucoup de vers à soie sont près de monter, on doit s'occuper de l'avant-dernier nettoiement des claies : celui-ci, plus difficile à opérer que le précédent, demande plus d'habileté pour bien appuyer les tables sur les bords des claies, qui sont embarrassées par les petits fagots.

On prend délicatement les vers, et on en remplit deux ou trois petites tables; on lève ensuite les feuilles de papier chargées de litière, et on les vide dans les paniers carrés.

Lorsqu'une partie de la claie est nettoyée, on y replace le papier, et on verse les chenilles dessus en inclinant toujours la petite table; on leur donne ensuite plus ou moins de feuilles, suivant le strict besoin.

De cette manière, trois ouvriers peuvent nettoyer toutes les claies en peu d'heures.

On aura soin de distribuer les vers en petits carrés de vingt-deux pouces, faisant en sorte que ces carrés commencent du côté où les haies sont déjà établies.

Il faut laisser entre un carré et l'autre un espace d'environ quatre pouces, dans lequel on plantera de la bruyère ou autre plante après le nettoiement.

Pendant tout le temps que dure cette opération, on doit faire entrer l'air extérieur de tous côtés; on l'attire même en faisant alternativement du feu dans toutes les cheminées.

On achève ensuite de construire la haie autour de trois côtés des claies, en plaçant contre les bords d'autres petits fagots entre ceux qu'on a déjà mis, sans ôter le papier de dessus les claies.

Au milieu de la claie, dans les intervalles d'un carré de vers à l'autre, on place de petits fagots, de manière que quatre, réunis ensemble, forment une touffe sous la claie supérieure.

Dès que l'on s'aperçoit que les haies et les touffes de fagots sont presque chargées de vers, on place d'autres petits fagots entre les touffes du milieu et la haie, et entre les mêmes touffes et les bords extérieurs des claies. Les petits rameaux ou fagots se recourbent tous sous les claies supérieures, et représentent de petites allées fermées par la haie, qui en est le fond. Cette contexture leur a fait donner le nom de *cabanes*.

Il faut avoir constamment soin d'approcher des fagots les vers disposés à y monter, donner de la meilleure feuille à ceux qui mangent encore; et s'il en est quelques-uns qui rétrogradent, on les remet sur la voie.

Séparation des vers à soie; dernier nettoiement des claies. — Vingt-quatre ou trente heures après que les vers ont commencé à grimper, et que les quatre cinquièmes, ou plus, sont déjà montés, on lève les vers rétifs et paresseux; on les porte dans un lieu sec et aéré, dont la température soit au moins de dix-huit degrés, et on les place sur des claies couvertes de papier et garnies de haies. On peut aussi faire un petit étage, composé de racines de chiendent,

ou de rameaux de l'ansérine à balai (*chenopodium scoparium*), etc., sur lesquels on dépose les animaux faibles ou ceux qui tombent du haut des rameaux, afin qu'ils puissent se placer à leur aise et tisser leurs cocons.

Après avoir ainsi débarrassé les claies, on doit se hâter de les nettoyer pour la dernière fois, en prenant avec les mains le peu de litière qui s'y trouve encore, et en ôtant avec la palette ou le petit balai toutes les malpropretés.

Direction de l'atelier jusqu'à l'accomplissement du cinquième âge. — Lorsque les vers mûrissent et commencent à grimper, il faut conserver la température de l'atelier à environ dix-sept degrés : si l'air extérieur est plus froid, ou s'il fait du vent, il faut empêcher qu'il ne frappe directement les vers à soie; il convient en outre que l'air intérieur soit aussi sec que possible.

Lorsque les vers ont versé leur bave, et qu'ils se sont enveloppés de soie, on peut de temps en temps laisser entrer l'air librement.

On peut même laisser tout ouvert, quels que soient la température et le mouvement de l'air extérieur, dès que les cocons ont acquis une certaine consistance.

Si l'on n'observe pas exactement ces règles et ces soins, on court le danger d'éprouver des pertes. Le froid endurcit promptement la matière soyeuse, et le travail de l'animal est bientôt suspendu. Une trop grande chaleur force le ver à verser sa soie plus tôt qu'il ne faut; elle est mal élaborée et par conséquent plus grossière.

Les opérations que nous venons d'énumérer, pour l'éducation des vers à soie durant les cinq premiers âges ont été récapitulées dans le tableau suivant :

Tableau récapitulatif de l'éducation des Vers à soie jusqu'au sixième âge, calculé sur une once d'œufs.

AGES.	Espace occupé par les vers sur les claies. pouces. pieds.	TEMPÉRATURE. Échelle de Réaumur. degrés.	QUANTITÉS des feuilles. liv. onc.	TOTAL de la feuille pour chaque âge. liv. onc.	OBSERVATIONS.
1er âge. 1er jour.	9 6	19	» 14	7 »	Feuilles tendres, mondées et coupées très menu, en quatre repas qu'on augmente progressivement. — On élargit les carrés de vers.
2e jour.			1 6		Feuilles tendres, mondées et coupées très menu, en quatre repas; le premier plus léger, le dernier le plus fort. — Élargir et allonger les carrés de vers.
3e jour.			3 »		Feuilles tendres, mondées et coupées très menu, en quatre repas.
4e jour.			1 6		Le premier repas de neuf onces ; on diminue les autres si la feuille n'est pas bien rongée.
5e jour.			» 6		Feuilles coupées très menu.
2e âge. 1er jour.	19 »	18 à 19	4 8	21 »	Moitié rameaux tendres et moitié feuilles coupées menu. — Au lieu des carrés de vers on forme des bandes. — Le premier repas est de douze onces, le reste de la feuille se divise en deux repas.
2e jour.			6 12		Feuilles coupées menu, en quatre repas, les deux premiers moindres que les deux derniers. — Élargir les bandes de vers.
3e jour.			7 8		Feuilles coupées menu, en quatre repas, les deux premiers les plus forts. — Élargir les bandes.
4e jour.			2 4		Feuilles coupées menu, à distribuer suivant le besoin.
3e âge. 1er jour.	46 »	17 à 18	6 12	69 12	Moitié rameaux tendres et moitié feuilles coupées un peu moins ; le second repas sera d'une livre quatorze onces.
2e jour.			21 8		Feuilles coupées. — Quatre repas, les deux premiers moindres que les deux derniers. — On élargit les bandes.
3e jour.			22 8		Feuilles coupées. — Les deux premiers repas les plus forts. — Les vers approchent de leur assoupissement.
4e jour.			12 8		Feuilles coupées. — Quatre repas, le premier le plus fort, le dernier le plus faible.
5e jour.			6 8		Feuilles coupées, à distribuer suivant le besoin.
6e jour.			» »		Les vers s'éveillent et accomplissent leur troisième âge.
4e âge. 1er jour.	109 »	16 à 17	23 4	210 »	Neuf livres de rameaux, quatorze livres quatre onces de feuilles coupées grossièrement. — On donne six livres douze onces de feuilles quand les vers ont mangé les rameaux.
2e jour.			39 »		Feuilles coupées grossièrement. — Quatre repas; les deux premiers les plus faibles. — On élargit les bandes.
3e jour.			52 8		Feuilles coupées grossièrement. — Trois repas; les deux premiers sont les moindres ; le dernier de dix-sept livres quatre onces.
4e jour.			59 4		Feuilles non coupées. — Quatre repas ; les trois premiers de seize livres quatre onces, le dernier de dix livres et demie.
5e jour.			29 4		Feuilles mondées, à distribuer suivant les besoins ; le premier repas sera le plus fort.
6e jour.			6 12		Feuilles mondées, à distribuer d'après le besoin. — Les vers commencent à s'assoupir.
7e jour			» »		Les vers se réveillent et accomplissent leur quatrième âge.

AGES.	Espace occupé par les vers, pieds, sur les claies, pouces.	TEMPÉRATURE. Echelle de Réaumur. degrés.	QUANTITÉS des feuilles. liv. onc.	TOTAL de la feuille pour chaque âge. liv. onc.	OBSERVATIONS.
1er jour.			42 »		Moitié petits rameaux et moitié feuilles mondées.
2e jour.			65 10		Feuilles mondées. — Quatre repas; le premier doit être le plus petit, il sera de douze livres, et le dernier de vingt-deux livres et demie.
3e jour.			93 »		Feuilles mondées. — Le premier repas sera le moindre et de vingt-deux livres et demie; le dernier de vingt-sept livres douze onces.
4e jour.			130 4		Feuilles mondées. — Le premier repas de vingt-sept livres douze onces, et le dernier, de trente-sept livres et demie.
5e jour.			185 8		Feuilles mondées. — Le premier repas sera de trente-sept livres et demie, le second de quarante-six livres quatorze onces.
5e âge.	239 »	16 à 16 ½		1,281 »	
6e jour.			223 »		Feuilles mondées. — Quatre repas, le dernier plus abondant que les autres.
7e jour.			214 8		Feuilles mondées. — Le premier repas le plus fort; les autres diminueront progressivement.
8e jour.			150 »		Feuilles mondées. — Quatre repas; le premier, le plus abondant, sera de quarante-six livres quatorze onces.
9e jour.			120 14		Feuilles mondées, à distribuer en raison du besoin. — Les vers avancent vers leur maturité.
10e jour.			56 4		Feuilles mondées, à distribuer suivant le besoin; si cette quantité n'est pas suffisante, on en ajoutera d'autres.

Art. 7. *Des sixième et septième âges, et des moyens d'obtenir une bonne graine.*

Confection des cocons, leur récolte et leur diminution de poids. — Le ver à soie sain et vigoureux, à dater du moment qu'il jette sa première bave, termine son cocon dans trois à quatre jours, se transforme en chrysalide et commence le sixième âge.

Au septième ou huitième jour, on peut détacher les cocons, en commençant par les claies les plus basses et successivement jusqu'aux plus hautes.

On ne doit point jeter à terre les rameaux ou fagots chargés de cocons; il faut au contraire les remettre doucement aux ouvriers chargés de cette récolte.

On détache délicatement les cocons en mettant à part les vers *lâches et mous*.

On vide sur une claie les paniers remplis de cocons; on les étend à la hauteur de quatre travers de doigt à peu près, en ayant soin d'en ôter adroitement la *bourre* qui les entoure. Lorsque cette tâche est faite, il ne reste plus qu'à peser les cocons et à les porter au marché le plus tôt que l'on peut [1].

C'est une erreur vulgaire de croire que, passé un certain nombre de jours, les cocons augmentent de poids; l'expérience nous assure du contraire : en dix jours, les cocons font une perte de sept et demi pour cent sur leur poids.

Le poids des cocons récoltés dans un atelier bien dirigé correspond toujours à l'espace des claies occupé par les vers;

[1] Beaucoup d'éleveurs, au lieu de vendre les cocons en nature, font eux-mêmes *tirer* et *filer* la soie, afin de la livrer à l'état *grége* aux manufacturiers, et prête à subir l'opération du *moulinage*; on trouvera au mot Soie un aperçu de ces différentes opérations, qui sortent du cercle de l'industrie agricole proprement dite.

on obtiendra constamment cent à cent trente livres de cocons par deux cent trente-neuf pieds carrés. Que l'atelier soit grand ou petit, le produit sera toujours dans la même proportion.

Choix et conservation des cocons destinés à fournir la graine. — Une bonne graine étant la base d'une bonne éducation, il est de l'intérêt des cultivateurs d'employer tous leurs soins à obtenir eux-mêmes la graine de leurs vers à soie, s'ils veulent être sûrs de sa parfaite qualité.

De quatorze onces de cocons on retire, pour terme moyen, une once de graine. Si l'on veut choisir les cocons, on prend de préférence ceux qui sont couleur de paille pâle, les plus durs, surtout aux extrémités, ceux dont le tissu est le plus fin, qui ont une espèce d'anneau ou cercle rentrant qui les serre dans le milieu, et qui sont d'une moyenne grosseur.

Il n'y a point de signes certains pour distinguer le sexe des cocons; nous dirons cependant que les plus probables sont les suivants :

Le cocon le plus petit, pointu d'un ou des deux bouts et serré dans le milieu, renferme ordinairement un papillon mâle; le cocon beaucoup plus rond, plus gros, un peu plus pesant, peu ou point serré dans le milieu, contient le plus souvent un papillon femelle.

On nettoie soigneusement les cocons destinés à la reproduction en ôtant leur bourre, afin que le papillon ne soit point gêné pour en sortir; on met de côté les cocons qui ont quelque imperfection; on sépare, autant qu'on le peut, les cocons mâles des cocons femelles; on place les cocons choisis sur des claies séparées, par couches de trois travers de doigt, dans une chambre qui ne soit point au rez-de-chaussée et dont la température se maintienne de quinze à dix-huit degrés; on allumerait le poêle, ou l'on ferait du feu à la cheminée; si elle s'élevait à plus de dix-neuf degrés, on transporterait les cocons dans une pièce

plus fraîche; enfin, lorsque l'atmosphère est humide, il est essentiel de les remuer souvent.

Naissance et accouplement des papillons. — Lorsqu'on aperçoit l'extrémité du cocon mouillée, c'est un indice que le papillon est formé : il naîtra bientôt, pour commencer la septième et dernière période de sa vie.

Si les cocons sont tenus à quinze degrés de chaleur, les papillons commencent à naître après quinze jours; si on les tient à dix-sept et dix-huit degrés, ils naissent après onze ou douze jours.

Dans le premier cas, il faut encore quatorze ou quinze jours pour que la totalité des papillons se dégage des cocons, et dans le dernier cas il ne faut que onze jours.

Dans la chambre où naissent les papillons, on ne doit conserver que la clarté à peine suffisante pour distinguer les objets; le premier et le deuxième jour, les papillons ne sortent pas en grand nombre; ils naissent, pour la plupart, dans les quatrième, cinquième et sixième jours, selon la température.

Les heures auxquelles les papillons percent le cocon en plus grand nombre sont les trois ou quatre premières après le lever du soleil : il en naît très peu pendant les autres heures, si la chaleur est de quatorze ou quinze degrés; mais il en naît davantage dans le cours de la journée, si elle est de dix-huit degrés.

Il est très utile de séparer les cocons mâles des cocons femelles, pour éviter que les accouplements aient lieu sur les tables, et il en résulte en outre, 1° qu'on les voit de suite et qu'on peut lever plus tôt les papillons accouplés; 2° que ceux qui ne sont pas accouplés peuvent rester plus longtemps sur les claies; ce qui leur donne le temps d'évacuer une portion surabondante d'humeur d'un jaune rougeâtre, qui les surcharge.

Voici la meilleure manière de favoriser l'accouplement des papillons.

Aussitôt qu'on voit des papillon accouplés , on les pose sur des châssis destinés à cet usage (*pl.* CCCXIL , *fig.* 4).

L'accouplement parfait s'annonce par des tremblements du mâle uni à la femelle : alors on les prend délicatement par les ailes, et, s'ils se séparent, on les remet sur les claies des papillons du même sexe.

Lorsqu'on a rempli un châssis de papillons accouplés, on les porte dans une chambre un peu spacieuse, fraîche, assez aérée et très obscure; on place ces châssis par terre ou sur des tables.

On lève ensuite alternativement des claies les mâles et les femelles; on les met ensemble sur d'autres châssis, que l'on transporte dans la chambre ci-dessus.

Le mâle, à peine sorti de son enveloppe, agite ses ailes et paraît plus petit que la femelle.

On note l'heure à laquelle on a placé dans cette chambre les tables de papillons que l'on a trouvés accouplés sur les claies, de même que l'heure à laquelle on aura transporté les autres petites tables de papillons accouplés, en prenant les mâles d'une claie et les femelles d'une autre.

Si, lorsqu'on a fini ces accouplements, il reste quelques papillons de l'un ou de l'autre sexe, on les place dans la petite boîte percée (*pl.* CCXXXVII, *fig.* 14), jusqu'à ce que le moment de les unir soit favorable.

Il faut examiner de temps en temps si les papillons se désunissent, pour mettre à part les mâles et les femelles et ensuite les réunir de nouveau.

Les papillons des vers à soie appartiennent à la classe des papillons de nuit ou phalènes; la lumière les inquiète, les trouble, et ils perdraient bientôt leur force vitale, si on ne les tenait constamment dans l'obscurité.

On aura l'attention de resserrer l'espace que les cocons occupent, à mesure que les papillons se développent et qu'on enlève les cocons percés; le papier même qui recouvre les claies de-

vient si humide, qu'on doit le changer, afin que la claie et les cocons soient nets et que l'air de la chambre ne soit pas altéré.

Séparation des papillons, ponte des œufs et leur conservation. — Le papillon mâle doit rester accouplé environ six heures; ce temps écoulé, on prend les deux papillons par les ailes, et on les sépare en les tirant doucement en sens inverse.

Lorsqu'on prévoit qu'on peut avoir besoin de mâles, on ne les laisse accouplés, la première fois, que cinq heures; après les avoir séparés, on choisit les plus vigoureux, que l'on conserve dans la boîte (*pl.* CCCXXXVII, *fig.* 14), pour les marier, peu de temps après, avec les femelles encore vierges, ou pour s'en servir la matinée suivante, s'il est nécessaire.

Avant de désunir les couples, il faut préparer dans une chambre fraîche, sèche et assez aérée, un linge qui présente une superficie d'à peu près un pied et demi carré pour chaque cinq onces d'œufs que l'on veut obtenir.

On dispose ce linge sur un chevalet (*pl.* CCCXLI, *fig.* 5), en le tenant, autant que possible, perpendiculairement et bien tendu; la chambre n'aura que la clarté à peine suffisante pour pouvoir opérer.

Après cinq ou six heures d'accouplement, comme nous l'avons dit, on désunit délicatement les papillons; on met les femelles sur un châssis; on les porte dans la chambre où se trouve le chevalet, et on les y place l'une après l'autre en commençant par le haut.

On doit tenir une note exacte de toutes les opérations.

Le papillon pond, dans les premières trente-six ou quarante heures, la plus grande partie de ses œufs; ceux qu'il verse ensuite n'équivalent à peu près qu'au sixième de la ponte déjà faite; chaque femelle verse, terme moyen, cinq cents œufs.

Les papillons sortent de leurs cocons

à six ou sept heures du matin; les accouplements se font à huit heures, et, vers les deux heures après midi, on détache les mâles, et l'on pose les femelles sur le chevalet.

Huit ou dix jours après la ponte des œufs et selon la température, la couleur jonquille qui leur est propre devient foncée, se change ensuite en gris roussâtre, et enfin en couleur d'ardoise, qu'ils conservent. Dans quinze ou vingt jours, les œufs parcourent toutes ces nuances et ont alors les caractères d'œufs fécondés. Ceux qui ne le sont pas ne changent point de couleur, et ils ne tardent pas à s'affaisser.

Quelques jours après que les œufs ont pris cette nuance cendrée et que les linges sont bien secs, il faut lever ceux-ci et les plier en plusieurs doubles de neuf pouces de largeur environ; on les place dans un lieu frais et assez sec, dont la température n'excède point quinze degrés dans l'été, et qui ne descende pas au dessous de zéro pendant l'hiver. On les conserve toute l'année à l'air frais, en les mettant sur un châssis de cordes, que l'on attache à la voûte ou au faîte de la chambre.

Pendant la saison chaude, il faut, tous les dix ou quinze jours, et, en temps ordinaire, tous les mois à peu près, déplier les linges et les visiter. Les œufs s'altèrent dans un lieu humide, et les vers qu'ils produisent manquent de vigueur.

Le transport de la graine d'un pays à l'autre se fait en la pliant toute détachée dans de petits paquets de papier de demi-once chacun, ou, mieux encore, en la mettant dans des tuyaux de roseau, dont les deux bouts, percés, soient recouverts d'une toile claire, liée autour.

Lorsqu'il s'agit d'un trajet très long, on ne détache point la graine du linge; on y étend un morceau de mousseline d'égale grandeur; on plie ce linge en quatre, et on couvre le paquet d'une simple enveloppe de papier.

§ VIII. DES ÉDUCATIONS MULTIPLES DE VERS A SOIE.

Plusieurs auteurs ont parlé d'éducations multiples et successives des vers à soie, dans le cours d'une même année; la plupart, Dandolo entre autres, se sont prononcés contre ces éducations doubles ou triples, fondés sur ce que le dépouillement répété des mûriers en amènerait immanquablement la prompte destruction. Cependant un observateur instruit, non moins qu'habile praticien, M. Loiseleur-Deslongchamps, a récemment soutenu, contre l'opinion commune, la possibilité des éducations multiples, sans dommage pour les plantations, faisant remarquer d'ailleurs que dans l'état actuel des choses, comme on ne fait encore, dans toutes les parties de la France où l'on élève maintenant des vers à soie, qu'une seule éducation annuelle, rien ne peut réparer une mauvaise récolte, si ce n'est l'achat à l'étranger des soies absorbées par nos manufactures. Or, une seconde et une troisième éducation fourniraient les moyens de se passer de cette ressource dispendieuse, et pourraient dédommager le cultivateur dont la première aurait mal réussi.

Nous allons extraire le développement de cette idée de l'ouvrage publié par M. Loiseleur-Deslongchamps sous ce titre : *Mûriers et Vers à soie*.

« On peut faire, chaque année, plusieurs récoltes de soie, en retardant l'éclosion des œufs qu'on destinera aux éducations autres que celle qui se fait ordinairement. A cet effet, on place dans une cave, vers la fin de février ou le commencement de mars, la graine pour la seconde éducation, et dans une glacière celle pour la troisième et les suivantes. La graine, avant d'être ainsi placée, doit être renfermée dans des bocaux bien bouchés, et même lutés avec soin, afin d'être à l'abri de l'humidité, qui lui serait très nuisible et pourrait même l'empêcher tout à fait d'éclore.

XVII.   59

« La première éducation se commence, comme à l'ordinaire, lorsqu'on reconnaît que les bourgeons du mûrier sont suffisamment développés. Pour faire la seconde, on retire les œufs de la cave dix à douze jours après que les vers de la première éducation sont éclos, et de manière à ménager l'éclosion de ces œufs retardés pour qu'elle ait lieu lorsque les premiers nés seront à la quatrième mue. Outre cela, on doit faire en sorte, après avoir sorti la graine de la cave, de ne la pas exposer brusquement à une trop forte chaleur, mais de la faire passer peu à peu par des degrés intermédiaires entre la température de la cave et celle à laquelle se trouve l'air ambiant; ce qui peut se faire facilement en la transportant graduellement des lieux les plus froids de la maison dans ceux qui sont les plus chauds. Lorsqu'elle a été ainsi préparée pendant trois à quatre jours, on peut l'exposer à toute la chaleur qui doit favoriser son éclosion, et employer les moyens qui sont en usage pour la déterminer d'une manière aussi simultanée que possible.

« Pour faire une troisième éducation, on retire de la glacière la graine qui y a été mise dans le temps convenable, lorsque les vers de la seconde éducation entrent dans le troisième âge, et on la ménage de façon qu'on puisse la faire éclore dans le temps où les vers de cette deuxième éducation seront à leur quatrième mue. Les précautions, en retirant la graine de la glacière, doivent être encore plus grandes que pour celle qui ne sort que de la cave, parce qu'à l'époque où l'on doit alors se trouver, la mi-juin ou à peu près, la température atmosphérique est ordinairement encore plus élevée, et que d'ailleurs la différence de chaleur est toujours beaucoup plus forte entre l'air ambiant et la glacière, qu'entre celui-ci et l'air des caves. C'est donc le matin, de très bonne heure, qu'il faut retirer la graine de la glacière; puis on doit le plus tôt possible la transporter dans une cave, d'où

on la sortira au bout de vingt-quatre à trente-six heures, pour la faire ensuite passer successivement et aussi insensiblement qu'il se pourra à la chaleur qui est celle de l'époque où l'on se trouve, et enfin à celle convenable pour déterminer l'éclosion.

« En 1825, 1826 et 1827, j'ai fait ainsi trois éducations, toujours avec beaucoup de succès, et leurs produits en cocons n'ont jamais été au dessous de la proportion ordinaire. En 1827, j'ai commencé ma première éducation le 18 avril, et je l'ai terminée le 16 juin. La seconde, commencée le 8 mai, était finie le 30 juin; et la troisième, entreprise le 1er juin, était entièrement achevée le 15 juillet [1].

« Ces trois éducations successives faites avec des graines conservées et retardées par le moyen du froid, pour ne les faire éclore qu'aux époques que j'ai déjà indiquées plus haut, sont donc faciles à exécuter; il ne faut pour cela que multiplier les plantations de mûrier, de manière à avoir des arbres différents pour chaque éducation de vers, afin que les mûriers ne soient dépouillés de leurs feuilles qu'une fois par an, ainsi que cela se pratique d'ordinaire. Je crois d'ailleurs devoir, par avance, répondre ici à une objection qui m'a déjà été faite de vive voix et qu'on pourrait me reproduire : mais si vous avez assez multiplié vos plantations de mûrier pour faire successivement deux ou trois éducations de vers, doublez et triplez tout de suite, dans une seule, le nombre de vos vers, cela sera plus simple. Cela serait vrai s'il n'y avait pas la difficulté d'avoir à sa disposition un local pour les placer; mais il faut déjà un bâtiment assez grand pour qu'il soit facile d'y loger 500,000 vers à soie au moment où ils vont filer : où trouver, sans faire de constructions dispendieuses, de quoi en placer 1,500,000, qui, dans ce cas, serait le total de trois éducations réunies en

[1] M. Loiseleur-Deslongchamps travaillait sous le climat de Paris.

une seule ? Tous les éducateurs de vers à soie savent d'ailleurs que les grandes éducations sont toujours proportionnellement moins avantageuses que les petites.

« Les feuilles du mûrier, lorsqu'elles ont acquis leur parfait développement, ne peuvent servir aux jeunes vers de la seconde et de la troisième éducation ; elles sont alors trop dures. Il faut, pendant les trois premiers âges, leur choisir des feuilles tendres et appropriées à la faiblesse de leurs organes. Cela est moins difficile qu'on ne pourrait le croire, parce que dans ces trois premiers âges les jeunes vers ne consomment que très peu de feuilles ; il ne leur en faut alors que la seizième partie de ce qui leur sera nécessaire dans leurs deux derniers âges. Ce seizième de nourriture, ou environ cent livres de feuilles pour les vers d'une once de graine, se trouve facilement dans les sommités des bourgeons développés depuis la feuillaison des arbres, et il ne s'agit que de le faire choisir par des femmes ou des enfants, en leur faisant prendre seulement les deux dernières feuilles pour les vers du premier âge, ensuite les trois dernières pour ceux du second, et enfin les quatre dernières lorsque le troisième âge est arrivé. Parvenus au quatrième âge, les vers peuvent manger de toute espèce de feuilles : quant à ce qui reste sur les rameaux après qu'on en a retiré celles des sommités, ce reste, qui est toujours le plus considérable, sert à donner aux vers de la première éducation, qui sont alors dans le quatrième et le cinquième âge.

« Outre ce moyen de nourrir les jeunes vers de la deuxième et de la troisième éducation avec le choix des feuilles les plus tendres, on peut encore se procurer des feuilles de nouvelles pousses, en disposant une certaine quantité de mûriers nains ou plantés en haies, de manière à les forcer à développer leurs yeux secondaires au moment où l'on commencera la seconde et la troi-

sième éducation. On peut enfin profiter, pour la troisième éducation, du développement des bourgeons de la seconde pousse, qui a ordinairement lieu dans la première quinzaine de juillet. »

§ IX. MALADIES DES VERS A SOIE.

Le ver à soie est un animal très robuste, soit par sa nature, soit par la simplicité de son organisation ; mais on l'élève généralement d'une telle manière, que souvent il succombe, malgré sa force naturelle.

On ne doit point donner le nom de maladie à l'engourdissement que les vers éprouvent à chaque mue : cette léthargie est plutôt une révolution naturelle et nécessaire, qui annonce leur bonne constitution ; ceux qui ne l'éprouvent pas sont incapables de filer.

Les principales maladies des vers à soie sont :

La grasserie. C'est une enflure générale qui se développe pendant les mues ; on nomme *gras* les vers qui en sont atteints. Ils marchent, mangent, grossissent et ne filent pas ; ils sont plus blancs et plus onctueux que les autres.

La consomption. Les malades sont appelés *passis* ou *harpians ;* ils sont très faibles, et leur accroissement est moins rapide que celui des autres. Ils cessent de manger, deviennent mous, et souvent meurent étouffés par les autres. Chez les cultivateurs inhabiles, cette maladie fait beaucoup de ravages, surtout depuis la troisième mue.

La jaunisse. Elle ne diffère de la grasserie que par l'époque où elle se développe ; c'est vers la fin du cinquième âge, lorsque les vers sont près de filer, qu'elle se manifeste. On l'attribue à l'infiltration du liquide nutritif et de la matière soyeuse ; au lieu de mûrir, les vers deviennent enflés, on aperçoit sur leur corps des taches d'un jaune doré.

Muscardine. Les vers deviennent raides et meurent à tout âge, même après avoir commencé ou formé le cocon. Leur couleur, d'abord rouge, devient ensuite blanche. Cette maladie est caractérisée, après la mort de l'animal, par le durcissement de son corps et par une sorte de moisissure qui le recouvre. « Nous avons longtemps douté, dit M. Bonafous, qu'elle fût contagieuse; mais des vers parfaitement sains, que nous avons mêlés à des vers affectés de la muscardine, ont démontré qu'elle se communiquait, et il nous parait même indispensable de désinfecter complétement l'atelier où elle a régné, et tous les ustensiles, avant d'entreprendre une autre éducation. »

Outre ces maladies principales, il en est d'autres qui font périr une quantité de vers dans les éducations mal soignées.

Lorsque le temps de la montée s'approche, on en voit de demi-transparents comme s'ils étaient mûrs; mais n'étant remplis que d'eau, ils ne filent point et meurent. On les appelle *vers clairs*.

Si les vers parvenus à maturité ne trouvent pas les cabanes préparées, ou si le temps leur est contraire à cette époque, leurs forces s'épuisent, la substance soyeuse s'épaissit dans leur corps; ils se raccourcissent et meurent sans filer : on les nomme *courts;* dès qu'on en rencontre, il faut les enlever. Quelques personnes les transportent ailleurs dès le commencement de leur indisposition, et en retirent encore une soie grossière.

Souvent on trouve des vers qui sont morts sans le paraître, et qui conservent, dans cet état, leur fraîcheur et l'air de santé; au tact ils sont mous : c'est ce qui les a fait nommer *tripes, morts-blancs* ou *morts-flats.*

Le bon cultivateur ne s'obstine point à conserver tous les vers paresseux, faibles, languissants et malades, pour ne point faire une dépense de feuilles et une augmentation de travail presque inutiles. Il vaut mieux faire éclore un peu plus de graine et jeter tous les vers mal constitués ou trop paresseux.

Ces maladies proviennent le plus ordinairement de la suppression de transpiration de l'insecte, et nous ne proposons aucun remède pour leur guérison; mais nous sommes certains qu'une bonne éducation, exactement conforme aux principes et aux règles que nous avons exposés, prévient les différentes maladies des vers à soie, tandis qu'il est difficile d'en arrêter le progrès, une fois qu'elles se sont manifestées.

Nous ne suivrons pas les cocons et la soie qui en provient dans les opérations ultérieures auxquelles on les soumet, opérations qui ont pour but de rendre la soie propre à être livrée au commerce, soit à l'état de soie *grége*, après le tirage; soit à l'état de soie *moulinée*, après qu'elle a reçu au moulin le premier degré de torsion. Au mot Soie, nous sommes entrés dans quelques détails à cet égard.

VER DE TERRE, ACHÉE, LAICHE, LOMBRIC. (*Hist. natur. Jardin.*) Tous les cultivateurs, et particulièrement les pépiniéristes et les jardiniers, savent le tort que font les vers de terre aux semis nouvellement établis soit en pleine terre, soit en pots ou dans des caisses. Il est donc avantageux de connaître les moyens de détruire ces vers. Il en est plusieurs dont on peut faire usage. Le premier consiste à visiter, la nuit, à la lumière d'une lanterne sourde, les nouveaux semis. Les vers se promenant alors sur la surface de la terre, il sera facile de les prendre et de les mettre dans une terrine, à mesure qu'on les ramassera; mais il faut que cette chasse soit faite en silence; le moindre bruit suffit pour les faire rentrer dans leurs galeries souterraines. En répétant cette recherche trois jours de suite, on parvient à se débarrasser de ces animaux pour plusieurs mois. Il est bon d'observer qu'ils ne sortent point la nuit lorsque la terre est sèche ou qu'il fait du vent.

Le deuxième moyen produit à peu près le même effet, mais il est sujet à quelques inconvénients. On prend un pieu de quatre à cinq pieds de long et de quatre à cinq pouces de diamètre, affilé par un bout ; on l'enfonce de douze à quinze pouces dans les endroits où les vers occasionnent des dommages, et on l'agite en tous sens, sans interruption, pendant un demi-quart d'heure. Les vers qui se trouvent à la circonférence d'une toise sortent à la surface, et on les prend avec facilité.

Un troisième moyen est de frapper avec un bûche ou un maillet, pendant huit à dix minutes environ, toujours à la même place et sans remuer les pieds. Celui-ci peut être pratiqué pour les semis en caisses ou en pots. En frappant les parois extérieures des vases, on en fait sortir les lombrics.

Le quatrième moyen ne peut être mis en usage que dans le temps où il y a des noix vertes. Prenez-en un quarteron ou deux ; râpez-en le brou dans un seau ou tout autre vase plein d'eau, dans laquelle vous le laisserez infuser quelques jours. Portez ensuite cette eau sur les lieux où il y a des vers, et répandez-la avec un arrosoir à pomme. L'amertume de cette eau fera sortir les achées dans l'espace d'un quart d'heure.

On prétend aussi que les infusions de feuilles de noyer, d'aristoloche clématite, de tabac et de chanvre, produisent le même effet. Mais un agronome anglais assure que l'expérience a prouvé l'inutilité des décoctions des feuilles du chanvre.

Un des moyens les plus sûrs de préserver les semis qui se font dans des terrines ou des pots du ravage des vers de terre, est de n'employer que des vases percés à leur fond de fentes étroites par lesquelles ils ne puissent s'introduire.

Toutes les espèces de lombrics sont bonnes pour la pêche à la ligne, qui en fait un grand usage.

(THOUIN.)

VER TURC. Un des noms vulgaires de la larve du HANNETON.

VERCHÈRE. Synonyme de JACHÈRE.

VERDAGE. Dans quelques cantons, ce terme désigne les RÉCOLTES ENTERRÉES pour engrais.

VERDALE. Variété d'OLIVE.

VERDEAU ou VERDIEAU. Variété du poirier sauvage. (Voy. POIRIER.)

VERDELET. Dans quelques parties des montagnes du centre de la France, on nomme ainsi les aides des PATRES.

VERDURE. (Jardin. Économ. rur.) Ce mot a diverses acceptions : dans le sens propre et général, il désigne la couleur verte des arbres et des prairies. On le donne aussi par extension aux objets mêmes qui portent cette verdure; l'extrémité des petits rameaux chargés de feuilles est appelée de la verdure.

En terme de jardinage, par le mot de verdure on entend toutes sortes d'herbes potagères ou qui servent d'assaisonnement dans les cuisines.

Dans l'économie domestique, donner de la verdure aux animaux exprime la même chose que donner du VERT ou de l'herbe verte et fraîche, au lieu de leur donner du foin.

VERETTE. Un des noms vulgaires du CLAVEAU.

VÉREUX. Se dit d'un fruit qui est percé ou rongé dans son intérieur par des larves d'insectes.

VERGE. C'est l'IVRAIE, dans quelques parties de la Champagne.

VERGE DE JACOB. C'est l'ASPHODÈLE JAUNE.

VERGE D'OR, Solidago L. (Hortic. Botan. agric.) Plante d'ornement de la famille des RADIÉES. On en connaît aujourd'hui plus de soixante espèces L'une d'elles, indigène, la VERGE D'OR COMMUNE, S. virga aurea L., est très commune dans nos bois ; les bestiaux la mangent quand elle est jeune. Ses tiges droites, striées, velues, sont hautes de 2 à 3 pieds. Les feuilles inférieures sont elliptiques, dentées et velues; les supérieures, lancéolées et souvent entières. Ses fleurs jaunes sont disposées en épis droits.

VERGE A PASTEUR. C'est la CARDÈRE VELUE.

VERGE (Bois). Synonyme de VER-MOULU.

VERGER. (*Arboricult. Econ. rur.*) Lieu enclos planté d'arbres à fruit en PLEIN VENT. (*Voy.* ce mot.)

L'établissement et la culture des vergers sont généralement mieux appréciés et plus soignés en Angleterre et en Belgique que chez nous ; nos départements de la zone septentrionale de la France surtout, placés dans des conditions atmosphériques analogues, auraient d'excellents exemples à observer et à suivre dans ces deux pays. Sir John Sinclair a, dans son *Code de l'Agriculture anglaise,* attaché beaucoup d'importance à cet objet, et l'a traité avec développement ; nous mettrons à profit, dans cet article, les enseignements du célèbre agronome anglais.

« On a émis des opinions très diverses sur la question de savoir si l'emploi du sol, comme verger, est avantageux aux individus et au public, et si un terrain ne peut pas être employé d'une manière plus utile. Dans quelques situations, comme sur les pentes rapides, où les arbres sont suffisamment abrités des vents violents, il n'y a pas de doute sur la supériorité du produit en argent d'un verger, comparé à toute espèce de produits, surtout pour un petit fermier, qui soigne personnellement toute son affaire, et qui a pour aides sa femme et ses enfants. Dans beaucoup de cas, le produit d'un verger peut aussi, dans les années favorables, payer le fermage d'un manouvrier industrieux. Mais c'est une question différente, que celle de savoir si un verger est une dépendance profitable d'une grande ferme, et si le propriétaire et le fermier peuvent y trouver de l'avantage. On a objecté contre la formation d'un verger que le produit est peu considérable pendant les 20 premières années, et que 30 ans se passeront avant que le propriétaire puisse augmenter sa rente en raison de la plantation. Mais cela dépend beaucoup de la

manière de s'y prendre. Avec les soins convenables, la terre peut être cultivée à la bêche pendant plusieurs années, avec avantage pour le propriétaire et pour les arbres ; d'autant plus que l'ameublissement du sol et les engrais qu'on lui donne favorisent beaucoup leur croissance ; et lorsque les arbres sont assez grands pour ne pouvoir souffrir aucun dommage des bêtes à laine et des porcs, on peut en faire un bon pâturage.

« Le profit qu'un fermier tire d'un verger peut être obtenu, soit en vendant son cidre aussitôt qu'il est fait, — soit en le gardant pendant quelque temps, — soit en vendant les fruits, — soit en consommant le cidre chez lui.

« Dans une bonne année, un hectare peut produire 80 hectolitres de CIDRE. Mais il est rare qu'on obtienne une récolte semblable une fois dans trois ou quatre ans. Moitié de ce produit peut être considéré comme le terme moyen des récoltes, et le fermier en tirera un parti plus avantageux s'il possède un capital suffisant pour conserver le produit de la récolte de son verger, et s'il peut disposer d'un emplacement convenable pour la loger, jusqu'à ce qu'une année peu abondante lui présente l'occasion de le mieux vendre.

« Lorsque les fermiers se trouvent à proximité d'un canal ou d'une rivière navigable, le profit le plus certain qu'ils puissent tirer de leurs fruits consiste à les vendre pour l'usage de la table (les espèces les plus délicates pour les desserts, et les plus grossières pour cuire, soit au four, soit à l'étuvée), au lieu de les convertir en cidre.

« Comme on est rarement le maître d'établir un verger dans l'endroit qui lui conviendrait le mieux, dit M. Poiteau, il faut faire quelques réflexions avant de commencer la plantation. Si le terrain a des parties humides, on les destinera pour les pommiers ; les parties les plus sèches seront pour les fruits à noyau, et les meilleures seront réservées pour les poiriers. Il pourra arriver que le terrain soit exposé à un vent dominant dans quelque saison de l'année, notamment au vent d'ouest d'automne, qui abat les fruits avant leur maturité : alors on disposera son plan de manière à planter deux rangs de noyers de ce côté, pour arrêter la violence du vent et en préserver les autres arbres. Il faut aussi se souvenir que les plus gros fruits sont le plus facilement abattus par les vents, et que ce sont ceux qui doivent y être le moins exposés.

» « On se souviendra aussi que si le grand vent est nuisible aux fruits, l'air et la lumière leur sont favorables; on pensera donc à éloigner assez les arbres pour que l'ombre de l'un ne nuise pas à un autre, et que le soleil puisse les éclairer tous également.

« L'usage est de planter carrément tous les arbres d'un verger, et il résulte de cette disposition que les gros, les moyens et les petits se trouvent placés à la même distance. Je ne peux pas blâmer cet usage qui est fondé sur la régularité que l'on aime à retrouver dans une plantation; mais je dois faire remarquer qu'il y a de l'exagération à mettre autant d'espace entre deux pruniers qu'entre deux noyers.

» « Nous ne plantons guère que sept espèces d'arbres fruitiers dans les vergers, sous le climat de Paris : ce sont, par ordre de grandeur, le NOYER, le POIRIER, le POMMIER, le CERISIER, l'ABRICOTIER, l'AMANDIER et le PRUNIER. Un noyer demande autant d'espace à lui seul que cinq ou six pruniers ensemble, et cependant l'usage est de les placer à la même distance dans les vergers. Ne pourrait-on pas donner aux arbres une distance proportionnelle à leur grandeur, sans trop heurter la régularité exigée dans la plantation d'un verger ?

» « Quelle que soit la grandeur d'un verger, il lui faut absolument une allée de ceinture assez large pour qu'une charrette puisse y circuler. Si sa grandeur est considérable, deux allées en croix, qui le divisent en quatre parties, sont également nécessaires à son exploitation.

« Enfin, il y a encore un point à examiner avant de fixer la distance que l'on mettra entre les arbres : c'est de savoir si, après la plantation, le terrain sera cultivé en céréales ou en plantes économiques qui exigent des labours annuels, ou bien s'il sera converti en prairie. Dans le premier cas, les arbres devront être placés à une très grande distance les uns des autres pour qu'ils ne nuisent ni à la culture, ni aux plantes; dans le second cas, ils devront être moins éloignés.

« De ces deux manières d'utiliser la terre d'un verger, la première est la moins usitée et la moins favorable aux arbres, quoiqu'au premier aperçu elle paraisse devoir leur être avantageuse : cela tient apparemment, dans le premier cas, à ce que la terre reste trop longtemps nue et qu'elle n'envoie pas de fraîcheur aux branches des arbres; tandis qu'on a remarqué que quand la terre est couverte d'un herbage épais ou même d'arbrisseaux serrés et bas, les arbres végètent mieux et même produisent plus de fruits.

« Le bon goût, l'ordre, l'économie et la facilité du service demandent que les différents genres de fruits ne soient pas mélangés dans un verger ; nous placerons donc tous les noyers du côté du vent dominant pour servir d'abri aux autres arbres. Viendront ensuite tous les poiriers, après les poiriers les pommiers, après les pommiers les cerisiers, après les cerisiers les abricotiers, et enfin les pruniers après les abricotiers, le tout planté en lignes droites et parallèles. Le NÉFLIER et le NOISETIER doivent aussi trouver une place dans le verger; mais ils figureraient mal, plantés en ligne avec les autres arbres; on les met dans un coin où ils ne gênent pas, ou bien on les dispose en massif pour former un point de vue ou cacher un objet quelconque.

« Quant à la distance à mettre entre les arbres d'un verger, elle dépend de la grandeur du verger même, du plus ou moins grand besoin de fruits, du projet que l'on a de tirer un plus ou moins grand parti de la terre autour des arbres, et de l'espace dont les arbres ont eux-mêmes besoin, en raison de la plus ou moins grande étendue qu'ils doivent prendre. Toutes ces considérations combinées entre elles rendent assez difficile le calcul pour trouver un terme moyen à mettre entre la distance des arbres pour que le sol puisse être d'ailleurs couvert de plantes productives. Les noyers, par exemple, demandent une distance de 60 à 80 pieds; les poiriers et les pommiers, une distance de 40 à 50 pieds; les cerisiers, une distance de 30 à 35 pieds; les abricotiers, une distance de 24 à 30 pieds; et les pruniers, une distance de 18 à 24 pieds. Mais l'usage, basé sur la régularité, veut que tous ces arbres forment un seul quinconce régulier dans un verger, et qu'en conséquence ils se trouvent tous à la même distance. »

En Angleterre, on n'est pas d'accord sur la préférence qu'on doit donner, dans les vergers, soit aux poires, soit aux pommes. Les poires produisent, en général, une boisson de qualité inférieure (voy. POIRÉ); mais elles ont sur les pommes plusieurs avantages. L'arbre réussit dans une plus grande variété de sols; il est d'un plus bel aspect; ses fruits sont moins sujets à être volés, parce que les poires propres au poiré ne sont pas bonnes à manger ni à cuire; enfin il est plus productif. D'un autre côté, quoiqu'un acre, planté en pommiers, ne produise guère qu'un tiers de cette quantité, les pommiers commencent plus jeunes à porter du fruit, et le cidre est toujours préféré au poiré.

Il n'est pas indispensable, ni d'usage, de DÉFONCER le terrain d'un verger avant de le planter. Mais on ne peut, dit avec raison M. Poiteau, faire les trous des arbres trop longtemps avant la plantation, afin que les météores et les gaz atmosphériques en bonifient la terre. (Voy. PLANTATION.)

M. Poiteau pose en principe que 2 pieds d'épaisseur de bonne terre suffisent à la plantation d'un verger. Si, au dessous de ces 2 pieds, la terre continue d'être de bonne qualité, ce sera un avantage de plus; si elle change en devenant sableuse ou un peu pierreuse, il n'y aura pas d'inconvénient; si enfin elle se changeait en un véritable gravier, l'inconvénient ne serait pas assez grave pour empêcher d'exécuter la plantation; peut-être les arbres auraient, il est vrai, moins de vigueur, mais leurs fruits en seraient meilleurs. Si, à la profondeur de 2 pieds, on trouvait un TUF marneux ou crayeux, ou une couche d'argile qui ne laissât pas filtrer les eaux, alors on pourrait craindre que l'humidité permanente ne nuisît aux racines de plusieurs arbres, si le terrain se trouve parfaitement de niveau; le danger s'évanouirait si le terrain avait une pente sensible, parce que les eaux surabondantes, qui ne pourraient traverser ni le tuf ni l'argile, s'écouleraient dans les parties basses [1].

Si enfin le sol n'avait que 18 pouces d'épaisseur de bonne terre, on pourrait encore y planter un verger avec toute espérance de succès; mais une moindre épaisseur serait très probablement insuffisante; les arbres n'y prendraient pas assez de solidité et seraient exposés à être renversés par les vents, à cause de leur éloignement.

Les jardiniers des environs de Londres ont ce qu'ils appellent leur récolte supérieure et leur récolte inférieure.

[1] En Angleterre, dans les terrains où le sous-sol est de mauvaise qualité, quelques cultivateurs industrieux placent, sous chaque arbre, des pierres plates en forme de pavés, afin d'empêcher le pivot de s'enfoncer dans le sol infertile du dessous, qu fait souvent produire aux arbres de mauvais fruits, ou même les empêche totalement de se mettre à fruit.

La première consiste en poires, pommes, cerises, etc. La récolte inférieure consiste en groseilles, framboises, fraises et autres fruits, arbrisseaux, ou plantes, qu'on sait ne pas souffrir de l'ombrage des arbres qui croissent au-dessus d'eux, ni des gouttes d'eau qui en tombent.

Quelques vieux vergers sont en gazons permanents; d'autres produisent des récoltes arables, ou des récoltes jardinières; quelques-uns sont en sain-foin, d'autres en luzerne. Quelquefois, on utilise, comme pépinière, le terrain qui est entre les arbres; mais cette méthode paraît mauvaise, parce qu'elle tend à épuiser le sol, et qu'elle empêche de le cultiver convenablement.

Lorsque les vergers sont en pâturage, on y met souvent des vaches laitières. Quelquefois on leur attache la tête à une jambe de devant, par le moyen d'une courroie, afin de les empêcher d'atteindre les fruits dont les arbres sont chargés. (*Voy.* ENTRAVES.)

Les bêtes à laine sont nuisibles aux vergers, en rongeant l'écorce des arbres; on peut prévenir cet inconvénient, en enduisant leurs tiges, jusqu'à la hauteur de trois ou quatre pieds, d'un lait de chaux mêlé de matières fécales[1]. Cette précaution est particulièrement nécessaire dans les dix premières années qui suivent la plantation d'un verger.

Il est très utile de mettre des porcs dans les vergers, en les y nourrissant de fèves, ou d'autres aliments. En remuant la terre pour chercher des racines, ils lui donnent une espèce de culture qui est avantageuse aux arbres, et ils détruisent les mauvaises herbes, les limaces et les insectes. Il est nécessaire, au reste, de prendre quelques précautions, lorsqu'on permet à quelque bête

[1] Il suffit d'entourer le tronc des jeunes arbres, pendant les 18 premières années, de cordes de paille qui protégent suffisamment l'écorce contre les attaques des lièvres et des lapins. On peut aussi les mettre à l'abri de tous dangers, en les entourant d'un faisceau de branches d'arbrisseaux épineux.

XVII.

que ce soit l'entrée des vergers, car les porcs sont très friands des fruits; les bêtes à laine, et surtout les daims, les mangent aussi avec avidité.

En Flandre, dit M. Van Aelbroeck (*Agricult. prat. de la Flandre*), les vergers sont des propriétés agréables et très productives. Les plus beaux se trouvent dans les environs des grandes villes. On ne voit pas de cultivateur qui n'ait près de son habitation un verger, grand ou petit, d'après l'importance de son exploitation, la situation et la qualité du sol. Les vergers étendus offrent une grande facilité pour l'entretien du gros bétail, qui, dans l'été, y trouve une nourriture salubre : on l'y mène paître le matin de neuf à onze heures, et après midi de quatre à sept. Ces vergers sont plantés de toutes espèces d'arbres à fruit, tels que pommiers, poiriers, cerisiers et merisiers : ces deux derniers se voient davantage à proximité des villes, parce que les fruits y ont un débit plus facile et plus avantageux.

Le même auteur expose, d'après sa propre expérience, tout le détail de l'établissement d'un verger; nous croyons devoir rapporter ce passage, dans lequel beaucoup de propriétaires trouveront un excellent guide pour des entreprises analogues.

« Le terrain que j'ai pris pour mon verger est un sol plutôt fort que léger. Il avait été employé autrefois comme terre labourable : je le fis bêcher dans les rangées où devaient se planter les arbres sur une largeur de 7 pieds, et à la profondeur d'environ 3 pieds. En quelques endroits, je trouvai souvent trois espèces de terres, savoir : une terre grasse légère, une forte terre glaise, et du sablon. Quelquefois je trouvai aussi un mélange de terre glaise, de marne et de sable : mon terrain n'était donc pas des meilleurs pour établir un bon verger; cependant, à force de soins, de patience et de travail, je suis parvenu à mon but.

« En travaillant le sol à la bêche, on

porta dans le fond la terre de la couche supérieure, qui était la meilleure, et la terre du fond vint à la surface; mais, pendant ce travail, je remarquai 1° que de cette manière la bonne terre était un peu trop éloignée de la surface pour les pommiers, les merisiers et les cerisiers, dont les racines s'enfoncent médiocrement; 2° que la terre était bien rompue, mais que cependant chaque pelletée de terre, bonne ou mauvaise, restait en son entier. Je pensai qu'aussitôt que les racines parviendraient à la mauvaise terre, qui souvent se trouvait à la seconde couche, dès lors elles cesseraient de pousser, et que par conséquent les arbres cesseraient de se développer. Je fis alors travailler autrement une partie du terrain, aux endroits où il était le plus mauvais. A chaque place destinée à un arbre, je fis creuser une fosse de huit pieds dans l'ouverture carrée, et de trois pieds de profondeur; chaque pelletée de terre différente, provenant de cette fosse, fut jetée à la surface du sol en trois tas distincts : ceci fut fait en février : je laissai le terrain pendant trois à quatre semaines, afin que l'air pût mieux le pénétrer, le dessécher et le réchauffer; ensuite, quand le temps devint sec et beau, et que je voulus planter mes arbres, j'établis à chaque fosse trois ouvriers, un homme pour chaque tas : ceux-ci remplirent la fosse en jetant, chacun à son tour, une pelletée de terre bien rompue et brisée, de manière que les trois espèces différentes fussent bien mêlées ensemble. Je fis planter mes arbres à fruit dans cette terre mélangée, à peu de profondeur, chose à laquelle tout bon planteur doit bien faire attention : je pensai que les trois espèces de terres étant amalgamées, le terrain serait moins compacte; qu'ainsi les racines des arbres se fraieraient un chemin plus facile et plus libre, et suivraient les veines de bonne terre qui se trouvaient dans le mélange, et que tout cela serait favorable au développement des racines et des arbres. En effet, la suite a fait voir que cette idée n'était pas sans fondement; car les arbres plantés de cette manière sont de beaucoup les plus forts.

« Ensuite, je plantai quelques arbres greffés depuis deux ou trois ans, et dont plusieurs avaient déjà porté des fruits. Je plantai d'autres arbres encore sauvages (voy. SAUVAGEON); j'en greffai quelques-uns l'année même où je les avais plantés, d'autres une année plus tard, d'autres enfin après quatre ou six ans : les arbres greffés les premiers ont été aussi les premiers à porter des fruits; mais les arbres qu'on a greffés les derniers sont devenus bien supérieurs en force et en beauté. Il est démontré que les arbres à fruit non greffés croissent beaucoup plus et infiniment mieux que lorsqu'ils sont greffés; il est donc avantageux de planter des arbres à fruit encore sauvages, et de ne les greffer que lorsqu'ils ont pris de la croissance pendant quelques années, et qu'ils sont parvenus à une épaisseur raisonnable. Si même on les laissait croître jusqu'à ce qu'on pût greffer leurs branches latérales, cela vaudrait encore mieux : on retarderait bien de quelques années la récolte des fruits; mais cette perte se compenserait bientôt au double par l'acquisition d'un arbre meilleur et plus robuste, en état de produire le double de fruits.

« Lorsque tous mes arbres se trouvèrent ainsi plantés depuis quelques années, je m'aperçus que plusieurs ne montraient pas de progrès dans leur croissance; que les troncs, couverts d'une écorce raboteuse et chargée de mousse, menaçaient de périr. Bien des personnes me dirent que cette mousse empêchait les arbres de croître; qu'il fallait y pourvoir et la détruire en faisant laver et frotter le tronc de l'arbre avec de la chaux fondue dans de l'eau. Je n'en fis rien : j'avais déjà reconnu que ce remède n'était bon que pendant deux ou trois années. Je m'attachai alors à connaître les causes de la formation de la mousse et à les prévenir.

« La mousse est une production végétale qui vit sur les autres plantes, et dont la semence répandue dans l'air par le vent s'attache et se fixe de préférence aux arbres qui, ne croissant pas bien, soit par maladie, soit par toute autre cause, ont une écorce rude et crevassée. Je supposai donc que la mousse n'était pas ce qui rendait l'arbre malade; mais bien que l'état de souffrance ou de maladie de l'arbre était ce qui donnait à la semence de la mousse l'occasion de s'attacher à l'arbre et de s'y développer. Dans cette persuasion, je fis raccourcir les branches des arbres couverts de mousse; je fis enlever jusqu'auprès de la racine des arbres la terre qui entourait le tronc, et je la remplaçai par de bonne terre mêlée à du fumier bien consommé : cette substance donna de nouvelles forces aux racines, et rétablit l'arbre malade, dont la tige, prenant plus de force et de croissance, perdit sa rudesse et se couvrit d'une écorce unie, qui fit tomber la mousse, sans qu'il en vint de nouvelle. Cependant, parmi mes arbres couverts de mousse, il s'en trouva dont le tronc présentait des taches de maladie ou qui avaient des défauts à l'intérieur : ces arbres-là n'étaient pas susceptibles de guérison; je les fis donc arracher et je les remplaçai par d'autres, afin de ne point perdre mon temps et mes peines.

« Je remarquai aussi que certains arbres, après avoir fort bien poussé pendant longtemps et avoir produit de bonnes branches, formaient tout à coup des scions contournés, dont la pointe se roulait, et qui ne paraissaient plus faire de progrès, ou qui du moins en faisaient bien peu ; tandis qu'à côté des pointes contournées ou roulées des anciens scions rabougris, on voyait pousser des branches nouvelles. J'examinai les pointes de ces rejetons rabougris, et je reconnus que quelques uns étaient attaqués par la gelée, d'autres

par une grande sécheresse, d'autres encore par les chenilles ou par le mauvais air ; que ces parties si délicates étant affectées ainsi, la transpiration de l'arbre devenait impossible, de même que l'infiltration de l'air, si nécessaire à toute plante. Pour guérir mes arbres, je fis donc raccourcir les branches au mois de mars, et je fis donner à la racine deux bons arrosements d'urine de vache ou de tourteaux de navets. Dans l'année même, l'arbre malade poussait tant de nouveaux rejetons bien sains, que souvent je me voyais forcé, l'année suivante, d'en élaguer plus de la moitié, afin d'obtenir un arbre d'une forme agréable ; et peu d'années après, il ne le cédait en rien aux autres.

« J'ai vu aussi des arbres dont l'écorce paraît naturellement trop dure et empêche ainsi le tronc de prendre de l'épaisseur. Je fais donner à ces arbres une incision de trois côtés, de haut en bas, en passant le couteau dans l'écorce, et en moins de deux ans elle se développe davantage et devient moins dure : l'arbre ne tarde pas à prendre de la croissance.

« Quand on veut planter un verger, le choix des jeunes arbres est une chose très importante. Les poiriers et les pommiers qui réussissent le mieux sont les SAUVAGEONS venus des pépins de grosses et fortes pommes ou poires ; ceux que l'on se procure de rejetons des mêmes espèces mis en terre sont très mauvais. Quoique beaucoup de personnes vantent ces élèves, j'ai observé que les racines des arbres venus ainsi poussent ordinairement de nouveaux rejetons autour du tronc et y forment des tiges nouvelles, ce qui empêche les racines de porter leur force et leur substance à la tige-mère, et nuit ainsi à la croissance de l'arbre.

« J'ai encore observé que les cerises et les guignes greffées sur des merisiers rouges ou blancs ont un meilleur goût; ces arbres deviennent plus forts et durent plus longtemps que lorsque les cerises sont greffées sur des merisiers noirs; mais cette dernière espèce donne du fruit plus promptement et en plus grande quantité : voilà pourquoi plusieurs personnes pressées de jouir plantent de préférence les tiges noires, qui sont en plein rapport dès la seconde ou la troisième année.

« Il faut, en général, faire la plus grande attention à se procurer des plants sains et beaux, quels que soient les arbres que l'on veuille planter; car d'un plant rabougri, mauvais ou malade, on ne fera jamais un bon arbre.

« Il ne faut pas se hâter en plantant : il faut veiller à ce que les racines blessées soient bien coupées; que celles qui restent soient étendues et déployées; que la terre soit bien entassée, à la main, sous le tronc de l'arbre, et qu'elle remplisse les intervalles des racines; car s'il reste une cavité sous la tige, les racines se moisissent, les vers et les fourmis y établissent leur demeure, et cela nuit à la croissance de l'arbre.

« Les yeux et l'esprit de l'ouvrier doivent être occupés avec autant de soin et d'activité que ses mains, quand il s'agit de conduire et d'élaguer les jeunes arbres fruitiers. Pour donner aux jeunes arbres une forme convenable, il doit avoir soin d'élaguer à temps les branches mauvaises et superflues, afin qu'elles ne se croisent pas et qu'elles ne soient pas plus rapprochées à l'un des côtés de l'arbre qu'à l'autre.

« J'ai cultivé pendant cinq ans le sol de mon verger, et il m'a donné plusieurs espèces de récoltes. Le labour et les autres travaux agricoles ne peuvent que faire du bien aux jeunes arbres fruitiers, quand on cultive exclusivement des racines qui ne resserrent pas trop le terrain et qui ne poussent pas de tiges trop élevées : telle est la culture des pommes de terre, des carottes ou des navets; mais il ne faut songer ni aux céréales, comme le froment, l'avoine et l'orge, ni au colza ou aux féveroles, parce que ces plantes couvrent trop le sol pendant les meilleurs mois de l'année (du 15 mai au 15 juillet), et qu'elles empêchent ainsi l'air et le soleil d'apporter leurs bienfaits aux racines des arbres.

« Après mes cinq années de culture, je fis semer sur le terrain divers herbages, pour servir de pâture au gros bétail; mais les arbres étant encore trop jeunes pour les exposer au danger d'avoir leurs tiges endommagées par les vaches, qui seraient venues se frotter contre l'écorce, je laissai croître l'herbe pour la faucher et en faire du foin ; ce qui me valut un bénéfice double, après défalcation de la valeur de deux cent cinquante cuves de cendres hollandaises répandues sur le terrain, de deux années l'une ; l'autre année, je me contentai de répandre de l'urine de vache pour une partie du verger, et un mélange de tourteaux de navette délayés dans de l'eau pour l'autre partie, et cela se trouva suffisant. Mais comme cette herbe à faucher était haute et très serrée, et qu'ainsi la terre à l'entour des arbres serait restée dans un état de refroidissement pendant les deux meilleurs mois de l'année, mai et juin, je fis, au pied de chaque arbre, sur une largeur de 2 pieds, bêcher les mottes de gazon, et j'eus soin que cet espace fût toujours libre d'herbe et de toute espèce de plantes, afin que l'air et le soleil pussent pénétrer jusqu'aux racines : c'est à ces précautions que je dois un beau verger, qui me donne autant d'agrément que de profit. »

M. Van Aelbroeck s'attache ensuite à démontrer que les bénéfices d'une telle plantation récupèrent largement des peines et de l'argent qu'elle a coûtés.

« Quoique l'on n'ait épargné ni travail ni dépenses pour établir un beau verger, ces peines et ces dépenses sont déjà dès à présent richement compensées, et le résultat doit devenir encore meilleur un peu plus tard. L'herbe qui pousse dans le verger a produit jusqu'à présent, chaque année, un quart de plus que le revenu ordinaire d'un champ de la même étendue et de la même qualité, affermé comme terre labourable; restent en sus, au propriétaire, la récolte des arbres fruitiers, la valeur du bois et l'agrément que donnent à sa maison de campagne les fleurs et les fruits d'un pareil verger.

« Je vais calculer à quelle somme montera bientôt le revenu annuel de ce verger. Après vingt-cinq à trente ans, chaque pommier peut donner un sac de pommes; il y a six cent cinquante arbres de cette espèce; les six cent cinquante sacs (697 hectolitres), évalués seulement 5 francs le sac, font 3,250 fr. : mais, pour compter le tout au plus bas, je réduirai cette somme de plus de moitié, et je ne la porterai qu'à 1,600 fr., par la considération qu'il y a toujours des espèces de pommes qui ne réussissent pas, quelques pommiers fleurissant plus tôt que les autres, de sorte que le temps favorable à une espèce est souvent nuisible à une autre. On peut bien ajouter à ces 1,600 fr. 225 fr. pour l'herbe sous les arbres, qui sert de pâturage au gros bétail; ensemble 1,825 fr. Cette somme, encore diminuée de 425 fr. pour frais de la cueillette des pommes et du transport au marché, il reste net 1,400 fr. par an que le verger rapportera bientôt, sans compter les cent cinquante poiriers et les quatre cents cerisiers : les derniers, comme nous l'avons vu, doivent être supprimés au bout de vingt-cinq ans. Ce calcul est loin d'être exagéré : plus on ira, plus le bénéfice doit s'accroître; il est des pommiers âgés de vingt-cinq ans, qui, en certaines années, rapportent deux sacs de pommes.

« Les cultivateurs planteraient sans doute bien plus de pommiers si cette opération n'exigeait pas tant d'argent comptant, de travail et de soins, et s'ils n'étaient pas obligés d'attendre si longtemps la jouissance des fruits.

« Pour établir un verger semblable à celui dont nous venons de parler, on débourse 3,500 fr.; l'achat des arbres et la dépense de bêcher, de planter et de greffer ne vont pas à moins. Tous ne sont pas en état de supporter des frais si considérables, et encore moins d'attendre si longtemps le salaire de leur travail et la rentrée de leurs avances. Ils ont besoin de recevoir chaque année la valeur des fruits de leur culture, pour faire face à leur fermage, aux impositions et à d'autres charges indispensables.

« Si les propriétaires de grandes fermes, continue M. Aelbroeck, connaissaient mieux les avantages des vergers, ils supporteraient eux-mêmes les frais nécessaires : ils en retireraient bientôt un double intérêt en augmentant le fermage, augmentation que le fermier paierait très volontiers; car rien ne lui donne autant d'aisance et de profit qu'un beau verger, même pour le bétail. »

VERGETÉ (BOIS). C'est un bois veiné de rouge et de quelques autres couleurs. C'est un signe de mauvaise qualité, et un pareil bois doit être rejeté, principalement pour le MERRAIN, parce qu'il se pourrit promptement.

VERGNE ou VERNE. Nom vulgaire de l'AULNE dans beaucoup de cantons en France.

VERJUS. (*Horticult.*) Parmi les espèces de raisins cultivées, il en est une qui, dans les cantons du nord et du centre de la France, ne parvient jamais qu'à une maturité imparfaite; on l'appelle *verjus* : elle est désignée dans le midi sous les noms de *bordelais* et *bourdelas*. Son suc est d'un grand usage dans l'économie domestique. (*Voy.* VIGNE.)

Le suc de verjus n'est pas difficile à préparer : il s'agit seulement de prendre les grains de raisins qui portent ordinairement ce nom, de les écraser encore verts, et de les laisser ainsi dans un vaisseau découvert pendant environ trois semaines; après on exprime le suc par le moyen d'une presse, on mêle le marc avec de la paille hachée, pour favoriser l'écoulement du suc ; on le laisse dépurer vingt-quatre heures ; on le filtre à travers le papier, et on le distribue dans des bouteilles de médiocre capacité, après avoir achevé de les remplir avec de l'huile d'œillet, plus propre qu'aucune autre à couvrir les liquides de ce genre, attendu qu'elle conserve sa fluidité en hiver, et ne laisse pas, comme celle qui se fige, passer l'air atmosphérique.

C'est par ce procédé qu'on prépare et qu'on conserve tous les sucs des fruits ; mais il en existe un autre, employé pour les sucs décidément acides : il consiste à les mettre dans des bouteilles débouchées, qu'on chauffe à la chaleur du bain-marie jusqu'à ce que la liqueur ait acquis une légère température. Les bouteilles refroidies, bouchées exactement, sont portées à la cave.

(Parmentier.)

VERMIER ou verminier. On appelle ainsi, dans quelques parties de la France, les larves des charançons et des alucites ; les campagnols, les mulots, les souris et autres ennemis du grain.

VERMILLON DE PROVENCE. C'est le carthame des teinturiers.

VERMINIER. (Voy. Vermier.)

VERMINIÈRE. Fosse dans laquelle on détermine la production d'une grande quantité de larves de mouches, et où les oiseaux de basse-cour trouvent, sans dépense pour le propriétaire, un supplément de nourriture pendant six mois de l'année. (Voy. Poule.)

VERNAIS. Synonyme de marais, dans le département de l'Ain.

VERNE. (Voy. Vergne.)

VERNIS. (Voy. Sumac.)

VERNIS DU JAPON. (Voy. Aïlanthe.)

VÉROLE (petite) DES MOUTONS. (Voy. Claveau.)

VÉRONIQUE, Veronica. (Botan. agric. Hortic.) Plante herbacée, dont on compte aujourd'hui 80 espèces, qui forment un genre dans la famille des PÉDICULAIRES. Beaucoup sont cultivées dans les jardins d'ornement ; plusieurs dans les jardins médicinaux.

La VÉRONIQUE COMMUNE, vulgairement V. male, V. officinalis L., est extrêmement commune dans les bois arides, dans les pâturages sablonneux, et fleurit au milieu du printemps. Sa saveur est amère. Elle a joui et jouit encore même d'une certaine célébrité médicale, sous le nom de thé d'Europe. Tous les bestiaux la mangent, et même les moutons et les chevaux la recherchent.

La VÉRONIQUE AQUATIQUE, ou Beccabunga, V. beccabunga L., croît abondamment dans les fontaines, les ruisseaux et autres eaux qui gèlent rarement, et elle fleurit au commencement du printemps. Très fréquemment elle est prise pour le véritable cresson. Il en est fait un grand usage en médecine comme anti-scorbutique. On la mange en salade ou cuite avec l'oseille dans quelques pays. Tous les bestiaux la mangent, et les chevaux en sont très friands. Elle est souvent si abondante dans certaines eaux, qu'il devient avantageux de la couper pour la leur donner, ou seulement pour augmenter les fumiers.

Plusieurs autres espèces de véroniques sont plus ou moins communes dans nos champs, dans nos bois et dans nos pâturages, et sont également recherchées pour les bestiaux.

VÉRONIQUE des jardiniers. C'est la lychnide laciniée.

VERRAT. Mâle de la truie. (Voy. Cochon.)

VERRINE. (Voy. Cloche.)

VERRUE. (Botan.) En botanique on donne ce nom à de petites tubérosités qui viennent à la superficie des feuilles et de quelques fruits. Les arbres, et notamment les sapins, y sont aussi sujets.

VERRUQUEUX. (Botan.) Qui est chargé de verrues.

VERSAGE ou versailles. C'est, dans quelques lieux, le premier labour de jachère.

VERSAINE ou VERCHÈRE. Synonyme de JACHÈRE.

VERSÉS (BLÉS). Blés couchés par l'effet des orages.

Les blés versés ne prennent presque plus d'accroissement; aussi leurs grains sont plus ou moins RETRAITS.

Il est des variétés de froment qui, à raison de la grosseur de leur tige et de la petitesse relative de l'épi, sont moins sujets à verser que les autres (voy. FROMENT); ce sont ceux-là qu'on doit cultiver de préférence dans les lieux exposés aux grands vents et dégarnis d'ABRIS.

Une semence très abondante, avec des labours mal exécutés et superficiels, des semailles excessivement épaisses, sont le plus ordinairement cause que les céréales versent; tandis que des LABOURS exécutés avec soin, et profonds, des SEMAILLES qui se sont garnies en tallant, plutôt qu'elles n'étaient épaisses dans leur première période, préservent le plus souvent de cet inconvénient. Cependant ce n'est pas toujours le rapprochement des tiges qui fait que les blés versent, c'est souvent aussi la faiblesse naturelle de la plante et une disposition à la maladie. Car l'on voit souvent versé le blé d'un champ, quoique très clair, tandis que celui du voisin, quoique très épais, est demeuré debout.

Lorsque les blés et les avoines sont couchés peu avant leur maturité complète, il n'y a souvent qu'une diminution de récolte; mais lorsqu'il s'écoule, comme cela arrive souvent, un mois avant cette époque, les herbes s'élèvent au dessus des tiges et la perte peut être complète par l'effet de la germination et de la pourriture.

Il est des propriétaires qui, quand leurs blés ou leurs avoines sont couchés et hachés par la grêle, les retournent de suite et les sèment en vesce d'hiver, en navette, en haricots, etc. (Voy. au mot FROMENT.)

VERSOIR ou OREILLE. Partie de la CHARRUE qui renverse la tranche de terre détachée par le soc et le coutre.

VERT, BESTIAUX AU VERT. (Voy. l'article NOURRITURE DES BESTIAUX.)

VERTIGE ou VERTICO. (Médec. vétérin.) Le vertige ou vertigo se distingue en vertige essentiel et en vertige symptomatique.

Dans le vertige, le cheval porte parfois la tête basse et d'autres fois très élevée; il s'appuie contre l'auge ou contre la muraille (ce qui s'appelle *pousser à l'auge, pousser au râtelier*); il se recule, tire sur ses longes et puis se porte en avant avec violence; lorsqu'on veut le faire marcher, il chancelle; ses jambes sont tremblantes; il paraît vouloir se précipiter, en sorte qu'il est très difficile de lui faire exécuter des mouvements.

Le vertige essentiel est celui dans lequel le cerveau seul paraît affecté, et qui n'est accompagné d'aucune autre maladie apparente. Ce genre de vertige reconnaît pour cause l'inflammation des membranes qui recouvrent et enveloppent le cerveau, l'engorgement des vaisseaux qui s'y distribuent (ce qui arrive quelquefois après des coups de soleil), une pression sur sa substance, enfin toute lésion ou dérangement dans son organisation, provenant ou de causes internes qu'on ne peut reconnaître, ou de causes externes, telles que l'enfoncement des os du crâne, un épanchement sanguin ou séreux produit par des coups et des chutes.

Le vertige symptomatique est aussi une affection de cerveau; mais il est le symptôme de la plupart des inflammations du bas-ventre, et surtout des indigestions : celles dans lesquelles il se manifeste avec force sont presque toujours mortelles.

Dans les herbivores, la médecine vétérinaire est privée des secours prompts que lui fournissent les vomitifs dans les carnivores, secours qu'on peut faire marcher de front avec les saignées, qui, tout avantageuses qu'elles sont pour calmer les accidents du vertige, deviennent très nuisibles lorsque l'estomac et les intestins sont encore dans un état de plénitude, et n'ont pu être évacués.

Le traitement de cette espèce de vertige se compose donc du traitement des maladies qui y ont donné lieu, et du traitement du vertige essentiel lorsque les premiers accidents sont passés.

Le vertige essentiel, lorsqu'il est dû aux causes externes dont nous avons parlé, doit être combattu par les moyens qui sont propres à faire cesser chacune de ces causes : par exemple, s'il y a enfoncement des os du crâne, on s'occupera du remplacement de ces os; dans l'inflammation et l'engorgement des vaisseaux, les saignées faites à l'arrière-main, au plat des cuisses ; les sétons placés aux fesses et à l'encolure, et les breuvages antispasmodiques, tels que ceux faits avec l'infusion de menthe, de genièvre, ou autres plantes aromatiques qu'on trouve sous la main, et dans lesquels on ajoute le muriate d'ammoniaque, depuis 3 décagrammes jusqu'à 6 pour les gros animaux, suivant la force du sujet, et l'assa fœtida à la dose de 8 grammes (2 gros) à 16 grammes (4 gros).

Il faut aussi tenir dans la bouche, de temps à autre, des nouets d'assa fœtida.

VERTIN. Un des noms vulgaires de la POURRITURE des moutons.

VERVEINE, *Verbena.* (*Botan. Agric. Hortic.*) Genre de plantes de la famille des GATTILIERS; on en connaît aujourd'hui 47 espèces, dont une très commune dans les campagnes par toute l'Europe, le long des chemins, dans les lieux incultes, etc., a eu chez nos aïeux une grande réputation : c'est celle que Linné a nommée VERVEINE OFFICINALE, *V. officinalis.* Elle est haute de 1 à 2 pieds; ses fleurs bleuâtres ou rougeâtres sont disposées en épis grêles et paniculés à l'extrémité des tiges. On attribuait autrefois à cette plante une foule de vertus imaginaires. Les druides, prêtres des Gaulois, la regardaient comme sacrée. Elle n'est guère bonne

qu'à brûler pour en retirer la POTASSE, ou à augmenter la masse des fumiers.

Parmi les verveines exotiques cultivées dans les jardins, une des plus remarquables est la V. CITRONNELLE, *V. triphylla* L'Hérit., nommée citronnelle à cause de son odeur citrine, qui lui fait aussi donner le nom de V. ODORANTE. C'est un charmant arbrisseau, originaire du Chili, qui n'est pas très délicat, et qui passe même les hivers en pleine terre, quand on a soin de l'abriter des vents du nord, et de le couvrir lorsqu'il gèle. On le multiplie de graines, de drageons, de boutures. Ses feuilles sont ternées, lancéolées, aiguës, un peu visqueuses; elles répandent une odeur douce et aromatique quand on les froisse. On les prend infusées comme du thé. Ses fleurs, blanches, nombreuses, et disposées en épis grêles, forment un beau panicule à l'extrémité des rameaux. On la cultive dans une bonne terre, et on l'arrose souvent en été.

VERVUE. Ce mot est synonyme, pour quelques jardiniers, de GOUTTIÈRE des arbres.

VESCE, *Vicia.* (*Prairie natur.* et *artific.*) Plante fourragère de la riche et nombreuse famille des LÉGUMINEUSES; on en compte plus de 50 espèces, divisées en deux catégories, les vesces annuelles, parmi lesquelles est la vesce commune, la plus universellement cultivée; et les vesces vivaces, plus ou moins répandues dans nos champs, au pied des haies, dans les bois, etc., et dont plusieurs pourraient être susceptibles d'être soumises à une culture régulière concurremment avec la vesce commune.

Toutes les vesces ont les tiges grimpantes, les feuilles alternes, composées de plus de quatre folioles accompagnées de stipules et terminées par une vrille. Leurs fleurs sont ou portées sur un pédoncule commun allongé, ou presque sessiles dans les aisselles des feuilles supérieures.

Nous allons parler d'abord des vesces comprises dans la première classe.

La VESCE COMMUNE, *vicia sativa*, L. désignée fréquemment dans le midi de la France sous le nom de *pesette*, et quelquefois sous celui de *barbotte*, est une des plantes fourrageuses les plus connues de tous les bons cultivateurs, et une des plus avantageuses et des plus commodes pour les assolements.

Le sol qui lui convient est celui des bonnes terres plutôt fortes que légères; néanmoins elle peut s'accommoder d'un terrain de fertilité moyenne, mais c'est un peu aux dépens du produit.

La vesce redoute l'excès d'humidité qui la fait pourrir et qui expose davantage aux ravages de la gelée la variété d'hiver; elle redoute aussi l'excès de sécheresse qui suspend entièrement et détruit souvent sa végétation; ainsi les sols frais, un peu tenaces et non humides, lui conviennent généralement mieux que tout autre, et tous ceux qui sont pierreux et inégaux en rendent le fauchage plus difficile et moins complet.

Sa racine grêle et pivotante exige des labours profonds; cependant un seul labour, s'il est bien fait et en temps convenable, suffit souvent pour assurer son succès.

Elle peut rigoureusement se passer d'engrais, parce qu'elle emprunte de l'atmosphère la majeure partie de sa nourriture, surtout lorsqu'on la fauche en vert à l'époque de sa floraison, et parce que l'épaisseur de son fourrage s'oppose fortement aussi aux déperditions du sol, à la surface duquel il détermine une fermentation très salutaire; mais sa culture, considérée comme préparatoire d'autres cultures principales, remplit beaucoup mieux cet objet avec l'addition d'engrais convenables.

S'il est bien démontré dans la pratique, comme nous l'avons très souvent reconnu, qu'il résulte la plus grande économie et les plus grands avantages de l'emploi des fumiers frais, pailleux

et peu consommés, lorsqu'ils sont appliqués à des cultures convenables, particulièrement sur les terrains frais, compactes et argileux (*voy.* FUMIER), c'est essentiellement à l'égard de la vesce cultivée pour fourrage que cette importante vérité peut recevoir son utile application.

Pouvant être semée avec succès presqu'à toutes les époques de l'année, et sur une très grande variété de terrains, elle présente au cultivateur intelligent, actif à saisir toutes les occasions de tirer le parti le plus avantageux de ses fumiers, un moyen très avantageux de les voiturer commodément sur ses champs, à mesure qu'ils se forment, au lieu de les laisser longtemps, comme cela n'est que trop ordinaire chez les cultivateurs négligents et routiniers, exposés à toutes les déperditions qui résultent toujours de leur exposition prolongée à la chaleur, aux vents et à la pluie, qui diminuent de beaucoup leur efficacité sans qu'on paraisse souvent s'en douter.

S'il résulte de cette prompte et successive application des fumiers aux champs destinés à la culture de la vesce ou de toute autre plante dans le même cas, le transport de la semence de plusieurs plantes nuisibles aux récoltes, il est sans inconvénient, avec les soins convenables, parce que ces semences germant et se développant avec la vesce, elle les étouffe ordinairement par la force de sa végétation et par l'épaisseur de son ombrage; si quelques unes y résistent et survivent à ces deux ennemis redoutables, on peut toujours assurer leur innocuité, en les fauchant avec la vesce, avant la maturité complète et surtout avant la dissémination de leurs semences; de nuisibles qu'elles auraient pu devenir, on en convertit ainsi la plupart en plantes utiles, en les faisant contribuer, par leur produit, à l'augmentation du fourrage.

La vesce fournit aussi un excellent moyen de détruire les CHARDONS, en les privant d'air, si l'on a eu soin de les couper en naissant, afin de les empêcher de prendre le dessus.

Ajoutons à ces faits que toutes les productions qui suivent immédiatement la culture de la vesce aidée du fumier sont toujours plus belles et plus nettes que lorsque cet engrais n'a été appliqué à la terre qu'après la culture de cette plante; et à cette époque, il est d'ailleurs généralement moins commode de transporter aux champs toute espèce d'engrais, à cause de l'urgence des travaux relatifs aux semailles. Cette vérité est particulièrement applicable au froment qui suit immédiatement la culture de la vesce.

De la semaille et des soins subséquents. — On distingue deux variétés principales de la vesce ordinaire; celle qui se sème ordinairement en automne, avec ou sans mélange, et qu'on appelle communément *vesce d'hiver* ou *d'automne, hivernache* ou *hivernage*, et quelquefois improprement *gesse;* et celle de *printemps*, qui se sème ordinairement dans cette saison, et quelquefois aussi en été.

Nous devons nous occuper des principales particularités relatives à ces deux variétés, avant d'examiner les points principaux qui ont trait à la semaille et aux soins subséquents.

La *vesce d'hiver* a le grain ordinairement plus gris, plus gros et plus pesant que la vesce de printemps. Elle est d'ailleurs généralement plus productive en fourrage et en grain; elle se ramifie et s'étend davantage; et nous avons observé que son grain s'échappait plus difficilement de la gousse à l'époque de la maturité, ce qui n'est pas un faible avantage, lorsque la récolte s'en trouve retardée par quelque circonstance impérieuse.

Sur les terrains qui ne sont pas trop humides, elle résiste assez bien aux hivers ordinaires, surtout à ceux qui ne présentent pas une grande alternative de gels et dégels brusques. Lorsqu'un nombre même assez considérable de ses pieds ont été détruits par quelque intempérie trop prononcée, ceux qui ont pu y résister se ramifient et s'étendent souvent à tel point, aux premiers mouvements de la végétation, que le dommage est en grande partie réparé par cette heureuse circonstance, qui doit déterminer à ne jamais se livrer à un nouvel ensemencement qu'après s'être bien assuré qu'on ne peut pas compter sur ce résultat ordinaire que nous avons souvent éprouvé.

Lorsqu'a lieu ce résultat, et surtout lorsque la totalité du plant a résisté à l'hiver, cette précieuse variété fournit de très bonne heure, au printemps, un fourrage vert abondant, de première qualité, « et c'est, dit M. Dumont de Courset, *dans les pays septentrionaux*, la meilleure façon de semer ce grain, par la certitude où l'on est de le récolter, quand les froids ne sont pas trop violents ». Lorsque la vesce d'hiver a succombé totalement aux rigueurs de cette saison, on peut la remplacer à peu de frais par celle du printemps.

Celle-ci a le grain ordinairement plus brun, plus arrondi et plus petit; elle se ramifie et s'élève moins; elle est moins productive en grain et en fourrage, et elle redoute la sécheresse et les chaleurs prolongées beaucoup plus que celle d'hiver.

D'après ces données générales, on doit se déterminer à semer l'une ou l'autre de ces variétés, selon la nature du sol, l'âpreté du climat, les besoins et l'état de la terre, en se rappelant que les semailles les plus avancées sont généralement celles qui donnent les résultats les plus avantageux; parce que plus une plante a de temps pour parcourir les différentes périodes de son développement, plus elle acquiert de vigueur, et plus ses produits sont considérables et élaborés.

Au moyen de ces deux variétés, ainsi que d'une troisième qui se cultive assez communément dans le département de la Somme, et qui supporte mieux le froid que les autres semailles tardives, on peut prolonger la semaille de la vesce pendant une grande partie de l'année, ce qui rend cette plante bien recommandable pour les assolements.

Il ne nous paraît pas plus convenable de déterminer, d'une manière fixe et invariable, la quantité de semence nécessaire pour tous les cas, que de vouloir préciser les époques de la semaille, laissant à la pratique, qui est ici la seule qui soit réellement instructive, la solution locale de ces objets de détails très variables. Nous nous bornerons donc à observer, sur ce premier point, que la variété d'hiver doit généralement être semée plus dru que celle de printemps, quoiqu'elle se ramifie ordinairement davantage, parce que son grain est plus gros et surtout parce qu'elle est souvent exposée à des chances plus défavorables ; nous ajouterons qu'on doit aussi semer plus clair la vesce destinée à achever la maturité de sa graine que celle semée seulement pour fourrage ou pour engrais végétal, et qu'il y a beaucoup moins d'inconvénient à semer trop dru que trop clair, parce que le premier cas, toujours réparable d'ailleurs, a des résultats bien moins désavantageux pour la terre et le produit, que le second, qui la salit souvent au lieu de l'améliorer[1].

Il est très avantageux de HERSER en tous sens le champ immédiatement après la semaille, parce que la vesce, qui doit être peu enterrée afin de ne pas pourrir, étant ordinairement semée dans les sillons du labour, le hersage en travers contribue beaucoup à la placer plus également sur tout le champ, et la met encore plus à l'abri des ravages des pigeons qui en sont excessivement avides.

Il n'est pas moins utile de le bien ROULER, particulièrement en travers, afin de rendre l'opération du fauchage plus facile et plus complète.

[1] M. Vilmorin détermine la quantité ordinaire de semence de 24 à 26 décalitres par hectare.

Indépendamment des dégâts souvent considérables que les pigeons exercent ordinairement sur la vesce, elle est encore exposée aux ravages de plusieurs insectes, et particulièrement des chenilles et des altises. Outre les moyens généraux que nous avons ailleurs indiqués contre elles (*voy.* l'article NAVET), nous devons recommander ici, d'après notre expérience, l'emploi de la cendre de tourbe et du plâtre calciné et pulvérisé, semés le matin à la rosée, par un temps calme, avant ou immédiatement après la pluie : ces engrais pulvérulents non seulement nuisent beaucoup à ces insectes, mais encore ils activent singulièrement la végétation de la vesce, lorsqu'elle commence à bien couvrir la terre, comme aussi celle de toutes les plantes légumineuses et crucifères, principalement sur les terres sèches et de médiocre qualité.

De la récolte de la vesce, de sa conservation et de son emploi. — Il y a deux époques principales pour faire la récolte de la vesce, suivant l'objet qu'on a eu en vue.

Lorsqu'on a pour premier objet la récolte du grain, soit pour la semence, soit pour la consommation, il ne faut pas attendre que la maturité de toutes les semences soit complète, cette plante ayant souvent tout à la fois des semences formées, des fleurs développées et des boutons naissants, et l'attente des dernières pouvant occasionner la perte des premières qui sont toujours les meilleures.

Lors donc que la majorité des gousses commence à se dessécher, à se décolorer et à prendre une teinte brunâtre, lors surtout que le temps paraît assuré, il faut faucher sans délai, en devançant plutôt qu'en retardant cette époque critique.

Lorsqu'on a au contraire le fourrage pour seul objet, il est généralement avantageux de faucher à l'époque de la floraison de la majeure partie des plantes, principalement quand il doit être consommé en vert; on peut cependant attendre, lorsque le temps est incertain, qu'elles soient défleuries en grande partie, et surtout si elles doivent être converties en fourrage sec. Il y a dans ce cas moins d'inconvénient à différer qu'à devancer l'époque.

Dans tous les cas le fanage est ordinairement long et difficile, mais plus particulièrement dans le dernier, parce que la plante est très aqueuse, et on ne doit l'emmeuler ou la botteler que lorsqu'elle est bien séchée (*voy.* l'art. FENAISON); il convient de la conserver dans un endroit très sec, parce que, étant très spongieuse, elle attire et retient fortement l'humidité, et devient poudreuse et de mauvaise qualité. « Les vesces, dit M. Dumont de Courset, destinées à être employées sèches et semées en mars, sont très difficiles à obtenir bonnes dans les pays septentrionaux, parce qu'elles mûrissent tard, et que les automnes, assez souvent pluvieux, empêchent alors d'en faire la moisson. Je les ai vues fréquemment encore sur la terre en octobre, et alors elles sont à moitié perdues ou égrenées. »

L'emploi de la vesce est très étendu, soit en grain, soit en fourrage.

Ce grain paraît être celui que les pigeons préfèrent à tout autre, et il les rend très productifs et d'un bon goût. Il n'en est pas de même des autres volailles; il paraît même, d'après quelques expériences, qu'il peut devenir nuisible aux canards, aux jeunes dindons, et surtout aux poules. Il paraît aussi que les porcs, quoique généralement peu délicats sur le choix de leurs aliments, ne s'accommodent pas non plus de ce grain, et qu'il leur est plus nuisible que profitable. Il n'en est pas de même des bêtes à laine, auxquelles il convient beaucoup : il augmente la quantité et la qualité du lait des brebis, et il engraisse promptement les moutons et les jeunes agneaux, pour lesquels il remplace souvent la bisaille. Il engraisse aussi les bœufs, il augmente le lait des

vaches, et peut être donné aux chevaux en place d'avoine avec avantage à poids égal, et non à mesure égale, car il est beaucoup plus pesant et plus nourrissant : mais il vaut mieux généralement le mélanger avec celui du sarrasin, ou avec tout autre, que de le donner seul, parce qu'en cet état il échauffe beaucoup les animaux. Réduit en farine, on peut en composer, dit M. de Père, d'excellentes BUVÉES pour les vaches, ou bien une eau blanchie que les juments et les poulains préfèrent à toute autre.

Le fourrage de la vesce qui a mûri et qui a fourni sa semence est généralement peu recherché des bestiaux et peu nourrissant, comme toutes les pailles ou tiges qui sont entièrement dépouillées de leurs grains. Celui qui a été fauché en fleurs, et surtout celui qui l'a été après la floraison, est aussi appétissant que nourrissant, lorsqu'il est bien fané et conservé sèchement; il l'est même beaucoup plus que le foin ordinaire : il est très convenable pour tous les bestiaux qu'on désire engraisser; il doit être administré avec réserve à tous les animaux de travail, qu'il faut seulement maintenir en bon état.

Le fourrage consommé en vert est encore très propre à rafraîchir et à nourrir les bestiaux, à l'époque de la floraison; car avant, il est ordinairement trop aqueux et trop relâchant, et produit l'effet contraire. Il forme une excellente nourriture pour les chevaux qu'on veut mettre au vert; il donne beaucoup d'excellent lait aux vaches et aux brebis nourrices; il conserve et augmente l'embonpoint des bœufs et des moutons, et accélère singulièrement le développement des agneaux; on peut encore en nourrir les jeunes porcs avec beaucoup d'avantage. La vesce d'hiver a par dessus tout ce mérite; on peut souvent en faire plusieurs coupes, en commençant de bonne heure, surtout à l'aide du plâtre, de la cendre de tourbe, ou de tout autre engrais sulfureux ou pulvérulent, soit cendres végétales ou cendres de charbon de terre, et si l'on sème la vesce à différents intervalles, ainsi que le recommande avec tant de raison M. de Père, comme de quinze en quinze ou de huit en huit jours, en septembre, octobre, novembre et décembre, en février et en mars, elle peut offrir chaque jour un excellent fourrage, depuis le mois de mai, et même avant, jusqu'à l'époque où l'on peut faire usage du maïs-fourrage.

On peut aussi faire pâturer ce fourrage sur pied par les bêtes à laine; mais un excellent moyen d'en tirer un grand parti, en améliorant beaucoup la terre, consiste à en faucher chaque jour une provision suffisante pour la nourriture d'un troupeau mis au parc sur la pièce de vesce même, à la faire consommer dans des râteliers, et à faire pâturer chaque partie fauchée avant de la parquer. Il résulte de ce procédé, que nous avons plusieurs fois mis en pratique avec beaucoup d'avantage, une excellente nourriture très économique, et un engrais végéto-animal qui ne l'est pas moins.

Le fourrage vert de la vesce est une ressource précieuse lors de la disette des autres fourrages ordinaires, et c'est dans ces moments critiques qu'on en sent bien tout le prix et qu'on doit s'en procurer.

« Je trouve, dit M. Lullin, au fourrage vert de la vesce l'avantage de pouvoir venir au secours du cultivateur qui juge que sa récolte de foin sera mauvaise, puisque depuis le milieu de mai jusqu'à la fin de juin il pourra juger de l'état de ses prés et de la quantité de vesce qu'il lui convient de semer, pour remplacer le déficit qu'il présume devoir éprouver dans ses fourrages. J'en dirai autant de la récolte des regains; car en semant des pesettes d'hiver ou des gesses en août, époque à laquelle l'abondance ou la disette des seconds foins est décidée, le fermier s'assurera un pâturage vert, sain et abondant pour

la mi-avril, soit pour manger sur place, soit encore mieux en la fauchant pour donner au râtelier à l'étable.

«Les mois d'avril et de mai sont les plus difficiles à passer lorsque les foins ont été rares l'été précédent ; ils sont alors d'une cherté prodigieuse, et il est souvent impossible de s'en procurer : le cultivateur prévoyant qui se sera assuré une quantité de gesses ou de pesettes hivernées n'aura plus la crainte d'être obligé de vendre à vil prix une partie de ses bestiaux, ou de mettre un capital considérable en achat de fourrage, s'il ne veut les voir mourir de faim. »

De la vesce considérée relativement aux assolements. — Un très grand nombre d'autorités incontestables, appuyées sur l'expérience, attestent que la culture de la vesce est améliorante et préparatoire pour d'autres cultures principales.

Nous croyons cependant devoir observer ici que nous avons reconnu que la récolte en grain de la vesce d'hiver avait quelquefois un inconvénient relativement aux semailles des grains d'automne qui la suivaient immédiatement : c'est que plusieurs de celles de ses semences qui se répandaient sur le sol lors de sa récolte se reproduisaient avec ces grains, et les rendaient moins nets et moins beaux, à moins qu'on ne parvînt à les détruire toutes avant la semaille, ce qui n'est pas toujours facile.

Un cultivateur genévois, M. Lullin, fait le plus grand cas, d'après son expérience, de la vesce comme récolte améliorante et préparatoire. « L'introduction de la vesce pour fourrage, dit-il, est une amélioration agricole que tout bon cultivateur appréciera bien vite, lorsqu'il en aura fait usage, et qu'il tentera sûrement dès qu'il en aura pesé tous les avantages. 1° C'est une récolte dérobée entre le blé et les plantes à sarcler qui lui succèdent; 2° c'est une plante fourrageuse qui servira à augmenter la quantité des engrais; 3° en appliquant aux vesces tout le fumier destiné aux plantes à sarcler, il servira à produire une beaucoup plus grande quantité de fourrage, sans s'user pour cette récolte; lorsqu'elles sont coupées en fleurs, on retrouve, en labourant pour les choux ou les turneps, l'engrais dans le même état à peu près que lorsqu'on l'a enfoui; 4° le fumier favorise la pousse des mauvaises herbes que les pesettes étoufferont; 5° les vesces laissent la surface du terrain si nette et si bien menuisée, qu'elles sont une excellente préparation pour les choux, les turneps, etc.; 6° elles sont une économie pour les sarclages de la récolte subséquente, par la destruction des mauvaises herbes, et l'atténuement de la surface du sol; les binages s'en font plus facilement, plus vite et par conséquent à moins de frais, etc.

« Je doute, ajoute-t-il, qu'on puisse trouver un assolement plus productif pour les terres fortes que le suivant :

« Première année, pesettes fumées et fauchées pour fourrage, puis choux-cavaliers et turneps ou rutabagas entre leurs rayons; 2ᵉ année, fèves en rayons et turneps entre; 3ᵉ année, froment ou avoine; 4ᵉ année, trèfle; 5ᵉ année, blé suivi de sarrasin (si le climat le permet); 6ᵉ année, pesettes fumées et turneps consommés à l'étable; 7ᵉ année, blé.

« Le champ aura ainsi donné douze récoltes en sept années, dont huit améliorantes, trois de grains blancs et une de blé noir. Si vous avez des terres légères, votre rotation sera celle-ci :

« Première année, pesettes fumées suivies de turneps, qu'on pourra remplacer par des choux-cavaliers, comme plus productifs, si la terre le permet; 2ᵉ année, orge ou blé; 3ᵉ année, trèfle; 4ᵉ année, blé suivi de sarrasin.

« Ou le suivant qui est plus avantageux :

« Première année, pesettes suivies de turneps, etc.; 2ᵉ année, blé suivi de sarrasin; 3ᵉ année, carottes fumées et choux-cavaliers ou maïs, dans l'intervalle des rayons; 4ᵉ année, orge ou blé;

5ᵉ année, trèfle; 6ᵉ année, blé suivi de sarrasin.

« Il y a, observe M. Lullin, dix récoltes en six ans, dont cinq améliorantes, trois de grains blancs et deux de sarrasin; si le terrain n'est pas fertile, on pourra supprimer une des récoltes de blé noir, jusqu'à ce que, par l'amélioration des plantes à sarcler, on puisse l'adapter. »

Tous nos agronomes éclairés recommandent avec raison le mélange de la vesce avec les grains. La nature a destiné cette plante à s'élever, en s'attachant, par les vrilles dont elle l'a munie, aux autres plantes qui peuvent lui servir de supports, sans lesquels elle rampe et pourrit souvent; ses produits sont toujours proportionnés à son élévation et au degré d'air et de lumière dont elle jouit, attendu qu'elle redoute, comme le pois, tous les endroits fortement ombragés, surtout lorsqu'on veut en obtenir de la semence.

Nous nous bornerons à rapporter ici un exemple remarquable des divers mélanges qu'on peut faire avec la vesce, surtout considérée comme fourrage.

« On est dans la très sage habitude, dit M. Lullin, dans les environs de Frangy, Seissel, Rumilly, Chambéry, etc., de semer, depuis le commencement de mai jusqu'au commencement de juillet, un mélange de vesces, pois, sarrasin et maïs bien fumés; on en sème tous les huit ou dix jours un certain espace, afin d'en avoir pendant un mois ou six semaines à faucher, qui soit toujours à peu près au même point de croissance, c'est à dire en fleurs; on le destine surtout à rafraîchir les bœufs dans les temps où ils sont le plus fatigués, dès le milieu d'août jusqu'à la fin des semailles; on leur en donne à midi et le soir, ce qui les préserve des maladies occasionnées si souvent, dans cette saison, par l'excès de la chaleur et celui de la fatigue; cet aliment vert, rafraîchissant, d'une digestion facile et nourrissant, les invite au repos, et leur procure un sommeil pendant lequel ils se refont de leurs fatigues.

« Cette admirable méthode, poursuit-il, devrait être suivie partout, et elle peut s'y adapter, quelle que soit la situation du domaine, en la modifiant pour l'époque de la semaille, et en remplaçant, dans les lieux trop élevés ou trop exposés au froid, le maïs par le colza ou la ravonaille, soit rabette. »

La vesce, ainsi mélangée, peut servir très avantageusement de préparation sur un seul labour, à la pomme de terre, aux raves, aux navets, au sarrasin, aux choux, etc., et fournir ainsi deux récoltes comme nous en avons vu plusieurs exemples, et comme Rozier le recommande particulièrement en prescrivant de semer de l'orge et du trèfle après celles de ces récoltes qui auraient été faites trop tard pour admettre le froment.

On désigne le mélange de vesce, de seigle, de pois, de fèves, de lentilles, etc., sous le nom d'*hivernage*, dans nos départements septentrionaux, parce qu'il y fournit une excellente nourriture d'hiver. Celui qu'on sème en mars se désigne souvent sous les noms de *dragée*, *dravière*, *trémois*, *mélarde*, etc. (*Voy.* MÉLANGES.)

On peut aussi remplacer consécutivement la variété d'hiver par celle d'été; mais il vaut mieux généralement conserver la première verte, pour pouvoir la faucher plusieurs fois, ou la remplacer par quelques unes des productions indiquées ci-dessus.

La vesce peut encore remplacer très avantageusement le trèfle manqué, sans déranger l'assolement.

Enfin, on sème aussi en plusieurs cantons la vesce pour l'enfouir comme engrais végétal; elle est très propre à cet objet, auquel les anciens l'employaient fréquemment. (*Voy.* RÉCOLTES ENTERRÉES.)

Nous ajouterons aux renseignements précieux que nous avons cru devoir consigner ici sur les grands et nombreux avantages de la vesce pour les assolements, qu'ayant très souvent cultivé l'une et l'autre variété, ainsi que la variété blanche dont nous allons parler, nous les avons tous vus confirmés par notre propre expérience, et nous ne saurions trop recommander la culture de cette plante, surtout aux sectateurs de la doctrine triennale qui admet la jachère après deux cultures consécutives de céréales; ils pourraient tout au moins la substituer à celle de l'avoine, qui, en épuisant et souillant leurs terres, leur donne des résultats bien moins avantageux. Introduite de cette manière, elle fournirait un fourrage qui tiendrait lieu, pour les chevaux, de foin et d'avoine; étant fauchée après la floraison, elle supprimerait nécessairement et sans déranger leur rotation triennale l'improductive année de jachère, qui pourrait au moins être consacrée à quelque pâturage momentané, en même temps que leurs terres seraient beaucoup mieux préparées à la production du froment.

Nous croyons devoir observer que la vesce est, ainsi que le lin et plusieurs autres plantes, attaquée quelquefois par une variété très vigoureuse de CUSCUTE (*voy.* ce mot). Lorsqu'on s'en aperçoit, il est important de faucher la vesce avant que cette plante parasite ait mûri ses semences nombreuses, à cause de l'influence fâcheuse qu'elles auraient sur les cultures suivantes, et spécialement sur celle de la luzerne, dont elle est le plus mortel ennemi.

Il existe plusieurs autres espèces de vesces annuelles qui pourraient mériter d'être substituées, dans plusieurs cas, avec avantage, à la vesce commune. Les principales sont : la VESCE JAUNE, *vicia lutea*, ainsi désignée à cause de la couleur de ses fleurs jaunes, solitaires et axillaires; elle est très élevée et rameuse, croît naturellement sur les terres médiocres, et, d'après les essais auxquels la société d'agriculture de

Seine-et-Oise l'a soumise, *elle paraît pouvoir fournir plusieurs coupes et donner encore un pâturage tardif;* la VESCE A FEUILLES DE LIN, *vicia linifolia* Bosc, qui élève à 2 pieds environ ses tiges grêles, garnies de feuilles linéaires et de fleurs bleuâtres, axillaires et géminées; la VESCE GESSIÈRE, *vicia lathyroides*, dont les tiges faibles et rampantes couvrent ordinairement les terres les plus stériles; enfin la VESCE VOYAGEUSE, *vicia peregrina*, ainsi spécifiée, parce que ses semences s'élancent au loin à l'époque de leur maturité, et dont la tige glabre et anguleuse est garnie de feuilles étroites et échancrées et de fleurs violettes.

De la vesce blanche. — Il existe aussi une variété de vesce blanche (*vicia sativa alba*) qu'on désigne quelquefois sous la dénomination de *lentille de Canada*, que nous avons vue cultivée avec beaucoup d'avantage dans plusieurs cantons des départements de l'Ain et de l'Isère, ainsi qu'en Suisse et en Italie, et que nous en avons rapportée. On la fait aussi entrer quelquefois dans le pain, et elle remplace le plus encore les pois, assaisonnée de diverses manières, en purée, et dans les soupes. Nous avons reconnu qu'elle était plus délicate, plus précoce et plus productive en fourrage que la variété ordinaire de printemps; mais elle nous a paru moins rustique. On la mêle souvent, dans les départements où nous l'avons remarquée, avec un quart ou un cinquième d'orge qui lui sert de soutien et la rend plus productive, et on la sépare d'avec ce grain au moyen de cribles.

Sa culture est la même que celle des autres variétés.

Parmi les vesces vivaces, il est un assez grand nombre d'espèces que M. Thouin a cru devoir recommander particulièrement comme propres à être soumises à la culture. Les principales sont les suivantes:

La VESCE PISIFORME, *V. pisiformis*

L., qui reçoit sa dénomination de sa ressemblance avec les pois, donne un fourrage très agréable aux bestiaux.

La VESCE DES BUISSONS, *V. dumetorum* L., élève à 3 pieds au moins, dans les buissons, sa tige rameuse et un peu ailée. Ses folioles ovales sont réfléchies et terminées en pointe très saillante, et ses fleurs purpurines sont réunies en grappes. Elle donne aussi un bon fourrage.

La VESCE DES BOIS, *V. silvatica* L., s'élève ordinairement un peu moins; sa tige est striée et rameuse, garnie de folioles alternes et ovales, et de fleurs blanches réunies huit ou dix, un peu pendantes et unilatérales. Les bestiaux la recherchent dans les bois, et elle leur fournit une excellente nourriture.

La VESCE MULTIFLORE OU A ÉPI, *V. cracca*, qui s'élève à peu près à la même hauteur, a une racine très traçante. Sa tige est carrée, faible et striée, garnie de folioles nombreuses, alternes, linéaires et velues, et de fleurs également nombreuses, violettes ou bleues. Autant elle est incommode dans les moissons, dans lesquelles elle se rencontre souvent, et où beaucoup de cultivateurs lui donnent les noms de *vesceron* ou de *jardeau*, autant elle est profitable dans les prairies, dont elle augmente considérablement le produit. Elle s'élève beaucoup lorsqu'elle est soutenue, et elle résiste bien aux débordements, ce qui peut la rendre souvent très précieuse.

La VESCE D'ALLEMAGNE, *V. cassubica* L., dont les tiges, ordinairement couchées, et qui s'étendent quelquefois jusqu'à un mètre, ont des fleurs d'un rouge pâle, disposées en épis, et les folioles ovales, aiguës, rassemblées par dix, fournit aussi un bon fourrage.

La VESCE DES HAIES, *V. sepium* L., qui diffère des précédentes en ce que ses fleurs sont axillaires et presque sessiles, élève quelquefois jusqu'à un mètre sa tige anguleuse, un peu velue ainsi que les bords et les nervures des folioles, qui vont en décroissant vers leur sommet. Ses fleurs sont d'un pourpre obscur, et ses racines tracent aussi beaucoup et s'enfoncent profondément. Elle fournit une grande abondance de fourrage de bonne qualité et un excellent pâturage, attendu qu'elle est très rustique et qu'elle végète presque toute l'année.

Toutes ces espèces de vesces, qui fournissent beaucoup de semences et qui se propagent en outre presque toutes par leurs racines, conviennent essentiellement aux terres compactes et argileuses, qu'elles sont très propres à ameublir et à fertiliser en les utilisant; et elles gagnent beaucoup à être associées à d'autres plantes, qui, en les protégeant, empêchent que la partie inférieure de leurs tiges ne pourrisse.

Il existe encore une VESCE BISAN-NUELLE, *V. biennis* L., dont les tiges très élevées, garnies de dix à douze folioles, glabres et lancéolées, avec le pétiole sillonné, ont des fleurs d'un bleu léger. Elle a été indiquée par M. Thouin, avec les précédentes, comme étant propre à la culture. (V. YVART.)

VESCERON. C'est la VESCE A ÉPI. (*Voy.* l'article précédent.)

VESSE-LOUP, *Lycoperdon* L. (*Botan. agric.*) Plante de la CRYPTOGAMIE et de la famille des CHAMPIGNONS. On en compte un grand nombre d'espèces fort communes dans les pâturages secs, le long des bois, etc. La tête de cette espèce de champignon est souvent beaucoup plus grosse que le poing. La médecine tire quelque secours de plusieurs espèces.

VESSIGONS. (*Médec. vétérin.*) Tumeurs molles dans toute leur étendue, fluctuantes dans certains points, ordinairement indolentes, qui naissent aux parties latérales de l'articulation du jarret du cheval, entre la pointe du calcanéum et la partie inférieure du tibia, sur les côtés des tendons qui viennent à la pointe du calcanéum; ou au dessus des boulets, de chaque côté des tendons qui passent à la face postérieure

des canons; ou quelquefois à l'articulation du genou. Elles retiennent le nom de *vessigons* quand elles sont situées au jarret; on les appelle MOLET-TES, quand on les observe au dessus et aux côtés du boulet; nous ne leur connaissons pas de nom particulier lorsqu'elles avoisinent l'articulation du genou, à moins qu'on ne rapproche cette lésion de celle appelée GANGLION, avec laquelle elle a bien quelques rapports, si elle n'est pas précisément la même. Le nom de *vessigons* vient sûrement de la ressemblance qu'on a cru remarquer entre ces tumeurs et des espèces de vessies, et leur mollesse leur aura probablement fait donner celui de *molettes*.

Les vessigons et les molettes ne sont dus qu'à l'inflammation aiguë ou chronique des membranes synoviales, et ils ne constituent par conséquent qu'un symptôme de l'irritation de ces organes.

Les causes qu'on assigne au développement des tumeurs dont il s'agit se rapportent à des violences extérieures, et à des mouvements étendus et brusques. Ainsi, les coups, les chutes, les contusions, les blessures dans les articulations, le frottement répété des surfaces articulaires, tel qu'il a lieu dans les exercices violents ou trop prolongés, les grandes fatigues, les efforts considérables, l'entorse, les distensions forcées, les actions où le cheval est obligé de supporter ou de retenir la masse du corps ou de maîtriser la charge, tous les mouvements portés au delà de la force extensive naturelle des articulations ou des tissus qui les entourent, sont susceptibles de développer une inflammation capable à son tour de donner lieu à la lésion dont nous nous occupons. Cette inflammation peut naître encore sous l'influence du froid humide, surtout lorsque son action est brusque et circonscrite, ou lorsqu'il agit pendant longtemps d'une manière continue; c'est même ainsi que le séjour prolongé ou l'habitation dans les lieux bas et humides expose les chevaux à contracter des vessigons et des molettes, que ces tumeurs se manifestent par suite de l'action vive du froid et de l'humidité sur les articulations des membres d'un animal en sueur. Dans les chevaux de selle, l'inflammation des membranes synoviales peut être occasionnée par la dureté de la main du cavalier, par des arrêts trop prompts et non prévenus, et plus encore par un état de contention trop longtemps soutenu, comme quand on met le cheval sur les hanches et qu'on cherche à le rassembler. Dans les chevaux d'équipage, c'est aussi la dureté de la main du cocher, les arrêts trop courts, les reculades inconsidérées, les coups de fouet donnés en même temps que l'on retient les chevaux. Il en est de même pour les chevaux de charrette, à cause des efforts que font ces animaux, soit en montant, soit en descendant, à cause aussi de la brutalité des conducteurs, qui exigent de leurs chevaux plus qu'ils ne doivent, ou qui les battent à contre-temps, ou avant qu'ils soient placés convenablement pour exécuter ce qu'on leur demande. Les marchands de chevaux sont dans l'usage d'avoir des écuries dont le devant est très élevé, afin de donner plus d'apparence à leurs chevaux ; à la longue, cette position fatigue beaucoup les jarrets, et y fait ainsi naître des vessigons. C'est un fait qu'on a eu plusieurs fois occasion d'observer.

Le plus souvent le vessigon se montre à la face externe, mais il se manifeste aussi quelquefois à la face interne ; lorsqu'il paraît des deux côtés en même temps, il est dit vessigon *soufflé* ou *chevillé*.

Il arrive encore que les vessigons chevillés et soufflés, réunis autour de la même articulation, sont quelquefois assez étendus pour s'unir ensemble extérieurement, et ainsi envelopper l'extérieur de cette même articulation. Dans ce cas le jarret est dit *cerclé ;* les mouvements en sont très difficiles, et la claudication est plus ou moins prononcée. Cette complication, ou plutôt cette circonstance, rend le mal tout à fait incurable.

Au surplus, il ne faut pas confondre les vessigons avec d'autres tuméfactions inflammatoires et douloureuses du jarret, comme on en remarque aux jeunes chevaux, après de longs voyages qui ont fatigué plus ou moins cette partie; ces engorgements ne présentent ni poche ni réservoir, et il est ainsi peu difficile de les distinguer et de les caractériser.

Lorsque le vessigon change de nom et prend celui de *molette*, la tumeur qui le constitue se montre aux faces latérales du boulet, un peu au dessus de cette partie, de l'un des côtés ou de chaque côté des tendons qui passent à la face postérieure des canons, où la molette forme une saillie. Souvent il y en a plusieurs, et l'on s'en aperçoit par ces boursouflements que forme quelquefois, en haut et en bas des grands sésamoïdes, la capsule synoviale de la gaine contenant les tendons perforé et perforant. Quand les boursouflements existent de chaque côté des tendons, en dedans et en dehors, on les appelle *molettes chevillées* ou *molettes soufflées*. Ces mêmes boursouflements augmentent par le service, surtout à la suite des entorses du boulet, et concourent, avec la liqueur synoviale accumulée, à former, au dessus de l'articulation, les tumeurs molles, de la grosseur d'une noisette ou d'une aveline environ, qu'on remarque, dans ces circonstances, au dessus de l'articulation du pâturon avec le canon. On les voit beaucoup plus communément aux membres de derrière qu'à ceux de devant, par la raison que les efforts des parties composant l'extrémité inférieure de l'arrière-main sont toujours les plus violents. Par corruption, impropriété de terme, et attendu la confusion que le vulgaire fait des tendons et des nerfs, on a encore appelé *molette nerveuse* celle qui est située sur la gaine tendineuse même. C'est peut-être à cette dernière que le nom de *molette soufflée* pourrait convenir davantage, s'il pouvait être bon à quelque chose de multiplier les dénominations particulières sans nécessité. Les chevaux les plus sujets à cette lésion sont les chevaux fins, selon Bourgelat. Enfin on a autrefois distingué des molettes séreuses, lymphatiques, par épaississement de sang, distinctions mal fondées, qui ne servent à rien, si ce n'est à embrouiller.

Les causes les plus ordinaires auxquelles on attribue les molettes sont les grandes fatigues et un repos trop longtemps prolongé; on pense que les chevaux sur lesquels on les remarque sont ceux dont les extrémités se fatiguent facilement, ceux qui ont des extrémités grêles, hors de leur aplomb, et les tendons faillis et peu prononcés. Quelquefois elles ne font point boiter l'animal, et quelquefois elles le font boiter après un exercice plus ou moins pénible et prolongé. Le cheval qui en est affecté se fatigue plus vite, et elles indiquent en général un animal qui a beaucoup travaillé, qui commence à se ruiner, ou qui a de fort mauvais membres; c'est donc un grand défaut, particulièrement chez les jeunes chevaux.

La marche des lésions dont il s'agit est en général très lente; on remarque qu'elles mettent presque toujours beaucoup de temps à parcourir leurs périodes; elles se terminent rarement par résolution quand la synovie épanchée peut être absorbée; mais le plus ordinairement la terminaison a lieu par l'accumulation de la liqueur synoviale et l'état chronique. Avec le temps, les tumeurs, molles d'abord, sont susceptibles de devenir solides; leurs parois éprouvent une sorte de dégénérescence, qui augmente leur épaisseur et diminue leur souplesse; elles se montrent d'abord fibreuses dans toute leur épaisseur, ensuite le tissu est comme squirrheux; à une époque plus reculée, il se montre des noyaux cartilagineux, et plus tard enfin des noyaux osseux, tandis

que tout ce qui ne présente pas cette dernière organisation est cartilagineux. La cavité est alors très petite; mais la tumeur ne perd pas de son volume, elle peut même devenir plus saillante. Les molettes, particulièrement quand elles sont très anciennes, sont susceptibles de devenir quelquefois dures; la synovie laisse déposer dans la capsule qui la sécrète une matière blanchâtre, semblable à du plâtre; accident qui n'arrive pas sans être accompagné de la cessation des mouvements de l'articulation et de ceux des tendons, sans occasionner de fortes claudications incurables, qui mettent bientôt l'animal hors de service. Mais il faut beaucoup de temps pour que de semblables altérations surviennent, et le plus souvent on a celui d'user l'animal avant qu'elles se manifestent. Tant que les vessigons et les molettes sont à l'état de souplesse et de mollesse, tant qu'ils n'ont pas acquis un volume trop considérable, ils ne portent pas un préjudice bien grand au service de l'animal; ils le tarent et le déprécient seulement, mais ils ne sont jamais dangereux dans le principe.

Le traitement de ces sortes de tumeurs est ordinairement difficile et très souvent infructueux; on a employé différents moyens pour les faire disparaître, et presque généralement ils sont demeurés sans fruit; ces lésions sont en effet du nombre des plus rebelles, de celles qui résistent le plus. Cependant, lorsque les tumeurs sont récentes et peu considérables, que les sujets sont jeunes et d'ailleurs bien portants, on ne doit pas toujours désespérer de les voir disparaître avec le temps et un traitement convenable.

Les petites saignées pratiquées tant à la saphène qu'à la sous-cutanée du membre affecté, toujours le plus près possible de l'articulation malade, la saignée générale même, des topiques émollients et anodins, les pédiluves aqueux qui produisent des bains de vapeur à la partie, les boissons blanches légèrement nitrées, le régime et le repos, sont peut-être susceptibles de produire quelquefois de bons effets au début, surtout si l'on insiste sur eux avec persévérance. Si l'on est assez heureux pour en obtenir du mieux, on peut présumer que la surexcitation de l'organe affecté commence à céder, et il serait permis alors de recourir aux révulsifs appliqués aux téguments même qui recouvrent la partie malade; plus éloignés du siége du mal, ils pourraient rester sans action, parce que les capsules articulaires sont à peine unies par des liaisons sympathiques aux autres parties de l'organisme. Ces révulsifs, appliqués à propos, sont peut-être susceptibles, dans le cas dont il s'agit, de déplacer la surexcitation, et de déterminer l'absorption du liquide épanché.

Malheureusement les vessigons, lorsqu'ils sont commençants, attirent peu et bien rarement l'attention des propriétaires; trop souvent, au moment où l'on est appelé, ils n'ont plus le caractère d'une surexcitation aiguë, ils n'ont plus même de sensibilité appréciable. Dans ce cas, comme dans celui où l'usage des moyens précédents serait demeuré sans effet, la tumeur ne diminue pas, ou même elle tend lentement à s'accroître. On peut essayer alors les frictions locales spiritueuses ou mercurielles, le baume de Fioraventi, le liniment ammoniacal camphré, la teinture de cantharides, et intérieurement les sudorifiques ou les purgatifs, dans le but d'établir des révulsions sur la peau ou sur la membrane muqueuse gastro-intestinale. Si l'on n'obtient rien de ces derniers moyens, que nous supposons appliqués à propos et variés suivant l'état et la ténacité du mal, il ne faut plus espérer de succès qu'en rappelant le travail inflammatoire dans la partie, qu'en déterminant une inflammation profonde, capable d'activer le travail de la résorption de la synovie épanchée. C'est le cas d'en venir aux applications locales plus irritantes en-core, aux vésicatoires, à la pâte de térébenthine et de deuto-chlorure de mercure (sublimé corrosif), etc. Pour rendre les vésicatoires plus actifs, on les prépare avec de la poix, de la graine de moutarde et de l'euphorbe; mais on est bien éloigné de réussir toujours.

Lorsque ces substances n'ont pas produit l'effet désiré, il faut appliquer le *feu* (ou *cautère actuel*) en raies, entre lesquelles on sème des pointes, ou en pointes seulement, et recouvrir le tout d'un emplâtre de résine fondue, qu'on applique chaud sur la partie, en observant cependant de ne pas employer cette résine assez chaude pour qu'elle brûle.

VÉTÉRINAIRE. Nous allons emprunter, en l'abrégeant, à l'excellent ouvrage classique de M. Hurtrel d'Arboval, l'article qu'il a consacré à l'art vétérinaire et au médecin qui l'exerce. Nous regrettons vivement que la mort trop prompte de notre savant et laborieux collaborateur M. Grognier, professeur à l'école royale vétérinaire de Lyon, nous ait privés d'un travail étendu sur cet objet dont il devait enrichir notre *Dictionnaire*.

Quelle que soit l'époque, nécessairement très ancienne, où l'on ait commencé à observer les maladies des animaux, quelle que soit, en d'autres termes, l'origine de l'art vétérinaire, l'étymologie du nom qu'il porte est latine. Ce nom dérive de *veterina*, dont on a fait *veterinaria* et *veterinarius*, termes que les Romains employaient souvent, le premier à désigner la médecine des bêtes de somme, le second celui qui la pratiquait; quelquefois ces deux expressions étaient accompagnées des épithètes *medicina* et *medicus*. Ils appelaient aussi *mulo-medicina* la médecine particulière des solipèdes, et *mulo-medicus* celui qui en faisait sa profession; c'est l'*hippiatrique* et l'*hippiatre* des Grecs. Il importe peu de connaître le motif pour lequel on a adopté le mot dont il s'agit, il suffit de savoir que c'est à cette dénomination que les Français ont emprunté l'expression de *vétérinaire*, depuis longtemps généralement admise.

Depuis les temps modernes, le mot *vétérinaire* est généralement admis en France et dans une grande partie de l'Europe; il est des deux genres et a une double acception; il signifie également la *médecine* et le *médecin* des animaux. On prend aussi le mot de *vétérinaire* adjectivement, comme plusieurs autres termes de notre langue, et l'on dit indistinctement la *médecine* ou l'*art vétérinaire*. On a sans doute pensé que la première de ces deux locutions ne signifiait pas assez explicitement et la science de suivre les maladies des animaux (tant sous le rapport de la médecine opératoire que sous celui de la science médicale proprement dite), et la connaissance des soins que les animaux exigent dans les diverses circonstances de leur vie, soit en santé, soit en maladie, la connaissance de toutes les parties de la science des animaux et des agents qui les modifient, l'art de conserver leur santé, de guérir ou de pallier leurs maladies, et la science des règles d'après lesquelles on doit se diriger pour arriver à ce résultat; c'est sans doute pourquoi l'on a aussi adopté la seconde de ces locutions, celle d'*art vétérinaire*. Mais il n'y a aucun avantage à conserver plusieurs dénominations pour désigner la même chose, et il y en a au contraire beaucoup à simplifier le langage des sciences. Disons donc tout simplement la *vétérinaire*, comme on dit la *médecine*; avec cette différence, toutefois, que la vétérinaire, considérée dans son objet, présente une idée d'unité qui ôte toute distinction entre la partie chirurgicale et la partie médicale de l'art, et embrasse à la fois l'économie animale, l'hygiène, l'emploi des forces ou le service des animaux, leur éducation, l'anatomie, la physiologie, la pathologie, la thérapeutique et la matière médicale.

Ainsi se trouve réuni ce qui se rencontre à chaque pas confondu dans la pratique; à savoir, les lésions mécaniques qui entraînent si souvent des lésions de fonctions, et les lésions vitales, telles que l'action irrégulière des organes, surtout l'inflammation, qui donne fréquemment lieu à des ulcérations, à des collections de liquides, et à d'autres accidents dits chirurgicaux. La vétérinaire a donc cet avantage qu'elle repose sur des principes dont il est impossible de contester la justesse. Elle est aussi plus complexe que la médecine de l'homme, puisque, embrassant l'universalité de nos animaux de toutes les espèces, elle est la partie la plus étendue de la médecine comparée, la branche la plus grande et la plus ramifiée de la médecine générale.

Malgré l'espèce d'abjection dans laquelle la vétérinaire a langui pendant si longtemps, malgré le superbe dédain avec lequel on l'a regardée pendant des siècles, et que quelques personnes conservent peut-être encore, on ne peut nier ses immenses avantages ni son importance, on ne peut lui refuser le rang qu'elle est digne d'avoir dans la série des sciences, surtout depuis la belle institution des écoles spéciales vétérinaires, dirigées par des personnes aussi éclairées qu'instruites. Les élèves qui en sont sortis et qui en sortent annuellement sont maintenant assez répandus dans les villes et les campagnes, notamment depuis que la diminution de nos armées a permis à beaucoup d'entre eux de venir s'y établir. Il en résulte que la médecine des animaux brille surtout en France, où elle est mieux faite que partout ailleurs; que l'on conserve un plus grand nombre d'animaux, et qu'on voit moins de pratiques et de remèdes ridicules et nuisibles mis en usage. Les épizooties sont plus rares, moins étendues, plus tôt arrêtées, et la destruction des bestiaux est moins grande qu'autrefois. L'hygiène est mieux entendue, et permet souvent d'éviter les maladies, de conserver les animaux en meilleure santé, de les faire produire davantage, d'en obtenir de meilleures productions, d'en tirer par conséquent un meilleur parti, d'en améliorer les races, etc., etc. Tous ces bienfaits sont dus à la vétérinaire de nos jours, et aux soins du gouvernement pour encourager et soutenir le vol rapide que cette science prend, depuis un certain nombre d'années, vers une amélioration notable et marquante. Jetons un coup d'œil sur l'ensemble de cette même science considérée sous le triple rapport de son histoire, de l'art médical, et de celui qui l'exerce.

De l'art vétérinaire sous le rapport historique. — La vétérinaire peut être considérée comme aussi ancienne que la médecine, avec laquelle elle se confondit pour ainsi dire dans les premiers temps. Hippocrate lui-même ne dédaignait pas d'appliquer les secours de l'art de guérir aux animaux domestiques. On peut faire remonter l'origine de cet art utile à l'époque éloignée et incertaine de la riche et glorieuse conquête de l'homme sur la classe des brutes ; en effet les changements opérés dans la manière d'être des animaux vaincus et soumis, les objets nouveaux avec lesquels ces êtres, jadis sauvages, étaient contraints d'avoir de fréquents rapports, durent nécessairement exercer sur leur organisme une influence active toute particulière, laquelle dut aussi introduire un mode nouveau dans l'exécution des fonctions vitales, et développer par conséquent, sur certains appareils d'organes, des effets jusque alors inconnus. Une indisposition, qui n'était la plupart du temps que légère et momentanée pour des individus dans les conditions où la nature les avait placés, devint une maladie peut-être fort grave dans l'état de domesticité. Ainsi les courageux compagnons que l'homme venait d'asservir pour satisfaire à ses besoins et à ses travaux furent, comme lui, exposés aux maladies, et dès

lors il faut bien chercher les moyens de leur donner des secours. A cette époque, qui remonte à la plus haute antiquité et qu'aucun document historique ne constate, l'art de guérir était un, et la même main qui donnait des soins à l'homme malade était aussi appelée à remplir le même office à l'égard des brutes ; il n'y avait de différence que dans l'application.

Quelque ancienne que puisse être l'origine de la vétérinaire, elle est restée stationnaire pendant une longue suite de siècles, et pendant un laps de temps immense elle n'a fait aucun progrès ; elle n'a pris aucun degré d'avancement ou d'amélioration comparable à la marche de la médecine humaine. Abandonnée au plus ancien berger de la ferme, à des mèges, à des guérisseurs, qui tous avaient la plus grossière ignorance en partage, la vétérinaire demeura longtemps dans l'état du plus déplorable avilissement ; et, il faut le dire, elle s'en ressent peut-être encore de nos jours. Un préjugé, bien déraisonnable sans doute, mais réel, l'entache encore mal à propos d'une sorte d'abaissement, qui ne s'effacera que quand on aura tout à fait brisé les chaînes de l'empirisme, quitté l'ornière de l'aveugle et grossière routine, et secoué, osons le dire, les préjugés empruntés à la vieille médecine de l'homme, pour ne plus suivre que les saines doctrines dont l'avancement des investigations anatomico-pathologiques a démontré la prééminence. Qu'on était loin de ces errements, de ces principes, dans les temps anciens dont nous parlons ! Quelque secret, quelque amulette, quelque pratique de tradition ou d'imitation, qu'on mettait en usage sans s'inquiéter de leur manière d'agir, en songeant seulement à en obtenir les effets qu'on leur avait vu produire dans des circonstances à peu près semblables : voilà en quoi consistait tout l'art de traiter les maladies des animaux. Dans le moyen-âge, des artisans qui appliquaient des fers sous les pieds des chevaux s'érigèrent en médecins de ces quadrupèdes, et par suite de tous les autres animaux domestiques ; c'est ce que nous voyons encore aujourd'hui, bien que nous ayons des maréchaux-ferrants et des vétérinaires. Mais autrefois les deux branches étaient toujours confondues, indivises, et constituaient un art rangé parmi les professions mécaniques. En Espagne seulement, on distinguait deux espèces de maréchaux : les uns, chargés de la ferrure, étaient rangés dans la classe des artisans, et les autres, exerçant la médecine des animaux, jouissaient des priviléges de la noblesse. Dans d'autres pays, notamment en Suède, les maréchaux-médecins de bestiaux occupaient le dernier rang de la société ; ils étaient même autrefois regardés comme infâmes parmi le peuple.

Avec de tels préjugés et une aussi profonde ignorance, doit-on s'étonner que la vétérinaire soit demeurée aussi longtemps sans avancer le moins du monde, surtout quand on songe qu'elle n'était nullement érigée en corps de doctrine, et que la plupart des ouvrages écrits par les anciens ont été perdus ? D'ailleurs, que pouvaient-ils pour l'avancement de cette science, à en juger par le peu de fragments qui nous en restent, et dont on ne peut se former qu'une idée très désavantageuse ?

Tandis que la vétérinaire languissait ainsi sous l'empire d'une ignoble barbarie, deux classes d'hommes écrivirent sur ce qui la concerne ; les uns étrangers à la pratique, les autres déjà versés dans la médecine. Les premiers, à l'exception d'un très petit nombre, se sont copiés servilement les uns les autres, et ont répandu des erreurs absurdes, la plupart consignées dans les immenses écrits d'Aristote et de Pline, qui ont traversé les siècles et sont parvenus jusqu'à nous. On trouve, par exemple, dans le livre d'Aristote, que la fumée d'une lampe éteinte peut faire avorter une jument pleine ; que la mu-

saraigne est capable, en mordant les chevaux, de faire déterminer des enflures considérables, qui, en se crevant, déterminent la mort de l'animal. Ces enflures ne peuvent être autre chose que des anthrax ou des tumeurs charbonneuses. La vérité est qu'il est impossible que la musaraigne morde le cheval ; mais cette erreur n'est pas encore complétement détruite. Aristote dit encore que les chevaux préfèrent les prairies humides, l'eau trouble, et que, lorsqu'elle est claire, ils la battent avec le pied pour la troubler. Que penser donc des lumières et du savoir du commun des hommes de ce temps-là, en voyant de semblables erreurs sortir de la plume d'un homme d'un mérite aussi éminent ? Ce qu'il y a de fort remarquable et de fort déplorable, c'est de voir que la plupart de ces absurdités sont parvenues jusqu'à nous, et jouissent encore d'une grande confiance dans les campagnes.

Après Aristote et Pline vient Végèce, qui écrivait dans le commencement du quatrième siècle de l'ère chrétienne, et qui n'a écrit, comme ses prédécesseurs, qu'un répertoire de tous les préjugés sur la médecine des animaux, recueillis dans les ouvrages des Grecs et des Latins. Il paraît qu'il n'avait rien observé par lui-même, et, tout en se plaignant que ses devanciers n'aient laissé que des recettes au lieu de décrire les signes des maladies, il déclare ou confesse que tout ce qu'il dit a été recueilli dans les écrits antérieurs au sien. Cependant Végèce n'était pas un homme ordinaire pour le temps où il vivait ; ses connaissances paraissent être au niveau de celles de son siècle ; son style est élégant, clair et précis ; dans une préface, il venge la vétérinaire du dédain dont elle a été l'objet, et il la place comme science après la médecine ; mais il écrivait sur une science qui n'existait pas encore. Les ouvrages de Végèce fourmillent d'erreurs qu'il a empruntées à ses devanciers.

Nous ne reviendrons pas sur Colu-melle, et nous passons sous silence Ca-ton, Varron, et une infinité d'autres qui ne méritent pas d'être tirés du profond oubli dans lequel ils sont plongés. Disons seulement que, depuis la chute de l'empire romain en Occident, on ne trouve pas d'autres auteurs qui méritent quelque attention. Mais, à une époque moins éloignée de nous, on remarque Ruini, Ramazzini et Solleysel, les premiers peut-être qui écrivirent en partie d'après leurs connaissances et leurs propres observations, et non toujours d'après les livres de leurs prédécesseurs. Néanmoins, les ouvrages sortis de la plume de ces auteurs sont loin d'approcher de l'état actuel de la science; ils sont encore remplis d'erreurs, surtout en ce qui concerne l'art de guérir, et dans tout ce qui est positif et matériel, comme les études anatomiques. On trouve cependant de très bonnes choses dans Ruini; son anatomie est loin d'être parfaite, mais c'est un ouvrage remarquable pour le temps où il a été écrit. Solleysel, moins ancien que Ruini, et qui est encore l'oracle de tous ceux qui s'immiscent dans l'art de guérir les animaux, ou pour mieux dire le cheval, ne serait aujourd'hui qu'un bien pauvre vétérinaire ou hippiatre. Cependant il avait beaucoup vu, beaucoup copié les anciens, et ne manquait pas de génie; il fit oublier tous ceux qui l'avaient précédé, et fut copié par tous ses successeurs jusqu'au milieu du siècle dernier. Mais que d'imperfections dans son *Parfait maréchal;* que d'absurdités dans ce livre, sans compter les erreurs manifestes et les pratiques barbares qui sont en si grand nombre! Solleysel ne possédait pas la moindre connaissance en anatomie : il regardait le cerveau comme le chapiteau d'un alambic contre lequel venaient se concentrer toutes les vapeurs subtiles qui s'élevaient des reins, de la rate et du foie, et qui arrivaient au cerveau par la veine cœliaque ; aussi lui doit-on la plupart de ces opérations barbares, toujours inutiles et souvent dangereuses, que l'on voit encore pratiquer par les maréchaux de village. C'est lui qui a imaginé de *barrer la veine* dans les maladies de certains organes, dans l'*ophthalmie périodique*, par exemple, où il faisait barrer la veine angulaire; il a imaginé de dégraisser l'œil par le haut et par le bas : opérations qui ne sont propres qu'à rendre incurables les altérations ou les lésions qui existent déjà. C'est encore lui qui a imaginé de faire *battre les avives*, dans les cas de coliques; qui a recommandé d'employer les échauffants, c'est à dire les excitants et les irritants, dans toutes les maladies du cheval, parce que ces éléments ont, selon lui, beaucoup d'analogie avec le tempérament de cet animal, tandis que l'expérience démontre tous les jours l'absurdité de cette idée. De combien d'obscurité l'empirisme et l'ignorance en anatomie, en physiologie, etc., n'ont-ils pas enveloppé les premiers temps de l'art si important de guérir! Gaspard-Saulnier, la Guérinière et Garsault, qui profitèrent du livre de Solleysel, et qui écrivirent après lui, sont sans doute très estimables comme écuyers, mais ils ne méritent aucune considération quand ils traitent des maladies du cheval; il ne faut, pour s'en convaincre, que lire les ouvrages que ces auteurs et quelques autres hippiatres ont publiés, sous différents titres, sur la médecine du cheval; on verra qu'ils ont presque généralement copié le *Parfait maréchal* de Solleysel, et qu'on ne trouve rien d'important dans leurs ouvrages. Ainsi on peut donc avancer que presque tous ceux qui ont écrit sur l'hippiatrique ou la vétérinaire, jusqu'à Garsault inclusivement, n'ont été que des compilateurs; ils n'ont en rien avancé la science des animaux malades.

Tel était l'état de la vétérinaire, avant la fondation des écoles spéciales d'enseignement de cette science, vers le milieu du siècle dernier, époque où cet enseignement a été érigé en un corps de doctrine, où il est devenu l'objet d'une attention particulière, d'études spéciales suivies; époque à laquelle on a commencé à se livrer à des expériences, à recueillir des observations, à agrandir le cercle des connaissances, à reculer, en un mot, les limites de l'art, qui jusque-là n'existait pas, ou n'existait qu'en idée, et consistait tout au plus en une véritable routine, dont l'exercice avili était abandonné aux gens de la classe la plus basse de la société. Mais à dater de cette époque mémorable, la vétérinaire commence réellement à devenir une science. C'est ainsi qu'à l'aide du temps et de l'observation, on est venu à bout de parer à une foule d'accidents et de dangers dont les animaux sont entourés, qui dérangent leur constitution, altèrent leur organisme dans quelques unes de ses parties, et en accélèrent la ruine.

Cette même époque, rapportée au milieu du dernier siècle, est encore celle où parurent deux hommes supérieurs qui vouèrent leur plume et leurs talents à la conservation et au perfectionnement des animaux utiles. L'un d'eux, Lafosse père, simple maréchal, sentit la nécessité d'étudier pour traiter les chevaux malades avec avantage. Son éducation première avait été manquée, mais son génie y suppléait. Guidé par son amour pour la science, il étudia, il vit souvent les mêmes accidents et les mêmes maladies; l'étude et l'expérience lui acquirent de la réputation et des connaissances positives. Il se fit écouter et imprimer à l'Académie des sciences, devint maréchal des petites-écuries du roi, et laissa quelques traités qui jetèrent un grand jour sur les maladies des chevaux. Il fit aussi étudier son fils, qui devait lui succéder, et lui fit donner l'éducation qu'il pensait la plus propre et la plus nécessaire pour lui faciliter l'étude de l'hippiatrique. Lafosse fils étudia d'abord la chirurgie et la mé-

decine, il s'occupa ensuite de la vétérinaire; il écrivit et fit de bons ouvrages, entre autres son traité d'hippiatrique, dont nous parlerons bientôt.

L'autre homme supérieur de la même époque fut Bourgelat, de glorieuse mémoire; écuyer fameux, homme passionné pour le cheval, il conçut, dans un âge avancé, le hardi projet de créer pour ainsi dire la vétérinaire, spécialement l'hippiatrique, et, secondé par le gouvernement, il fonda des écoles spéciales pour enseigner publiquement cette grande branche de l'art de guérir. Il ne fut pas seulement, comme on l'a dit et répété, le restaurateur de la vétérinaire, il doit encore en être regardé comme le créateur, puisque auparavant elle n'existait pas comme science. Bourgelat et Lafosse fils furent contemporains; si au lieu d'être rivaux ils se fussent rapprochés, la vétérinaire y aurait beaucoup gagné. Malheureusement ils furent ennemis, et la mésintelligence qui les divisa fut une calamité pour l'art, dont elle arrêta le développement. Bourgelat n'a que très peu écrit sur la pathologie; mais il rassembla rapidement en un corps de doctrine les diverses parties de la science qu'il enseignait, sous le nom d'*Eléments de l'art vétérinaire*, divisés en plusieurs cours, à l'instar, à quelques modifications près, de ceux établis dans les écoles de médecine. Dès 1751, il avait publié ses *Eléments d'hippiatrique* ou *Nouveaux principes sur la connaissance et la médecine des chevaux*, en trois gros volumes in-12; il paraît même que c'est ce dernier ouvrage qu'il a en partie consulté et où il a puisé pour composer ensuite ses autres éléments. Sous plus d'un rapport, ces productions sont au dessus de la *Médecine vétérinaire* que Vitet a publiée en trois gros volumes in-8°; ouvrage qui a été autant loué que critiqué, et qui renferme quelques vérités noyées dans une foule d'erreurs; il n'en fut pas moins traduit en plusieurs langues. Lafosse fils, dont la

XVII.   63

réputation a surpassé celle de son père, semble avoir pris à tâche de relever avec trop de chaleur les erreurs peut-être excusables de Vitet, vu le temps où il écrivait, et même celles échappées à Bourgelat. Nous avons vu qu'il s'adonna à des études sérieuses et suivies; il continua le grand ouvrage que son père avait commencé, l'enrichit de ses propres observations, le publia en un volume grand in-folio, sous le titre de *Cours d'hippiatrique*, ou *Traité complet de la médecine des chevaux*, et eut la satisfaction de le voir accueilli comme le plus considérable et le meilleur traité de ceux où l'anatomie ait été décrite et raisonnée par un auteur praticien qui l'avait étudiée sur le cadavre. Cet ouvrage marquant fit et fait encore jouir son auteur, dans toute l'Europe, d'une grande célébrité. Les deux Lafosse ne se contentèrent pas d'observer et d'écrire; ils eurent aussi dans les petites-écuries, et par la protection du grand-écuyer, une école publique de maréchallerie. Bourgelat embrassa davantage; il ne borna plus la vétérinaire, comme Lafosse, à la médecine du cheval, il l'étendit à celle de tous les animaux domestiques, à leur éducation, à leur multiplication, à leur amélioration, et il en fit dès lors une science pour les villes, les armées, les campagnes; une science d'économie publique. Cependant on ne peut se dissimuler que Bourgelat, sans doute dominé par son goût extrême pour le cheval, s'occupa beaucoup plus, et même trop exclusivement, dans ses écoles, de la connaissance de cet animal, de sa structure, des soins qu'on lui doit et du traitement de ses maladies; c'est un reproche qui ne serait plus fondé aujourd'hui, où les mêmes vues d'instruction sont portées sur ce qui concerne les autres bestiaux, et en général sur tous les animaux domestiques, principalement sur ceux employés aux exploitations rurales, soit pour en faire une source de bénéfices en en obtenant des produits, soit pour

en retirer des engrais, etc. Des hommes éclairés s'occupent avec zèle de répandre l'instruction sur ce point, et font considérer la vétérinaire dans toute l'étendue de ses attributions; ils savent que l'éducation de tous les animaux qui nous sont utiles s'étend sur une infinité d'objets, et que l'agriculteur et l'économe ont besoin de recourir au savoir du vétérinaire.

C'est à Lyon que la vétérinaire fut d'abord enseignée, c'est à Lyon que fut instituée la première école vétérinaire. Il n'en existait alors aucune de ce genre en Europe; mais cette école et celle de Paris, ou plutôt d'Alfort, ne furent pas plutôt créées, que les autres états européens adoptèrent cette institution nouvelle, et s'empressèrent d'y envoyer ou des hommes déjà instruits pour étudier les bases sur lesquelles elle était fondée, ou de jeunes sujets destinés à approfondir toutes les branches des sciences qui y étaient enseignées. Nous ne reviendrons pas ici sur les détails historiques dans lesquels nous sommes entrés à l'article ÉCOLES VÉTÉRINAIRES, auquel nous renvoyons le lecteur.

De l'art vétérinaire sous le rapport médical, ou *de la vétérinaire comparée*.—La vétérinaire a plusieurs objets importants; elle embrasse l'étude, la connaissance et la conservation des animaux les plus utiles et les plus nécessaires à l'homme; elle offre les recherches les plus étendues sur le physique de ces animaux, sur le mécanisme de leurs fonctions, sur l'emploi le plus judicieux qu'on en peut faire, sur le parti le plus avantageux à tirer de leurs forces et de leurs produits, sur les maladies auxquelles ils sont exposés, et sur l'art de prévenir celles-ci, ou d'y porter remède lorsqu'elles se sont développées. La vétérinaire tient au système général de la nature; elle est intimement liée à l'économie rurale, à l'agriculture, le premier des arts, et la source féconde des véritables richesses.

Cette science, considérée dans toute

son étendue, se compose de plusieurs branches distinctes. L'une d'elles, la première peut-être, comprend l'HYGIÈNE, ou tout ce qui concerne l'animal en santé (*voy.* cet article). Une autre renferme la connaissance physique ou matérielle des parties du corps des animaux, considéré sous le rapport de ses organes; c'est l'*anatomie.* Une autre encore est destinée à faire connaître la nature et le mécanisme des fonctions dont chaque organe ou chaque appareil d'organes est chargé; c'est la *physiologie.* Une quatrième considère l'animal à l'état de maladie, elle a pour objet l'étude des maladies en général et en particulier; c'est la *pathologie,* à laquelle on doit rattacher la *nosographie,* la *séméiotique,* etc. La cinquième enfin a rapport au traitement préservatif et curatif des maladies : c'est la *thérapeutique.* La *matière médicale,* les *opérations chirurgicales,* etc., n'en sont qu'une dépendance. La *vétérinaire légale* ou *judiciaire,* ou la *jurisprudence vétérinaire,* n'est qu'une application des différentes branches de la vétérinaire à la législation. La *chimie,* la *physique,* l'*histoire naturelle* proprement dite, l'*économie rurale,* etc., ne font pas partie intégrante de la médecine des animaux; néanmoins leur étude, comme sciences accessoires, ne peut qu'être avantageuse au vétérinaire qui veut exercer son art avec distinction; il est nécessaire toutefois que le vétérinaire, même le plus ordinaire, connaisse les plantes qui servent le plus habituellement, les médicaments qu'il doit employer, au moins le plus journellement, etc. Pour être cultivée avec succès, la vétérinaire exige une étude approfondie des animaux considérés sous tous les rapports; elle exige même de plus une connaissance assez étendue des sciences physiques et naturelles qui s'y rattachent; il faut être assez instruit pour savoir saisir la liaison intime de la physiologie de l'animal en santé avec la physiologie de l'animal malade; ne pas se borner à l'étude des symptômes; s'attacher à la recherche de l'organe souffrant et à la nature de sa souffrance; apprécier l'influence du régime, des fatigues, des travaux, et de toutes les circonstances qui concourent au développement et aux complications des maladies. Celui qui ne connaît pas toute la science des animaux et des agents qui les modifient sait trop peu pour être en état de leur conserver la santé, de guérir, ou du moins de pallier leurs maladies; il ne saurait assez bien connaître les règles d'après lesquelles on doit procéder pour arriver à ce résultat.

Bourgelat, dont le génie sut dissiper les épaisses ténèbres étendues jusqu'à son époque sur presque toutes les parties de la vétérinaire, sentit et apprécia les nombreux rapports qui existent entre l'organisation de l'homme et celle des grands quadrupèdes domestiques; il ne doutait pas de l'analogie de leurs maladies, et c'est sur cette base qu'il indiqua la marche à suivre. Il ne dissimulait pas ce que la médecine des animaux doit à la médecine de l'homme, il reconnaissait de même que les différences qui existent entre l'homme et les animaux en établissent dans les moyens à prendre et dans les routes à suivre; mais il admettait qu'on ne procédait jamais que d'après les mêmes principes. La route était tracée, on aurait peut-être bien fait de ne pas s'en écarter; mais l'on voulut mieux faire, et l'on fit peut-être moins bien. On se laissa égarer par quelques légères différences dans l'organisation, par quelques erreurs dans l'application des maladies de l'homme à celles des brutes, et peu s'en est fallu qu'on ne ravalât la vétérinaire au point où elle était chez les anciens. C'est ainsi qu'en voulant éviter un écueil, on tomba dans un autre encore plus dangereux. On est rentré dans le sens qu'on n'aurait pas dû abandonner, et nous croyons qu'on a bien fait, surtout si l'on ne se montre pas trop exclusif, et si l'on tient compte de quelques différences qui existent réellement.

De l'art vétérinaire sous le rapport de celui qui l'exerce, ou *du vétérinaire*.—Dans le nombre des vétérinaires, il en est beaucoup de très instruits, qui honorent leur profession et méritent l'estime et la confiance générales ; il en est d'autres qui ne savent pas assez, qui n'ont pas pu apprendre plus, soit que les connaissances premières leur aient manqué, soient qu'ils n'aient pas le goût de leur état ou les dispositions nécessaires pour s'y vouer ; il en est enfin, et heureusement ils sont en bien petit nombre, qui avilissent leur art en se dégradant eux-mêmes. Le vétérinaire doit éviter la routine qui fait abnégation de tous les principes, et ôte tout l'avantage du tact et du génie médical ; cette routine renferme l'artiste dans le cercle étroit de certaines actions, décèle souvent l'ignorance et l'opiniâtreté, rend inhabile aux pénibles efforts, aux méditations profondes, rend l'esprit paresseux et borné, et repousse tout ce qui a l'apparence du travail, des opérations de l'intelligence. L'observation est muette pour le vétérinaire routinier, la lumière ne peut arriver jusqu'à lui, et, en répétant toujours les mêmes actes, il vogue au hasard et sans guide sur un vaste océan couvert d'écueils. La présomption est un autre défaut contre lequel le vétérinaire doit se prémunir ; il ne faut cependant pas non plus avoir cette timidité qui paralyse les talents, le savoir et les connaissances.

L'élève, en sortant de l'école, porte dans sa résidence une riche provision de théorie, peu de pratique sur les animaux malades, et pas assez d'instruction sur la ferrure ; il est même quelques vétérinaires qui dédaignent la forge, qui semblent craindre de se ravaler en s'abaissant jusqu'aux travaux qui la concernent ; c'est une grande erreur de leur part : l'art de la ferrure est lié intimement à la chirurgie vétérinaire. Un homme étranger à l'anatomie et à la physiologie ne pourra jamais reconnaître la nature des diverses altérations du pied, encore moins y remédier convenablement ; il ne saura jamais, dans le cas d'une opération chirurgicale, préparer le pied, lui forger et lui appliquer un fer convenable.

Nous allons toucher une corde bien délicate, celle du salaire du vétérinaire. Le vétérinaire n'est jamais choisi dans la classe opulente de la société ; il n'a que son état pour subsister ; la majeure partie de son avoir, si ce n'est tout, et même celui de ses parents, passe d'abord en instruction préparatoire, en frais de pension et d'entretien à l'école, en achat de livres et d'instruments, en dépense pour l'établissement qu'il prend ; plus qu'un autre il a droit à une juste rétribution pour les sacrifices qu'il a faits et les services qu'il rend. Mais il ne faut pas pour cela qu'il s'en exagère l'importance, sous peine de se nuire à lui-même ; il doit même se montrer d'un désintéressement raisonnable envers les pauvres, et ne jamais exiger plus qu'il ne doit de ceux qui ont le moyen : autrement il les indispose, les prévient en sa défaveur, se perd dans leur estime, fait crier contre lui, et finit par n'être pas assez employé. Qu'il se garde bien, sur toutes choses, de ce trafic honteux qui malheureusement a lieu entre quelques vétérinaires indignes de ce nom et certains apothicaires ; l'homme de l'art qui se respecte, qui honore sa profession en l'exerçant honorablement, sait éviter jusqu'au moindre soupçon d'un négoce de cette espèce ; il délivre ses ordonnances au propriétaire des animaux malades, et le laisse maître de s'adresser, sans influence, à tel pharmacien qu'il juge à propos ; c'est ainsi que l'artiste se met au dessus de la calomnie et des menées artificieuses qu'on se tourmente quelquefois à diriger contre lui. Beaucoup de vétérinaires établis aiment à contracter des abonnements particuliers à tant par an, soit par tête de bétail, soit par attelage; c'est une bonne méthode que nous approuvons fort; outre qu'elle assure un sort honnête à un homme qui se dévoue aux charges, aux fatigues, et quelquefois aux dégoûts d'une profession qui passe pour obscure, elle a l'avantage de faire disparaître une misérable vénalité de tous les instants, et de permettre de rapprocher les visites sans éveiller le soupçon d'une avidité déshonorante.

VEULE. (*Vocab. forest. Jardin.*) Vieux mot synonyme de FAIBLE, ÉTIOLÉ, RACHITIQUE.

VIANDE. (*Voy.* CHAIR MUSCULAIRE.)

VICES RÉDHIBITOIRES. (*Jurisprudence vétérinaire commerciale.*) On désigne ainsi certaines maladies ou certains défauts que, dans les cas de vente ou d'échange d'animaux domestiques, le vendeur est tenu de garantir, et qui donnent à l'acheteur le droit de réclamer l'annulation du marché ou la *rédhibition.*

Les motifs de cette garantie due par le vendeur à l'acheteur se trouvent dans la différence de condition des parties contractantes. Le vendeur a presque toujours possédé l'animal quelque temps avant de s'en défaire. Il doit mieux en connaître les défauts que l'acquéreur, qui, quelquefois, ne l'a vu qu'un instant, sur un champ de foire ou sur un marché, et qui, souvent, ne l'a pas essayé. En outre, plusieurs vices rédhibitoires sont intermittents et ne sont reconnaissables que dans certaines circonstances; plusieurs autres restent cachés aux yeux des personnes qui n'ont pas fait de la médecine vétérinaire l'objet d'études spéciales. Si l'acquéreur peut être trompé par un vendeur de bonne foi, qui, trompé lui-même le premier, ignorait les vices de l'animal qu'il a vendu, à plus forte raison peut-il l'être par un vendeur de mauvaise foi, qui sait mettre en usage tous les moyens propres à cacher les défauts de l'animal qu'il vend.

Nous croyons devoir faire précéder ce que nous avons à dire sur les vices ré-
dhibitoires de quelques considérations sur la vente en général et sur les diverses espèces de ventes, sur l'échange et sur les obligations du vendeur et de l'acheteur.

§ Ier. DE LA VENTE ET DE L'ÉCHANGE EN GÉNÉRAL.

La *vente* est une convention par laquelle l'un s'oblige à livrer un ou plusieurs animaux, et l'autre à en payer le prix. (Code civ., art. 1582.)

Le caractère de la *vente* est le paiement de l'animal ou des animaux. Si le paiement se fait en objets, c'est à dire si les parties se donnent respectivement un ou plusieurs animaux pour un ou plusieurs autres, c'est un *échange*. (Code civ., art. 1712.)

L'échange s'opère par le seul consentement, de la même manière que la vente. (Code civ., art. 1704.)

La vente et l'échange des animaux peuvent être faits par acte authentique, ou sous seing privé; mais le plus ordinairement ils ont lieu sur parole ou verbalement. Alors, la preuve testimoniale est souvent nécessaire.

Art. 1er. *De la simple promesse de vendre.*

La promesse de vendre vaut vente, lorsqu'il y a consentement réciproque des deux parties sur les animaux et sur le prix. (Code civ., art. 1589.)

Art. 2. *De la promesse de vendre, avec arrhes.*

Si la promesse de vendre a été faite avec des arrhes, chacun des contractants est maître de s'en départir; celui qui les a données, en les perdant, et celui qui les a reçues en restituant le double. (Code civ., art. 1590.)

Les arrhes qui accompagnent la promesse de vendre font donc présumer entre les parties une convention secondaire, par laquelle elles se réservent respectivement la faculté de rompre le marché; elles lient donc moins les parties que la simple promesse de vente. C'est donc une erreur commune à quelques acheteurs de croire le contraire, et de ne considérer la vente parfaite qu'autant que le prix en a été payé.

Il est néanmoins de règle que les parties ne peuvent se départir que tant que les animaux n'ont pas été déplacés, qu'ils sont restés sur le lieu de la vente, sur la foire, sur le marché ou au domicile du vendeur. S'il y a eu livraison, la vente est parfaite.

Art. 3. *De la vente parfaite.*

La vente est parfaite entre les parties, et la propriété des animaux est acquise de droit à l'acheteur, à l'égard du vendeur, dès que l'un et l'autre sont convenus des animaux et du prix, quoique ces animaux n'aient pas encore été livrés ni le prix payé. (Cod. civ., art. 1583.)

Lorsque les animaux ne sont pas vendus en bloc, mais au compte, la vente n'est pas parfaite, en ce sens que les animaux vendus sont aux risques du vendeur jusqu'à ce qu'ils soient comptés. Mais l'acheteur peut en demander ou la délivrance ou des dommages-intérêts, s'il y a lieu, en cas d'inexécution de l'engagement (Code civ., art. 1585). Ces dispositions s'appliquent à la vente d'un troupeau.

Le prix de la vente doit être déterminé par le vendeur et l'acheteur (Code civ., art. 1591). Cependant les parties peuvent convenir entre elles qu'il sera laissé à l'arbitrage d'un tiers. Si ce tiers ne veut ou ne peut faire l'estimation, il n'y a pas de vente. (Art. 1692.)

Art. 4. *De la vente à condition.*

La vente peut être faite purement et simplement, ou sous condition, soit suspensive, soit résolutoire. (Code civ., art. 1584.)

La vente faite à l'*essai* est toujours présumée faite sous une condition suspensive (Code civ., art. 1588). Ainsi, lorsqu'un cheval a été vendu avec condition de l'essayer, l'acheteur est libre

de ne pas en prendre livraison ou de le rendre, si, après l'essai, l'animal ne lui convient pas.

L'acquéreur qui prend un cheval à l'essai, pour un temps déterminé, ne doit pas laisser passer le terme de la condition ; car, par l'inexécution de la convention, il s'est constitué propriétaire de l'animal. La vente est parfaite, il a perdu le droit de le rendre, si ce n'est pour cause de vices rédhibitoires.

Art. 5. *Des animaux qui ne peuvent être vendus.*

Tout ce qui est dans le commerce, dit l'art. 1598 du Code civil, peut être vendu, lorsque des lois particulières n'en ont pas prohibé l'aliénation.

Pour ce qui a rapport au commerce des animaux domestiques, l'art. 7 de l'arrêt du conseil d'état du roi, du 16 juillet 1784, fait *défense de vendre ou d'exposer en vente, dans les foires ou marchés, ou partout ailleurs, des chevaux ou bestiaux atteints ou suspectés de morve ou autres maladies réputées contagieuses.*

Art. 6. *Des obligations de l'acheteur.*

La principale obligation de l'acheteur est de payer le prix de l'animal dont il a fait acquisition, au jour et au lieu réglés par la vente.(Code civ., art. 1650.)

S'il n'a rien été réglé à cet égard lors de la vente, l'acheteur doit payer au lieu et dans le temps où doit se faire la délivrance. (Art. 1651.)

Si l'acheteur ne paie pas le prix, le vendeur peut demander la résolution de la vente. (Art. 1654.)

Art. 7. *Des obligations du vendeur.*

Le vendeur est tenu d'expliquer clairement ce à quoi il s'oblige; tout pacte obscur ou ambigu s'interprète contre lui. (Code civ., art. 1602.)

Il est une précaution que l'acheteur doit prendre relativement aux expressions dont se servent quelques marchands de chevaux ou de bestiaux qui garantissent verbalement leurs animaux *sains* et *nets*, ou *francs* et *liquides*. L'acheteur peu habitué pourrait croire que le vendeur garantit ainsi les animaux exempts de tout défaut caché ou apparent. Il faut qu'il sache que ces mots, passés en usage dans ce genre de commerce, ne signifient pas autre chose, sinon que le marchand garantit l'animal exempt des vices rédhibitoires reconnus par la loi. Cette garantie, quand elle est verbale, est tout à fait inutile, et elle donne à l'acheteur une fausse sécurité. Lorsqu'elle est écrite, elle pourrait être assimilée à un pacte obscur et ambigu; elle devrait s'interpréter contre le vendeur et l'assujettir non seulement à la garantie des vices rédhibitoires admise par la loi, mais encore à celle des autres vices cachés que l'acheteur n'aurait pas aperçus et que la loi n'a pas supposés assez graves pour donner lieu à la rédhibition.

Le vendeur a, en outre, deux obligations principales, celle de délivrer et celle de garantir les animaux qu'il vend. (Code civ., art. 1603.)

Art. 8. *De la délivrance des animaux vendus.*

La délivrance est le transport de l'animal vendu en la puissance ou la possession de l'acheteur (Code civ., art. 1604). Les frais de la délivrance sont à la charge de l'acheteur, s'il n'y a eu stipulation contraire (art. 1608). Elle doit se faire au lieu où était, au temps de la vente, l'animal qui en a fait l'objet, s'il n'en a été autrement convenu. (Art. 1609.)

Si le vendeur manque à faire la délivrance dans le temps convenu entre les parties, l'acquéreur pourra, à son choix, demander la résolution de la vente, ou sa mise en possession, si ce retard ne vient pas du fait du vendeur (art. 1610). Dans tous les cas, le vendeur doit être condamné aux dommages et intérêts, s'il en résulte un préjudice, pour l'acqué-

reur, du défaut de délivrance au terme convenu. (Art. 1611.)

Le vendeur n'est pas tenu de délivrer l'animal si l'acheteur n'en paie pas le prix, et que le vendeur ne lui ait pas accordé un délai pour le paiement (art. 1612). Il ne sera pas non plus obligé à la délivrance, quand même il aurait accordé un délai pour le paiement, si depuis la vente l'acheteur est tombé en faillite ou en état de déconfiture, en sorte que le vendeur se trouve en danger imminent de perdre le prix; à moins que l'acheteur ne lui donne caution de payer au terme convenu. (Art. 1613.)

L'animal doit être délivré en l'état où il se trouve au moment de la vente (art. 1614). Depuis ce jour, le poulain d'une jument vendue pleine appartient à l'acquéreur. Il en est de même des veaux et des agneaux provenant des mères vendues pleines (esprit de l'article 1614). Si un cheval a été vendu tout harnaché, il doit être livré avec son harnais, à moins qu'il n'y ait eu stipulation contraire au moment de la vente. (Esprit de l'art. 1615.)

§ II. DE LA GARANTIE EN GÉNÉRAL.

La garantie que le vendeur doit à l'acquéreur a deux objets : le premier est la possession paisible de l'animal vendu (c'est la garantie en cas d'éviction); le second, certains défauts cachés de cet animal ou les vices rédhibitoires. (Esprit de l'art. 1625.)

Art. 1er. *De la garantie en cas d'éviction.*

La garantie des animaux, en cas d'éviction, ne porte que sur ceux qui ont été perdus ou volés.

En fait de meuble la possession vaut titre. Néanmoins un animal volé ou perdu peut être revendiqué pendant trois ans contre celui dans les mains duquel il se trouve, sauf à celui-ci son recours contre celui duquel il le tient (Code civil, art. 2279). Il est donc prudent de ne point acheter un animal à des personnes inconnues.

Lorsqu'il est constaté que l'animal a été acheté dans une foire, ou dans un marché, ou dans une vente publique, ou d'un marchand de bestiaux, le propriétaire originel ne peut se le faire rendre qu'en remboursant au possesseur le prix qu'il a coûté. (Art. 2280.)

Art. 2. *De la garantie des vices rédhibitoires.*

Les vices rédhibitoires des animaux domestiques n'étaient pas fixés par des lois écrites, chez nos ancêtres. Ils pouvaient être déterminés par la mémoire et ils se conservaient par tradition. Les juges prononçaient d'après le témoignage de personnes choisies, qui déclaraient quel était l'usage. Plus tard, ils furent consignés, pour plusieurs pays, dans les coutumes écrites qui furent rédigées dans quelques provinces; et ils restèrent invariablement ceux que l'usage ou la coutume avaient fixés pour chaque localité. Seulement, de temps à autre, pendant le dernier siècle, quelques nouvelles maladies ou quelques nouveaux défauts furent admis, par divers parlements, au nombre des vices rédhibitoires, et ajoutés à l'usage ou à la coutume des pays qui étaient de leur ressort.

Sous la jurisprudence des usages et des coutumes, la garantie variait dans les différentes provinces dont la France se composait autrefois, non seulement sous le rapport de la nature des vices rédhibitoires, mais encore sous celui du délai accordé pour intenter la rédhibition. A l'exception de quelques maladies qui étaient reconnues rédhibitoires dans toutes les provinces, la plus grande diversité régnait dans les autres. Un vice donnant lieu à la garantie dans une province n'était pas considéré comme tel dans une province limitrophe. Ainsi, le cornage et la courbature, donnant lieu à l'action rédhibitoire dans l'Artois, n'étaient pas rédhibitoires dans le Cam-

brésis. Le farcin, entraînant la rédhibition dans la Bretagne, ne donnait pas lieu à la résiliation du marché dans la Normandie. Et de leur côté, les coutumes de Normandie faisaient mention de quelques maladies du cheval et du mouton qui n'étaient pas admises dans la Bretagne.

La même variation se rencontrait à l'égard de la durée de la garantie, qui était dans un lieu bien plus longue, double, même triple de ce qu'elle était dans un autre. Ainsi, l'acheteur avait, dans les ventes de chevaux, trente jours pour intenter l'action rédhibitoire en Normandie, quarante jours dans la Franche-Comté, quinze jours en Bretagne, neuf jours dans l'Ile-de-France (Paris), et huit seulement dans la Bourgogne.

Depuis la promulgation du Code civil, les vétérinaires, et notamment M. Huzard fils, prirent à tâche de prouver 1° que ce Code avait apporté une modification à la jurisprudence des vices rédhibitoires des animaux; 2° que l'article 1641 [1] du même Code était clair et juste, et qu'il garantissait parfaitement les droits des acheteurs; 3° que l'article 1648 [2] n'avait égard qu'à la durée de la garantie; qu'il ne s'opposait pas à l'application de l'article 1641 et qu'il ne conservait nullement la législation des usages ou des coutumes, dont l'abolition était prononcée par l'article 7 de la loi du 30 ventose an XII [3]. Ces prin-

---

[1] Code civil , art. 1641. « Le vendeur est tenu de la garantie à raison des défauts cachés de la chose vendue qui la rendent impropre à l'usage auquel on la destine, ou qui diminuent tellement cet usage, que l'acheteur ne l'aurait pas acquise, ou n'en aurait donné qu'un moindre prix, s'il les avait connus. »

[2] Art. 1648. « L'action résultant des vices rédhibitoires doit être intentée par l'acquéreur, dans un bref délai, suivant la nature des vices rédhibitoires et l'usage du lieu où la vente a été faite. »

[3] Loi sur la réunion des lois civiles en un seul corps, sous le titre de Code civil, décrétée le 30 ventose an XII, et promulguée le 10 germinal suivant.
Art. 7. « A compter du jour où ces lois sont exécutoires, les lois romaines, les ordonnances,

cipes furent adoptés, pendant quelque temps, par quelques tribunaux, notamment ceux de Paris, de Lyon et de Versailles; mais la plupart des autres prétendirent que la législation des usages avait encore force de loi relativement aux vices considérés en eux-mêmes, et persistèrent à ne considérer comme vices rédhibitoires que ceux regardés comme tels par les anciens usages. Plusieurs avocats ont appuyé de leurs écrits cette vicieuse jurisprudence qui apportait tant d'entraves au commerce en lésant, dans beaucoup de circonstances, ou le cultivateur qui élevait les animaux, ou le marchand qui les achetait pour les revendre, ou enfin la personne qui en faisait acquisition pour son usage.

Pour mettre un terme à toutes les contradictions auxquelles a donné lieu la législation des vices rédhibitoires, il devenait nécessaire qu'une loi spéciale sur la matière déterminât bien clairement les vices qui doivent être rédhibitoires dans toute la France, et la durée de la garantie qui convient à chacun d'eux.

Art. 3. *Des vices rédhibitoires d'après la nouvelle loi.*

La loi promulguée le 26 mai 1838 établit une législation uniforme pour les vices rédhibitoires. Elle consacre l'esprit de l'article 1641 du Code civil; mais elle énumère invariablement les vices qui doivent donner lieu à la rédhibition. Elle fait application du premier paragraphe de l'article 1648 du Code civil, en fixant les délais de la garantie et en leur donnant pour mesure la nature même de ces vices, mais en n'admettant pas la distinction des lieux où la vente a été faite. L'expert vétérinaire n'est plus appelé à constater l'existence des vices allégués et à décider si les tribunaux doivent les consi-

dérer comme rédhibitoires. Sa mission se borne à la simple constatation d'un fait. L'appréciation de la question de droit appartient aux juges. Le principe général posé par l'article 1647 du Code civil[1] a été restreint. L'action en garantie, dans le cas où l'animal viendrait à périr dans le délai légal, n'est autorisée que si la mort est occasionnée par l'un des vices réputés rédhibitoires. Enfin les dispositions de l'article 1644[2] ont été considérées comme non applicables aux ventes et aux échanges des animaux domestiques. Cette loi n'est rédigée ni contre les vendeurs, ni contre les acheteurs, ni contre les marchands, ni contre les éleveurs; elle est dans l'intérêt général de la société.

Loi concernant les vices rédhibitoires dans les ventes et échanges d'animaux domestiques; décrétée le 20 mai 1838 et promulguée le 26 du même mois.

Art. 1. Sont réputés *vices rédhibitoires*, et donneront seuls ouverture à l'action résultant de l'art. 1641 du Code civil, dans les ventes et échanges des animaux domestiques ci-dessous dénommés, sans distinction des localités où les ventes ou échanges auront eu lieu, les maladies ou défauts ci-après, savoir:

Pour le cheval, l'âne et le mulet.

La fluxion périodique des yeux.
L'épilepsie ou mal caduc.
La morve.
Le farcin.
Les maladies anciennes de poitrine, ou vieilles courbatures.
L'immobilité.
La pousse.
Le cornage chronique.
Le tic sans usure des dents.
Les hernies inguinales intermittentes.

[1] Code civil, art. 1647. « Si la chose qui avait des vices a péri par suite de sa mauvaise qualité, la perte en est pour le vendeur, qui sera tenu envers l'acheteur à la restitution du prix et aux autres dédommagements expliqués dans les articles 1645 et 1646. » (*Voyez* l'article des dommages et intérêts dus à l'acheteur.)
[2] Art. 1644. « Dans le cas des articles 1641 et 1643, l'acheteur a le choix de rendre la chose et de se faire restituer le prix, ou de garder la chose et de se faire rendre une partie du prix, tel qu'elle sera arbitrée par experts. »

les coutumes générales et locales, les statuts, les réglements, cessent d'avoir force de loi générale et particulière dans les matières qui sont l'objet des lois composant le présent Code. »

XVII.   64

La boiterie intermittente, pour cause de vieux mal.

Pour l'espèce bovine.

La phthisie pulmonaire ou pommelière.
L'épilepsie ou mal caduc.
Les suites de la délivrance } après le part chez
Le renversement du va- } le vendeur.
gin ou de l'utérus }

Pour l'espèce ovine.

La clavelée : cette maladie, reconnue sur un seul animal, entraînera la rédhibition de tout le troupeau. La rédhibition n'aura lieu que si le troupeau porte la marque du vendeur.

Le sang de rate : cette maladie n'entraînera la rédhibition du troupeau qu'autant que, dans le délai de la garantie, la perte constatée s'élèvera au quinzième au moins des animaux achetés. Dans ce dernier cas, la rédhibition n'aura lieu également que si le troupeau porte la marque du vendeur.

Art. 2. L'action en réduction du prix, autorisée par l'article 1644 du Code civil, ne pourra être exercée dans les ventes et échanges d'animaux énoncés dans l'article 1er ci-dessus.

Art. 3. Le délai pour intenter l'action rédhibitoire sera, non compris le jour fixé pour la livraison, de 30 jours pour le cas de fluxion périodique des yeux et d'épilepsie ou mal caduc ; de 9 jours pour tous les autres cas.

Art. 4. Si la livraison de l'animal a été effectuée, ou s'il a été conduit, dans les délais ci-dessus, hors du lieu du domicile du vendeur, les délais seront augmentés d'un jour par cinq myriamètres de distance du domicile du vendeur au lieu où l'animal se trouve.

Art. 5. Dans tous les cas, l'acheteur, à peine d'être non recevable, sera tenu de provoquer, dans le délai de l'article 3, la nomination d'experts chargés de dresser procès-verbal : la requête sera présentée au juge de paix du lieu où se trouvera l'animal.

Ce juge nommera immédiatement, suivant l'exigence des cas, un ou trois experts, qui devront opérer dans le plus bref délai.

Art. 6. La demande sera dispensée du préliminaire de conciliation, et l'affaire instruite et jugée comme matière sommaire.

Art. 7. Si, pendant la durée des délais fixés par l'article 3, l'animal vient à périr, le vendeur ne sera pas tenu de la garantie, à moins que l'acheteur ne prouve que la perte provient de l'une des maladies spécifiées dans l'article 1er.

Art. 8. Le vendeur sera dispensé de la garantie résultant de la morve et du farcin, pour le cheval, l'âne et le mulet, et de la clavelée pour l'espèce ovine, s'il prouve que l'animal, depuis la livraison, a été mis en contact avec des animaux atteints de ces maladies.

Art. 4. De la garantie conventionnelle.

La garantie conventionnelle résulte de la stipulation ou de la convention, soit qu'elle restreigne la garantie accordée par la loi, soit qu'elle lui donne plus d'extension. Elle s'étend à tous les engagements pris par le vendeur, et desquels il est indispensablement tenu. Elle est l'expression de la bonne foi et est très favorable au commerce des animaux ; mais pour la sûreté de son exécution, elle doit être écrite. La preuve testimoniale n'est pas admise quand le prix de la vente excède la somme de 150 fr. (Code civil, art. 1341.)

Le vendeur peut convenir qu'il vend l'animal sans garantie de tel ou tel vice, et même sans aucune garantie ; comme l'acheteur peut prendre l'animal à ses risques et périls. (Code civil, art. 1643.) Mais la garantie conventionnelle ne peut s'appliquer aux animaux atteints de maladies réputées contagieuses [1].

L'acheteur peut demander et le vendeur peut accorder une garantie pour un ou plusieurs défauts cachés non compris par la loi au nombre des vices rédhibitoires, et même pour des défauts apparents.

Il peut aussi être convenu entre les parties que le délai légal de la garantie sera prolongé ou restreint pour tous les vices ou pour quelques uns d'entre eux.

La convention doit être signée par l'acheteur et donnée au vendeur, quand

[1] Cette disposition paraît résulter de l'esprit de l'arrêt du conseil d'état du roi, pour prévenir les dangers des maladies des animaux, et particulièrement de la morve, du 16 juillet 1784, portant : Art. 7. « Fait Sa Majesté défenses, sous les mêmes peines (500 livres d'amende), à tous marchands de chevaux et autres, de détourner, sous quelque prétexte que ce soit, vendre ou exposer en vente, dans les foires et marchés et partout ailleurs, des chevaux et bestiaux atteints ou suspectés de morve ou de maladies contagieuses, et aux hôteliers, cabaretiers, laboureurs et autres, de recevoir dans leurs écuries ou étables ordinaires aucuns chevaux ou animaux soupçonnés de semblables maladies, auquel cas ils seront tenus d'en faire aussitôt la déclaration ci-dessus prescrite. »

il s'agit d'annuler la garantie légale ou de restreindre le nombre des vices rédhibitoires ou la durée de la garantie. C'est le contraire lorsque le vendeur étend la garantie de droit ou qu'il en prolonge le délai légal.

La garantie conventionnelle n'exclut pas la garantie de droit, s'il n'y a stipulation contraire. De là l'importance de bien spécifier les vices qu'on entend ou non garantir, et le délai convenu. Sinon ils seraient réglés par la garantie légale.

On considère assez souvent comme une espèce de garantie conventionnelle tacite les marchés dits *de confiance*, dans lesquels l'acheteur n'a pas vu l'objet du marché et où il s'en est rapporté à la bonne foi du vendeur pour lui procurer un animal capable de remplir un but déterminé. Il faut se livrer le moins possible à ces sortes de marchés, pour lesquels l'acheteur peut être taxé de négligence ou de paresse.

Art. 5. *Cas dans lesquels la garantie n'a pas lieu.*

La garantie de droit n'a pas besoin d'être stipulée; elle résulte de la force de la loi. Néanmoins elle n'a pas lieu dans les ventes faites par autorité de justice. (Code civil, art. 1649.)

Dans les ventes volontaires aux enchères, comme aussi dans celles faites par des autorités civiles et militaires, des animaux provenant des réformes des régiments et des haras, la garantie légale aurait son cours si le commissaire-priseur n'avait fait connaître en public que la vente doit avoir lieu sans garantie.

Dans tous les cas les maladies rédhibitoires réputées contagieuses ne peuvent être exceptées de la garantie, ni par convention dans les ventes volontaires aux enchères, ni même dans les ventes par autorité de justice (art. 7 de l'arrêt du conseil d'état du roi du 16 juillet 1784). Il est donc du devoir du commissaire-priseur chargé de ces ventes de s'assurer si les animaux, au moment de la vente, ne sont point affectés de maladies contagieuses, et s'ils peuvent être vendus.

L'usage à Paris est de ne pas admettre la demande en résiliation pour les animaux dont la valeur est au dessous de 50 fr., parce qu'alors ils sont censés avoir été vendus pour l'écarrissage.

Art. 6. *De la garantie, selon que les animaux sont vendus collectivement ou individuellement.*

Si plusieurs chevaux ou plusieurs bœufs sont vendus individuellement, mais pour un prix collectif, sans qu'il y ait eu de prix particulier fixé pour chacun, et que l'un soit attaqué de vices rédhibitoires, la nullité du marché a lieu pour tous.

Si plusieurs chevaux ou plusieurs bœufs sont vendus ensemble, mais d'après un prix particulier pour chacun, et que l'un d'eux soit affecté d'un vice rédhibitoire, la nullité du marché n'a lieu que pour celui qui est affecté du vice.

Indépendamment de l'estimation collective ou individuelle, les animaux peuvent être considérés comme indivisibles quand leur réunion augmente leur valeur intrinsèque : tels sont des chevaux d'attelage appareillés, une paire de bœufs de travail. Dans ce cas, s'il existe un vice rédhibitoire, la rédhibition d'un animal entraîne celle de l'autre, qui séparé n'aurait plus le même prix.

La garantie a lieu non seulement à l'égard des animaux qui font le principal objet de la vente, mais aussi à l'égard de ceux qui sont considérés comme accessoires, pourvu qu'ils y soient spécialement compris, et non sous une universalité ; car, ainsi que le veut l'article premier de la loi du 26 mai 1838, dans le cas où la maladie n'est pas contagieuse, pour le sang de rate par exemple, il faut qu'il y ait un certain nombre d'animaux du troupeau affectés du vice rédhibitoire pour que l'annulation du

VIC

marché ait lieu. (*Voy.* ci-après le § *Vices rédhibitoires de l'espèce ovine.*)

Art. 7. *Des dommages et intérêts.*

Les articles 1645 et 1646 du Code civil [1] établissent une distinction relativement aux dommages et intérêts, suivant que le vendeur connaissait ou ignorait les vices rédhibitoires de la chose vendue.

Il est bon d'observer que suivant les jurisconsultes, dans le commerce des animaux, le vendeur est toujours censé connaître les vices des animaux qu'il vend, et qu'il ne peut s'excuser sur son ignorance ou sur le peu de temps pendant lequel il les a eus en sa possession, parce que dans le premier cas il pouvait avant la vente les faire visiter par un vétérinaire, et que, dans le second, il conserve ordinairement son recours contre son premier vendeur.

Un cheval affecté de l'*épilepsie* peut, en tombant, blesser son cavalier, son conducteur, ou toute autre personne. Un cheval *immobile* peut, en s'emportant, briser une voiture ; un animal affecté de maladie contagieuse peut la communiquer à d'autres. Ce sont autant de cas où il y a lieu à des dommages et intérêts.

Art. 8. *Précautions que doit avoir l'acheteur pendant le délai de la garantie.*

L'acquéreur, pour conserver le droit de la résiliation du marché, dans le cas où, dans le délai de la garantie, quelque vice rédhibitoire deviendrait apparent sur l'animal acheté, ne doit faire subir à celui-ci aucune mutilation susceptible d'annuler ou de mettre entrave à la rédhibition.

[1] Art. 1645. « Si le vendeur connaissait les vices de la chose, 1 est tenu, outre la restitution du prix qu'il en a reçu, à tous les dommages et intérêts envers l'acheteur.»

Art. 1646. « Si le vendeur ignorait les vices de la chose, il ne sera tenu qu'à la restitution du prix et à rembourser à l'acquéreur les frais occasionnés par la vente. »

On admet que, par l'amputation de la queue ou des oreilles d'un cheval, l'acheteur a fait un acte de propriété qui annule le recours en garantie. Suivant la jurisprudence du tribunal de commerce de Paris, si l'acheteur n'a que raccourci un peu les crins de la queue, il doit une indemnité. Il ne doit rien s'il a seulement fait les crins, suivant cet adage : *Ce qui améliore ne vicie pas.*

L'animal doit être rendu dans l'état où il était lors de la livraison. En cas de dépréciation, l'acquéreur doit en tenir compte au vendeur, à moins qu'elle ne soit arrivée par suite de vice rédhibitoire. Pour éviter de nouveaux frais, l'indemnité peut être réglée à l'amiable entre les parties ou par l'expert nommé par le tribunal. Les parties peuvent aussi convenir que l'acquéreur gardera l'animal jusqu'à ce qu'il soit remis, à ses frais, dans l'état où il l'a reçu.

L'acheteur doit en outre voir et essayer suffisamment l'animal dont il a fait acquisition, pour s'assurer de son état et reconnaître s'il ne serait pas affecté de l'un des vices réputés rédhibitoires.

§ III. DESCRIPTION SUCCINCTE DES VICES RHÉDIBITOIRES.

Les maladies ou défauts qui peuvent donner naissance à la rédhibition demandent quelquefois, pour être reconnus, des connaissances de médecine vétérinaire que ne possèdent pas les personnes qui achètent des animaux pour leur service ou pour les revendre. Si des notions superficielles suffisaient, dans ce cas, l'utilité de la loi serait détruite ; car ces vices ne devraient plus être considérés comme cachés aux yeux des acheteurs. En donnant ici une description succincte de ces vices, notre but est d'éveiller l'attention des acquéreurs sur les principaux signes qui peuvent faire soupçonner leur existence. Ils n'en devront pas moins, dans beaucoup de cas, avoir recours à un vétérinaire pour s'assurer de l'existence ou de la non-existence du vice dont ils soupçonneront l'animal d'être affecté. En cas d'affirmation, ils n'hésiteront à se mettre en mesure contre leur vendeur, en suivant la marche qui sera indiquée plus loin.

Art. 1er. *Vices rédhibitoires du cheval, de l'âne et du mulet.* (*Voy.* art. 1er de la loi du 26 mai 1838).

1° *La fluxion périodique des yeux.* Cette maladie, qui est la cause la plus fréquente de la cécité, se montre par accès plus ou moins éloignés. Dans le commencement ils ne laissent, dans leur intervalle aucune trace de leur existence; mais, par suite, ils altèrent insensiblement les organes malades et détruisent sourdement la vue.

Dans les commencements de la maladie, un accès de fluxion périodique ressemble souvent à une simple ophthalmie; mais, à mesure que les attaques se renouvellent, les signes susceptibles de la faire distinguer sont plus marqués. La maladie n'attaque souvent qu'un seul œil, quelquefois les deux; mais alors elle est toujours plus intense sur l'un que sur l'autre.

La durée de chaque accès peut être divisée en trois périodes qui répondent au début, à l'état et au déclin. Ces périodes ne sont pas toujours bien distinctes; c'est quand l'accès n'a pas une marche régulière.

Dans la première *période*, les paupières sont engorgées, quelquefois plus grosses, plus tuméfiées que dans une simple ophthalmie; il y a larmoiement, ordinairement plus limpide que dans l'ophthalmie simple. La membrane interne de l'œil ou conjonctive est rouge, et plutôt infiltrée qu'enflammée. La chaleur et la sensibilité des parties environnantes de l'œil sont remarquables; mais elles ne correspondent pas avec le trouble intérieur, qui est beaucoup plus intense. Les humeurs de l'œil sont troubles, et la vitre paraît terne ou blanchâtre. L'œil reste presque constamment demi-fermé, la vision est plus

obtuse que dans une ophthalmie simple, l'animal est en général plus triste. Tout l'organisme paraît être malade; tandis que dans une simple ophthalmie, qui n'est souvent qu'une affection locale, l'œil seul est malade, et l'animal n'a rien perdu de sa gaîté.

Dans la deuxième *période*, l'engorgement des paupières et l'infiltration de la conjonctive diminuent, l'humeur aqueuse commence à reprendre sa transparence, des espèces de nuages ou des flocons blanchâtres apparaissent, se condensent et se précipitent dans la partie inférieure de la chambre antérieure, quelquefois passent à travers la pupille et communiquent dans la chambre postérieure. Le fond de l'organe reflète toujours une couleur de feuille morte. L'œil étant moins fermé, on reconnaît qu'il y a un défaut de parallélisme entre les deux axes visuels. Le rayon central qui passe par la pupille de l'œil malade paraît plonger vers le sol, tandis que l'axe de l'autre œil est sur une ligne horizontale.

Dans la troisième *période*, de nouveaux symptômes inflammatoires apparaissent. La matière condensée et précipitée disparaît; elle se fond dans l'humeur aqueuse qui se trouble de nouveau. Après cette espèce de crise, l'humeur aqueuse reprend, petit à petit, sa diaphanéité, et l'œil sa transparence. Pendant cette troisième période, la fluxion périodique peut encore être distinguée d'une ophthalmie simple, par la nature de l'humeur séreuse limpide qui forme la nature du larmoiement et ne devient ni plus blanchâtre ni plus adhérente aux paupières, et par le nouveau trouble de l'humeur aqueuse dont nous avons parlé.

Après l'accès, l'œil ne revient pas complétement à son état naturel; il conserve une sensibilité particulière qui s'annonce par le resserrement de la pupille, par un abaissement de la paupière supérieure qui fait paraître l'œil moins grand que celui qui n'est pas malade ou qui l'est à un moindre degré. En comparant les deux yeux, on peut s'apercevoir du défaut de parallélisme. L'œil malade est moins clair, le fond est d'un bleu jaunâtre.

L'œil reste dans cet état pendant trente ou quarante jours, trois, quatre, cinq mois et souvent plus; puis se montrent plusieurs accès à des intervalles de plus en plus rapprochés, en laissant des traces plus ou moins profondes. Le cristallin perd un peu de sa transparence; il devient terne, blanchâtre (cataracte), et enfin il met obstacle au passage de la lumière.

Il ne faudra pas toujours accorder toute confiance aux allégations du vendeur, qui pourra prétendre que le cheval a reçu un coup sur l'œil, qu'il a *attrapé un coup d'air*, qu'une paille a blessé l'orbite, ou qu'un corps étranger s'est introduit dans l'œil. La durée de la garantie est de trente jours.

2° L'*Epilepsie*. C'est une lésion intermittente du mouvement et du sentiment (névrose), se montrant par attaques convulsives de courte durée, accompagnées de la perte subite de la sensibilité et de la suspension de l'exercice des sens.

Cette maladie se déclare ordinairement sans avoir été précédée de symptômes susceptibles d'annoncer son apparition. L'animal épileptique tombe quelquefois comme frappé de la foudre; il ne voit plus, il n'entend plus, les yeux sont fixes, tendus ou roulant dans l'orbite. La bouche se remplit de bave écumeuse, la respiration est difficile, le corps et les membres deviennent raides ou agités de mouvements convulsifs. L'accès dure quelques minutes; le calme renaît peu à peu, l'animal se relève, paraît stupide, abattu, il se secoue, urine quelquefois, reprend son calme ordinaire et ne paraît plus malade jusqu'à un nouvel accès.

Dans certains cas, le cheval ne tombe pas, il reste debout. Il s'appuie ordinairement contre un mur, ou sur les branchards de la voiture, si l'accès se déclare pendant le travail.

Les accès se développent à des époques indéterminées, mais d'autant plus rapprochés que la maladie est plus ancienne et plus violente.

Cette maladie n'est pas toujours essentielle; elle est quelquefois le résultat de la présence des vers dans l'intérieur du tube digestif.

L'expert chargé de constater l'existence de cette maladie devra faire placer l'animal dans un lieu à sa convenance, où il puisse être témoin des accès. La durée de la garantie est de trente jours.

3° *La morve*. C'est une maladie qui a été attribuée à une altération des humeurs, à une diathèse tuberculeuse, cancéreuse, scrophuleuse, inflammatoire, spécifique et calcaire. Quelques uns l'ont considérée comme une maladie générale ou ayant son siége dans toute l'économie et affectant principalement le système lymphatique. D'autres ont pensé qu'elle était locale et bornée à la membrane nasale ou à celle-ci et aux poumons. Les symptômes qui la caractérisent varient suivant qu'elle est chronique ou aiguë.

Morve chronique. Premier degré (suspicion de morve). Les ganglions lymphatiques de l'auge, le plus souvent d'un seul côté, sont engorgés et indolents; l'animal jette par une ou deux narines une matière filante, inodore, transparente, opaque ou verdâtre, ordinairement plus abondante après l'exercice, se desséchant et adhérant aux ailes du nez. La membrane nasale est ordinairement pâle et comme glacée; néanmoins elle est quelquefois colorée. L'œil correspondant au côté par lequel existe le jetage est chassieux. Le poil est tantôt piqué, et l'animal présente un peu de maigreur; d'autres fois il est lustré et l'animal présente de l'embonpoint.

Deuxième degré. Le cheval présente les symptômes précédents auxquels se joignent l'existence sur la membrane nasale d'érosions superficielles plus ou moins nombreuses. L'on voit ou l'on sent avec le doigt qu'elle contient dans son épaisseur de petits corps blanchâtres, arrondis, qui font exubérance à sa surface.

Troisième degré (morve confirmée). L'engorgement indolent des ganglions lymphatiques de l'auge persiste. Il est toujours dur, et il se rapproche de l'os de la mâchoire. Le jetage est mucoso-purulent, opaque, blanc ou verdâtre. La membrane nasale est le siége d'ulcérations superficielles ou profondes, ordinairement petites, à bords irréguliers, échancrés, dentelés à pic, à fond blanchâtre. Quelquefois l'os frontal, les os sus-nasaux et lacrymaux, sont soulevés et rendent un son mat par la percussion. Assez souvent, il y a écoulement de sang par la narine affectée.

2° *Morve aiguë*. Début subit, dégoût, abattement. Yeux larmoyants. Jetage par une seule narine, et plus ordinairement par les deux, de mucus glaireux, jaunâtre, abondant, souvent strié de sang. Les ailes du nez, particulièrement l'interne, engorgées, douloureuses. Quelquefois occlusion complète des naseaux, rendant la respiration sifflante et suffocante. Air expiré fétide. Membrane nasale d'un rouge vif ou jaunâtre, recouverte de pustules blanchâtres, de forme variable, souvent entourées d'un cercle rouge, ou d'ulcérations profondes, rugueuses, irrégulières. Ganglions de l'auge engorgés, douloureux. Engorgement œdémateux des membres, du fourreau et des enveloppes testiculaires. Quelquefois, éruption à la peau de petits boutons douloureux, disséminés dans diverses parties du corps, mais particulièrement autour du nez, sur l'encolure, les côtes et le ventre, contenant, lorsqu'ils sont ramollis, une matière puriforme, quelquefois rouge lie-de-vin; d'autres fois sécrétant et laissant suinter une matière ichoreuse et formant croûte.

Quand les lésions de la morve sont bien caractérisées, l'expert n'a pas de peine à juger et à prononcer; mais il n'en est pas toujours ainsi. Le cheval peut jeter par les naseaux, il peut avoir les glandes de l'auge engorgées, sans qu'il y ait certitude qu'il soit morveux. Dans les cas douteux l'expert doit demander que l'animal soit traité convenablement jusqu'à ce qu'il puisse prononcer affirmativement.

La morve appartient à la catégorie des maladies réputées contagieuses.

La durée de la garantie n'est que de neuf jours.

4° *Le farcin.* Cette maladie et la morve ont été pendant longtemps considérées comme de la même famille (les anciens hippiatres disaient que le farcin était le cousin-germain de la morve). Aujourd'hui on pense qu'elles sont de même nature; qu'elles ont toutes deux leur siége dans le système lymphatique. Les mêmes causes donnent naissance à l'une et à l'autre. Toutes les deux se montrent souvent successivement ou simultanément sur le même animal.

Farcin chronique. Il se montre au corps, à la tête ou aux membres, le plus ordinairement sous forme de boutons indolents, arrondis, de la grosseur d'une petite noisette et quelquefois plus, ayant leur siége dans la peau ou sous la peau, et répandus çà et là; ou bien sous celle de cordons noueux, en chapelet, ordinairement de la grosseur du petit doigt, durs et indolents, existant sous la peau, au voisinage des veines superficielles. Ces deux formes sont les plus fréquentes; elles existent presque toujours simultanément sur le même animal.

Le farcin existe sur quelques chevaux, sous forme de tumeurs de la grosseur d'un œuf de poule et quelquefois plus, arrondies, circonscrites, indolentes et dures, qui, ramollies, renferment une matière épaisse, granuleuse et inodore, ou bien filante et très albumineuse. Ce sont de véritables tumeurs enkystées qui ont leur siége dans le tissu cellulaire **sous-cutané.**

Cette maladie peut encore se montrer sous forme d'engorgements froids, indolents, plus ou moins circonscrits, ordinairement au genou ou au jarret, desquels partent des cordes qui suivent le trajet des veines superficielles.

Les boutons, les renflements de cordes farcineuses, finissent par se ramollir. Ils deviennent mous et pâteux; la peau s'amincit, se perfore, laisse s'écouler une matière épaisse, blanche ou jaunâtre. Les bords des ouvertures se renversent, et alors apparaissent des ulcères arrondis, quelquefois irrégulièrement dentelés, souvent circonscrits par un rebord dur et lisse; leur fond est pâle et souvent filandreux. La matière qui s'en écoule est jaunâtre, épaisse, filante; elle se coagule en s'attachant aux poils pour former croûte. Rarement ils se cicatrisent.

Farcin aigu. Au début, le cheval qui en est affecté a de la fièvre; la membrane apparente de l'œil et celle du nez sont d'un rouge jaunâtre. Il se développe ordinairement un engorgement chaud et œdémateux au scrotum et aux membres. Bientôt apparaissent sur toute la surface du corps et des membres, d'autres fois sur quelques parties seulement, des boutons ou des cordes.

Les boutons sont nombreux, simples ou multiples, durs et sensibles. Ils occupent l'épaisseur de la peau ou résident sous la peau, sur la conjonctive et la membrane nasale. Ils se ramollissent promptement et renferment une matière épaisse, blanchâtre, ou bien rougeâtre et striée de sang. Ceux de la membrane du nez donnent naissance à des ulcérations profondes, à fond blanchâtre, à bords denticulés et irréguliers. Des cavités nasales s'écoule une matière muqueuse, jaunâtre, filante, souvent fétide.

Les cordes sont arrondies, allongées, douloureuses, entourées d'un léger empâtement œdémateux. Elles existent plus particulièrement 1° à la face, et se prolongent depuis les naseaux jusque dans l'auge; 2° le long de la jugulaire, et se dirigent à l'entrée de la poitrine, dans les ganglions pectoraux; 3° aux faces interne, extérieure et supérieure des avant-bras, et gagnant les mêmes ganglions; 4° à la face interne des cuisses, et montant aux ganglions de l'aine et du fourreau. Quand les cordes se réunissent aux boutons, elles forment dans l'épaisseur de la peau et sous la peau des nodosités saillantes, entrecroisées en différents sens par des cordons. Ces nodosités se ramollissent et laissent écouler une matière semblable à celle des boutons.

Les ulcères qui résultent du ramollissement des boutons et des cordes s'élargissent rapidement et se réunissent souvent pour former de larges surfaces ulcéreuses. Leur fond est blanchâtre, leurs bords sont denticulés et renversés.

Quelques éruptions cutanées peuvent simuler le farcin. Dans ce cas, l'expert peut demander du temps pour s'éclairer. Quelques jours le mettront à même de prononcer avec certitude.

Le farcin appartient à la catégorie des maladies contagieuses. La durée de la garantie n'est que de neuf jours.

5° *Les maladies anciennes de poitrine ou vieilles courbatures.* — Sous le titre vague de *vieille courbature*, on désigne toutes les maladies anciennes de poitrine qui rendent les animaux de peu de valeur et peuvent occasionner la mort. Ce sont des inflammations chroniques de la membrane qui tapisse la cavité de la poitrine, d'anciens épanchements séreux et purulents, d'anciens engorgements des poumons avec suppuration, ou leur transformation en une substance dure non pénétrable à l'air. La présence dans les poumons de corps durs particuliers, connus sous le nom de tubercules, constitue encore une maladie ancienne de poitrine, connue plus particulièrement sous le nom de *phthisie pulmonaire tuberculeuse.*

La distinction des affections aiguës

et des maladies chroniques des organes contenus dans la poitrine ne peut être faite par une personne qui n'a pas fait d'études médicales vétérinaires. Des détails de pathologie et d'anatomie pathologiques seraient donc ici déplacés. Ce qu'il importe que l'acheteur sache, c'est qu'un cheval affecté de vieille courbature a quelquefois les apparences de la santé. Mais il tousse, il respire difficilement, il sue, il se fatigue au moindre exercice. A ces signes, il fera bien de ne pas laisser s'écouler le délai de la garantie sans s'être mis en mesure de faire valoir ses droits. Quelquefois l'animal a de la tristesse et de la fièvre; il paraît plutôt affecté d'une maladie aiguë que d'une affection chronique. Mais, comme il peut porter en lui des lésions anciennes des organes de la respiration susceptibles de déterminer la mort, l'acheteur fera bien de consulter un vétérinaire.

Lorsque, dans un cas de cette nature, l'expert nommé pour la constatation de l'état de l'animal ne peut décider à sa première visite, il est convenable de mettre l'animal en fourrière, pour qu'il soit soigné convenablement et visité à diverses reprises. S'il guérit, la demande en résiliation n'a aucun effet, parce qu'il est probable que la maladie était aiguë et postérieure à la vente. S'il va de pire en pire et s'il meurt, l'expert en fait l'ouverture pour constater d'une manière positive la nature de la maladie.

Si l'animal est mort dans le délai de la garantie d'une maladie soupçonnée d'avoir son siège dans la poitrine, et s'il n'a pas encore été fait de demande en garantie, l'acheteur doit se hâter de se mettre en mesure de faire constater légalement les causes de la mort et d'intenter l'action en rédhibition.

Dans tous les cas, c'est la conscience de l'expert qui décide de l'acuité ou de la chronicité de la maladie et qui déclare si elle est du fait du vendeur ou de l'acheteur. Sa décision doit être le résultat de l'examen des lésions cadavériques et basée sur des connaissances positives de pathologie, de physiologie et d'anatomie pathologique.

La durée de la garantie est de neuf jours.

6° *L'immobilité*. — Cette affection, que l'on attribue à une lésion du système cérébro-spinal, dont la nature et le siége ne sont pas bien connus, rend les animaux qui en sont atteints pour ainsi dire de nulle valeur.

Les deux symptômes principaux sont l'impossibilité ou la très grande difficulté de reculer, et l'aptitude des membres antérieurs à rester dans la position qu'on leur a fait prendre.

Si on examine avec attention un cheval *immobile*, pendant le repos, on voit qu'il a dans le *facies* quelque chose de particulier qui fait dire aux marchands qu'il a l'*air hébété*, *stupide*, *imbécile*. Son regard est fixe, ses oreilles sans mouvements et ordinairement droites. A l'écurie, s'il ne mange pas, il est somnolent; sa tête est basse, appuyée sur la longe ou sur la mangeoire; il reste immobile à la place où il se trouve. S'il mange, il paraît se jeter avec voracité sur les aliments, mais bientôt la mastication s'arrête. S'il prend du foin, il lui donne quelques coups de dents; il s'arrête, le laisse tomber ou le mâche lentement, puis il recommence, cesse bientôt; souvent il garde dans sa bouche du foin ou de la paille qui dépassent la commissure des lèvres (on dit alors qu'il *fume sa pipe*).

Pendant l'exercice, il est inattentif à la voix du conducteur; s'il est excité par le fouet, il part comme un ressort, mais il retombe vite dans son état d'indolence ordinaire. Il recule difficilement ou ne recule pas du tout; cette difficulté ou cette impossibilité de reculer se fait d'autant mieux remarquer que l'animal est chargé ou qu'il est échauffé. Son corps est raide et comme d'une pièce; dans l'impossibilité de répondre à la demande du cavalier et de reculer sur une ligne droite, il s'*enca-puchonne* ou porte la tête au vent; il *fait des forces*, il tourne la tête de côté, il la secoue sans changer la position de son corps. Si on insiste davantage, il se défend; il se cabre ou se renverse; s'il exécute quelques mouvements en arrière, on voit ses membres antérieurs se raidir et traîner sur le sol en *labourant la terre*, tandis que les membres postérieurs fléchissent de manière que le cheval s'accule sur ses jarrets. Souvent il se dérobe, se défend, se cabre, se renverse ou s'emporte.

Quand l'immobilité est déjà ancienne, l'animal garde plus ou moins longtemps la position gênante qu'on lui fait prendre, *une extrémité étant portée en avant, de côté, ou même croisée sur l'autre.*

Une blessure des barres, les caprices ou le défaut d'instruction d'un jeune animal, un défaut de conformation, un état de faiblesse ou de souffrance des reins et des jarrets, un certain état maladif, souvent peu apparent, peuvent s'opposer à l'exécution des mouvements en arrière et simuler l'immobilité; c'est à l'expert à ne pas s'en laisser imposer. Il visitera le cheval 1° à l'écurie et dans l'action de manger; 2° dehors et à froid; 3° enfin pendant l'exercice, qu'il faudra quelquefois porter jusqu'à la fatigue.

En cas d'incertitude, l'animal devra être mis en fourrière, traité convenablement et visité de nouveau.

La durée de la garantie est de neuf jours.

7° *La pousse.* Ce n'est pas une maladie, mais bien un symptôme maladif, un signe particulier des mouvements du flanc qui appartient à plusieurs maladies anciennes des organes de la respiration ou de la circulation portées au point de produire une difficulté de respirer. Elles consistent le plus souvent en un catarrhe chronique des bronches, un état emphysémateux des poumons, des anévrysmes du cœur ou des gros vaisseaux, des altérations organiques ou des adhérences des organes contenus dans la poitrine. Des perforations du diaphragme peuvent aussi y donner naissance; mais la cause la plus ordinaire de la pousse est l'emphysème pulmonaire.

Le signe principal auquel on donne le nom de *pousse* consiste dans un mouvement plus ou moins brusque et convulsif qui interrompt le plus souvent l'expiration, et la coupe pour ainsi dire en deux temps inégaux, le premier court et brusque, le second plus lent et plus prolongé.

Abstraction faite de la gêne de la respiration, le cheval poussif paraît bien se porter. On remarque en lui les symptômes suivants: dans l'*inspiration*, le flanc et les côtes s'élèvent graduellement; dans l'*expiration*, le mouvement d'abaissement du flanc et des côtes est à peine commencé qu'il s'arrête subitement; il est interrompu par un temps d'arrêt subit, convulsif; puis il recommence et s'achève ensuite tranquillement. Cette interruption dans le mouvement d'abaissement des côtes et du flanc est désignée sous les noms de *coup de fouet, contre-temps* ou *soubresaut.*

La toux accompagne souvent, mais non constamment, le symptôme qu'on nomme la pousse. Elle est ordinairement rauque, profonde, sèche et quinteuse sans ébrouement, sans une espèce d'éternument, sans rappel, comme le disent les marchands, lorsqu'elle a été provoquée par la compression de la gorge.

L'expert, afin de mieux saisir le mouvement du flanc, devra voir l'animal au repos à jeun, dans l'action de manger l'avoine, et après l'exercice.

Si l'animal sur lequel se présente l'irrégularité des mouvements du flanc paraît affecté de maladie aiguë, il ne peut être jugé poussif. Après quelques jours de fourrière, l'expert sera plus à même de prononcer.

La durée de la garantie est de neuf jours.

8° *Le cornage chronique.* — On dit qu'un cheval *siffle* ou *qu'il est siffleur*, lorsqu'en respirant, au repos ou pendant l'exercice, il fait entendre un bruit qui n'est pas naturel et qui ressemble à une espèce de sifflement. On dit qu'il *corne* ou qu'il est *corneur*, quand sa respiration s'exécute avec ronflement, semblable au bruit qu'on rend en soufflant dans une corne.

La loi n'admet point la rédhibition quand le sifflage ou le cornage qui désignent les degrés d'un même vice sont le résultat de maladies aiguës, accidentelles, postérieures à la vente, telles que le catarrhe des cavités nasales, de la gorge ou des bronches, les inflammations aiguës des poumons ou des plèvres, l'amplitude des poches gutturales. Elle veut qu'ils dépendent d'un vice de conformation ou de lésions anciennes des cavités nasales, de la gorge, de la trachée ou des organes contenus dans la poitrine. Ces causes sont souvent cachées et seulement présumées.

Le cornage chronique est rarement permanent. Le plus ordinairement il n'a lieu que momentanément, après un exercice plus ou moins prolongé, quelquefois poussé jusqu'à la fatigue.

Le cheval corneur doit paraître bien portant. On ne doit soupçonner en lui l'existence d'aucune maladie aiguë. L'expert doit être certain que l'animal n'est géné, pendant l'essai, par aucune des parties des harnais ou de la bride; par exemple, par la sous-gorge, la muserolle, le collier, l'avaloir, la bride, les sangles, etc.

Si l'animal paraît un peu malade, il doit être mis en fourrière et soigné convenablement. Après la disparition des symptômes de maladie aiguë, l'expert sera mieux à même de prononcer affirmativement ou négativement.

La durée de la garantie est de neuf jours.

9° *Le tic sans usure des dents.* — On

a donné le nom de tic à toute habitude que le cheval a contractée soit par imitation, soit, ce qui est le plus ordinaire, par une cause inconnue.

Néanmoins, tous les défauts désignés sous le nom de tic ne peuvent donner lieu à la rédhibition.

La loi n'a pas admis au nombre des vices rédhibitoires 1° le *tic de l'ours*, qui consiste dans l'habitude qu'a l'animal, à l'écurie, de porter alternativement et rapidement la tête à droite et à gauche, parce qu'il ne porte aucun préjudice à l'animal.

Le tic qui a souvent des inconvénients réels, et qui seul est rédhibitoire, est celui qui consiste dans une contraction assez remarquable des muscles de l'encolure de la poitrine et du bas-ventre, accompagnée d'une espèce de bruit, de flatuosité ou de rot plus ou moins fort. Il est ordinairement la cause de mauvaises digestions ou en est le résultat. Il est souvent une conséquence de vices organiques du canal alimentaire. Le plus souvent, pour tiquer, le cheval appuie sur le râtelier, sur la mangeoire, sur le timon de la voiture ou sur tout autre corps à sa portée, les dents de l'une ou l'autre mâchoire, plus particulièrement celles de la mâchoire supérieure. Quelquefois l'animal n'appuie ses dents sur aucun corps; on dit alors qu'il *tique en l'air*.

Quand le cheval tique en l'air, les dents incisives ne sont le siège d'aucune usure surnaturelle qui puisse éveiller les soupçons de l'acheteur qui a pu être trompé. Le tic est alors *sans usure des dents*. Il donne naissance à la rédhibition. Le cas est le même lorsque le tic sur la mangeoire, l'auge, le râtelier ou le timon est récent, et que les dents ne sont pas usées. Mais quand ce vice est déjà ancien, que le bord externe des incisives est usé *en biseau*, que l'acheteur a pu par conséquent soupçonner son existence en ouvrant la bouche de l'animal, la loi n'admet pas la résiliation du marché.

Certains chevaux, au lieu d'appuyer seulement les dents contre les corps durs, les saisissent et les serrent fortement. Les dents ne sont pas usées en glacis, mais elles présentent des entamures irrégulières à leur face externe. Dans ce cas, comme dans le précédent, la rédhibition n'est pas admissible.

L'acheteur doit donc, lors de l'acquisition, ne pas omettre de visiter les dents incisives de l'animal, afin de ne pas être trompé. Le moindre soupçon doit l'exciter à demander une garantie spéciale et conventionnelle.

La durée de la garantie *du tic sans usure des dents* est de neuf jours.

10° *Les hernies inguinales intermittentes.* Les hernies inguinales consistent dans la descente, par l'anneau inguinal, d'une portion d'intestins dans l'enveloppe d'un des organes testiculaires. Les chevaux entiers y sont plus sujets que les chevaux hongres.

Quand cette affection est la suite d'efforts violents, qu'elle apparaît immédiatement, son développement, à moins que l'anneau inguinal ne soit préalablement et surnaturellement dilaté, est accompagné de chaleur, de douleur vers la région des bourses. La portion herniée comprimée par l'anneau suscite de vives douleurs. L'animal marche difficilement, il souffre; il ne peut être exposé en vente. Dans tous les cas cette hernie ne pourrait donner lieu à la rédhibition.

Quand cet accident n'a pas déterminé la mort de l'animal, que les symptômes inflammatoires ont disparu, que l'anneau inguinal est suffisamment dilaté, la maladie est chronique. Elle ne fait pas souffrir l'animal, qui peut alors être exposé en vente. Le cheval chez lequel la hernie résulte du relâchement lent et progressif de l'anneau inguinal, et ne s'est développée qu'avec lenteur, se trouve dans le même cas.

Ces sortes de hernies chroniques sont quelquefois, mais très rarement, permanentes. Dans ce cas elles ne donnent pas droit à la résiliation du marché. Le plus ordinairement, elles disparaissent par le repos et reparaissent après la fatigue. Elles sont alors *intermittentes* et considérées seules comme *vices rédhibitoires.*

Si l'animal est entier, une des bourses est plus volumineuse que de coutume, et il existe le long du cordon une tumeur molle, oblongue, surnaturelle, indolente, résultant de l'empâtement ou de la fluctuation. Si l'animal est hongre, cette tumeur existera à la place qu'occupaient les testicules. Mais d'autres causes que les hernies peuvent aussi produire des tumeurs dans ces régions; l'acquéreur devra demander l'avis d'un vétérinaire.

La mission de l'expert étant de reconnaître non seulement la nature de la maladie, mais encore son *caractère intermittent,* il devra voir l'animal dans les deux circonstances favorables à la descente de la hernie et à sa rentrée dans le bas-ventre. La durée de la garantie est de neuf jours.

11° *Les boiteries intermittentes pour cause de vieux mal.* En admettant les boiteries au nombre des vices rédhibitoires, le législateur n'a point voulu que le cheval atteint de boiterie *permanente,* ancienne ou nouvelle, soit pour le compte de l'acheteur. Il a entendu qu'il ne pourrait y avoir rédhibition qu'à l'occasion des boiteries antérieures à la vente, dites vieilles boiteries ou boiteries de vieux mal, qui n'ont pu être apercevables au moment de l'acquisition, attendu leur caractère intermittent.

On a agité la question de savoir si une boiterie intermittente devait donner lieu à la rédhibition lorsqu'elle pouvait être attribuée à de vieilles maladies apparentes des membres, telles que des juros, des courbes, des parvins, des ardons, des vessigons, des molettes, des ganglions, etc.; ou à une mauvaise conformation du sabot, à des défectuosités acquises, ou à des maladies anciennes de cet organe qui auraient pu être reconnues par l'acheteur s'il eût bien voulu. Les avis ont été partagés. Les uns ont prétendu que ce n'était pas pour la cause de la boiterie que l'action rédhibitoire était intentée, mais bien pour la boiterie intermittente elle-même ; que l'acheteur aurait bien pu acheter un animal étant entaché de quelques lésions visibles des membres ou des pieds, sans avoir entendu faire acquisition d'un animal boiteux, et que la rédhibition devait avoir lieu. Les autres ont pensé que lorsqu'il n'y a pas simplement soupçon, mais affirmation que la cause ancienne de la boiterie intermittente était visible, la rédhibition n'est pas admissible.

En consultant le texte de la loi, on voit que cette distinction n'a point été faite. Si le législateur eût voulu admettre une différence dans la garantie, selon que la cause de la boiterie intermittente est apparente ou cachée, il l'aurait indiquée comme il l'a fait pour le tic. Nous pensons donc que toute boiterie de vieux mal, que la cause soit apparente ou non, qui a pu disparaître momentanément par le repos ou l'exercice, pour reparaître dans des circonstances opposées, doit entraîner l'annulation du marché. Néanmoins, et dans la crainte que notre opinion ne soit point celle de tous les experts et de tous les tribunaux, nous engageons les acheteurs à demander une garantie conventionnelle au vendeur, toutes les fois que l'animal présentera sur quelque partie de l'un ou de plusieurs de ses membres quelques lésions susceptibles de faire craindre la boiterie.

On distingue généralement deux sortes de boiteries intermittentes de vieux mal. Celles qui sont apparentes lorsque l'animal est échauffé ou fatigué, et qui disparaissent par le repos plus ou moins prolongé, sont dites *boiteries à chaud*; par opposition *les boiteries à froid* sont celles qui sont reconnaissables quand l'animal sort de l'écurie et tant qu'il n'est pas suffisamment échauffé, et

qui disparaissent après un travail plus ou moins long.

Voici les circonstances les plus ordinaires qui peuvent se présenter :

(*a*) Un cheval, à la suite d'anciens efforts articulaires ou musculaires ou d'anciennes blessures, peut boiter au moment où il sort de l'écurie et ne plus boiter après un travail ou un exercice plus ou moins long ; c'est le cas d'une *boiterie à froid*. Le vendeur a pu, pour vendre un tel cheval, l'exercer jusqu'au moment où il ne boitait plus ; ou s'il n'a pas eu le temps de lui faire prendre l'exercice suffisant, il a pu le tourmenter, le tracasser au sortir de l'écurie, de manière qu'il ne puisse marcher à aucune allure franche, et que la boiterie ne puisse être apercevable. L'expert pourra assez facilement constater ce fait; il n'aura qu'à faire passer successivement l'animal du repos à l'exercice, et de l'exercice au repos. Néanmoins dans ce cas, comme dans tous les autres, il n'affirmera l'existence du vice qu'après avoir fait déferrer et parer le pied correspondant au membre boiteux, et s'être assuré qu'il n'existait point dans le pied de causes purement accidentelles et momentanées de boiterie.

(*b*) Un cheval dont les articulations sont fatiguées peut boiter après un exercice plus ou moins long. Un repos de quelques heures ou de quelques jours peut le remettre droit jusqu'à un nouvel exercice qui le rendra boiteux de nouveau. C'est le cas d'*une boiterie à chaud*; le cheval a pu être vendu lorsqu'il était bien redressé. L'acheteur a pu en faire acquisition après un exercice léger, et la boiterie ne se déclarer que quelques jours après l'acquisition, à la suite d'un travail plus longtemps prolongé; cette dernière disparaît alors par le repos et reparaît après un nouvel exercice. Dans le plus grand nombre des cas, l'expert reconnaîtra le vice en faisant exercer le cheval jusqu'à ce qu'il boite, et en le faisant reposer ensuite pour que la boiterie cesse et qu'elle reparaisse de nouveau avec un exercice prolongé.

Si le cas ne se présente pas d'une manière aussi simple, l'expert devra demander la fourrière de l'animal en main tierce, afin de le visiter de nouveau plusieurs fois, en présence des parties qui par leurs dires, leurs observations, leurs discussions, pourront éclaircir bien des doutes; si l'expert ne peut se prononcer sans craindre de se tromper, il se contentera de relater dans son rapport toutes les précautions qu'il aura prises, toutes les épreuves auxquelles il aura soumis le cheval, et il laissera aux juges à prononcer s'il y a lieu d'admettre la rédhibition.

(c) Enfin, un cheval peut ne pas paraître boiteux lorsqu'il est attelé, ou monté et soutenu alors par le cavalier ou le conducteur, et boiter manifestement lorsqu'il trotte seul ou à la main. Ce n'est pas là une véritable intermittence du mal; néanmoins, on pourrait agiter la question de savoir si le vendeur devrait garantie lorsqu'il serait prouvé que l'animal n'a été essayé qu'au genre de service où la boiterie n'est pas visible.

La durée de la garantie des boiteries intermittentes est de neuf jours.

Art. 2. *Vices rédhibitoires dans l'espèce du bœuf.* (*Voy.* art. 1er de la loi du 26 mai 1838.)

1° *La phthisie pulmonaire* ou *pommelière.* — C'est à tort que l'on a désigné la phthisie pulmonaire de l'espèce bovine sous le nom de pommelière; car elle n'est pas toujours le résultat du développement, dans les poumons, de tumeurs dures, composées de sels terreux (carbonate et phosphate de chaux), susceptibles de se ramollir et de donner naissance à des espèces d'abcès enkystés. Elle résulte de toutes les maladies anciennes des plèvres et des poumons qui ont donné naissance à des suppurations, des indurations, des transformations organiques qui gênent le jeu des organes respiratoires, rendent l'animal impropre au service

ou peuvent occasionner sa mort. Tantôt c'est la phthisie pulmonaire simple, tantôt c'est la phthisie pulmonaire tuberculeuse ou la POMMELIÈRE.

La pommelière proprement dite parcourt lentement ses périodes. Une petite toux sèche, rauque, peu forte, est aux yeux des propriétaires le seul signe qui puisse faire soupçonner l'existence de la maladie; car, lorsque celle-ci n'est pas arrivée à sa dernière période, l'animal, à part la toux, paraît en bonne santé et est même quelquefois en embonpoint. A une époque plus avancée, il y a gêne apparente de la respiration. L'animal est tantôt bien, tantôt mal. La toux est fréquente et toujours petite. Le dégoût, la tristesse, des frissons alternatifs, la sensibilité de la poitrine, la cessation de la rumination et la maigreur extrême précèdent et annoncent la mort.

Nous répéterons ici ce que nous avons dit à l'article *vieille courbature* du cheval, que la distinction des maladies aiguës et des maladies chroniques des organes respiratoires contenus dans la poitrine est du domaine de la science vétérinaire, etc.; que l'appréciation des symptômes, pendant la vie, et des lésions cadavériques, appartient à l'expert. C'est à lui à étayer son opinion sur des connaissances anatomiques, physiologiques et pathologiques que ne peuvent posséder les acheteurs.

La durée de la garantie est de neuf jours.

2° *L'épilepsie.* — Cette maladie présente dans l'espèce bovine les mêmes signes généraux que dans le cheval. (*Voy.* ci-dessus l'art. *épilepsie* du § précédent.)

3° *Les suites de la non-délivrance* (après le part chez le vendeur). — Il est tout naturel que le vendeur qui livre une vache fraîchement vêlée soit responsable des suites de la non-délivrance. Les enveloppes du fœtus (ou le *délivre*) qui ne sont pas expulsées lorsque la bête est vendue deviennent corps étrangers et occasionnent des accidents qui se bornent assez souvent à du dégoût, à un peu de fièvre et à un écoulement de matières purulentes par la vulve; mais, quelquefois ils consistent dans le développement d'une inflammation de la matrice qui peut faire périr l'animal.

La durée de la garantie est de neuf jours.

4° *Le renversement de l'utérus ou du vagin* (après le part chez le vendeur). — C'est ici le même principe que dans le cas précédent. Le signe qui annonce cet accident constitue la maladie. C'est l'organe lui-même qui se présente à son ouverture naturelle, sous la forme d'une tumeur rouge, arrondie, qui peut disparaître et se montrer de nouveau dans certaines circonstances, quand la bête a beaucoup mangé, lorsqu'elle est couchée, etc.

La durée de la garantie est de neuf jours.

Art. 3. *Vices rédhibitoires dans l'espèce ovine.* (*Voy.* art. 1er de la loi du 26 mai 1838.)

1° *La clavelée.* Cette maladie est caractérisée par une éruption de boutons rouges qui blanchissent, sécrètent un fluide particulier, se dessèchent, tombent par écailles et laissent une marque sur la peau. Ces boutons se montrent particulièrement sur les parties dépourvues de laine; ils se manifestent d'abord aux ars antérieurs et postérieurs, puis à la face interne des cuisses, des avantbras, sous le ventre, sous la queue, aux mamelles, au scrotum, au pourtour des yeux et du nez, et finissent souvent par se propager sur toute la surface du corps.

La maladie n'attaque pas tout le troupeau à la fois, mais ordinairement en trois parties ou trois lunes, d'une durée de vingt-cinq à trente jours; ce qui la prolonge jusqu'à près de trois mois.

Le claveau est une maladie contagieuse. Reconnue sur un seul animal, elle entraînera la rédhibition de tout le troupeau, si celui-ci porte la marque du vendeur. (Art. 1er de la loi du 26 mai 1838.)

La garantie est de neuf jours.

2° *Le sang de rate.* — Cette maladie, encore connue sous le nom de *maladie du sang*, tue les animaux presque subitement. Ils cessent de manger, de marcher; ils baissent la tête et tombent. Les flancs sont très agités, la bouche se remplit de bave écumeuse. Il s'écoule par les naseaux des mucosités ou du sang. Aux excréments se mêlent aussi des stries de sang. Les bêtes qui sont en meilleur état périssent au milieu des convulsions. Les plus chétives languissent quelques jours. A l'ouverture, on trouve des épanchements sanguins dans quelques viscères; le plus souvent dans la rate, quelquefois dans le foie et les poumons, et quelquefois aussi dans la membrane muqueuse des intestins.

Pour obtenir la rédhibition, il faut que la maladie ait fait périr, dans le délai de la garantie, un quinzième au moins du troupeau, et que ce dernier porte la marque du vendeur. (Art. 1er de la loi du 26 mai 1838.)

§ IV. Comment l'acquéreur doit procéder pour faire usage de ses droits.

L'acheteur qui, dans le délai légal, soupçonne l'existence d'un vice rédhibitoire, fera bien de faire visiter l'animal ou les animaux par un vétérinaire. Si le soupçon est confirmé, il doit immédiatement se mettre en mesure contre son vendeur, en suivant la marche qui va être indiquée ci-après.

A compter de la demande en garantie, l'animal ne doit plus travailler. Il est bien de le mettre en fourrière. Les frais de nourriture ne comptent ordinairement que depuis cette époque; les frais antérieurs d'entretien de l'animal sont censés avoir été compensés par le service qu'il a rendu. Il est néanmoins des cas où le travail pourrait n'être pas nuisible à l'animal, dont la fourrière n'augmenterait pas alors les frais du procès. Les parties feront bien de s'entendre à cet égard.

Les contestations relatives aux vices rédhibitoires peuvent être terminées : 1° à l'amiable, par devant un ou plusieurs vétérinaires choisis par les parties ; 2° par devant un juge de paix, un tribunal civil de première instance ou un tribunal de commerce.

Art. 1er. *Procédure devant des arbitres.*

Cette procédure est dans les termes et l'esprit de la loi. (Code de procédure civile, art. 1003 et suivants.)

Les parties, consentant à l'arbitrage, choisissent un ou trois vétérinaires pour terminer leur différend. Elles rédigent alors sur papier timbré un *compromis*, en autant d'originaux qu'il y a de parties ayant un intérêt distinct. Chaque original mentionnera le nombre de ceux qui en ont été faits. Cet acte doit contenir : 1° les noms, prénoms, etc., des parties et des arbitres ; 2° la désignation de l'objet (*signalement de l'animal*) ; 3° les points litigieux (*les vices rédhibitoires*), et l'étendue des pouvoirs conférés aux arbitres ; 4° le délai dans lequel la décision devra être rendue ; 5° la renonciation à l'appel et à toute espèce de recours ; 6° en cas de partage (*s'il y a deux arbitres*), la nomination d'un tiers ou la faculté accordée à ceux-ci de le désigner eux-mêmes. (Code de procédure civile, art. 1005, 1006 et 1010.)

Le compromis pourra être fait de la manière suivante. Nous soussignés (*nom, prénoms et qualités*) demeurant à . . . . . vendeur d'une part, et (*noms, prénoms et qualités*) demeurant à . . . . . acheteur, d'autre part, avons fait les conventions suivantes : l'animal (*désignation, signalement*) qui fait entre nous le sujet d'une contestation, pour cause de vices rédhibitoires sera visité par M. P. V . . . , médecin-vétérinaire à . . . . . que nous nommons arbitre, à l'effet de prononcer

s'il y a lieu ou non à la rédhibition ; enfin de nous concilier par tous les moyens qu'il jugera convenables, renonçant à l'appel de son jugement, qui sera définitif et devra être rendu dans le délai de neuf jours.

Ou :

Nommons MM. P. V . . . . . et N. B . . . . . pour arbitres, à l'effet de terminer notre contestation par les voies qu'ils jugeront convenables ; et en cas de partage, nommons pour tiers arbitre M. L. T.

Ou :

Les autorisons à désigner un tiers arbitre, dont la décision sera sans appel ainsi que nous le déclarons, et devra être rendue dans le délai de . . . . .

Fait double à . . . . . le . . . . .

Lu et approuvé l'écriture ci-dessus. (Ceci doit être écrit de la main du signataire qui n'a pas écrit le compromis, ou de l'une et de l'autre partie, si c'est l'arbitre ou toute autre personne qui a fait le compromis.)

Signé[1] etc.

L'acheteur devra faire attention qu'il faut que l'action rédhibitoire soit intentée judiciairement dans le délai de la garantie, et que requête soit présentée aussi dans le délai accordé par la loi, et qu'il faut que le compromis soit signé avant l'expiration de ce délai. Si ce compromis n'était donc pas encore signé, un peu avant l'expiration du délai de la garantie, l'acheteur devrait renoncer à l'arrangement à l'amiable, et se hâter de se mettre en demeure, comme il sera dit dans les articles suivants.

L'acte signé, l'arbitre ou les arbitres entendent les parties, procèdent à l'examen de l'objet, demandant, s'il y a lieu, une prolongation de délai qui leur est

___

[1] Si l'une des parties ne sait pas écrire, l'acte doit être rédigé par un officier public, notaire ou juge de paix du lieu, en présence des parties, qui énonceront leur volonté. Dans ce cas les parties feront bien de porter l'affaire au tribunal de paix.

accordée sous la forme prescrite pour le compromis lui-même, et prononcent définitivement, s'ils sont d'accord, dans les limites de leurs pouvoirs qu'ils ne peuvent dépasser. (Code de procédure civile, art. 1012.)

Dans le cas de deux arbitres, s'il y a divergence dans leurs opinions (le compromis doit avoir prévu ce cas), ils exposent leurs avis motivés dans des procès-verbaux séparés ; et le tiers désigné après avoir conféré avec ces derniers, (Code de procédure civile, art. 1018), pris connaissance de leurs actes et examiné l'animal objet de la contestation, prononce souverainement, en adoptant l'avis de l'un d'eux. (Même article.)

Les parties exécutent sur le champ ce jugement (Proc. civ., art. 1016). Si l'une d'elles s'y refusait, la sentence serait déposée dans les trois jours au greffe du tribunal de première instance dans le ressort duquel elle a été rendue, et son exécution aurait lieu selon les formes ordinaires. (Proc. civ., art. 1020.)

Art. 2. *Procédure devant un juge de paix.*

Si la valeur de l'objet en litige ne dépasse pas le taux de la compétence du juge de paix, les parties pourront comparaître volontairement devant lui, sans citation préalable, pour faire prononcer sur leur différend (art. 9, Code de proc.). Dans ce cas, le magistrat désigne les experts et règle la marche de la procédure ; les experts procèdent à leur examen, dressent leur rapport, et le juge de paix prononce le jugement, qui est exécuté sans que le dépôt préalable en soit effectué au greffe du tribunal de première instance.

La déclaration faite par les parties au juge de paix qu'elles lui demandent jugement sans citation préalable a, comme on le voit, l'effet du compromis.

Si l'une des parties refusait un arrangement à l'amiable pardevant le juge de paix, et si l'animal avait une valeur au-dessus de 200 fr., limite au delà de la-

quelle cesse sa compétence, il faudrait alors porter de suite l'affaire au tribunal de commerce ou de première instance.

Si cependant le demandeur voulait essayer l'épreuve de la conciliation, il faudrait que la citation fût donnée devant le juge du domicile du défendeur : s'il n'a pas de domicile, devant celui de sa résidence. (Art. 2, Code de proc. civ.)

Art. 3. *Procédure devant les tribunaux de commerce ou de première instance.*

La marche à suivre est déterminée par la loi du 26 mai 1838. (Art. 3, 4, 5 et 6.)

La disposition de l'article 5 est de rigueur ; l'acheteur ne doit pas manquer de s'y conformer dans le délai prescrit.

La requête à adresser à M. le juge de paix du lieu où se trouve l'animal sera rédigée sur papier timbré, à peu près de la manière suivante :

A M. le juge de paix du canton de . . arrondissement de . . . .

Le sieur (*nom, prénoms, qualités et demeure*, a l'honneur d'exposer que (*la date de la vente*) il a acheté du sieur (*nom, prénoms, qualités et demeure du vendeur*), au prix de . . . un cheval (*désignation et signalement*). Cet animal paraissant atteint d'un vice rédhibitoire (*désignation du vice*), le requérant vous prie, M. le juge de paix, de vouloir nommer un ou plusieurs experts pour constater les vices rédhibitoires dont il peut être atteint, et dresser procès-verbal, sur lequel il sera statué ce que de droit.

Fait à . . . . . . le . . . .

Signature du requérant.

La nomination des experts par le juge de paix est une mesure provisoire, dont l'unique but est de constater légalement l'état de l'animal. Cette nomination, et l'expertise qui la suit, ne constituent pas *l'introduction* de l'instance, et ne dispensent pas l'acheteur de porter son action en justice dans le délai prescrit par l'art. 3, à peine d'être déchu de son droit de garantie.

La demande introductive d'instance n'est autre chose que l'assignation au vendeur, dans le délai de la garantie, de comparaître devant tel tribunal, à tel jour, pour s'y voir condamner à reprendre l'animal qu'il a vendu, attendu le vice dont il est atteint.

La compétence des tribunaux de commerce et de première instance est la même. Ils prononcent sans appel sur les matières dont la valeur n'excède pas 1,500 fr., et à charge d'appel pour les objets au-dessus de 1,500 fr. Néanmoins la procédure diffère. En matière civile, le tribunal de première instance du domicile du défendeur est seul compétent. En matière commerciale l'acheteur a le droit de porter sa réclamation soit au tribunal de commerce du domicile du défendeur, soit à celui dans l'arrondissement duquel la promesse de vente a été faite et la marchandise livrée, soit enfin à celui dans l'arrondissement duquel le paiement devait être effectué. (Art. 420, Code de proc.)

Mais pour être justiciable du tribunal de commerce, le défendeur doit être marchand de chevaux ou de bestiaux. Toute autre personne rentre sous la juridiction du tribunal de première instance.

La demande en instance est dispensée des préliminaires de la conciliation (art. 6). Une fois portée pardevant le tribunal compétent, suivant les cas indiqués précédemment, l'affaire est instruite et jugée comme matière sommaire. (Même article.)

Le tribunal prononce ordinairement son jugement d'après le rapport fait par les experts nommés, ou à l'aide de tous autres documents qui peuvent exister au procès. Mais lorsque par ce rapport et les autres documents, le tribunal ne se croit pas suffisamment éclairé, il ordonne une nouvelle vérification, et s'il s'agit de preuves à fournir, il ordonne la comparution personnelle des parties,

ou une enquête sommaire, ou l'un et l'autre tout à la fois ; dans ces circonstances, les tribunaux de commerce rendent un jugement qui renvoie les parties pardevant un vétérinaire chargé de les entendre, d'examiner les pièces à l'appui de leurs prétentions, souvent d'entendre les témoins présentés par elles ; enfin de les concilier, s'il est possible, sinon de faire un rapport sur le sujet de la contestation, et d'émettre son opinion. Le tribunal prononce ensuite.   VATEL.

VIDANGES. Excréments humains extraits des fosses d'aisance. (*Voy.* l'article ENGRAIS.)

VIDES DES BOIS. (*Voy.* CLAIRIÈRE.)

VIEILLE ECORCE. (*Vocab. forest.*) On appelle ainsi les arbres qui ont été successivement réservés pour BALIVEAUX pendant cinq coupes successives de TAILLIS, de sorte que si l'aménagement du taillis est de vingt ans, ces baliveaux en ont cent vingt, ce qui est l'âge moyen des FUTAIES.

VIÈTE ou VIETTE. On donne ce nom, dans quelques lieux, à la portion du sarment de l'année précédente qui reste après la taille de la VIGNE. (*Voy.* ce mot.)

VIGNE. (*Agric.* et *Hortic.*) Plan du travail :

§ I. CONSIDÉRATIONS PRÉLIMINAIRES SUR LA VIGNE ET SA CULTURE.
§ II. HISTOIRE NATURELLE DE LA VIGNE.
 Art. 1er. *Description botanique.*
 Art. 2. *Variétés françaises de la vigne commune.*

 Liste des noms des principales espèces de vignes cultivées dans les vignobles de France.

 Art. 3. *Des différents modes de reproduction de la vigne.*

 Semis.
 Marcottes ou provignage.
 Boutures simples.
 Boutures en crossettes.
 Greffe.

 Art. 4. *Des climats propres à la vigne.*

§ I. CONSIDÉRATIONS PRÉLIMINAIRES SUR LA VIGNE ET SA CULTURE.

Les produits de la vigne occupent le second rang dans la richesse territoriale de la France. Son bois est de quelque utilité pour le chauffage, et ses feuilles, qui servent à nourrir les bestiaux, sont aussi employées à quelques usages domestiques dans l'office et la cuisine : mais c'est la haute utilité de son fruit qui fait sa véritable valeur. On l'emploie avant sa maturité sous le nom de VERJUS (*voy.* ce mot) pour assaisonner certains mets. On le consomme abondamment sous le nom de *raisin* dans sa fraîcheur, ou conservé pendant plusieurs mois, comme l'un des fruits les plus délicieux. On en fait d'excellentes confitures sous plusieurs formes différentes. On en a extrait, avant de le faire fermenter, un sucre non cristallisable et déliquescent, qui, dans beaucoup de circonstances, a servi à remplacer le sucre de canne. Le raisin séché se conserve à merveille, et fournit un aliment fort agréable. Celui des pays méridionaux, qui contient beaucoup de sucre, est sous cette forme l'objet d'un commerce important. Mais c'est le jus du raisin cueilli bien mûr qui, après sa fermentation, devient, sous le nom de VIN (*voy.* ce mot), le plus important des produits de la vigne. Le vin aigri fournit le VINAIGRE, et c'est en distillant le vin que l'on obtient la meilleure EAU-

DE-VIE. Non seulement on distille les vins dans ce but, mais encore on distille les marcs de raisin après en avoir extrait le vin, et les lies après les soutirages, pour en extraire une eau-de-vie de seconde qualité. Enfin, la lie du vin, étant desséchée, se brûle pour faire de la cendre gravelée et de la potasse.

Nous donnerons quelques détails, à la fin de cet article spécialement consacré à la culture en grand de la vigne pour la fabrication du VIN, sur les usages du raisin dans l'économie domestique; nous consacrerons aussi un paragraphe à la culture des vignes en treilles, pour l'usage de la table.

Il serait au moins superflu de discuter sur la suprématie relative, comme éléments de la fortune publique et des fortunes privées, de la culture des vignes et de celle des autres grands produits de l'agriculture; mais on ne saurait trop déplorer l'énormité des impôts directs qui, outre des impôts indirects, très inégalement répartis, grèvent la culture des vignes, et qui maintiennent dans un état permanent de gêne et de misère la plus grande partie des petits vignerons, ou même des moyens propriétaires de cette nature de biens. Nous empruntons à ce sujet un passage à l'ouvrage que notre collaborateur M. le baron de Morogues a publié sous le titre d'*Essais sur les moyens d'améliorer l'agriculture en France*:

« Selon Rozier, tout terrain susceptible de donner de bon grain ne doit jamais être planté en vignes; ce serait, dit-il, mal entendre ses intérêts, et nuire à ceux de la masse générale de la société. Qu'on admette cette opinion ou qu'on la rejette, on ne saurait trop favoriser l'établissement des vignobles dans les lieux où ils peuvent prospérer.

« Ceci concerne le gouvernement encore plus que les particuliers. Il ne faut donc pas qu'il rebute les possesseurs des vignes par des taxes, d'autant plus dures qu'elles portent sur des vins de moindre valeur.

« Si l'on favorisait cette culture dans les lieux où le sol est médiocre, elle deviendrait la plus importante des pays qui ne peuvent abonder en blé. Elle devrait donc être ménagée par le fisc, qui, en ruinant les cantons propres à rendre le plus, viderait infailliblement le trésor qu'il possède.

« Les vignobles de Blois et de Mer ont souvent causé la ruine de leurs possesseurs par leur excessive fécondité, parce qu'alors les frais de vendange surpassaient la somme à laquelle la valeur des vins se trouvait réduite après le prélèvement de l'impôt. On sait d'ailleurs que partout il y a quelquefois des récoltes prodigieusement abondantes, et qu'il arrive alors qu'on en laisse périr une partie pour éviter les droits dont on serait écrasé. Cela a eu lieu en 1781 et 1811 dans les départements du Loiret et de Loir-et-Cher, quoique dans ces années la qualité des vins eût permis de les mettre en réserve. » (*Voy.* l'article IMPOTS, ci-dessus, t. XII, p. 365.)

« Je ferai observer, dit encore M. le baron de Morogues dans un opuscule que nous aurons occasion de citer de nouveau dans cet article, je ferai observer qu'on se trompe fortement quand, en comparant les produits des vignes à ceux des autres cultures, on conclut que partout les premiers sont de beaucoup plus considérables que les autres, par rapport aux frais qu'ils nécessitent. *L'avantage réel des vignes sur les terres semées en grains n'est que celui de la petite culture sur la grande;* les propriétaires de grands domaines, qui ne peuvent les soumettre par eux-mêmes à la petite culture, n'y adoptent la grande que faute de trouver assez de petits fermiers, ou pour s'éviter l'embarras de compter avec un trop grand nombre; tandis que les petits propriétaires et fermiers qui calculent sans routine aiment mieux mettre la portion la meilleure de leurs terres en luzerne, en safran, en colza, en garance, en tabac ou en chanvre, que de la laisser en vigne ; souvent même ils y sèment du blé, qui, cultivé à la houe, rapporte beaucoup plus que s'il était cultivé à la charrue. Les produits de la vigne, dont la valeur est si faible lors des récoltes très abondantes, sont si casuels, dans nos cantons du centre surtout, où un seul jour de gelée nous fait perdre la récolte d'une année entière, qu'il est impossible de les évaluer très haut [1].

« Que l'on calcule tous les frais que nécessite la petite culture, et la production de la vigne en particulier ; que l'on calcule aussi ses immenses avantages pour la France, et qu'on n'oublie pas que les terres médiocres doivent être préférées pour la vigne, relativement à la qualité du vin : alors on n'hésitera pas à reconnaître combien il importe de favoriser les petits cultivateurs, d'en multiplier le nombre, et d'encourager la plantation des vignes, en diminuant autant que possible les entraves que la nature des impôts indirects rend indispensables. On ne peut ôter ces impôts, mais ce serait les alléger beaucoup que de simplifier les formalités fiscales, et de rendre les droits proportionnels aux valeurs. Que l'on se rappelle que l'arpent de vigne de Lafitte, de Château-Margaux et de Haut-Briou, dans le département de la Gironde, rapporte, année commune, trois pièces de vin valant de cinq à six cents francs chaque, sur une terre à seigle qui ne produirait pas 12 fr., et l'on jugera de la haute importance de la vigne ; mais que l'on se rappelle aussi qu'un arpent de vigne d'Olivet, de Saint-André, ou des Muids, dans le département du Loiret, ne produit par an que quatre pièces de vin,

[1] La valeur vénale de l'arpent de vigne ne provient, dans la plupart des cantons du département du Loiret, que de l'industrie, des risques et des frais que son établissement a rendus indispensables. Il est hors de doute qu'une vigne en plein rapport doit se vendre très cher, puisqu'elle a causé de grandes dépenses et qu'elle a été longtemps sans produire ; mais en déduisant les frais et les retards, sa valeur n'excède pas de beaucoup celle des terres voisines.

qui, nues, ne valent que vingt francs chaque, et l'on jugera s'il est convenable et juste que ces dernières paient autant de droits que celles qui font la richesse des rives de la Garonne. »

Écoutons aussi M. Dussieux, qui avait bien étudié nos principaux vignobles :

« Il n'est pas besoin de recourir à l'autorité des écrivains pour établir la nécessité non seulement d'avoir à sa disposition un assez gros capital, quand on veut jeter les fondements d'un vignoble, mais même de posséder un revenu indépendant de celui qu'on peut en espérer quand il est parvenu à son plein rapport. Les frais indispensables de l'établissement d'une vigne, les fréquents travaux, les soins presque minutieux qu'elle exige pendant son enfance, la lenteur avec laquelle elle laisse comme échapper les premiers signes de sa reconnaissance, leur qualité médiocre et le peu de valeur qu'on y attache, justifient assez la première assertion. La preuve de la seconde, nous la trouvons dans les vicissitudes de sa reproduction. En effet, il n'est point de produit territorial sujet à autant de variations que celui-ci. Les blés, les prairies, les bois eux-mêmes ont bien à lutter aussi quelquefois, et avec désavantage, contre les tempêtes, les débordements, l'intempérie des saisons ; mais il est rare qu'ils soient atteints de ces fléaux pendant plusieurs années consécutives : encore l'effet de ces désastres n'est presque jamais tellement accablant que le cultivateur ne trouve dans le reste de ses récoltes quelques moyens d'indemnités, par le surhaussement du prix des denrées qui lui restent. Mais la chance courue par le propriétaire de vignes est tout autrement incertaine. Les vignes ont bien plus à redouter le terrible effet de la grêle et des orages, parce qu'elles y restent plus longtemps exposées ; de l'intensité et de la longueur du froid de nos hivers, parce qu'elles y sont plus sensibles ; du givre qui pèse sur les tiges et sur la partie des sarments qu sort des aisselles; des pluies équinoxiales qui s'opposent à la fécondation, d'où résulte ce qu'on appelle la *coulure*, c'est à dire la stérilité. Les étés humides, les gelées tardives du printemps, les gelées prématurées des automnes sont encore des causes de destruction ou de détérioration des produits de la vigne. Enfin, il est un autre fléau tellement particulier à cette plante, qu'il ne doit pas même être soupçonné dans les pays où elle n'est pas cultivée en grand; il est produit par l'abondance excessive de ses récoltes. En effet, quelquefois il arrive que les sarments sont tellement surchargés de grappes, que le prix des vaisseaux destinés à contenir la liqueur est double de celui qu'aura le vin qu'ils renfermeront.

« Si, dans toutes ou dans chacune de ces circonstances, le propriétaire n'a pas de forces suffisantes pour n'être pas sensiblement atteint, c'est à dire s'il ne peut résister, par des moyens pécuniaires, à la privation d'une ou de plusieurs récoltes consécutives; s'il ne peut attendre que son vin ait acquis une qualité que souvent le temps seul peut lui donner; s'il ne peut attendre l'époque, quelquefois assez éloignée, où le surhaussement nécessaire du prix le dédommagerait de ses premières avances, de ses déboursés de culture, des intérêts de ces sommes réunies, et du bénéfice qui doit être la conséquence de son industrie : c'en est fait de lui, de sa famille; les voilà tous dans la misère, et peut-être pour n'en sortir jamais. Ces exemples ne sont que trop fréquents parmi nous. Aussi, pénétrez dans nos pays vignobles; c'est là, il en faut convenir, que vous trouverez une nombreuse, une immense population; mais une population pauvre et misérable....»

« On peut, dit plus loin M. Dussieux, ranger sous trois classes principales le plus grand nombre des propriétaires de vignes, à savoir : les propriétaires résidents non ouvriers, qui font cultiver par autrui et qui récoltent par eux-mêmes; les propriétaires ouvriers vignerons, et les propriétaires, soit absents, soit résidents, qui sont dans l'usage d'affermer ou de faire cultiver et récolter à moitié fruits. Les premiers en général ne manquent pas, si l'on veut, des moyens strictement nécessaires aux premiers besoins; mais ils languissent, la plupart, dans un état de gêne, de médiocreté, qui seulement les laisse vivre, si j'ose m'exprimer ainsi. Leur manière d'être n'est pas la pauvreté elle-même; mais elle l'avoisine de si près, que les enfants ne peuvent aller chercher nulle part l'éducation, les connaissances qui procurent ou du moins tiennent lieu de la fortune. A la mort du chef de la famille, le domaine est divisé en autant de parts que l'on compte d'héritiers; et ceux-ci se trouvent introduits dans la classe des pauvres par cela même qu'ils sont devenus propriétaires, et qu'ils se reposeront infailliblement sur le genre de reproduction le plus incertain; car il n'a une valeur positive déterminée que pour ceux qui peuvent le calculer sur le taux moyen de sept années du revenu.

« Les ouvriers vignerons ont non seulement à lutter contre les funestes effets des divisions territoriales, bien plus multipliées encore dans cette classe que dans la première, parce que la procréation y est plus grande; mais encore contre les suites inséparables d'une culture essentiellement négligée. Pressés sans cesse par les besoins, sans cesse obligés de recourir à des salaires, incessamment tourmentés du désir de travailler leur propre héritage, ils se pressent, s'excèdent de fatigues, ne donnent partout que des façons incomplètes; et leur bien, comme celui du voisin qui les a occupés, languit dans le plus mauvais état de culture. Bien plus heureux sont les ouvriers vignerons qui, dégagés de la manie d'être propriétaires, savent borner leur ambition aux seuls bénéfices de leurs entreprises, parce que ceux-ci ne leur manquent jamais.

« Que dirons-nous de ceux qui composent la troisième classe, de ces insouciants et coupables propriétaires qui abandonnent aveuglément leur patrimoine vignoble à l'ignorance, à la paresse des ouvriers, ou à l'avidité des fermiers? Aucun genre de propriété n'est moins fait pour un tel abandon, parce qu'aucun n'est plus susceptible d'une prompte dégradation ou de dépérissement total. On peut bien appauvrir, stériliser même en quelque sorte une terre à blé par un mauvais assolement ou la privation des engrais; mais une ou deux années de soins suffisent communément pour lui rendre sa fertilité première. Une vigne livrée à elle-même pendant une année seulement est une vigne perdue à jamais. De grands capitaux, en raison de son étendue, et quinze années de travail, ne pourront obtenir les mêmes produits d'un terrain qu'elle couvrait. La patrie, qui ne peut être indifférente sur les succès ou sur les erreurs des propriétaires, parce qu'elle est intéressée à maintenir ses approvisionnements au dedans, et la réputation de ses vins au dehors, la patrie, dis-je, sera bientôt vengée. Le propriétaire marche vers sa ruine, et sitôt qu'il a manifesté son incurie, quelque riche qu'on le suppose, sa fortune a dû prendre une marche rétrograde. Champier remarquait, il y a plus de deux siècles, que les vins d'Orléans devaient le renom dont ils jouissaient à la surveillance, à l'extrême attention que les propriétaires apportaient soit à la culture des vignes, soit à la fabrication des vins. Ils ne s'en rapportaient qu'à eux seuls; ils formaient de ce travail leur unique occupation, et portaient jusque dans les moindres détails l'œil vigilant du maître. Au lieu que les Lyonnais et les Parisiens, distraits par leur commerce et leurs affaires, achetaient un vignoble plutôt comme un bien agréable que comme un bien utile, et en abandonnaient entièrement le soin à des mercenaires. « D'où

» vient, dit Liébaut, que rarement vous entendrez dans la conversation un Orléanais ou un Bourguignon se plaindre de ses vignes, et que vous entendrez au contraire un Parisien se plaindre sans cesse des siennes? C'est que l'un y veille lui-même, s'en occupe, tandis que l'autre s'en rapporte à un vigneron ignorant ou fripon. »

Nous avons parlé, au mot BAIL, de la spécialité des baux des vignes. (Voy. ce mot, ci-dessus, t. III, p. 133.)

Nous allons maintenant présenter un rapide aperçu de l'histoire naturelle de la vigne, en insistant principalement sur la différence et le choix des *plants* ou *cépages*. Nous traiterons des conditions de culture réclamées par la vigne, du choix du sol, de l'exposition, etc., puis nous exposerons les procédés d'une opération de grande importance, la plantation. Nous parlerons successivement de la taille, de l'ébourgeonnement (dont la pratique n'est pas générale), de la fumure, des façons à donner à la terre, et enfin de la vendange. Nous présenterons ensuite un tableau des crûs les plus notables de la France, et nous terminerons par quelques considérations sur la durée d'une vigne et sur les frais et les produits comparés de sa culture.

§ II. HISTOIRE NATURELLE DE LA VIGNE.

Art. 1ᵉʳ. *Description botanique.*

La vigne, *vitis*, est le type d'une famille naturelle et tout à fait isolée (*voy.* l'article FAMILLE DES PLANTES). Elle est originaire des climats chauds ou tempérés; la zone moyenne de l'Asie, l'Inde, l'Afrique et le Nouveau Continent en possèdent beaucoup d'espèces. Elle appartient à la pentandrie monogynie du système sexuel.

Une chose digne de remarque, et qui néanmoins est commune à toutes les plantes très anciennement cultivées, c'est que la nomenclature botanique et la synonymie de la vigne sont encore plongées dans une obscurité profonde et une confusion jusqu'à présent inextricable. Les botanistes ont étudié, distingué, classé, énuméré les espèces et les variétés d'une multitude de végétaux qui n'intéressent le plus souvent que la curiosité ou la fantaisie ; et rien de pareil jusqu'ici, sauf des essais partiels et plus ou moins incomplets, n'a été fait pour la vigne. Ce mot de vigne ne présente surtout aux cultivateurs que l'idée d'un être simple et d'une espèce unique ; ce qui, comme le fait justement remarquer M. Thouin, les a fait tomber, ainsi que beaucoup d'écrivains d'ailleurs éclairés, dans des erreurs graves sur l'étendue du climat propre à cette plante précieuse, sur ses facultés, sur ses propriétés et sur la nature de ses produits.

Au reste, c'est à la VIGNE COMMUNE, *vitis vinifera* Lin., que se rapporteront essentiellement les détails suivants.

Les branches de la vigne, comme celles de la plupart des plantes sarmenteuses, sont armées de vrilles *a* (*pl.* CCCXXV, *fig.* 3, ci-dessus, page 257) tournées en spirale ou en forme de tire-bourre, par le moyen desquelles elles s'accrochent aux corps étrangers qu'elles peuvent atteindre, pour se soulever et éviter le contact immédiat de la terre dont l'humidité pourrirait souvent les baies avant la maturité des semences.

La maîtresse racine ou pivot plonge en terre quelquefois très profondément, et elle se divise en bifurcations traçantes, d'où sortent un grand nombre de chevelus.

De ces racines s'élève une tige souvent tortueuse et toujours couverte d'aspérités produites par de gros nœuds, plus ou moins distants les uns des autres, et par une écorce de couleur brune, plus ou moins foncée, et si faiblement adhérente au liber qu'elle s'en détache continuellement, soit par écailles, soit en longs et étroits filaments. Ce fréquent changement des parties corticales annonce que son bois ne peut avoir d'aubier, par conséquent que toute la partie ligneuse du pourtour est d'une grande densité. En effet les tiges de cette plante sont propres, comme les bois les plus durs, à recevoir au tour toutes les formes qu'on veut lui donner, surtout quand elles sont vieilles et qu'elles ont acquis le volume auquel elles sont susceptibles de parvenir. Cette vieillesse et ce volume sont quelquefois très extraordinaires. Un plant de vigne abandonné à la seule nature, placé dans un sol et un climat qui lui conviennent, et qui trouve près de lui des appuis capables de résister à ses élans et aux efforts qu'il fait pour croître, acquiert un volume considérable et parvient à la plus étonnante longévité. Il en est tout autrement de celui que l'on taille, ou dont on retranche les sarments. La sève employée à leur renouvellement et à leur croissance se porte rapidement et sans mesure vers les extrémités ; ses éléments s'épuisent ; les canaux qui la filtraient se dessèchent, et la plante n'a rien d'extraordinaire ni dans son port ni dans sa durée. Il en est ainsi de tous les arbres : ceux qu'on est dans l'usage d'élaguer n'acquièrent jamais le volume de ceux dont les branches vieillissent avec eux.

Les anciens naturalistes et les voyageurs modernes sont d'accord entre eux sur la longue vie et sur les étonnantes proportions de la vigne dans son état agreste. Strabon, qui vivait au temps d'Auguste, rapporte qu'on voyait dans la Margiane des ceps d'une si énorme grosseur, que deux hommes pouvaient à peine en embrasser la tige : ils avaient de 10 à 12 pieds de circonférence. On en a vu d'aussi gros en Barbarie. C'est avec raison, dit Pline, que les anciens avaient rangé la vigne parmi les arbres, vu la grandeur à laquelle elle est susceptible de parvenir. Ce même natura-

liste parle ailleurs d'une vigne qui existait depuis six cents ans.

Les modernes savent que les grandes
portes de la cathédrale de Ravenne sont
construites de bois de vigne, dont les
planches ont plus de 12 pieds de hauteur
sur 8 pieds environ de largeur. Miller,
parlant des vignes d'Italie, dit que dans
certains territoires de ce pays il y a des
vignes cultivées qui durent depuis 300
ans, et qu'on y appelle jeunes vignes
celles qui n'ont qu'un siècle.

Les tiges de la vigne sont divisées,
dans leur jeunesse, par des nœuds ou
bourrelets *h h* (*pl.* CCCXXV, *fig.* 3),
plus ou moins renflés, d'où sortent les
pétioles des feuilles et des fruits, ainsi
que les vrilles.

Les feuilles, découpées en cinq lobes
inégaux et dentés, sont portées sur un
long pétiole presque cylindrique, et placées alternativement sur la tige. Leur
grandeur, la forme de leurs découpures,
leur couleur, varient beaucoup. Tantôt
elles sont planes, tantôt elles sont plus
ou moins tourmentées, tantôt elles sont
bullées. Leur surface inférieure est ou
glabre, ou hérissée de poils raides, ou
garnie de filaments blancs. Elles se colorent en automne ou de rouge, ou de
jaune, ou de brun.

L'œil et le bouton sont enveloppés par
trois ou quatre écailles coriaces, sous
lesquelles, surtout dans la partie supérieure, se trouve une bourre de couleur
blanche ou rousse, qui la garantit des
eaux de la pluie et des gelées de l'hiver.
Le BOURGEON reçoit quelquefois mal à
propos le nom de *bouton*.

La vigne est du nombre des arbres
qui développent toutes leurs feuilles et
leurs fruits sur le bourgeon ou la pousse
de l'année. Ce fait est d'une grande importance, car c'est sur lui qu'est fondée
une partie des principes sur lesquels
est appuyée la culture de la vigne.

Non seulement il faut un bourgeon
pour avoir du raisin, mais encore un
bourgeon sortant du bois de l'année

précédente. Tous ceux qui sortent du
vieux bois sont stériles.

Un bouton pointu indique un bourgeon stérile, c'est à dire qui ne portera
pas de grappes; au contraire, un bouton obtus, dont la forme se rapproche
de deux qui se seraient réunis, annonce
un bourgeon à fruit, d'autant plus fertile qu'il est plus gros.

Le fruit ou raisin est une baie qui
doit renfermer cinq semences osseuses,
en forme de cœur allongé, mais qui en
offre presque toujours moins, quelques
unes avortant. Ce fruit contient en outre deux matières de nature fort différente, la peau et la pulpe. A la surface
intérieure de la peau adhère une résine
colorée, ou en rouge, ou en gris, ou en
jaune, ou en blanc, qui détermine la
couleur du fruit; la pulpe est formée
d'une substance muqueuse incolore.

Un pied de vigne s'appelle un *cep*,
quelquefois une *souche* dans le langage
des vignerons. On dit aussi un *plant*, un
complant, un *cépage*, surtout quand
on veut désigner les variétés.

Après la vendange, on nomme *sarment* les bourgeons alors AOUTÉS. (*Voy.*
ce mot.)

On indique par les mots *courson*,
sifflet, et autres, la portion du sarment
qui a été laissée par suite de l'opération
de la taille.

Un sarment couché en terre prend le
nom de *provin* dans beaucoup d'endroits.

Lorsqu'on réserve un sarment de
grande longueur pour obtenir une plus
grande quantité de raisins, on appelle
ce sarment une *sautelle*, un *courbau*,
un *arc*, un *archet*, etc.

On doit à un botaniste anglais, Wil-
liam Capper, un curieux travail sur la
structure anatomique et la physiologie
de la vigne. Ce travail a été traduit en
français par M. de Moléon. (*Voy.* notre
bibliographie, t. Ier de ce Dictionnaire.)

XVII.   67

Art. 2. *Variétés françaises de la vigne commune.*

Nous avons déjà dit quelle confusion et quelle obscurité règnent encore sur la classification et la synonymie des espèces ou variétés de vignes cultivées dans nos nombreux vignobles. Le même cépage reçoit un grand nombre de noms différents, non seulement de département à département, de vignoble à vignoble, mais souvent de commune à commune dans le même canton. Le même nom, au contraire, réunit souvent des cépages différents dans des localités diverses. On comprend quelle inextricable confusion doit résulter d'un tel état de choses. Déterminer, par une étude comparative suivie avec tout le soin convenable, quelles sont les *espèces* véritablement distinctes, botaniquement parlant, que renferme la France; rapprocher de chaque espèce les variétés qui s'y rapportent, et qui pour le cultivateur constituent généralement les espèces ; établir pour ces espèces et ces variétés une synonymie complète, qui groupe près de chaque cépage les noms divers que lui assignent les habitudes locales, et restitue de même à chacun d'eux les noms identiques qui se rapportent à des plants distincts : tel est l'ouvrage que la France attend encore de son administration. Nous disons de l'administration, car elle seule en effet peut convenablement subvenir aux dépenses assez considérables qu'entraînera cette œuvre d'utilité générale, quel que soit d'ailleurs le mode d'exécution qu'on adopte. Rozier en premier lieu, puis MM. Dupré de Saint-Maur et Latapie dans la Gironde, enfin M. le comte Chaptal pendant son ministère, songèrent à ce grand travail et en tentèrent l'exécution, qui est restée partout imparfaite. M. Chaptal (1806) avait fait venir de tous nos départements viticoles une collection des cépages qui s'y rencontrent ; plus de 2,000 plants ainsi rassemblés ont été réunis dans ia pépinière du Luxembourg, où ils existent encore, et M. Bosc, qui s'était adonné dès longtemps à l'étude de nos vignobles, fut chargé de suivre la culture comparée de cette immense collection, qu'on a pourtant tout lieu de croire n'avoir pas été complète, et d'en dresser la synonymie. M. Bosc se livra avec ardeur à cette tâche difficile, que devait compléter une série de voyages agronomiques dans nos diverses régions viticoles ; mais bientôt surgirent des difficultés telles que cette grande entreprise est restée sans plus de succès que les précédentes. On a beaucoup critiqué le plan de MM. Chaptal et Bosc ; différents agronomes ont proposé d'autres moyens d'exécution, dont on peut voir le détail dans l'ouvrage de M. Lenoir : nous n'avons pas à nous occuper de cet objet, quelle qu'en soit d'ailleurs la haute importance. En attendant, ce que nous hâtons de tous nos vœux, que le travail synonymique des vignobles de France soit fait, force nous est de nous borner à recueillir les informations déjà rassemblées, et à présenter un tableau aussi complet que possible des résultats obtenus jusqu'à ce jour. MM. Dussieux, Bosc, Cavoleau et Julien seront nos principaux guides, outre un assez grand nombre d'informations particulières que nous mettrons à profit.

Tous les pays où on cultive la vigne depuis longtemps en offrent des pieds qui croissent naturellement dans les haies et les buissons, où elles ont été semées par les oiseaux, mais jamais dans les grands bois. Ces vignes, fort communes dans le midi, s'y nomment *labrusques*. On peut facilement les utiliser pour fortifier les HAIES.

Les produits du labrusque sont faibles et de peu d'apparence, comme ceux de la plupart des végétaux non cultivés. Ses grains sont petits, d'un noir foncé, et couverts d'une fleur qui disparaît sous les doigts quand on les touche. Sa grappe est courte en raison de sa grosseur; elle est divisée en trois parties, parce que celle du milieu est surmontée de deux petites grappes latérales, en ailes. Le suc qu'on en exprime est d'une couleur rouge foncée et d'un goût très acerbe, avant sa maturité complète. Ses feuilles, profondément découpées, contractent avant de tomber une couleur presque cramoisie.

Dans le catalogue suivant, nous présenterons successivement la liste des principaux cépages répandus dans nos vignobles, en commençant par ceux du Nord-Est. Les départements les plus septentrionaux où la vigne soit cultivée en grand sont ceux des Ardennes et de l'Aisne; car ce qu'on en cultive dans la Somme et le Calvados ne mérite pas d'être pris en considération, soit quant à la qualité, soit quant à la quantité des vins qu'on en retire.

Liste des noms des principales espèces de vignes cultivées dans les vignobles de France.

I. *Vignobles de la Lorraine.*

MOSELLE.

Gros noir *ou* coulard.
Produit peu. Vin excellent.
Petit *ou* menu noir.
Diffère peu du pineau franc.
Gros pineau.
Petit pineau.
Diffèrent peu des deux précédents.
Auxois *ou* Auxerrois.
C'est le *pineau gris* de Bourgogne. Vin délicat de peu de garde.

Vert noir.
Aubin rouge.
Heime rouge.
Heime blanc.
} Produisent beaucoup.

Marengo noir.
Bon vin.
Noir de Lorraine *ou* gros bec.
Bon vin.

Vert blanc.
Rouge blanc.
Petit blanc.
Gros blanc.
Foireux blanc.
Liverdun.
} Mauvais vin.

Diffèrent de celui de Lorraine.

Bouquet.
Patte de mouche.

Une partie des vins fins ayant été détruits dans les froids de 1789, on les a remplacés par de gros plants qui résistent mieux aux intempéries et produisent beaucoup de vin, mais de qualité inférieure.

MEURTHE.

Pineau noir.
Ne paraît pas différer du franc *pineau*.
Pineau gris *ou* blanc, *ou* ascrot.
Donne, ainsi que le précédent, le meilleur vin.
Petit noir.
Diffère peu du pineau de Bourgogne. Donne un des meilleurs vins.
Liverdun *ou* Éricé noir.
Diffère peu du pineau noir. Très bon vin.
Verdunois.
Plus abondant, mais moins estimé.
Verdunois blanc.
Moins productif; meilleur vin.
Aubin blanc.
Très productif.
Jacmard *ou* Renard.
Got *ou* gouais.
Très abondant. Mauvais vin.
Gouais blanc.
Mêmes qualités.
Petite blonde.
Très bon vin blanc.
Éricé blanc.
Mauvais vin.
Gamet.
Grosse race.
Fil d'argent.
C'est le *Bar-sur-Aube*, variété de chasselas à peau dure; on en tire du bon vin, mais faible et de peu de garde.
Facan.
Autre variété de *chasselas* qui ne se cultive qu'en treilles, mais qui passe pour donner du vin de bonne qualité.

VOSGES.

Pineau de Bourgogne.
Éricé noir.
Gamet.
Facan blanc.
Grosse.

MEUSE.

Pineau noir *ou* **franc pineau.**

Donne le meilleur vin.

Pineau blanc *ou* **blanc de Champagne.**

Excellent vin.

Auxois *ou* **pineau gris.**

Bon vin de garde.

Liverdun noir.

Paraît être le *bourguignon* des autres vignobles; il paraît se confondre aussi avec le *saumoireau* ou *pied du roi* des environs de Paris et de l'Orléa- nais, répandu beaucoup plus au midi et vers ses affluents, sous les noms de *côt*, *côte rouge*, *pied de perdrix*, etc. Beaucoup de vin, dur, mais de longue garde.

Fignolette blanc.
Varenne noir.
Gouais violet. } Produisent de mau-
Teinturier.   vais vin.
Gouais noir et blanc.
Congnette noire.

C'est le *pulsare* du Jura. Produit beaucoup et donne de bon vin.

Vert plant, gros plant, grosse race.

Très abondant, très commun.

Gamet *ou* **hameye.**
Aubain.

II. *Vignobles de la Champagne.*

ARDENNES.

Mauzac.
Plant gris.
Plant doré.

C'est le *pineau noir*.

Chasselas blanc.
Bourguignon rouge.
Chanet.
Chardonnet.

Toutes ces variétés se retrouvent dans la Marne.

MARNE.

Rouge doré.
Plant doré.

Ces deux espèces se rapprochent beaucoup ou plu- tôt se confondent avec les *pineaux* de Bourgogne. Peuplent presque exclusivement les vignobles de la côte de Reims.

Meunier *ou* **plant de Brie.**
Chasselas dur *ou* **Bar-sur-Aube.**
Gouais blanc *ou* **Marmot.**

Dans les vignobles d'Aï, d'Avenai, Mareuil,

Hautviller, Damery, etc., on classe de la manière suivante les divers plants :

Espèces donnant les meilleurs vins :

Petit plant doré.

C'est le vrai *pineau* de Bourgogne. Donne le vin le plus fin, mais charge peu.

Gros plant doré noir.

Fait la base des vignobles d'Aï, de Reims et d'Épernay. Très rapproché du *pineau franc*.

Gros plant gris.

Moins fin que le précédent, auquel il ressemble.

Petit blanc.
Chasselas blanc.

C'est le *Bar-sur-Aube*.

Muscat blanc.
Muscat noir.
Gros plant vert.

Inférieur aux précédents, mais encore bon. Dur aux gelées.

Plant verdilasse.
Languedoc blanc.
Enfumé noir.

Variétés qui donnent les plus mauvais vins.

Gouais blanc.
Gros gouais blanc.
Marmot blanc.
Gouais de Mardeuil.
Plant doux.
Gouais noir.
Meunier noir.
Teinturier noir.

Dans le vignoble d'Épernay, on distingue :

Demi-plant noir.

Diffère très peu du *pineau de Bourgogne*. C'est le plus ancien plant du pays, et celui qui donne le meilleur vin blanc.

Pineau noir vrai.

C'est le *plant doré noir* d'Aï. Plus productif que le précédent. Compose le fond des vignes.

Petit plant doré.

Bon vin, charge peu.

Gamet blanc *ou* **épinette.**

Regardé par tous les vignerons comme le *pineau blanc*. Bon vin.

HAUTE-MARNE.

Bourguignon.
Gouais blanc.
Gamet noir.
Facan.

Assez rapproché du *pineau blanc*, et donne du très bon vin.

Pineau.

Damery.

Gentil.

Donne de très bon vin. Est peu sensible aux gelées.

Fromenteau.

Bourdelais.

Chasselas.

Teinturier.

Malin noir.

Melon blanc.

Parisien.

Paraît être le même que le *morillon blanc.*

AUBE.

Vins rouges.
{
Pineau rouge de Bourgogne.

Pineau franc *ou* gamery.

François *ou* bachet.

Gamet noir.

Gouais.

Arbane.
}

Donne le meilleur vin.

Blancs.
{
Fromenté.

Bon vin.

Bar-sur-Aube *ou* chasselas dur.

Gamet.

Pineau.

Purion.
}

Très mauvais plant.

Fromenteau violet.

C'est le *pineau gris.* Vin délicat.

SEINE-ET-MARNE.

Pineau.

Meslier.

Meunier *ou* plant de Brie.

Tresseau.

Saumoireau.

C'est le *plant de roi* des départements voisins.

Fromentin.

Rochelle.

Gamet.

Gouais.

III. *Vignobles de l'Ile-de-France.*

SEINE-ET-OISE.

Cépages noirs :

Meunier.

Gamet.

Murelot *ou* Languedoc.

Morillon.

Plant du roi *ou* bourguignon.

Charge beaucoup et donne un assez bon vin. Très supérieur au *gamet*, qu'il pourrait et devrait remplacer partout où ce dernier est admis en considération de son abondance.

Pineau franc.

Noireau *ou* négrier.

Saumoireau.

Cépages blancs :

Meslier.

Bourguignon *ou* feuille ronde.

Morillon.

Gouais.

Rochelle.

Muscadet *ou* pineau gris.

SEINE.

Mêmes cépages que dans Seine-et-Oise.

OISE.

Cépages non observés. Probablement les mêmes que dans les départements circonvoisins.

AISNE.

Bon noir.

Pineau très voisin du *pineau franc*. Donne le meilleur vin et en abondance. Résiste bien aux gelées.

Bon blanc.

Mêmes qualités. Se rapproche beaucoup du *pineau blanc.*

Roméré blanc.

Inférieur au précédent.

Vert blanc.

Tardif.

Esplein vert (rouge).

Gamet noir.

Gouais noir.

Gouais blanc *ou* melon.

Meunier

Pendillard rouge.

IV. *Vignobles du Calvados.*

EURE.

Cépages noirs :

Noirion.

Meunier.
Muscat noir.

Cépages blancs :

Meslier.
Gros blanc.
Coquillart.
Muscat blanc.

V. *Vignobles de l'Orléanais.*

EURE-ET-LOIR.

Cépages rouges :

Avernat *ou* auvernat.

C'est le *pineau noir* de Bourgogne.

Meunier.
Morillon.

Cépages blancs :

Meslier.
Blanc de Beaune.
Danneville.

LOIRET.

Cépages rouges :

Auvernat rouge.

Donne les meilleurs vins, mais peu.

Auvernat gris.

Donne plus, mais vin moins délicat.

Saumoireau.

C'est le *plant du roi* des environs de Paris.

Fromenté.
Gascon.

Donne beaucoup, mais gèle souvent.

Gamet.
Gouais.
Noir *ou* teinturier.

Vin peu abondant et de peu de saveur, mais très coloré, qui sert à colorer les autres vins.

Cépages blancs :

Auvernat.
Blancheton.
Framboisé.
Meslier.
Gamet.
Genetin.

Rend peu ; mais vin très bon.

Gros blanc. } Rendent beaucoup.
Petit blanc. } Vin médiocre.

Les plants autrefois les plus répandus comme cépages rouges étaient les deux *auvernats* ; depuis une vingtaine d'années, on leur a substitué, dans beaucoup de fonds, le *saumoireau* et le *fromenté*, qui chargent beaucoup plus, mais donnent des vins de moindre qualité. D'un autre côté, l'*auvernat* a remplacé dans beaucoup de crûs les plants moins distingués du gamet et du gouais.

LOIR-ET-CHER.

Cépages rouges :

Auvernat franc.

Le même que l'auvernat du Loiret.

Lignage.
Meunier.

Ce sont les deux plants les plus répandus.

Gros noir.
Cahors.

Couvre entièrement les vignobles de la côte du Cher.

Cépages blancs :

Auvernat.
Meslier.
Sauvignon.
Blancheton.
Herbois.
Gouais.

Occupe les trois cinquièmes des vignobles.

VI. *Vignobles du Maine.*

SARTHE.

Pineau noir et blanc.

Donne le meilleur vin.

Verret noir.

Productif.

Mancel noir.

Charge beaucoup. Mûrit avant le pineau. Bon vin.

Gouais *ou* foirard blanc-jaune.

Productif et précoce.

Meunier *ou* verjutier blanc.

Charge beaucoup. Tardif.

Morillon noir et blanc.
Vignar.
Petit doin.
Arabot noir et blanc.

MAYENNE.

Très peu de vignobles. Probablement les mêmes cépages que dans la Sarthe.

VII. *Vignobles de la Bretagne.*

LOIRE–INFÉRIEURE.

Muscadet.	⎫ Cépages blancs.
Gros plant.	⎬ Le muscadet est celui
Pineau.	⎭ qui produit le plus.

Les départements d'Ille-et-Vilaine et du Morbihan ont quelques vignobles, mais insignifiants, et qui diminuent graduellement. La culture du premier offre ici plus d'avantages.

VIII. *Vignobles de l'Anjou.*

MAINE–ET–LOIRE.

Pineau blanc.
  Occupe la plus grande partie des vignobles.

Gouais.
Bordelais noir.
Breton.
  Paraît être le même que le bordelais.

Plant de Caux.

IX. *Vignobles de la Touraine.*

INDRE–ET–LOIRE.

Pineau *ou* pinaut blanc, le gros et le menu.

Orléans *ou* petit arnaison noir.
  C'est le vrai *pineau franc* de Bourgogne.

Malvoisie.
  C'est le *pineau gris* de Bourgogne, le *fromenteau* de Champagne. Dans quelques cantons du midi, on donne à ce même plant le nom de *Tokai*.

Arnaison rouge.
  Ces trois plants donnent le *vin noble* de Joué.

Côt.	⎫
Grosleau.	⎪
Meunier.	⎬ Bons cépages rouges.
Morillon.	⎪
Macé doux.	⎪
Sudunais.	⎭

  Produit beaucoup. C'est le *picardan* du Languedoc.

Auvernat gris.
  Produit beaucoup.

Gros noir *ou* teinturier.
  Communique aux vins une couleur foncée.

Blanc semillon.	⎫
Surin.	⎪
Arnaison blanc.	⎪
C'est le *pineau blanc* de Bourgogne.	⎬ Cépages blancs.
Gois.	⎪
Verdet.	⎪
Charge beaucoup.	⎭
Tendrier.	⎫
Auberon.	⎪
Fromenteau.	⎪
Bordelais.	⎪
Aunis.	⎪
Viret.	⎪ Composent les vigno-
Salais.	⎬ bles de l'arrondisse-
Fié.	⎪ ment de Loches.
C'est le sauvignon des vignobles plus méridionaux.	⎪
Côte-rôtie.	⎪
Confort.	⎪
Franche noire.	⎭
Chenin.	⎫
Paraît être identique au *pineau blanc*.	⎪
Breton rouge.	⎪
Breton blanc.	⎬ Dans les vignobles de l'arrondissement de Chinon.
Se rapproche beaucoup du *chenin* et du *pineau blanc*.	⎪
Pineau noir.	⎪
Foirault.	⎪
Vigne-folle.	⎭

X. *Vignobles du Berri.*

INDRE.

On n'a point observé les variétés de ce département.

CHER.

Cépages rouges :

Pinet *ou* pineau.
  Le plus commun dans les vignobles de Sancerre. Donne le meilleur vin.

Teinturier.
Grand-noir.

Cépages blancs :

Pinet gris.
Sauvignon.
Meslier.
  C'est le plus estimé.

XI. *Vignobles de la Marche.*

HAUTE-VIENNE.

Pineau noir et blanc.
Sauvignon.
Folle blanche.
Augustine blanche.

XII. *Vignobles de l'Auvergne.*

CANTAL.

Fort peu de vins. Cépages non décrits, probablement les mêmes que ceux du Puy-de-Dôme.

PUY-DE-DÔME.

Nérou simple.
Nérou double.
Donne un des meilleurs vins.
Gamet lyonnais.

XIII. *Vignobles du Bourbonnais.*

ALLIER.

Lyonnais blanc.
C'est le *gamet.*
Lyonnais.
Bon vin.
Menu héraud.
Tressalier blanc.
Gros noir.
Plant sauvage.
Saint-Pierre blanc.
Excellent à manger.
Spin.
Spin de Cahors.
Spin héraud.
Spin rouge.
Mourlauche blanche.
C'est un chasselas.
Gros gris cordelier.
Vache rouge.
Magdeleine.
C'est le morillon hâtif.
Bourguignon blanc, gros et petit.
Cordelier gris.
C'est le pineau gris.
Maillonne.
Verdurant.

Sauvignon.
Sachon *ou* tachant.

XIV. *Vignobles du Nivernais.*

NIÈVRE.

Cépages rouges :
Grand noir.
Pinet *ou* pineau.
Teinturier.

Cépages blancs ;
Pinet.
Sauvignon.
Meslier.

XV. *Vignobles de la Bourgogne et du Beaujolais.*

A l'exemple de M. Julien, nous réunissons aux vignobles de la Bourgogne ceux du Beaujolais (arrondissement de Villefranche, département du Rhône) en raison de l'analogie naturelle et commerciale des vins de ces vignobles, qui n'ont au contraire que fort peu de rapports avec ceux du Lyonnais.

YONNE.

Pineau noir.
Pineau blanc.
Donnent le meilleur vin.
Tresseau *ou* verreau.
Ronçain. } Bon vin.
Plant de roi *ou* quille de coq.
Gamet.
Très abondant, mais mauvais vin.
Saumoireau.
Meslier.
Gouais.
Plant vert.
Donne, avec le pineau blanc, la meilleure qualité du vin de Chablis.

CÔTE-D'OR.

Cépages noirs :
Noirien *ou* morillon.
C'est le pineau noir. Ce cépage est le plus estimé en Bourgogne, et a culture est partout dominante. C'est ce plant qui, transporté au Cap, y donne le fameux vin de Constance.
Burot *ou* Beurot.
Ce cépage porte encore les noms de *pineau gris, muscadet* et de *fromenteau violet.* Très bon vin,

mais peu abondant. Le raisin est presque identique à celui du *Tokaï* de Hongrie.

Mâlain, plant de Pernand, plant d'Abraham.

Tient le milieu entre le noirien et le gamet.

Giboudeau *ou* giboulot.

M. Morelot regarde ce cépage comme une variété voisine du mâlain.

Gamay *ou* gamet, pineau à grosse tête, Melon noir.

Produit beaucoup, mais du vin inférieur.

Cépages blancs :

Pineau blanc, chardenay *ou* cardonnet.

Vin fin.

Alligotet.

Bon, quoique inférieur au précédent.

Gamay blanc.

Plant dominant dans les vignobles de la plaine, en descendant vers la Saône. Les remarques sur le gamet rouge lui sont applicables.

Melon.

Diffère peu du précédent.

SAÔNE-ET-LOIRE, et arrondissement de Villefranche du département du RHÔNE (ancien Beaujolais).

Cépages rouges :

Noirien, pineau de Bourgogne *ou* bourguignon.

Produit les meilleurs vins.

Chanay.

Très bon vin, mais très peu productif.

Giboudeau.
Cep rouge.
Bronde.

Vins communs.

Cépages blancs :

Chardonnay.

C'est le *pineau blanc*. Fournit les bons vins de Pouilly.

Bourguignon.
Gamay blanc.

XVI. *Vignobles de la Bresse.*

AIN.

Chetuan.
Perpignan.
Pelosard.
Persune.

XVII.

Berlette.
Foirat.
Negret.
Verdet.
Meslier rouge.
Roussette.
Mollian blanc.
Gamet blanc.
Gros plant (rouge).
Mandouze.
Mornan blanc (*chasselas*).
Pecou rouge.
Gouan blanc.
Materolle.
Laguien.
Mettie.

C'est le *pulsare* du Jura.

Les cépages les plus répandus sont, en rouges, le *chétuan*, le *négret*, le *meslier*, le *gros plant* et le *mandouze*; en blancs, le *mornan*, le *gamet*, le *gouan*, le *mollian* et la *roussette*.

XVII. *Vignobles de la Franche-Comté.*

JURA.

Cépages rouges :

Raisin perlé, *ou* pulsare, pandouleau, noirien.

Il aime une terre substantielle, calcaire ou argileuse; le vin est généreux, excellent, soit en rouge, en blanc, ou en clairet; sa taille diffère de celle des autres variétés en ce qu'il ne faut pas la faire sur les plus forts sarments, mais sur les intermédiaires. On lui donne, suivant sa force, une ou deux grandes *courgées*, *archets* ou *anses de pot*, sans craindre d'allonger; il ne demande pas à être provigné souvent : c'est la variété la plus précieuse pour planter dans les terres grasses et humides.

Pineau, morillon, savagnin.

Produit du vin excellent; il demande une terre légère et siliceuse, l'exposition du levant et du couchant; les gelées sont peu à craindre pour lui; il mûrit huit jours avant les autres variétés. Son seul défaut est d'être peu productif. On le taille en petites courgées de six à sept nœuds; il demande à être provigné souvent.

Petit baclan *ou* dureau, duret.

Terre forte et argileuse, exposition au levant et au midi; sa taille est en petites courgées de six à sept nœuds; il mûrit bien; son vin est très coloré, abondant et de bonne qualité.

Gros baclan, gros plant, mourland noir.

Charge beaucoup, mais donne un mauvais vin. Rare.

Tresseau, troussé, grand picot, plant modot.

Préfère la terre forte, aime le midi et le couchant, brave les gelées; vin abondant, mais dur; taille en courgées moyennes, ébourgeonnement rigoureux.

Meunier *ou* **enfariné.**

Se contente d'une terre maigre, craint peu la gelée; précoce, vin passable.

Petit gamet.

Craint les gelées du printemps, mais repousse des raisins lorsque cet accident lui arrive. Il demande à être provigné souvent; son vin est passable.

Il ne faut pas confondre ce gamet avec le *gros gamet* qui fait un vin plat. Ce dernier, qui se trouve aussi dans quelques vignobles du Jura, est le vrai *gamet de Bourgogne*.

Muscat noir.

Hâtif.

Teinturier.

N'est cultivé que pour colorer les autres vins.

Argan, Arbois *ou* **margillin.**

Mauvais vin.

Taquet.

Mauvais vin.

Maldoux.

Vin détestable. Mais il charge beaucoup et craint peu les gelées.

Gros plant de Provence.
Petit plant de Provence.
Gros moisy *ou* **mézy noir.**

Ces trois variétés sont rares.

Cépages blancs :

Sauvignon *ou* **savagnin jaune.**

Terre argileuse, exposition au midi et au couchant; fait un vin doux, produit beaucoup; on le taille en longues courgées.

Savagnin.

Mûrit tard, mais charge beaucoup; son vin est très spiritueux; on le taille en petites courgées; terre siliceuse ou calcaire, exposition au midi et au couchant.

Fromenteau gris.

C'est le *pineau gris* ou le *fauve* de plusieurs autres vignobles; terre graveleuse, exposition chaude; mûrit bien; fait un vin excellent; produit médiocre; taille en petite courgées.

Chasselas *ou* **mourland.**

Délicieux à manger, à garder et à sécher; mûrit bien et est de bon rapport. On le taille alternativement en sifflet et en courgées; son vin est doux et sucré, mais plat.

Feuille ronde *ou* **sauvignon blanc, gamet blanc.**

Vient partout et produit beaucoup. Vin médiocre.

Pulsare blanc.
Pulsare blanc d'Espagne.

C'est le *Ciotat*. Il est rare.

Melon de Bourgogne.

Souvent confondu avec le gamet blanc.

Guache *ou* **guenche blanc, foirard blanc.**

Se rapproche beaucoup du *gouais* de l'Aube.

Serguin *ou* **tresseau blanc, trousseau.**

Mauvais vin.

Pineau de Salins *ou* **Mezy.**

Fort éloigné des véritables *pineaux*. Charge beaucoup, mais donne un vin sans qualité.

DOUBS.

Noirien *ou* **pineau franc de Bourgogne.**

Donne le meilleur vin.

Gamet noir.

Charge beaucoup. Vin inférieur.

Gamet blanc.

Mêmes remarques.

Bon blanc.
Breguin.
Treijean.
Ganche.
Luisant blanc.
Grapenaud.
Pulsare.

HAUTE-SAÔNE.

Pineau franc noir.

Donne le meilleur vin.

Pineau blanc.
Noirien *ou* **pineau de Bourgogne.**
Gamet noir.

Espèce la plus cultivée dans ce vignoble.

Melon *ou* **gamet blanc.**
Luisant blanc.
Ferney blanc.
Meslier jaune et vert.
Plant d'Arbois.

XVIII. *Vignobles de l'Alsace.*

BAS-RHIN.

Chasselas.
Muscat rouge.

Muscat blanc.
Kléber rouge.
Kléber blanc.
Rieslin blanc.
Produit le meilleur vin et le plus durable.
Rohlender.
Salvener.
Veldeline.

HAUT-RHIN.

Blancs.

Burger.
Commun et très productif. Tient le milieu entre les espèces tardives et les précoces.
Gros riesling.
Saveur sucrée, souvent chaud et aromatique, ainsi que le suivant.
Petit riesling *ou* kini perlé.
Tokai.
Analogue au *pineau gris* ou *burot* de bourgogne, nommé ailleurs *fromenteau*, *auxois*, *malvoisie*, etc. Il ne faut cependant pas les confondre.
Silvain.
Gentil blanc *ou* weis edel.
Chasselas.

Colorés.

Tokai gris.
Peu différent du *pineau gris*. Excellent vin.
Gentil gris.
Gentil rose.
Gentil noir.
Pineau.
Teinturier.
En petite quantité. Seulement pour la coloration des autres vins rouges.

XIX. *Vignobles du Dauphiné.*

ISÈRE.

Ce département a trois sortes de vignes, les *hautains*, les *treillis* et les *vignes basses* (*voy.* ci-après).
Les cépages qui peuplent les bons crûs se réduisent à deux :
Sérine.
Vionnier.

DRÔME.

Les trois modes de culture de la vigne employés dans l'Isère sont également connus ici.
Toute la côte de l'Ermitage est peuplée des mêmes cépages, qui sont :

En rouges :

Grosse siras.
Petite siras.

En blancs :

Marsane.
Roussane.

HAUTES-ALPES.

Les cépages répandus dans ce département, les mêmes selon toute apparence que ceux des départements voisins, n'ont été ni observés ni décrits. Bosc mentionne, comme variétés nouvellement introduites, le *Dufour* et le *grand tournier.*

XX. *Vignobles de la Provence.*

BASSES-ALPES.

Mêmes cépages que dans les Hautes-Alpes, le Var et les Bouches-du-Rhône ; n'ont pas été particulièrement observés.

VAR.

Les cépages de ce département sont dans le même cas que ceux des Basses-Alpes. (*Voy.* le département suivant.)

BOUCHES-DU-RHÔNE.

Manosquen *ou* téoulier.
On croit qu'il provient du pineau de Bourgogne.
Uni noir *ou* uni négré.
Olivette noire.
Ces trois variétés sont précoces.
Plant d'Arles.
Brun fourcat.
Petit brun.
Ces trois variétés sont moins précoces que les précédentes.
Catalan.
Mourvèbre *ou* morvégué.
Rozier croit à tort que c'est le *pineau* de Bourgogne. Il produit de meilleurs vins.
Bouteillan.
Uni rouge *ou* uni roux.
Ces quatre variétés sont tardives. Tous les cépages ci-dessus nommés donnent des vins rouges.
Olivette blanche.
Panse commune *ou* panseau.
Panse muscade.
Muscat blanc.

Plant de demoiselle *ou* raisinet.
Guillaumé.
Plant salé.
Plant de saint Jean.
Plant de Languedoc.
Plant pascal *ou* pascau.
Aubier.
Clairetti *ou* claretto.
Rondéia.
Uni blanc.
Junin *ou* raisin de la Madelaine.
Esparguins.
Barbaroux.
Figanière.
Damagne.
Rognon de coq.
Monastère.
Crussen.
Verdal *ou* verdeau.
Aragnan blanc.
Aragnan muscat.
Gros sicilien blanc.

Ces quatre cépages, avec la panse commune et la panse muscade, donnent les raisins que l'on prépare à Roquevaire, et qui sont répandus dans le commerce sous le nom de *raisins secs*.

VAUCLUSE.

Piquepoule.
Grenache.

Ces deux plants donnent les meilleurs vins.

Terret.
Mourrus.
Bérar.
Connoise.
Tuito.
Vacarize.
Clairette.
Picardan.
Bourboulengue.

XXI. *Vignobles du Lyonnais.*

RHÔNE.

Nous avons déjà mentionné, en les annexant à ceux de la Bourgogne, les vignobles de la partie septentrionale du département du Rhône (arrondissement de Villefranche), qui était comprise dans l'ancien Beaujolais.

Serine noire.

Vionnier blanc.

Ces deux cépages, que nous avons déjà rencontrés en Dauphiné, forment exclusivement les vignobles de la *Côte-Rôtie.*
Persaigue.

Produit beaucoup plus que les précédents, mais en qualité fort inférieure.

LOIRE.

Les cépages de ce département n'ont pas été particulièrement étudiés. On peut juger, par la nature des vins du commerce, que ces plants sont les mêmes que ceux du reste du Beaujolais et de la Bourgogne.

XXII. *Vignobles du Languedoc.*

HAUTE-LOIRE.

Cépages non observés. Pas de vins distingués.

LOZÈRE.

Mêmes remarques que sur le département de la Haute-Loire.

ARDÈCHE.

Grosse sirrah.
Petite sirrah.
Grosse roussette.
Petite roussette.

Les deux premiers cépages fournissent les vins de Cornas et de Saint-Joseph; les deux derniers, les vins blancs de Saint-Péray.

On voit que les cépages sont à peu près les mêmes ici que dans le département de la Drôme, dont le Rhône seul sépare celui de l'Ardèche.

GARD.

D'après une notice fournie à M. Bosc par M. Vincens-Saint-Laurent, les cépages de ce département sont les suivants :

Cépages noirs :

Alicante *ou* grenache rouge.
Espar.
Ulliade.
Piquepoule noir.
Ugne.

Ces quatre espèces sont très hâtives, productives, et donnent du vin de bonne qualité.

Calitor.

Hâtif, très productif.

Moulan.

Hâtif, vin mat.

Spiran.

Peu hâtif, vin fin.

Terret.

Très productif, vin médiocre.

Maroquin.

Tardif.

Cépages rouges :

Muscat rouge.

Hâtif, peu parfumé.

Spiran.

Peu hâtif, très délicat.

Piquepoule bourret.

Vin médiocre.

Terret bourret.

Tardif, vin plat. C'est l'espèce dominante dans le département.

Clairette.

Tardif, productif, bon vin.

Maroquin bourret.

Tardif.

Raisin de pauvre.

Bon à manger. Peu employé à faire du vin.

Cépages blancs :

Madelaine.

Très hâtif, bon à manger.

Ugne lombarde.

Ugne.

Très hâtif, productif, bon vin. C'est le *gros pineau blanc* de l'Anjou, le *chenin* de la Vienne.

Muscat.

Hâtif, vin excellent.

Malvoisie *ou* marnésie.

Hâtif, très bon à manger.

Muscat grec *ou* d'Espagne.

Hâtif; le meilleur pour faire le vin sec.

Juby.

Hâtif, productif, bon vin.

Doucet.

Hâtif, vin médiocre, douceâtre.

Calitor.

Hâtif, détestable au goût, vin médiocre.

Colombeau.

Peu hâtif, productif, vin de bonne qualité; sa végétation est la plus vigoureuse.

Galet.

Peu hâtif, bon à manger, très bon vin; employé pour faire des raisins secs.

Servan.

Peu hâtif, bon à manger.

Clairette.

Tardif, bon à manger; se conserve longtemps, très bon vin.

Muscat de madame.

Tardif, bon à manger; propre à être conservé.

Saoule bouvier.

Tardif, bon à manger, sujet à la pourriture, productif, vin médiocre.

On cultive, dans les vignes des côtes du Rhône, outre les espèces ci-dessus :

Le *bourboulez*, qui est le même que le *mornain* blanc, etc.

Le *chérès*, dont le fruit est aussi excellent à manger que le vin en est pétillant et agréable à boire.

HÉRAULT.

Les cépages de ce département, qui n'ont pas été spécialement étudiés, sont généralement les mêmes que ceux du Gard. On y trouve aussi des *muscats*, des *grenades*, des *picardans*, des *plants de Calabre* (tirés d'Espagne) et quelques autres.

TARN.

Cépages non étudiés.

AUDE.

Carignane *ou* crignane.

Ribérine.

Terret.

Piquepoule noir.

Piquepoule gris.

Grenache.

Ces plants sont ceux qui produisent les meilleurs vins rouges.

Il en existe beaucoup d'autres.

Le vin doux et mousseux connu sous le nom de *blanquette* de Limoux est le produit d'un plant nommé *blanquette* ou *clairette*.

HAUTE-GARONNE.

Cépages non décrits.

XXIII. *Vignobles du Roussillon.*

PYRÉNÉES ORIENTALES.

Les vins d'exportation sont produits par

Le grenache rouge *ou* Alicante.

Le mataro.

La crignane.

On obtient des vins plus agréables quoique aussi spiritueux que les précédents, avec

Le piquepoule noir.

Le picquepoule gris.

Bon plant,

Le terret.

Le vin blanc de Rodez en Conflent est le produit du grenache blanc.

La blanquette donne aussi de très bon vin blanc.

On fait le vin de Rivesaltes avec

Le muscat rond blanc.

Le muscat alexandrin.

Le muscat de Saint-Jacques.

XXIV. *Vignobles du pays de Foix.*

ARIÉGE.

Cépages non observés. Vins mauvais ou médiocres. La culture en *hautains* est dominante.

XXV. *Vignobles du Comminges, de la Bigorre et du Béarn.*

HAUTES-PYRÉNÉES.

Mêmes remarques que pour le département précédent. Les cépages sont probablement les mêmes, sinon aussi nombreux que dans les Basses-Pyrénées. Les vins dits de Madiran sont produits par le plant *tannat*.

BASSES-PYRÉNÉES.

Les vins rouges de Jurançon et de Gan sont produits par les quatre cépages suivants :

Pinène.

Mensenc *ou* menseing.

Mouren.

Tannat.

Les vins blancs de Jurançon sont produits par les plants suivants :

Réfiat.

Menseing gros et petit.

Claverie.

Aulban.

Courtoisie.

XXVI. *Vignobles de la Guyenne.*

LANDES.

Cépages peu ou point observés. La culture en *hautains* très répandue.

Le plant nommé *claverie* est celui qui produit le vin du Cap-Breton ; ce vignoble est établi sur des dunes de sable, qui bordent le golfe de Gascogne.

Il est remarquable que ce vignoble, si mal situé, produit le meilleur vin du département.

GIRONDE.

C'est dans ce département que sont situés les vignobles renommés de Médoc, de Graves, de Lafitte, de Palus et autres, qui donnent les vins compris sous la dénomination générale de vins de Bordeaux.

Les quatre cépages les plus estimés du *Médoc* sont les suivants :

Carmenot, sauvignon *ou* carbenets.

Le plus répandu, c'est le *breton* ou *carbenet* des bords de la basse *Loire.*

Petit verdot.

Mancin.

Malbec.

Les suivants fournissent plus de vin, mais moins bon.

Carmenot.

Carménègre *ou* carménéré.

Embalouzat.

Parde *ou* œil de perdrix.

Pele-averille.

Le plus mauvais vin de tous.

Les cépages rouges des vignobles de *Graves* sont les suivants :

Vuidure, grande et petite.

Vuidure sauvignon.

Estrangey.

Enrageat noir.

Les variétés des vignobles de *Saint-Macaire* sont, outre le *Mancin* :

Grapus.

Pardot.

Mousouzéré.

Les vignes hautes des *Palus* sont composées de plants de *verdot* ou *pardot*, *balouzet* ou *embalouzat* et *mancein* ou *mancin.*

Dans les vignes basses de *la Brède*, on cultive, outre le *sauvignon*, les cépages suivants :

Enrageat *ou* folle blanche.

On le nomme aussi *piquepont*.

Prunéla *ou* prunilla.
Semillon.
Blanc verdet.

Les vignes blanches moyennes de *Graves* sont composées des mêmes plants. On y trouve aussi le cépage suivant :

Muscadelle.

Nommée aussi *cosse musquette*.

Le *semillon*, le *sauvignon* et la *cosse musquette* ou *muscadelle* composent aussi le fonds de ce qu'on nomme vignes blanches moyennes des côtes, mêlés avec les cépages suivants :

Blanc auba.
Blanquette.
Chalosse.

On distingue la *chalosse dorée* et la *grosse chalosse blanche*.

Malvoisie.

Enfin, on nomme encore, parmi les cépages de la Gironde, les suivants, dont plusieurs peut-être se confondent avec ceux qui précèdent.

Gros verdot.
Merlot.
Massoutet.
Pétouille.
Cioutat.
Petite chalosse noire.
Cruchinet rouge.
Pied de perdrix.

Tous ces cépages sont rouges. Les suivants donnent des vins blancs.

Muscadet doux *ou* résinote.
Cruchinet blanc.
Blanc muscat.
Blagnais.
Verdot gris.

DORDOGNE.

Cépages rouges :

Verdot.
Carmenin.
Fer.
Navarre.
Côte-rouge.

C'est l'*Auxerrois* ou *pied de perdrix* du Lot, le *pied du roi* ou *saumoireau* des vignobles du Loiret et des bords de la Seine, le *côt* du Poitou et de la Touraine.

En blanc :

Semillon.

Blanc doux.

Muscat fou.

Le *semillon* et le *muscat fou* produisent les meilleurs vins blancs de *Bergerac*.

LOT ET GARONNE.

Pied rouge.

Produit les meilleurs vins; on croit que ce plant est le même que l'*Auxerrois* du Lot.

Les bonnes qualités de vin blanc se font avec les plants suivants :

Meunier.
Mauzac.
Plant de dame.
Malvoisie.

LOT.

Les vins noirs, dits *de Cahors*, sont produits par le cépage suivant :

Auxerrois *ou* pied de perdrix.

C'est le *plant du roi* ou *saumoireau* des vignobles septentrionaux.

Les vins ordinaires sont produits par les plants nommés

Rouget.
Manzars noir.
Auxerrois commun, à pédoncule vert.

TARN ET GARONNE.

Cépages non décrits.

GERS.

M. Dralet, dans sa Topographie du Gers, dit, en parlant des vignes : « Les noms qu'on donne aux variétés varient de canton à canton. Ces noms excèdent peut-être le nombre de cent, tandis que dans le fait les variétés n'excèdent pas celui de vingt. » Ce sont, jusqu'ici, les seuls renseignements que nous possédions. Seulement nous savons que le cépage nommé *piquepoule blanc* produit les vins dont on retire, par la distillation, les eaux-de-vie d'Armagnac.

AVEYRON.

Cépages non décrits.

XXVII. *Vignobles du Limousin.*

CORRÈZE.

Les cépages préférés pour la qualité

'et l'abondance de leurs produits sont, dans l'ordre de leur mérite :

En rouges :

Magrot *ou* pied noir.
Fromental.
Bordelais.
Meister *ou* gaste-terre.
Bru.
Mancès.
Gros agrier.
Vermeil.

Appelé aussi *morot* et *lestrong*.

Picard.
Pic-poule.
Périgord.

En blancs :

OEil de perdrix.
Petite blanque donzelle.
Grosse blanque donzelle.
Bécudel.
Fumat.
Mancès blanc.
Bouillant.

Les cépages des vignobles de la partie de l'ancien Limousin comprise aujourd'hui dans le département de la Haute-Vienne, et que nous avons mentionnés plus haut, se rapportent plutôt avec ceux qui forment le fond des vignobles du nord et de l'est, avec lesquels nous les avons rangés, qu'avec ceux du midi, à la classe desquels appartiennent les cépages de la Corrèze.

XXVIII. *Vignobles de l'Angoumois.*

CHARENTE.

Les cépages les plus généralement cultivés sont :

En rouges :

Balzac.
Degoûtant.
Pineau.
Chauché.
Maroquin.

En blancs :

Folle-blanche.
Bouilleau.

Blanc-doux.
Colombar.
Sauvignon.
Saint-Pierre.

L'eau-de-vie dite *de Cognac* est tirée du vin fourni par la folle-blanche.

XXIX. *Vignobles de la Saintonge et de l'Aunis.*

CHARENTE-INFÉRIEURE.

On y cultive les mêmes espèces que dans la Charente.

Tous les vins sont très médiocres dans ces deux départements.

XXX. *Vignobles du Poitou.*

VIENNE.

Cépages rouges :

Caulis *ou* côt.

C'est la *côte-rouge* de la Dordogne, le *saumoireau* ou *plant du roi* des environs de Paris, etc.

Vigneronne.
Gros breton.
Petit breton.
Lacet *ou* noir lacon.
Salais *ou* épicier.
Doucin.
Balzac.
Vicarne.
Orléas, noir-teint *ou* teinturier.
Meunier.
Bordelais.

Cépages blancs :

Nantais *ou* chenin blanc.

Espèce vigoureuse. Donne le meilleur vin. C'est le *gros pineau blanc* de l'Anjou.

Verdin.
Foireau.
Fiès jaune.
Fiès vert.
Folle.

Donne un vin capiteux, qui n'est pas de garde.

Gouai.
Pineau blanc.
Groseiller.
Fromentau.
Vicarne blanc.

DEUX-SÈVRES.

Cauché *ou* pineau noir.

Dégoûtant noir.

Plus productif.

Folle blanche.

Même variété que celle de la Vienne.

VENDÉE.

Ne récolte que de mauvais vins.
Mêmes cépages que ceux des Deux-Sèvres.

XXXI. *Vignobles de l'île de* CORSE.

Sciaccarello.
Angiola *ou* pisana.
Trebiano.
Paradisa.
Ambrostina forte et dolce.
Nera romana.
Moscadello.
Pinzutello.
Malvasia *ou* vernantino blanc.
Barbizono.
Aleatico.
Brustiano blanc.

On assure que le *sciaccarello* donne d'excellent vin de liqueur.

Tous ces plants se rattachent à l'Italie plus qu'à la France.

Malgré l'imperfection de la longue liste que nous venons de recueillir des cépages qui composent les vignobles de la France, déjà on peut tirer de ce qui précède quelques remarques générales dignes d'intérêt.

1° La plus grande partie des vignobles situés au dessus du 46ᵉ degré de latitude, c'est à dire ceux de la plus grande partie du bassin de la Loire, ceux des bassins de la Seine, de la Meuse, de la Moselle, du Rhin et de la Saône, c'est à dire, pour ces derniers bassins, les vignobles de la Bourgogne, de la Champagne, de la Lorraine, de l'Alsace et de la Franche-Comté, sont principalement formés par les *Pineaux* et leurs nombreuses variétés. Cependant on a cru reconnaître, en Alsace et dans la Franche-Comté, un fond de cépages essentiellement distinct des pineaux, aussi bien que ceux des autres départements plus méridionaux. Cette remarque aurait besoin d'être plus approfondie.

2° Après les pineaux et les plants qui s'y rapportent, les cépages qu'on peut regarder comme spécifiquement distincts dans nos vignobles du nord sont en premier lieu le *Meunier*, plant robuste, mais de peu de qualité; en second lieu, le *Gamet*, que d'anciennes ordonnances des ducs de Bourgogne ont qualifié d'infâme, et qui ne doit la grande extension qu'il a acquise dans nos vignobles du nord, malgré la mauvaise qualité de ses produits, qu'à son extrême abondance. Le *Saumoireau* ou *Plant du roi* ou *Côt*, des environs de Paris, de l'Orléanais et de la Touraine, connu encore sous plusieurs autres noms dans d'autres vignobles, le remplacerait avec avantage. Le *Gouais* est encore un plant inférieur très répandu dans nos vignobles du nord.

3° Parmi les autres plants qu'on peut regarder comme spécifiquement distincts des pineaux, dans la région du nord de la France, il faut citer les *Carbenets* ou *Bretons*, principalement répandus vers la partie inférieure du cours de la Loire, et aussi au sud de ce fleuve; et le *Pulsare* ou *Pendoulau* du Jura. Tous deux sont noirs et donnent des vins estimés.

4° Au sud de cette zone viticole dont les 45ᵉ ou 46ᵉ degrés marquent à peu près la limite, on ne voit plus de plant qui, par l'étendue et l'universalité de sa culture, puisse être comparé aux pineaux. Un grand nombre de cépages, la plupart distingués, composent le fond des vignes de nos départements du midi. Beaucoup d'entre eux ont une origine espagnole incontestable. Parmi ces plants du midi de la France, qu'on peut regarder comme constituant des espèces distinctes, il faut citer les *Muscats*, le *Grenache*, le *Semillon*, les *Sauvignons*, l'*Enrageat* ou *Folle-Blanche*, la *Blanquette*, le *Picardan*, les *Picpoule*, le *Mataro*, le *Crignane*, les *Sirras*, les *Roussanes*, le *Mourvèbre*, la *Sérine* et le *Vionnier*.

5° Il faut enfin mentionner un cépage répandu dans tous les vignobles de la France, mais surtout dans ceux du centre et du nord. C'est celui qui porte les noms de *Teinturier*, *Gros noir*, etc. Ce n'est pas pour lui qu'on le cultive, mais seulement pour relever les vins pâles.

Nous consacrerons plus loin un paragraphe spécial aux variétés cultivées dans les jardins, pour la table.

Nous n'allongerons pas cet article de détails purement statistiques ou qui se rapportent plus spécialement à la géographie agricole de la France, détails beaucoup plus convenablement placés dans le tableau général de notre agriculture, que nous avons tracé dans le premier volume de cet ouvrage; cependant nous croyons devoir joindre ici, comme complément utile de la nomenclature qui précède, un tableau sommaire des crûs de la France les plus en renom pour la qualité des vins qu'ils produisent; nous extrayons ce tableau de l'ouvrage de M. Lenoir.

Vignobles du nord.

MARNE. (*Champagne.*)

Vins rouges.	Vins blancs.
Verzy.	Le Clozet.
Verzenay.	Sillery.
Mailly.	Aÿ.
Saint-Basle.	Mareuil.
Bouzy.	Hautviller.
Clos-Saint-Thierry.	Pierry.
	Dissy.
	Cramant.
	Avise.
	Oger.
	Le Mesnil.
	Épernay.
	Taizy.
	Ludes.
	Chigny.

Vins rouges.	Vins blancs.
	Villers–Allerand.
	Cumières.

AUBE. (*Champagne.*)

Les Riceys.
Balnot-sur-Laigne.
Avirey.
Bagueux-la-Fosse.

YONNE. (*Bourgogne.*)

Côtes des Olivottes.	Vaumorillon.
Id. de Pitoy.	Les Grisées.
Id. de Perrière.	Le Clos.
Id. des Préaux.	Valmur.
Clos de la Chaînette.	Grenouille.
Id. de Migraine.	Vaudésir.
Id. de Clairion.	Bouguereau.
Id. de Boivins.	Mont-de-Milieu.
Quetard.	Chablis.
Pied-de-Rat.	
Chapotte.	
Judas.	
Rosoir.	
Iranci.	
Coulanges.	

CÔTE-D'OR. (*Bourgogne.*)

La Romanée-Conti.	Montrachet.
Chambertin.	Chevalier–Montrachet.
La Perrière.	
Le Richebourg.	Bâtard-Montrachet.
Musigny.	Les Perrières.
Clos-Vougeot.	La Combotte.
La Romanée-Saint-Vivant.	La Goutte-d'Or.
	Les Genévrières.
La Tâche.	Les Charmes.
Le Clos-Saint-Georges.	Le Santenot.
	Blagni.
Id. de Prémeau.	Le Rougeot.
Id. du Tart.	Meursault.
Les Porets.	
La Mantroie.	
Les Bonnes-Marres.	
Clos à la Roche.	
Id. de Bèze.	
Id. de Saint-Jacques.	
Id. de Mazy.	
Id. de Veroilles.	
Id. de Morjot.	
Id. Saint-Jean.	

Vins rouges.	Vins blancs.
Vosne.	
Nuits.	
Chambolle.	
Volnay.	
Pomard.	
Beaune.	
Morey.	
Savigny.	
Meursault.	
Gevrey.	
Chassagne.	
Aloxe.	
Blagny.	
Santenay.	
Chenove.	

SAÔNE-ET-LOIRE. (*Bourgogne.*)

Vins rouges.	Vins blancs.
Moulin-à-Vent.	Pouilly.
Thorins.	Fuissey.
Chenas.	Solutré.
Fleury.	Chaintré.
Romanèche.	
La Chapelle-Guinchey.	
Mercurey.	
Givry.	

JURA. (*Franche-Comté.*)

Vins rouges.	Vins blancs.
	Arbois.
	Château-Châlons.
	Pupillin.
	L'Etoile.
	Quintigil.

BAS-RHIN. (*Alsace.*)

Vins rouges.	Vins blancs.
	Molsheim.
	Wolxheim.

HAUT-RHIN. (*Alsace.*)

Vins rouges.	Vins blancs.
Guebwiller.	Rufat.
Turkeim.	Pfaffenheim.
Riquewir.	Enguisheim.
Ribauvillé.	Inguersheim.
Thann.	Mittelweyer.
Bergoltzell.	Hunneweyer.
Katzenthal.	Amerschwir.
Kaisersberg.	Kientzheim.
Sigolzheim.	Babelheim.
Vins de liqueur, dits de *paille*.	

Vignobles du midi.

DRÔME. (*Dauphiné.*)

Vins rouges.	Vins blancs.
Côte de l'Ermitage.	Côte de l'Ermitage.
Croses.	Merceurol.
Merceurol.	Die.
Gervant.	Vin de paille de l'Ermitage.

VAUCLUSE. (*Provence.*)

Vins rouges.	Vins blancs.
Coteau-Brûlé.	
Clos de la Nerthe.	
Id. de Saint-Patrice.	

RHÔNE. (*Lyonnais.*)

Vins rouges.	Vins blancs.
Côte-Rôtie.	Condrieux.
Vérinay.	

LOIRE. (*Lyonnais.*)

Vins rouges.	Vins blancs.
	Château-Grillet.

ARDÈCHE. (*Languedoc.*)

Vins rouges.	Vins blancs.
Cornas.	Saint-Péray.
Saint-Joseph.	Saint-Jean.

HÉRAULT. (*Languedoc.*)

Vins rouges.	Vins blancs.	Vins de liqueurs.
Chuzelan.	Frontignan.	
Tavel.	Lunel.	
Saint-Geniès.	Marscillan.	
Lirac.	Pommerols.	
Ledenon.	Maraussan.	
Saint-Laurent-des-Arbres.		
Cante-Perdrix.		

PYRÉNÉES ORIENTALES. (*Roussillon.*)

Vins rouges.	Vins blancs.
Bognols.	Rivesaltes, vin de liqueur.
Cosperon.	
Coullioure.	
Toremila.	
Terrats.	

BASSES-PYRÉNÉES. (*Béarn.*)

Vins rouges.	Vins blancs.
Jurançon.	Jurançon.
Gan.	Gan.

LANDES. (*Guyenne.*)

Vins rouges.	Vins blancs.
Cap-Breton.	
Soustons.	
Messange.	
Vieux-Boucaud.	

Vins rouges.	Vins blancs.
GIRONDE. (*Bordelais.*)	
Clos de Lafitte.	Saint-Bris.
Id. de Latour.	Carbonieux.
Id. de Château-	Poutac.
Margaux.	Sauternes.
Id. de Haut-Brion.	Barsac.
Id. de Rozan.	Preignac.
Id. de Gorse.	Beaumes.
Id. de Léoville.	Langon.
Id. de Larose.	Cerons.
Id. de Brane-Mou-	Pujols.
ton.	Ilats.
Id. de Pichon -	Landiras.
Longueville.	Virelade.
Id. de Calon.	Sainte - Croix - du-
Les premiers crûs de	Mont.
Pauillac.	Loupiac.
Pessac.	
Saint-Estèphe.	
Saint-Julien.	
Castelnau-de-Médoc.	
Cantenac.	
Talence.	
Mérignac.	
Côtes de Canon.	

DORDOGNE. (*Guyenne.*)	
La Terrasse.	Monbassillac.
Pécharmont.	Saint-Nessans.
Les Farcies.	Sancé.
Campréal.	
Sainte-Foy-des-Vignes.	

LOT-ET-GARONNE. (*Guyenne.*)	
	Clairac.
	Buzet.

Il y a des vins fort bons sur les bords de la Loire.

On cite avec éloge :

Dans le département du Cher, les vins blancs de Pouilly, bons et légers.

Dans le département du Loiret, les vins rouges de Guigne, très bons et délicats ; de Beaugency, bons et sains ; de Saint-Ay, de Saint-Jean de Bray, de Sandillon et de Saint-Denis, bons et légers ; les vins blancs de Saint-Mesmin, bons et légers.

Dans le département d'Indre-et-Loire, les vins blancs de Vouvray, doux et capiteux, vendus ordinairement pour la Hollande.

Dans le département de Maine-et-Loire, les vins blancs de Saumur, de Doué, de Martigné, agréables, mais très capiteux.

Art. 3. *Des différents modes de reproduction de la vigne.*

« La vigne, dit M. Thouin, naît de ses graines, comme presque tous les autres végétaux.

« Elle se multiplie de marcottes, en provins, de crossettes, de boutures et de greffes.

« La voie de propagation par les semences est employée à peu près exclusivement par la nature. Les cultivateurs en font peu d'usage : ils savent, en effet, que les individus nés de semences sont beaucoup plus longtemps à donner leurs fruits que ceux que l'on obtient par d'autres moyens. D'ailleurs, les bonnes variétés de vigne étant le résultat d'une longue culture, leurs graines ne produisent que des individus dont la plupart rentrent dans l'état sauvage.

« La greffe de la vigne a pour objet non seulement de changer en bonnes variétés les variétés mauvaises ou médiocres, mais d'utiliser des souches et des racines d'individus déjà robustes, pour obtenir des produits plus précoces, plus agréables et surtout plus utiles.

« La multiplication par marcottes est employée pour rajeunir de vieilles cultures de vignes, remplacer des ceps morts, augmenter le nombre des individus, et fournir des plants enracinés pour établir de nouvelles plantations.

« Enfin, le plus souvent on a recours aux boutures simples et aux crossettes, pour multiplier en grand les bonnes espèces de raisins. »

Nous allons successivement passer en revue ces divers modes de propagation de la vigne, en nous arrêtant principa-

lement sur ce qui intéresse plus particulièrement les vignerons.

Semis.

Lorsqu'on veut obtenir des races de
vignes plus appropriées à la nature du
climat et du sol dans lequel on cultive,
et par conséquent plus rustiques que
celles des contrées étrangères, on sème
des graines récoltées dans le pays même.
On fait la même chose lorsqu'on veut
donner naissance à de nouvelles variétés ; mais dans ce cas, on tire les semences des vignobles qui abondent en
variétés différentes, et qui ont de la réputation pour la qualité de leurs vins.
Enfin, on peut se servir encore du même
moyen pour constater les espèces, les
distinguer des simples variétés, et reconnaître les souches auxquelles ces
dernières appartiennent. C'est la seule
manière d'arriver à des opinions certaines à cet égard.

Les raisins dont on veut semer les
pépins doivent être cueillis en état de
parfaite maturité, conservés aussi longtemps que possible pendant l'hiver qui
suit leur récolte. Les grains sont tirés
de leurs baies pour être semés au premier printemps. On les répand sur une
terre meuble de nature sablonneuse, à
l'exposition du levant, soit en planches,
en rigole, ou en auget, soit en caisses,
en terrines ou en pots. L'essentiel est
de ne les recouvrir que de 3 à 4 lignes,
et de les arroser souvent pendant la
première année.

Le jeune plant peut être repiqué en
pépinière dès le printemps suivant, et
mis en place après la troisième ou
quatrième année. Vers la douzième, les
ceps commenceront à donner des fruits,
dont il sera dès-lors facile d'apprécier
la valeur. Ce moyen est encore très
utile pour régénérer la race des vignes
appauvries par une longue succession
de multiplications par boutures et par
marcottes.

Il fournit aussi, pour la greffe, des
sujets beaucoup plus rustiques, de plus

longue vie et plus vigoureux que ceux
qu'il est possible d'obtenir par toute autre voie.

Dans son *Traité de la culture de la
vigne et de la vinification*, M. Lenoir
présente, au sujet du semis de la vigne,
quelques considérations que leur importance nous engage à reproduire.

Ces considérations sont basées sur le
passage suivant de l'article *Vigne* écrit
par M. Dussieux pour la continuation
du *Cours d'agriculture* de Rozier :

« Un pépin de ce raisin (le verjus)
» semé, il y a plusieurs années, dans le
» jardin très connu du chevalier de
» Jansens à Chaillot, près Paris, a pro-
» duit une variété dont le fruit par-
» vient à la maturité la plus complète.
» Ses sarments poussent avec une vi-
» gueur extrême et couvrent déjà une
» grande partie de murailles. Le fruit
» de cette variété est excellent ; elle
» porte, on ne sait trop pourquoi, le
» nom de *vigne aspirante*. »

M. Lenoir s'étonne qu'on n'ait pas
aperçu les conséquences capitales d'un
fait aussi remarquable et aussi intéressant. « Il y a pourtant là, ajoute-t-il, le
germe d'une révolution tout entière,
qui éclora tôt ou tard dans nos vignobles !

« Si, continue M. Lenoir, l'espèce de
vigne qui, sous le 49ᵉ degré, donne les
plus mauvais fruits, a pu produire par
le semis une variété qui en porte d'excellents, que ne doit-on pas attendre du
semis, lorsque les graines seront fournies par des espèces recommandables
déjà par les qualités de leurs raisins ?

« La variété obtenue chez M. Jansens
paraît avoir fructifié de bonne heure ;
ne serait-ce pas parce que, élevée en
treille, elle s'est trouvée dans la position la plus convenable à sa nature vigoureuse ?

« Ne serait-ce pas par la raison contraire qu'une vigne semée par Duhamel
n'avait pas encore porté de fruits après
12 ans de culture ?

« Si on avait voulu élever en cep la

vigne de M. de Jansens, il est vraisemblable qu'elle n'aurait pas porté de fruits.

« Parmi les vignes sauvages dont les espèces sont connues et décrites, il y en a qui grimpent jusqu'au sommet des plus grands arbres ; d'autres sont basses et s'élèvent à peine au dessus des buissons. Nos vignes proviennent de ces espèces primitives ; des siècles de culture et de multiplication par bouture et par greffe ont pu en améliorer les fruits et en dénaturer le port, élever les unes et abaisser les autres ; mais la nature conserve le type des espèces dans les semences : lors donc qu'on sème des pépins de raisins de diverses espèces, les plants qui en proviennent doivent différer entre eux par la force de leur végétation, suivant la nature des espèces primitives auxquelles ils appartiennent. Si on les soumet tous au même mode de culture et de taille, sur un sol semblable, il doit arriver qu'un grand nombre ne porteront pas de fruits, ou n'en porteront qu'après avoir été longtemps fatigués par une culture mal entendue.

« La vigne est vraisemblablement, de tous les végétaux, celui dont on peut attendre le plus de variétés par le semis.

« La multitude de celles qui existent déjà et dont un grand nombre sont cultivées à la fois dans chaque vignoble, doit opérer chaque année une foule de fécondations résultant de l'action simultanée des poussières séminales d'espèces différentes : il n'y a pas de doute qu'en semant les pépins provenant de ces fécondations adultères, on n'obtienne beaucoup de nouvelles variétés.

« Il y a sans doute des espèces plus susceptibles que d'autres de produire, par le semis, des variétés utiles ; ces espèces ne pourront être reconnues que par des expériences multipliées. Jusque-là on peut faire des essais sur toutes, et les espèces les plus méprisées donne-

ront peut-être des résultats très avantageux.

« L'excellente variété obtenue du semis d'un seul pépin de verjus est un exemple frappant des succès qu'on peut attendre de ces expériences.

« Je n'exclus même pas de ces essais les espèces qui sont encore à l'état sauvage. Il y en a plusieurs, surtout en Amérique, qui donnent des fruits assez bons, que la culture rendrait encore meilleurs. Ces espèces, multipliées par le semis, donneraient peut-être des variétés très intéressantes, ne fût-ce que par la propriété de résister aux intempéries, que les espèces auxquelles elles devraient leur origine supportent très bien sous le climat le plus variable de notre hémisphère. Ces espèces communiqueraient peut-être, par la greffe, leur tempérament robuste à nos vignes [1].

« Il y a, en ce genre, une foule d'essais à faire avec l'espoir d'obtenir des résultats utiles. Si quelque chose a droit d'étonner, c'est que parmi le grand nombre d'amateurs de culture qui se sont livrés à des recherches minutieuses et souvent futiles, il n'y en ait aucun qui ait entrepris de faire, avec suite et persévérance, des essais sur la propagation de la vigne par le semis.

« Certes, si on avait fait pour la vigne ce qu'on a fait pendant longtemps pour les œillets, les tulipes et les oreilles d'ours, ce qu'on fait aujourd'hui pour les roses, les dahlia, etc., on en aurait obtenu un nombre immense de variétés, parmi lesquelles il y en aurait eu de très recommandables.

« Pour faire avec succès des semis de pépins, il faut conserver les raisins jusqu'aux approches du printemps : si les raisins pourrissent, les semences n'en seront que plus mûres et plus propres à la végétation.

« On sèmera les pépins dans des ter-

[1] Les vignes d'Amérique étant toutes dioïques, il s'agirait de savoir si elles supporteraient la greffe de nos vignes. C'est une expérience fort aisée à faire, et qui mérite d'être faite.

rines à fond plat, percées de trous et remplies d'un mélange de bonne terre légère, avec un peu de terreau totalement consommé ; les pépins ne seront recouverts que d'un demi-pouce de terre.

« Les terrines seront enfoncées dans une couche sourde, ou au pied d'un mur bien exposé où elles puissent être abritées des pluies froides du printemps et des gelées tardives. Il sera bon de prendre aussi quelques précautions pour défendre les pépins contre les ravages des souris et des mulots qui en sont très friands.

« Si le plant est faible, on le laissera passer la seconde année dans les terrines qui, dans tous les cas, seront resserrées à l'abri pendant l'hiver. Si le plant est vigoureux, on le lèvera en motte pour le mettre en pleine terre, le printemps suivant, dans de petites tranchées ouvertes à une bonne exposition et protégées par des abris ; pendant l'hiver, le terrain de la plantation sera recouvert avec de la paille brisée : toutes ces précautions sont indispensables pour la conservation du jeune plant.

« Il est inutile de dire que la plantation doit être souvent binée et toujours nette d'herbes : on laissera pousser librement le jeune plant sans l'ébourgeonner.

« On taillera de manière à déterminer des pousses vigoureuses ; et, lorsque le sarment aura acquis une force suffisante, le plant sera provigné au printemps suivant ; on aura soin, en faisant cette opération, de n'enterrer que les trois ou quatre premiers nœuds du sarment, de manière à pouvoir tailler sur le quatrième ou le cinquième, qu'on laissera hors de terre.

« La culture de ces plants sera ensuite continuée comme celle d'une vigne faite, en réglant la taille d'après la force de chacun.

« Si quelques plants montrent une vigueur extraordinaire, ce sera en vain qu'on essaiera de les réduire, en allongeant la taille : le seul parti à prendre sera de les relever pour les placer en treilles le long d'un mur.

« Lorsque des plants auront donné du fruit, il sera possible de porter un premier jugement sur sa qualité, par sa saveur : si elle est très sucrée, quoiqu'en même temps acerbe ou acide, le plant devra être conservé, parce qu'il y a lieu d'espérer que le fruit s'améliorera avec le temps ; d'ailleurs différents faits paraissent prouver que le principe acerbe passe à l'état de matière sucrée, soit dans le fruit même, lorsque la maturité se prolonge, soit dans l'acte de la fermentation.

« Si la saveur est fade et douceâtre, il n'y a rien à attendre : il faut détruire le plant.

« Indépendamment de la saveur du fruit, il faut considérer, dans chaque plant, l'époque de son développement et celle de la maturité ; car une variété qui n'aurait, sur celles que l'on cultive, que l'avantage d'un développement plus tardif ou celui d'une maturité plus précoce, serait par cela seul très précieuse.

« Lorsqu'un plant, soit par la qualité de ses raisins, soit par l'une des circonstances développées ci-dessus, ou d'autres encore, paraîtra mériter qu'on le propage, on y procédera par la voie de plant enraciné ; et aussitôt qu'on pourra réunir 12 ou 15 livres de raisins, on s'occupera de les convertir en vin.

« Si quelques plants ne se mettent pas à fruit dans la seconde année après le provignage, le cep sera provigné de nouveau et greffé sur les principaux sarments, ou sur le tronc. Les greffes seront prises sur le sujet même : il sera bon aussi d'en insérer quelques unes sur un cep déjà fertile, mais moins vigoureux.

« On aura soin, en semant, de mettre à part les pépins provenant de chaque espèce de raisins, et on prendra les précautions nécessaires pour ne pas confondre les plants qui en naîtront : par ce moyen, il sera facile de reconnaître les espèces dont la multiplication par le semis présente le plus de chances d'obtenir quelques variétés utiles.

« Tout cela exige une assez longue suite de soins minutieux ; mais l'acquisition d'une seule variété recommandable par ses qualités serait une ample compensation de toutes les peines qu'on aurait prises. »

Marcottes ou provignage.

Le procédé de MARCOTTAGE (*voy.* ce mot) le plus généralement employé pour multiplier la vigne, dans la culture en grand, est le suivant. Appliqué ainsi à la vigne, ce procédé reçoit le nom de *provignage*.

Le provignage, qui précède de quelques jours l'époque de la taille dans les pays du nord et du centre de la France, se fait lorsque la sève, commençant à monter dans les sarments, les rend plus flexibles et plus faciles à être courbés sans se rompre. Dans les parties du midi où l'on taille à l'automne (*voy.* ci-après, § IV), on réserve les rameaux qu'on veut provigner, et on ne les marcotte qu'au commencement du printemps, en même temps qu'on effectue le premier labour.

Le moment favorable étant arrivé, on commence par déchausser les ceps tout autour de leurs souches, à la profondeur de 8 à 15 pouces, sur environ le double de diamètre ; on fait choix des sarments les plus sains et les plus forts ; ils doivent être placés assez bas sur la tige, et se trouver assez écartés les uns des autres pour être couchés en terre sans difficulté ni confusion. Enfin, on supprime les faibles rameaux qui pourraient se trouver sur les sarments à provigner.

On s'occupera, immédiatement après, à coucher horizontalement, ou à courber en anse de panier, les sarments réservés, dans la fosse qui environne les ceps ; à les assujettir au moyen d'un crochet de bois, pour éviter qu'obéissant à leur force d'élasticité lorsque la terre est imbibée d'eau, ils puissent se déranger de leur place ; à redresser presque

perpendiculairement sur le bord extérieur de la fosse l'extrémité des sarments couchés ; et enfin à les rogner à un ou deux yeux au dessus du niveau de la terre.

Pour terminer l'opération, il faudra ensuite 1° recouvrir les branches couchées de 5 pouces de terre, si le sol est argileux et humide, et de 8 à 10 pouces, s'il est sableux et sec. On choisira de préférence, pour cet usage, une terre meuble, riche en humus, et qui n'ait point encore été cultivée en vigne ; on en remplit les fosses ou augets jusqu'à 3, 4 ou 5 pouces de leur bord supérieur, afin de retenir les eaux pluviales et de les faire tourner au profit des marcottes (observons que cette dernière précaution est particulièrement nécessaire dans les terrains secs et les climats chauds) ; 2° placer un ÉCHALAS derrière chaque provin pour dresser verticalement les bourgeons à mesure qu'ils grandissent ; 3° ne laisser croître aucune mauvaise herbe dans les augets ou fosses des marcottes, et en entretenir la surface de la terre émiettée, pour qu'elle soit perméable à l'eau et à l'air ; 4° séparer les *provins* de leur mère lorsqu'ils sont suffisamment enracinés pour subvenir seuls à leur existence ; 5° et enfin les enlever de leur place avec toutes leurs racines, pour fournir à de nouvelles plantations, suivant le besoin. Ces deux dernières opérations se font le plus ordinairement à l'automne de l'année du marcottage ou au printemps de la suivante.

On emploie le provignage, comme nous l'avons dit, 1° pour multiplier les individus des meilleures variétés ; 2° fournir de jeunes plants pour former de nouvelles plantations, ou regarnir les places vides qui se rencontrent dans les pièces de vigne : c'est surtout pour cet usage que le provignage est employé dans les environs d'Orléans, au moyen de fossés dans lesquels on conduit un sarment jusqu'au lieu où un cep manque, et où il doit être remplacé par le plant que la marcotte doit fournir pour remplir le vide ; 3° renouveler en entier les vieilles cultures lorsque les souches, dépéries, ne poussent que faiblement, qu'elles ne produisent que de petites grappes , en petite quantité, et qu'enfin elles ne dédommagent plus le propriétaire de ses frais de culture '.

Boutures.

La vigne est, après les saules, les osiers et les peupliers, l'arbuste qui reprend le plus aisément de BOUTURES (*voy*. ce mot) ; à peine sur cent en manque-t-il dix. On les effectue d'un grand nombre de manières ; mais les plus usitées dans la grande culture sont les boutures simples et les boutures en crossettes.

On choisit les boutures simples (*pl.* CCCXXV, *fig*. 4, ci-dessus, p. 257) sur les ceps qu'on veut multiplier, et qui ne doivent être ni trop jeunes ni trop vieux, mais dans la vigueur de l'âge et en plein rapport. On préfère les rameaux bien sains, bien AOUTÉS, dont les yeux ne sont ni trop rapprochés ni trop écartés. On les coupe depuis le moment qui suit la chute des feuilles jusqu'à celui où la sève, commençant à se mettre en mouvement, gonfle les gemmes. Le temps également éloigné de ces deux époques est préféré en général, lorsque, pour économiser la main-d'œuvre, on attend le moment de la taille.

Ces boutures peuvent avoir de 8 à 15 pouces de long, et l'on fait en sorte que le bois de la première sève forme les deux tiers de la longueur totale ; on les rogne par le bas au dessous d'un nœud, et par le haut au dessus d'un bon œil. Ces deux coupes doivent être faites avec un instrument bien tranchant, à la dis-

' Dans ce dernier cas, il convient quelquefois, lorsque les ceps sont très rapprochés, de les dédoubler, c'est à dire d'arracher un individu sur deux. Ceux qui restent en place, profitant de tout le terrain , reprennent une nouvelle vigueur, qui prolonge leur existence d'un quart ou même d'un tiers.

tance de 2 à 3 lignes des parties indiquées.

Si la coupe des boutures a lieu avant l'hiver dans les climats du nord et du centre de la France , on les conserve en les enfonçant, par le gros bout, des deux tiers environ de leur longueur dans de la terre ou du sable un peu humide et à l'abri des fortes gelées. D'autres fois on les enterre dans une fosse en plein air , lit par lit , avec de la terre plus sèche qu'humide, et l'on couvre cette fosse de matières sèches pour les garantir des atteintes de la gelée. Dans le midi , elles peuvent être plantées à leur destination immédiatement après qu'elles ont été coupées. Si on les met dans l'eau pour les y laisser tremper pendant une douzaine d'heures , on les dispose à entrer plus promptement en végétation.

Fréquemment on plante les boutures à la place même que doivent occuper les ceps ; d'autres fois on les met provisoirement en pépinière, dans des rayons, où elles séjournent jusqu'à ce qu'elles aient acquis assez de force pour être transplantées en plein champ. Le premier moyen est plus expéditif et moins coûteux pour le moment ; le second est plus sûr et en définitive plus économique. La plantation s'effectue au PLANTOIR (*voy*. ce mot), par rayons de 8 à 10 pouces de profondeur, dans un sol ameubli par un défonçage et des labours , amendé par des terres neuves, ou fumé par des engrais. Dans les environs d'Orléans , toutes les vignes neuves sont plantées par boutures dans des sols bien défoncés à 18 pouces de profondeur ; on y fait des trous creux de 12 à 15 pouces, et on y place les boutures , ou bien on enfonce la bêche perpendiculairement dans le sol meuble, et on l'agite d'arrière en avant, et d'avant en arrière, pour élargir assez le trou pour que la bouture y entre avec facilité ; ensuite on la consolide avec le pied que l'on appuie sur le trou. Comme les marcottes, les boutures ne doivent avoir qu'un œil, ou,

XVII.   70

tout au plus, deux yeux hors de terre après leur plantation ; si l'on peut couvrir le fond des rayons d'un pouce ou deux de terreau végétal ou de court fumier consommé, on accélérera et on assurera le succès de l'opération.

La culture première des boutures se réduit à tenir la terre des rayons ameublie à sa surface et par conséquent purgée de toutes mauvaises herbes, au moyen de binages et de serfouages ; à donner des labours plus ou moins nombreux, selon la nature du sol, et enfin à mettre des tuteurs pour soutenir les bourgeons vigoureux, qui seraient menacés d'être rompus par les vents ou les animaux.

Boutures en crossettes.

La plantation des crossettes (*planche* CCCXXV, *fig.* 5) diffère de celle des boutures simples, en ce qu'au lieu d'être faite en rayons, elle se pratique en rigoles de 15 à 20 pouces de large, et profondes de 18 à 25 pouces. Cette espèce de bouture se place sur le sol dans une position plus ou moins inclinée, presque horizontalement dans les terres fortes et les climats humides, presque perpendiculairement au contraire dans les sables et les climats chauds. C'est la bouture en crossette dont on fait un usage presque exclusif dans les environs d'Orléans pour planter les vignes nouvelles ; sa réussite est plus certaine que celle de la bouture simple. Les plants enracinés et formés en pépinière par avance ne servent qu'à remplacer les boutures manquées dans les vignes nouvelles. C'est au commencement de mai que, dans les environs d'Orléans, on plante les boutures de vigne en crossette après les avoir tenues aubinées dans une terre fraîche, depuis le commencement de mars précédent, après les avoir enlevées de la vigne au moment de la taille. (*Voy.* CROSSETTES.)

Les crossettes, nommées *chapons* dans beaucoup de vignobles, sont tirées du bois de deux ans, tandis que les boutures simples sont tirées seulement du bois de l'année précédente. On peut voir, à l'article BOUTURES, quelques détails à ce sujet.

Il est des vignobles où on ne provigne que dans la jeunesse de la plantation, pour augmenter le nombre des ceps, ou pour regarnir les places où le plant n'a pas réussi ; il en est d'autres où on ne provigne que de loin en loin pour remplacer les ceps morts ; enfin il en est où l'on provigne tous les ans un quart, un sixième, un huitième des ceps, ou moins encore, dans le but de prolonger indéfiniment la durée de la vigne.

Il ne faut pourtant pas oublier, comme le fait remarquer M. Bosc, que la vigne est soumise, comme les autres plantes, à la grande loi de l'ALTERNATION (*voy.* ce mot). L'arracher pour lui substituer d'autres cultures est donc une chose indispensable au bout d'un temps qui est d'autant plus court que le sol contient moins d'humus, ou que les plants sont plus rapprochés, qu'on a plus tiré à l'abondance, à moins qu'on ne lui donne de la nouvelle terre ou des engrais. Mais le transport de la nouvelle terre est très coûteux ; mais les engrais détériorent la qualité du vin ; mais il est certaines localités qui ne peuvent être utilement plantées qu'en vigne ; mais on ne peut se décider à changer de nature de culture dans les localités dont le vin a une réputation faite. Toutes ces considérations tiennent à des circonstances particulières : c'est aux propriétaires seuls qu'il appartient de les approfondir pour ce qui les regarde.

Greffe.

L'art de greffer la vigne est ancien. Il consiste à couper net le cep à moins de 2 pouces en terre, quand la sève commence à se mouvoir, et à le fendre par le milieu dans un espace sans nœuds. On insère dans cette fente deux entes taillées en coin par le gros bout, et plus épais d'un côté que de l'autre. Le plus épais, garni de sa peau extérieure, doit s'adapter de façon que son *liber* coïncide avec celui du sujet. Après avoir lié la greffe avec un osier, on la butte de terre pour la garantir de l'action du soleil. Quand cette opération est bien faite, quand le sujet est bon, il en résulte des pousses vigoureuses, et que, dès la seconde année, on peut tailler assez long.

On connaît plusieurs autres méthodes de greffer la vigne; mais elles appartiennent plutôt à l'art du jardinier qu'à celui du vigneron. Au reste, il n'en est point de plus sûre que celle-ci; encore son succès dépend-il et de l'adresse de la personne qui l'exécute, et de plusieurs circonstances qu'il ne faut pas ignorer. (*Voy.* l'article GREFFE.)

La greffe réussit mal sur la vigne dans les terrains très caillouteux et arides, parce que le soleil la dessèche avant qu'elle soit prise; par la même raison, elle prend très difficilement dans un sol qui n'a pas de fond : hors ces deux cas, elle réussit également dans toutes sortes de terres, pourvu qu'on la fasse bien, en saison convenable, par un bon temps, sur des sujets vigoureux, avec des greffes soigneusement conservées, et qu'on choisisse des espèces analogues.

Pour que la greffe soit bien faite, il faut que le sujet soit sain, qu'il n'y ait pas de nœuds à la place que l'on fend, que la fente soit égale et nette, que la coupe du tronçon soit vaste, et que la greffe soit taillée à trois yeux. Le premier œil doit toucher le sujet, le second se trouver à fleur de terre, et le troisième tout à fait hors de terre.

Le temps favorable est celui où le ciel est nébuleux, quand le vent tient du sud-est au sud-ouest. Si le vent du nord règne, gardez-vous de greffer : si le temps est disposé à une grande sécheresse, ne greffez pas non plus; un soleil ardent, un vent froid dessécheraient l'intérieur de l'anastomose, ou arrêteraient le cours de la sève : il n'y a point d'arbres, d'arbustes ou d'arbris-seaux plus sensibles que la vigne aux variations de l'atmosphère.

Si le temps est décidément pluvieux, il ne faut pas greffer; l'eau s'infiltrerait dans l'incision de la greffe, et délaierait le gluten qui doit unir la greffe au sujet.

Le bon choix des sujets consiste à les prendre sains et pourvus de bonnes racines.

Pour se procurer de bonnes greffes il faut les couper, comme une crossette, avec un peu de vieux bois. Il ne sert pas à la greffe proprement dite, mais il concourt à sa conservation jusqu'au moment de la mettre en place. On doit les couper par un temps sec et froid, pendant que la sève est privée de tout mouvement. La fin de l'automne paraît être l'époque la plus favorable pour les cueillir. On les conserve dans un cellier, ou dans une cave où la chaleur et la gelée ne puissent pénétrer. On les enfonce par le gros bout dans un sable un peu humide, et jusqu'à la profondeur d'un décimètre au moins. Vingt-quatre heures avant de les employer, on les tire du dépôt pour plonger dans l'eau toute la partie qui était enfoncée dans le sable. On doit tirer la greffe du tiers inférieur du rameau, c'est à dire plus près du vieux bois que de l'extrémité supérieure. Il faut la tailler avant de la porter aux vignes, et avec la précaution de l'y transporter dans l'eau claire, afin de ne pas interposer des corps étrangers entre la greffe et le sujet.

La plus grande utilité de la greffe, comme nous l'avons déjà fait observer, est de pouvoir, en 2 ans, transformer une vigne qui renferme quinze à vingt variétés de cépages en une autre qui n'en contiendrait que deux, trois ou quatre au plus, et conséquemment de changer à volonté l'essence du vignoble; d'y introduire de nouveaux cépages, en profitant des souches vigoureuses qu'il faudrait détruire; enfin, comme le dit M. Lenoir, d'opérer la séparation des espèces dans une vigne déjà faite, le tout avec la certitude de ne perdre qu'une partie d'une seule récolte, un grand nombre de greffes portant du fruit dès la première année.

Un propriétaire éclairé de l'Anjou, M. le général Delaage, baron de Saint-Cyr, recommande fortement cette pratique aux vignerons angevins, de qui elle est presque inconnue. Lui-même en a éprouvé les plus heureux résultats. « J'ai bu, dit-il, du vin rouge provenant de greffes de deux ans sur de vieux plants de vigne blanche, au Plessis-Grammoire; il avait un bouquet agréable et une qualité très supérieure au vin blanc du même crû.

« On peut juger, d'après cela, que la greffe est un moyen bien plus prompt et plus* économique pour remplacer les mauvais ceps, que l'ancien usage de mettre de jeunes plants, qui ne sont en rapport qu'après dix à douze ans de soins, et dont les fruits, pendant plusieurs récoltes, ont ce goût de jeunes vignes qui altère celui des vieux ceps, et que les marchands savent bien distinguer, si le propriétaire n'a pas l'attention de les vendanger à part.

« Dans nos vignobles, continue M. Delaage, les mauvais ceps sont dans la proportion de dix au moins sur mille. Par leurs fortes racines, par leurs longs rameaux, ils nuisent à la croissance des ceps de bonnes espèces, toujours moins vigoureux : par la greffe, vous forcerez ces parasites à devenir productifs.

« Chaque année quelques ceps dépérissant, il faut se hâter de les renouveler par la greffe; leurs racines sont encore vertes quand la souche paraît morte hors de terre.

« Les soins prescrits pour la culture des greffes sont à peu près les mêmes que ceux apportés aux jeunes plants; seulement il faut que les vignerons sachent distinguer et arracher avec précaution les pousses qui partent des vieilles racines, afin de fournir plus de sève aux bourgeons des greffes.

« Dès la seconde année, les greffes donnent demi-récolte; on taille à vin le bois des plus fortes, et on y place des soutiens, comme aux autres vignes rouges. Le produit de la troisième année rembourse toutes les dépenses, et les ceps ainsi rajeunis puisent une nouvelle vie dans les racines qui partent du collet des greffes. »

Nous avons rapporté ces observations, parce qu'elles pourront convenir à beaucoup de localités.

Art. 4. *Des climats propres à la vigne.*

« Tous les climats ne sont pas propres à la culture de la vigne, dit M. Chaptal, dont les idées sur ce point, quoiqu'elles aient été combattues, réunissent l'assentiment des œnologues les plus distingués; si cette plante croît et paraît végéter avec force dans les climats du nord, il n'en est pas moins vrai que son fruit ne saurait y parvenir à un degré de maturité suffisant; il est une vérité constante, c'est qu'au delà du 50ᵉ degré de latitude le suc du raisin ne peut pas éprouver une fermentation qui le convertisse en une boisson agréable.

« Le parfum du raisin, et surtout le principe sucré, sont le produit d'un soleil pur et constant. Le suc aigre ou acerbe qui se développe dans le raisin dès les premiers moments de sa formation, ne saurait être convenablement élaboré dans le nord; ce caractère primitif de *verdeur* existe encore lorsque le retour des frimas vient glacer les organes de la maturation.

« Ainsi, dans le nord, le raisin, riche en principes de putréfaction, ne contient presque pas de sucre; et le suc exprimé de ce fruit, venant à éprouver les phénomènes de la fermentation, produit une liqueur aigre, dans laquelle il n'existe que la proportion rigoureusement nécessaire d'alcool pour empêcher les mouvements d'une fermentation putride.

» La vigne, ainsi que toutes les autres productions de la nature, a des climats qui lui sont affectés; c'est entre le 35ᵉ et le 50ᵉ degré de latitude qu'on peut se promettre une culture avantageuse de cette production végétale. C'est aussi entre ces deux termes que se trouvent les vignobles les plus renommés, et les pays les plus riches en vins, tels que l'Espagne, le Portugal, la France, l'Italie, l'Autriche, la Styrie, la Carinthie, la Hongrie, la Transylvanie et une partie de la Grèce.

« On cultive néanmoins la vigne dans la Perse, sous le 35ᵉ degré de latitude, où le terme moyen de la chaleur est de 28 degrés ; mais on est forcé de l'arroser pour la défendre d'une sécheresse dévorante, d'après l'observation de M. Olivier.

« On la cultive encore sous le 52ᵉ degré ; mais en deçà et au delà des termes que nous avons marqués, elle exige trop de soins, ou bien son produit est de mauvaise qualité ; et c'est dans les climats tempérés, entre le 40ᵉ et le 50ᵉ degré, qu'on fait le bon vin.

« De tous les pays, celui, sans doute, qui présente la situation la plus heureuse, c'est la France : aucun autre n'offre une aussi grande étendue de vignobles, ni des expositions plus variées ; aucun ne présente une aussi étonnante variété de température. On dirait que la nature a voulu verser sur le même sol toutes les richesses territoriales, toutes les facultés, tous les caractères, tous les tempéraments, comme pour présenter dans le même tableau toutes ses productions. Depuis la rive du Rhin jusqu'au pied des Pyrénées, on cultive la vigne dans tous les cantons où le sol est favorable à cette culture ; et nous trouvons, sur cette vaste étendue, les vins les plus agréables comme les plus spiritueux de l'Europe. Nous les y trouvons avec une telle profusion, que la population de la France ne saurait suffire à leur consommation, ce qui fournit des ressources infinies à notre commerce, et établit parmi nous un genre d'industrie très précieux, la distillation des vins et le commerce des eaux-de-vie.

« D'un autre côté, l'énorme variété de vins que possède la France établit, dans l'intérieur et au dehors, une circulation d'autant plus active, qu'il est facile au luxe et à l'aisance de réunir toutes les qualités de vins qu'on peut désirer.

« Mais, quoique le climat imprime à ses productions un caractère général et indélébile, il est des circonstances qui modifient son action ; et ce n'est qu'en étudiant avec soin et séparément ce qui est dû à chacune d'elles, qu'on peut parvenir à retrouver l'effet du climat dans toute sa force. C'est ainsi que, quelquefois, nous verrons, sous le même climat, se réunir diverses qualités de vins, parce que la différence du terrain, de l'exposition, de la culture, modifie l'action immédiate de ce grand agent.

« Nous ne trouverons nulle part l'influence du climat mieux marquée qu'en observant les changements qu'éprouvent les plants de vigne lorsqu'on les transporte dans des pays éloignés. Le sol et la culture pourraient y être semblables au sol et à la culture du pays natal de la vigne, sans que les fruits aient presque aucun rapport entre eux.

« On convient assez généralement que les vignes du Cap proviennent de plants de Bourgogne qui y ont été apportés par des vignerons de cette province, pour les y cultiver et y faire le vin à leur manière.

« On sait que la plupart des vins qu'on boit à Madrid proviennent de vignes dont les plants ont été apportés de Bourgogne.

« L'histoire nous apprend que les plants des vignes de la Grèce transportés en Italie n'y ont plus produit le même vin, et que les fameuses vignes de Falerne, cultivées au pied du Vésuve, ont changé de nature.

« Une tradition constante nous a appris que les bons chasselas de Fontainebleau ont été transportés du Levant, sous le règne de François Iᵉʳ. Cet excellent raisin produit du mauvais vin.

« Il est donc prouvé que les qualités

qui caractérisent certains vins ne peuvent pas se reproduire sous d'autres climats.

« Concluons de ce qui précède que les climats chauds, en favorisant la formation du principe sucré, doivent produire des vins très spiritueux, attendu que le sucre est nécessaire à la formation de l'alcool ou esprit-de-vin ; tandis que les climats froids ne peuvent donner naissance qu'à des vins faibles, très aqueux, quelquefois agréablement parfumés : ces derniers ne sont pas de durée ; ils tournent au gras ou à l'aigre avec une étonnante facilité. »

Art. 5. *De l'exposition qui convient à la vigne* [1].

De toutes les plantes, la vigne est en effet, comme le fait remarquer M. Chaptal, la plus sensible à l'action des causes extérieures qui agissent sur elle. Soit donc que l'on pense que la principale différence entre la qualité des vins provienne de la différence entre les cépages, soit que l'on recherche la raison des propriétés qui caractérisent les vins de chaque canton dans d'autres causes moins faciles à déterminer et cependant non moins réelles, on ne saurait méconnaître l'importance de la détermination des circonstances qui peuvent, en modifiant la nature des cépages ou en faisant varier leurs produits, nous mettre à portée d'améliorer nos vignobles.

On a remarqué que la diversité des climats, la composition du sol, son exposition et le genre de culture, influent beaucoup sur la qualité des vins ; et cependant tout le monde sait qu'en Bourgogne, en Champagne et dans le Bordelais, des vignes de même cépage, contiguës, sur un même sol et cultivées de même, donnent des vins dont la va-

leur varie de moitié, tantôt à cause de quelques différences presque inappréciables dans l'exposition ou la pente du terrain, tantôt à cause de la différence de l'âge et de la maigreur du terroir.

Les ceps très vieux qui ne croissent qu'avec peine sur une terre presque épuisée, où ils ne donnent que des fruits petits et peu abondants, fournissent un vin d'une qualité très-supérieure. Celui du *clos Vougeot* a diminué de valeur depuis que ses ceps, plusieurs fois séculaires, ont fait place à des ceps nouveaux ; et nous savons tous combien les vins de nos jeunes vignes sont inférieurs à ceux des vignes rabougries et décrépites auxquelles elles ont succédé. Le sol, l'exposition, le cépage, la culture sont les mêmes ; mais la plante plus jeune et plus vigoureuse, en donnant beaucoup plus de fruits, les donne d'une qualité moindre, et pourtant le besoin de produire assez pour payer des impôts considérables et pour couvrir des frais exorbitants force les propriétaires à préférer de jeunes ceps à ceux dont les fruits, quoique supérieurs en qualité, ne les dédommageraient pas, par leur prix, de la modicité de leur récolte.

Certes nous sommes loin de blâmer ceux qui, obligés d'accroître leur revenu, remplacent les vieilles vignes par des vignes nouvelles ; les vins inférieurs et médiocres sont encore plus utiles au commerce que ceux plus délicats dont la qualité en s'accroissant aux dépens de la quantité, rendrait le revenu total de nos vignobles beaucoup moindre ; les vins baisseraient de prix en devenant moins rares ; les autres en le devenant davantage cesseraient d'être assez abondants pour alimenter la classe peu fortunée, qui en consomme le plus, et pour fournir à la distillation, dont on connaît la haute importance dans la balance commerciale [1].

---

[1] Nous reproduisons en grande partie, dans cet article et dans le suivant, un opuscule de notre savant collaborateur M. le baron de Morogues, *sur l'influence de la latitude, de l'élévation, de l'exposition et de la nature du sol des vignobles.* Orléans, 1823.   L. V.

[1] La production des vins communs et médiocres fournit à elle seule plus des trois quarts du revenu des vignobles de la France, dont l'étendue est d'environ un vingt-septième ou un vingt-huitième de

Si donc on ne peut non plus qu'on ne doit forcer les propriétaires à conserver les vieilles vignes pour obtenir de meilleurs vins, il faut chercher les autres moyens d'améliorer leur qualité sans nuire à leur quantité, ou au moins en y nuisant le moins possible; or, cela ne peut se faire qu'en appropriant le cépage au terroir, en perfectionnant la méthode de faire les VINS (*voy.* ce mot), en perfectionnant la culture de la vigne, et enfin en cherchant à distinguer les lieux les plus convenables pour former des vignobles dans chaque localité.

C'est cette dernière considération qui va nous occuper. Nous allons montrer la grande influence que l'exposition vers le levant ou le midi, une légère inclinaison du sol, un terrain caillouteux, sec, et médiocrement substantiel, peuvent exercer sur la qualité des vins, afin que de jeunes plantations faites en raison combinée de ces circonstances produisent des fruits non de qualité égale à ceux récoltés sur de vieux ceps, mais supérieurs à ceux récoltés dans des vignobles voisins, plantés sous des influences différentes.

L'exposition est si importante, que dans la Champagne il y a un accroissement de valeur d'un tiers en faveur d'une vigne exposée au levant, sur une autre contiguë et inclinée vers le couchant. Presque partout, dans l'hémisphère boréal, l'exposition du nord semble contraire à la qualité du raisin; et celle vers le midi est la meilleure dans la partie septentrionale de la zone qui peut le produire, parce que la vigne la plus exposée au soleil fournit les moûts

les plus sucrés, les plus savoureux et les moins aqueux. Il ne faut pourtant pas que la terre soit trop desséchée, car alors le raisin n'acquérerait qu'une maturité imparfaite, celle-ci ne pouvant provenir que d'une juste proportion entre l'eau qui fournit l'aliment à la plante et la chaleur qui seule en peut favoriser l'élaboration.

L'influence des températures sur la nature des vins est constatée par leur diversité d'une année à l'autre; celle du climat en est la suite nécessaire.

Dans une année chaude, les vins du nord sont préférables à ceux du midi, et dans une année froide et humide ceux du midi peuvent seuls acquérir une valeur réelle. Sans un soleil pur le sucre ne saurait se former dans les raisins en quantité suffisante; sous un soleil trop ardent les raisins se dessèchent, mûrissent mal et inégalement, en sorte qu'on ne saurait les cultiver avec avantage. A la Martinique, on a essayé de planter de la vigne, et on a été obligé d'y renoncer parce qu'elle présentait ces inconvénients [1].

On conçoit aisément qu'un arbuste aussi susceptible de ressentir les influences du climat doit exiger les expositions variées suivant la latitude et l'élévation du sol sur lequel on le fait croître; ainsi, dans le nord de la zone où il végète avec utilité, on doit trouver

son sol cultivé. Année commune, on peut évaluer nos vins à une valeur de près d'un milliard, et leur récolte est la plus considérable après celle des céréales; c'est elle qui fournit le plus à notre exportation : on ne saurait donc trop la favoriser et l'accroître. Nul climat n'étant plus favorable que celui de la France à la culture de la vigne, aucune nation ne peut nous enlever nos avantages sous ce rapport; et nulle amélioration agricole ne mérite plus de sollicitude de la part des cultivateurs et du gouvernement qui les protége.

B. de M.

[1] Près Charles-Town, dans la Caroline du sud, les ceps apportés de France et plantés par M. Michaux, offraient pendant six mois de l'année, sur la même grappe, des boutons, des fleurs, dont la plus grande partie avortait, des grains verts de toutes grosseurs, et des grains mûrs; circonstance qui, comme l'observe M. Bosc, empêchera probablement la culture de la vigne dans cette partie de l'Amérique. On peut ajouter qu'elle se représentera presque toujours dans les latitudes approchantes des tropiques, à moins qu'une grande élévation du sol, ou quelque autre cause locale, ne s'oppose à son influence. C'est ainsi qu'on cultive maintenant les vignes avec succès sur la Cordillière par où passe la route de Buenos-Ayres à St-Yago du Chili, dans les parties élevées du Mexique et dans la partie haute de la Caroline, tandis qu'elle ne peut rien produire dans les plaines qui en sont les moins éloignées.   B. de M.

un grand avantage à le planter sur les pentes peu élevées, exposées au midi; en se rapprochant un peu plus de l'équateur, on peut le cultiver sur la pente des montagnes. Les flancs du Vésuve, les coteaux élevés de Madère, les roches sourcilleuses de Ténériffe et du Cap, fournissent les vins les plus estimés; tandis que les plaines situées sous les mêmes latitudes ne donnent que des vins peu recherchés dans le commerce. Là il faut que l'élévation du sol corrige les défauts qui seraient causés par un soleil trop ardent; chez nous, au contraire, il faut bien se garder de cultiver la vigne sur les lieux situés à une grande hauteur [1].

L'exposition de la vigne doit varier suivant les circonstances locales; elle doit être choisie d'après le rapport combiné de la latitude, de l'élévation au dessus du niveau de la mer, et de la qualité du sol. Un sol sec et caillouteux exige une exposition moins méridionale qu'un sol gras et substantiel; et on peut réussir à obtenir de bons vins sur des collines sablonneuses et sèches, quand un terrain argileux n'y donnerait que des vins très médiocres [2].

Ceci explique pourquoi la vigne semble préférer les champs les moins productifs en grains; car les céréales ne réussissent bien que sur les terres abon-

dantes en humus, et ces sortes de terres se rencontrent surtout dans les vallées.

Sous notre latitude, les coteaux exposés vers le nord et les montagnes dont l'élévation est médiocre sont également favorables à la végétation des plantes et contraires à la culture de la vigne, non que celle-ci ne puisse y pousser avec force, mais parce que ses fruits n'y parviennent pas à la maturité. La vigne sauvage croît avec vigueur sur les montagnes du midi de la France; la vigne cultivée croît avec vigueur dans les vergers de la Picardie et de la Flandre; elle y couronne les pommiers et les autres arbres, mais les fruits n'y peuvent mûrir et y restent sans saveur: tant il est vrai que le climat, bien plus que le cépage ou la vigueur de l'arbuste, influe sur la qualité des raisins [1].

Si, comme on l'a souvent dit depuis Virgile, la vigne aime les côteaux et se plaît à mi-côte, sur un plan médiocrement incliné, elle redoute pourtant les sommités trop exposées aux vents, et elle ne donne que des fruits peu sucrés dans les lieux bas où une humidité constante entretient une trop grande fraîcheur et une végétation trop active; alors les raisins peuvent abonder, mais ils ne contiennent qu'un suc peu sapide, propre seulement à se convertir en un vin faible et aqueux [2].

---

[1] En s'éloignant du pôle, la vigne doit croître sur des côteaux de plus en plus montueux, et vers la fin de la zone où elle peut être productive ce n'est que sur les montagnes et en évitant les ardeurs du midi que l'on peut espérer des vins abondants et généreux.   B. de M.

[2] Selon M. Bosc, quand on veut planter une vigne dans le nord et le milieu de la France, l'exposition est la première chose à considérer. Celle du nord est généralement regardée comme la plus mauvaise, et pourtant il est quelques exceptions à cette règle; car les excellents vins d'Épernay et de Versenay, dans la montagne de Reims, et quelques uns des meilleurs de Saumur et d'Angers, sur les rives de la Loire, sont produits par des vignes qui croissent à cette exposition; et les bons vins blancs de Genetin, que notre coteau de St-Mesmin produisait, provenaient de vignobles semblablement situés. Ces faits, en contradiction avec l'observation la plus ordinaire, prouvent que l'âge, le choix

des ceps, leur taille très basse, et surtout la sécheresse et pour ainsi dire l'aridité du sol, peuvent faire surmonter les obstacles qu'une mauvaise exposition semblerait devoir rendre insurmontables.

Ce ne sont alors que les raisins dont la maturité est hâtive qui peuvent fournir de bons vins. Nos gascons n'en produiront que de mauvais dans les vignobles de Sologne, si ce n'est dans les années extraordinaires comme celles de 1822 et de 1834, où les fruits ont mûri deux mois plus tôt que de coutume; ce ne sera qu'en changeant le cépage dans ces cantons qu'on parviendra à y améliorer les récoltes: pourquoi n'y essaierait-on pas le *pineau de Bourgogne*, le *morillon hâtif* et le *fié vert du Jura?*   B. de M.

[1] Il est constant que, pour obtenir de bons vins, il ne faut les demander qu'à des ceps qui croissent avec peu de vigueur, et que, toutes conditions égales d'ailleurs, les ceps faibles et vieux sont ceux qui donnent les vins les meilleurs.   B. de M.

[2] Le brouillard qui s'élève s'oppose quelquefois

La nécessité de s'opposer à une croissance trop vigoureuse de la vigne a fait interdire son fumage dans des lieux où on attache plus de prix à la qualité qu'à la quantité. C'est encore la fraîcheur du climat et la vigueur de la végétation qui rendent les échalas nécessaires. Sous un ciel ardent, il est bon qu'un feuillage épais et des rameaux rampants conservent l'humidité du sol ; mais il est toujours à propos que le raisin prêt à mûrir reçoive l'influence bienfaisante des rayons lumineux.

Si les ceps sont rapprochés dans les lieux dont la température est peu élevée, il faut que leurs pampres soient maintenus dans une position verticale et que l'épaisseur de leur feuillage soit diminuée quelque temps avant la vendange, afin que la terre s'échauffe davantage, et que les fruits, plus exposés à la lumière et à la chaleur, acquièrent une maturité plus parfaite. Nous reviendrons sur ce point dans la suite de cet article.

Art. 6. *Nature du sol.*

La nature semble avoir réservé les terrains secs et légers pour la formation des vignobles ; les terres grasses et très substantielles conviennent mal à ce genre de culture ; si elles sont humides, les racines se pourrissent, ce qui fait languir les ceps ; si elles sont saines, la végétation y est vigoureuse ; mais cette force même nuit à la qualité du raisin, qui alors ne fournit qu'un vin faible et sans parfum ; néanmoins dans ce cas l'abondance de la récolte peut suppléer à sa qualité [1].

aux effets funestes des gelées du printemps ; quelquefois aussi il diminue le mal causé par un ciel trop brûlant ; mais il nuit toujours à la qualité des raisins, et s'il fait grossir leurs grains, c'est aux dépens de leur sapidité et de leur douceur.
B. de M.

[1] Ce n'est pourtant pas la constitution argileuse des terres grasses qui les rend moins propres à la culture de la vigne ; car les pouzzolanes des sols volcaniques lui sont très favorables, et les schistes décomposés de l'Anjou donnent, dans quelques endroits, des vins délicieux.
B. de M.

XVII.

Les terrains calcaires, et surtout ceux de la formation des craies, sont souvent enrichis par les vins qu'ils produisent ; et nonobstant l'infériorité de qualité que M. Creusé de la Touche leur a reprochée, il suffit de parcourir les départements de la Marne, du Cher, de la Creuse, d'Indre-et-Loire, pour se convaincre que les sols crayeux sont presque toujours favorables à l'établissement des vignobles. S'il en était autrement, les côteaux du Blaisois et de la Touraine, si féconds en vins et en eaux-de-vie, resteraient presque sans rapport. Mais il est des terrains plus favorables encore à ce genre de production : ce sont ceux tout à la fois légers et caillouteux, résultant de quelque alluvion sableuse. On vante aussi quelques sols granitiques ou volcaniques, dont les roches désagrégées sont réduites superficiellement en sable friable. En France, on cite nos vins de l'Ermitage, de Côte-Rôtie, de la Romanêche et de Beaujeu, parmi ceux que produisent les sols granitiques ; et en Hongrie, la renommée des vins de Tokai, produits sur un sol volcanique, a surpassé celle de tous les autres vins du monde [1].

En général, on peut regarder comme constant que la vigne veut un degré de chaleur en rapport avec la nature du cépage, mais qu'elle n'exige pas un sol d'une composition particulière ; tous les terrains peuvent lui convenir, pourvu que, recevant et filtrant l'eau avec facilité, ils soient légers, secs et bien divisés. Ce qui rend les terres fortes et argileuses peu propres à la production des vignes, c'est qu'elles absorbent trop d'eau, qu'elles la conservent trop longtemps et qu'elles sont trop tenaces. C'est donc plutôt la porosité de la terre que sa nature minéralogique que l'on

[1] Si les volcans éteints de l'Auvergne ne produisent que des vins médiocres à cause de leur élévation, par rapport à leur latitude, ceux des bords du Rhin, ainsi que ceux de Rochemaure, en Vivarais, sont célèbres par leurs vignobles, et les flancs brûlants de l'Etna en nourrissent d'également précieux.
B. de M.

71

doit consulter quand on veut planter un vignoble, et cependant les sols composés de plusieurs terres sont ceux où la vigne pousse avec le plus de force.

Les vignobles des sables siliceux de Romorantin, ceux des argiles compactes du Gâtinais et ceux des terres calcaires du Blaisois, donnent des vins de qualité très médiocre, tandis que les excellents vins d'Aï, les meilleurs de la Champagne, et ceux de Vouvrai, que les Tourangeaux regardent comme les premiers de leur province, sont venus dans un sol calcaire. Les vins si estimés du Médoc sont produits sur un sol d'alluvion quartzeuse; et les vignobles les plus renommés des bords du Rhin croissent dans des terrains argileux, dans des terrains granitiques, et dans des détritus de roches volcaniques. On a observé en Champagne qu'une terre un peu maigre, légère, sèche, en pente, et mélangée de petits cailloux ou de pierres à fusil, était plus propre pour la culture de la vigne que le fonds le plus riche et le plus fertile.

Les plaines calcaires et peu élevées de l'Aunis, de l'Angoumois et de la Saintonge produisent presque toutes de mauvais vins, parce que la plupart ne renferment que des terroirs horizontaux, gras et humides, et peut-être aussi parce que l'usage de ne pas y soutenir la vigne avec des échalas laisse acquérir au fruit une maturité moins parfaite, en l'exposant moins aux rayons du soleil, et en laissant conserver la fraîcheur de la terre sur laquelle les pampres s'étendent presque sans obstacle. C'est surtout dans les lieux humides que les échalas sont indispensables pour obtenir de bons vins.

Pour démontrer l'heureuse influence de la sécheresse du sol, il nous suffira de rappeler que les fameux vins de Madère, de Constance et de Lacryma-Christi, sont produits sur les flancs desséchés de montagnes arides; et en reportant nos regards sur la France, nous verrons que les cailloux siliceux de Grave et de Sau-

terne, les côteaux granitiques des bords du Rhône, les hauteurs calcaires des environs d'Arbois, sur les confins du Jura, celles de Douay, dans l'ancienne province d'Anjou, et les monticules qui recouvrent la Bourgogne, sont enrichis par la qualité des vins que leurs vignobles produisent.

C'est donc, ainsi que nous l'avons déjà dit, dans la sécheresse du sol, dans son élévation suffisante, comparativement à la latitude locale, et aussi dans son exposition [1], qu'il faut chercher son influence sur la qualité des vins, bien plus que dans la nature minéralogique et géologique qui, à la vérité, contribue probablement à leur donner quelquefois un goût et un bouquet particulier, mais qui influe peu sur leur générosité, et n'influe guère sur leur abondance qu'en raison du cépage dont elle permet d'adopter la culture. Ainsi, dans l'Orléanais, l'*auvernat* semble préférer les terres fortes, le *gamet* résiste mieux que lui dans les terres cailloureuses, et le *gascon* est de tous les cépages à raisins noirs celui qui produit le plus dans les sables. Voilà pourquoi les terres calcaires et les terres fortes sont celles qui y donnent le plus communément les bons vins. Si l'on y cultivait les mêmes espèces de vignes dans les terres sèches, bien exposées, sableuses et caillouteuses, elles y rendraient moins que dans les terres fortes, mais les vins y seraient encore meilleurs.

Cette conclusion est tout à fait conforme à l'opinion des plus célèbres agriculteurs modernes, qui tous pensent que les sols de qualité médiocre sont ceux qui doivent être spécialement consacrés à la culture de la vigne; que les terres mauvaises doivent être, autant

[1] Rozier a dit que l'exposition la plus avantageuse pour la vigne est celle d'un coteau tendant de l'orient au midi, et sur lequel le soleil darde ses rayons pendant le plus longtemps possible. D'après lui, les coteaux voisins de la mer et des rivières sont à préférer à tout; la partie inférieure est moins avantageuse que la supérieure, et toutes deux ne valent pas la partie mitoyenne.

que possible, couvertes de bois, et que les terres de très bonne qualité et abondantes en humus doivent être spécialement consacrées à la production des céréales, à celle des plantes oléagineuses, textiles, tinctoriales, etc., et à la nourriture des bestiaux de tout genre, ainsi qu'à leur engrais.

Si cette appropriation de diverses cultures aux divers sols était adoptée, la France y gagnerait beaucoup, parce que ses vins seraient meilleurs, et ses productions plus abondantes; ce qui permettrait d'accroître son commerce et de régulariser l'assiette des impôts. (*Voy.* Appropriation.)

Nous avons exposé, avec un développement que nous croyons suffisant, mais qui nous a paru nécessaire, les connaissances générales relatives à la vigne, auxquelles le cultivateur jaloux d'améliorer et d'éclairer sa pratique, et surtout le propriétaire qui veut la diriger, ne sauraient rester étrangers; nous allons maintenant suivre, dans leur succession annuelle, les différents travaux dont une vigne est l'objet, en commençant par l'établissement même de cette vigne, c'est à dire sa plantation, et en suivant le praticien jusqu'à la vendange, terme et récompense de ses pénibles labeurs.

§ III. Plantation d'une vigne.

Art. 1er. *Choix du plant.*

« Le choix d'un plant approprié au sol et au climat est l'acte le plus important de la culture de la vigne, dit avec raison M. Lenoir (*Traité de la culture de la vigne*); il est rare cependant qu'on y apporte tous les soins nécessaires.

« Presque toujours on choisit le plant dans le plus prochain voisinage, sans examiner si les espèces qu'on y cultive sont les plus convenables au sol et à l'exposition qu'on destine à la nouvelle vigne.

« Si, par hasard, on se résout à tirer le plant d'un vignoble éloigné, c'est la renommée du vin qu'il produit qui décide le choix. On examine bien rarement si le sol, le climat et l'exposition y sont les mêmes que dans la localité où on se trouve.

On reçoit le plant tel qu'il arrive, sans s'assurer s'il a été choisi sur les ceps les plus fertiles et sans connaître la proportion des cépages qu'il contient.

« C'est ainsi qu'on procède dans les dix-neuf vingtièmes des vignobles de France : on doit peu s'étonner, d'après cela, que les nouvelles vignes soient presque toujours très inférieures à celles qui en ont fourni le plant. »

M. Lenoir et la plupart des œnologues ont posé en principe que les cépages choisis dans un vignoble du nord et transportés dans une localité plus méridionale donneront, s'ils sont d'ailleurs placés dans un sol analogue à celui d'où on les a tirés, et soumis à peu près au même genre de culture, des produits supérieurs à ceux qu'on en retire dans le vignoble d'où ils ont été extraits; tandis que, tirés du midi pour être transportés plus au nord, ils éprouveront, par l'action d'un climat plus rigoureux, une détérioration certaine. Il peut y avoir des exceptions, même nombreuses, à cette règle, basée sur les notions les plus saines de la physiologie végétale, et plus particulièrement applicable à la vigne qu'à aucune autre plante; mais ces exceptions elles-mêmes seraient d'une explication facile, si l'on étudiait les circonstances où se sont trouvés placés soit les plants qui, transportés du nord au midi, ont perdu de leurs qualités primitives, tels que ceux qui ont été portés de la Navarre en Andalousie et que cite Roxas-Clémente; soit ceux qui ont gagné dans leur transplantation du midi au nord, tel que l'auvernat transporté de l'Auvergne, pays montueux et élevé, dans les environs d'Orléans, à 3 degrés plus au nord, mais sur des plaines d'une élévation beaucoup moindre.

Il est toujours prudent d'avoir égard,

quand on veut tirer des plants d'un vignoble renommé, non seulement à l'analogie du sol et de l'exposition, mais aussi à celle du climat; et par le mot climat nous n'entendons pas seulement le degré de latitude, mais aussi l'élévation du sol et les autres circonstances locales qui modifient d'une manière puissante la température. Il faut surtout prendre en considération la faculté de maturation des espèces ou des variétés diverses, sous une température donnée, ainsi que les époques mêmes de la maturité; car il pourrait y avoir de graves inconvénients à s'éloigner de l'époque générale de la vendange dans le canton que l'on habite. Des espèces de vignes du midi, telles que les cépages de Frontignan et de Bordeaux, ne mûrissent pas assez, transportées plus au nord, pour que le principe sucré qui est la base de la fermentation vineuse s'y développe suffisamment pour y faire de bons vins; de même que nulle vigne ne peut plus donner de vin au-dessus d'un certain degré de latitude. Les remarques dont nous avons accompagné la nomenclature des espèces ou variétés françaises ont fait voir aussi qu'il existe des variétés tardives ou hâtives; un propriétaire devra se régler sur tout cela dans le choix des cépages étrangers à son canton, dont il voudrait peupler sa vigne.

« Dans une région comme celle qui comprend toutes nos provinces méridionales, dit encore M. Lenoir, région où toutes les espèces primitives de nos vignes ont fait leur première station [1], et où, par conséquent, elles sont cultivées depuis plus longtemps, on devrait être assez riche en cépages excellents et appropriés au sol pour n'avoir besoin d'aucun secours; si cependant une culture

négligée y avait fait dégénérer la plupart des espèces, on aurait le choix ou d'en faire rétrograder des provinces du nord les plus voisines, ou d'introduire des espèces nouvelles, tirées de pays semblables, moins en latitude qu'en température.

« Dans ce cas, ce n'est point en Andalousie, ni dans les royaumes de Grenade, de Murcie et de Valence, que la Provence et le Languedoc devraient aller chercher du plant; ces provinces pourraient en tirer avec avantage des deux Castilles et de la Manche, où une latitude plus méridionale est compensée par l'élévation du sol.

« L'élévation du sol rendrait aussi transportables dans nos provinces du sud plusieurs espèces cultivées sur les flancs de l'Etna et du pic de Ténériffe.

« La Hongrie, qui a reçu la vigne par une autre voie que nous, et qui, par conséquent, doit posséder des espèces différentes, pourrait fournir des cépages nouveaux à nos provinces centrales.

« Nos provinces du nord en pourraient trouver dans les ci-devant départements de la Sarre, de Mont-Tonnerre, de Rhin-et-Moselle, dans le Rhingau, dans le pays de Wutzbourg.

« C'est beaucoup, continue le même œnologue, que d'avoir choisi le plant dans une vigne qui prospère et qui donne de bons produits sous un ciel moins favorable, quoique sur un sol analogue à celui dont on dispose, et dans une exposition à peu près semblable; cependant cela ne suffit pas encore.

« Dans les vignes les mieux tenues, il y a toujours des ceps habituellement moins fertiles que les autres; il y aurait de l'avantage à les faire disparaître et à les remplacer en provignant les ceps les plus voisins. C'est ce qu'on ne

---

[1] Il n'est pas sûr que certains cépages de nos vignobles de l'est, tels que le *pulsare* du Jura, n'aient pas une autre origine. La parfaite analogie du *tokai* de Hongrie et d'Alsace avec le *pineau gris* de Bourgogne, *fromenteau, auxois, malvoisie*, etc., semblerait révéler aussi pour ce plant, qui fait, avec ses innombrables variétés, le fond de tous les vignobles de la région nord de la France, à partir du 45e au 46e degré de latitude, une origine différente des cépages de nos autres départements, parmi lesquels le *pineau* n'apparaît plus que çà et là comme une importation étrangère, et qui bien certainement nous sont venus des pays plus méridionaux. (*Voy.* ci-dessus.)　L. V

fait pas toujours, surtout quand ces ceps montrent de la vigueur, parce qu'on espère qu'ils pourront s'améliorer par la culture. Il y a d'autres ceps qui, plus délicats, moins acclimatés, sont plus sujets à être frappés par les intempéries. Les ceps de cette nature donnent toujours de mauvais plants : enfin, il y a des années où les meilleures vignes sont frappées de stérilité ; et, quoiqu'elles soient habituellement fertiles, le plant qu'on en tire alors se ressent toujours de la mauvaise influence qui a présidé à sa crue.

« Il faut donc choisir le plant sur les ceps les plus fertiles, et ne prendre sur chacun que les sarments qui ont le plus produit ; cela exige un examen attentif de la vigne avant la récolte, et même la marque des ceps sur lesquels le plant devra être levé, c'est à dire des soins très minutieux et auxquels on trouvera très difficile de s'astreindre ; cependant, si l'on considère qu'une vigne bien conduite peut avoir une très longue durée, et que la bonne qualité, ou l'abondance de ses produits, selon que l'on préfère l'une ou l'autre, dépend surtout du plant qu'on emploie, on pensera sans doute que ces soins sont compensés par d'assez grands avantages.

« On doit éviter surtout de planter des vignes à la suite des mauvaises années ; tous les soins qu'on apporterait alors dans le choix du plant seraient d'un faible effet et ne remédieraient pas à la stérilité dont tout le jeune bois est frappé, et qui se manifeste souvent pendant plusieurs récoltes successives sur la vigne qui l'a produit.

« Par la raison contraire, aucune époque ne convient mieux, pour la plantation d'une vigne, que l'année qui succède à une récolte abondante et de bonne qualité ; le jeune bois est alors parfaitement conformé et plein de vigueur ; le plant qu'on en tire conserve toute la perfection de la souche dont on l'a détaché.

« Si on avait l'histoire de tous les vignobles célèbres, on y trouverait, je n'en doute pas, la preuve la plus convaincante que c'est surtout à un heureux choix du plant, fait à l'époque la plus favorable, avec un changement en mieux dans le sol et l'exposition, le tout réuni à une culture bien entendue et longtemps continuée sur les mêmes principes, que ces vignobles doivent l'excellence des vins qu'ils produisent. »

Art. 2. *Du mélange des cépages.*

« Dans notre climat, dit encore M. Lenoir, les principes constituants du moût extrait de chaque espèce de raisins sont rarement dans les proportions convenables pour faire de bons vins. Il y a des raisins où le ferment est en excès ; il y en a d'autres (cela est surtout très commun dans le midi) où il ne se trouve pas en proportion suffisante pour décomposer toute la matière sucrée. La matière colorante et le principe astringent qui l'accompagne presque toujours dominent dans certaines espèces ; d'autres sont presque sans couleur : quelques unes sont plus disposées à se charger d'un arôme agréable ; un très grand nombre en sont dépourvues, mais ont d'autres qualités qui compensent ce défaut, etc.

« Les raisins péchant ainsi tantôt par excès, tantôt par défaut d'un ou de plusieurs de leurs principes, il semble qu'on a dû être naturellement conduit à mélanger les cépages, pour compenser par ce que les uns ont de trop ce qui manque aux autres.

« Cependant ce n'est pas là le motif qui paraît avoir le plus influé sur la composition des mélanges de cépages : elle a eu surtout pour but de rendre les récoltes moins variables, parce qu'on avait reconnu que toutes les espèces n'étaient pas frappées également par les diverses natures d'intempéries.

« Quoi qu'il en soit, le mélange des cépages est un moyen d'amélioration dont on peut tirer un grand parti, mais dont on n'obtiendra les résultats les plus avantageux possibles que lorsque l'on aura introduit individuellement dans chaque vignoble les meilleures espèces qui pourront s'accommoder du climat sous lequel il est placé, et de son sol; je dis individuellement, car il ne faut pas penser à transporter des mélanges tout faits; quelque bien combinés qu'ils puissent être pour le sol sur lequel on les trouve, ils pourraient sur un autre donner des résultats très différents, à raison des modifications plus ou moins grandes que chaque espèce éprouvera.

« Il faut donc n'importer que des espèces, et ne pas se hâter d'en planter de nouvelles vignes.

« Chaque nature de plant doit se cultiver à part, jusqu'à ce qu'il produise une récolte suffisante pour permettre de faire un essai. Pendant ce temps, on examine avec soin l'époque de son développement et celle de sa maturité complète, et on en tient note. Lorsque la récolte de chaque espèce de plant est assez abondante pour pouvoir produire quelques litres de vin, on soumet les raisins qui en proviennent à la fermentation, en prenant toutes les précautions convenables.

« On peut dès lors apprécier la saveur particulière du vin produit par chaque plant, et, avec un peu d'habitude de goûter les vins, on peut juger de ce qui lui manque, ou de ce qu'il a de trop.

« On peut même aller plus loin, en combinant de suite, dans diverses proportions, les vins de deux ou de plusieurs cépages; car, pourvu que la fermentation insensible ne soit pas entièrement terminée, la combinaison sera aussi parfaite que si elle s'opérait par la fermentation tumultueuse, qui, au reste, pourra quelquefois recommencer au moment du mélange.

« En procédant ainsi pendant deux années, on doit être en état d'apprécier la qualité particulière de chaque plant, et les résultats qu'on peut attendre du mélange de leurs produits.

« Ces recherches exigent quelques années d'attente et des soins minutieux; mais, hors de là, il n'y a plus qu'une routine aveugle.

« Une des circonstances qui ont dû contribuer beaucoup à la formation de mauvais mélanges de cépages, surtout dans les vignobles où les espèces sont peu nombreuses, c'est la nécessité où l'on a cru être de n'y introduire que celles dont les raisins mûrissent à la même époque.

« Il est certain que la simultanéité de maturation est une chose désirable dans les espèces destinées à produire, par le mélange de leurs fruits, une qualité de vin; mais cette simultanéité n'est pas rigoureusement nécessaire.

« Si tous les cépages étaient cultivés séparément, la simultanéité de maturation importerait fort peu; les raisins de chaque espèce seraient cueillis à l'époque précise de leur maturité complète: on ne ferait fermenter ensemble que ceux qui mûrissent en même temps, et en mélangeant ensuite les vins de chaque cuvée, dans les proportions que l'expérience ferait reconnaître comme les plus convenables, on obtiendrait le même résultat que si tous les raisins avaient été soumis ensemble à la fermentation[1].

« Il y a cependant un cas, fort rare dans le nord, mais très fréquent dans le midi, qui rend indispensable la simultanéité de maturation dans les cépages; c'est lorsqu'une partie d'entre eux abondent en ferment, et que les autres en sont dépourvus ou n'en contiennent pas en quantité suffisante pour décomposer toute la matière sucrée. Tous les raisins, dans ce cas, doivent être mélangés dans la même cuve pour obtenir une fermen-

[1] Pour que la combinaison de ces vins soit parfaite, il faut que le mélange en soit fait pendant que la fermentation insensible subsiste encore. Si cette fermentation était terminée, il faudrait la faire renaître en ajoutant au mélange un peu de moût conservé à cet effet par le mutage. (*Voyez* l'article VIN.)

tation complète : il faut donc qu'ils soient mûrs en même temps. »

Le mélange de ceps de diverses natures dans une même vigne est souvent d'ailleurs nécessité par la nature variée du sol ; ainsi, dans les vignes de la Sologne et du val de la Loire au midi d'Orléans, la nature du sol variant pour ainsi dire par veine et d'are en are, soit par la profondeur du sol végétal, soit par la quantité et la proximité de la superficie des différentes terres qui composent le sous-sol, telles que le sable quartzeux, les cailloux, l'argile, la marne, le sable rouge ferrugineux, etc., etc., un même cépage ne peut réussir dans toute l'étendue d'un même clos de vigne, quelque petit qu'il soit, et il faut, pour que la vigne y soit partout productive, que le vigneron y approprie chaque plant à la nature de la terre dans laquelle il doit végéter ; c'est là une cause nécessaire du mélange des espèces et de la succession forcée de plusieurs récoltes dans un même clos de vigne.

Art. 3. *Exécution de la plantation.*

Défoncement.

Le cultivateur, après avoir fixé son choix sur le plant ou le mélange de cépages qui paraissent le mieux appropriés au sol, à l'exposition, au climat, aussi bien qu'à ses vues particulières, s'occupera de la plantation de sa vigne. Le premier soin est la préparation du terrain. Un simple DÉFRICHEMENT, même à la houe ou à la bêche, ne suffit pas ; il faut donner un DÉFONCEMENT complet, et retourner la terre jusqu'à 3 ou 4 pouces au dessous du point sur lequel reposera chaque base de son plant. Plus le terrain est sec, plus on approche du midi, et plus le défoncement doit avoir de profondeur ; d'une part, parce que l'humidité est nécessaire à la formation ou à la reprise des racines ; de l'autre, parce que les racines y doivent être plus multipliées, et les plants plus

espacés que vers les contrées septentrionales. Mais il faut que la vigne trouve partout une terre meuble, divisée, et que ses racines puissent aisément pénétrer. A proportion que le défoncement s'exécute, on dégage le terrain des pierres les plus grosses ; on les réunit en petits tas à la surface du sol, pour en former ensuite des terrasses de 6 pieds de largeur, si la rapidité de la pente est telle qu'il faille employer ce moyen pour soutenir les terres, comme à Côte-Rôtie, et s'épargner le travail excessivement pénible de reporter annuellement à la cime celles qui auraient été entraînées au bas de la montagne (*voy.* TERRAGE). On peut encore employer ces pierres à former un mur de clôture à pierres sèches ou liées, selon leurs formes ou leurs dimensions ; car nous proscrivons de nos vignobles, non seulement les arbres épars, de quelque nature qu'ils soient, parce qu'ils préjudicient aux ceps par leur ombrage, par leurs racines et par l'humidité qu'ils conservent autour d'eux ; mais nous en éloignons spécialement les haies vives. A défaut de pierres, il vaudrait mieux se borner à creuser un fossé large et profond ; et si sa crête est en dehors de l'enceinte, on peut tout au plus se permettre d'y planter un rang d'AUBÉPINE, qu'on a soin de maintenir à la hauteur de 3 pieds seulement. Il est pourtant certaines localités où des haies plus élevées peuvent avoir une utilité spéciale. L'AMANDIER est aussi très convenable pour former la clôture des vignes[1].

On rencontre des sols propres à la culture de la vigne, mais qui présen-

[1] Il est à peu près impossible de faire aucune amélioration dans la culture des vignes lorsqu'elles ne sont pas closes. A quoi servirait-il de s'être procuré, à force de recherches et de soins, un cépage dont la maturité serait plus précoce que celle des autres, s'il fallait attendre le ban de vendange pour en récolter les fruits ? Si, en éclaircissant, en aérant davantage une vigne non close, on est parvenu à la mettre en état de perfectionner la maturité de ses raisins par un plus long séjour sur le cep, sans qu'ils soient exposés à pourrir, le ban de

tent, au premier aspect, des difficultés insurmontables pour les mettre en valeur. Ce sont des roches presque nues, mais tendres, qui s'écaillent et s'effleurissent à l'air. L'action de la bêche, de la tranche, de la houe, est insuffisante pour la diviser, pour en atténuer convenablement les parties. Il ne faut pas se déconcerter avant d'en avoir fait l'essai; souvent, avec le secours de la mine, des leviers, des maillets, on vient à bout, avec beaucoup moins de peines et de dépenses qu'on ne l'aurait supposé, de convertir ces roches en excellents crûs de vin, très propres à dédommager amplement le propriétaire de ses avances et de tous les frais d'exploitation.

Cultures préparatoires à la plantation d'une nouvelle vigne.

Si le terrain qu'on se propose de mettre en vigne est déjà en rapport, la meilleure préparation qu'on puisse lui donner, c'est d'y cultiver, pendant deux ou trois ans, des plantes potagères, des légumineuses, des racines, des tubercules, donnant la préférence à celles dont la culture exige plusieurs labours, comme les haricots, les pommes de terre, et les PLANTES SARCLÉES en général. Les façons qu'on est obligé de leur donner, les engrais par lesquels on prépare la terre à les faire prospérer, l'ameublissent, la divisent, l'enrichissent. Le fumier, en général si contraire à la vigne, l'ennemi des bonnes qualités de son fruit, répandu ainsi d'avance, ne se fait plus remarquer que par ses bons effets; il s'est dégagé de l'excès de son acide carbonique; il n'est plus, en quelque sorte, que de la terre végétale, combinée avec le fonds du terrain; et, dans

vendange force à les cueillir plus tôt qu'on ne veut. Si la vigne est composée, comme cela se voit trop souvent, de plusieurs cépages dont la maturité a lieu à des époques différentes, le ban de vendange force à les récolter tous à la fois.

Le ban de vendange est peut-être une institution indispensable dans l'état social actuel : il faut espérer qu'il viendra un temps où elle sera inutile; mais, en attendant, il est bon de s'en affranchir par la clôture des vignes. (LENOIR.)

cette nature, il convient à la vigne dans tous ses âges, et surtout dans celui de son enfance.

Les terres qui ont donné, pendant plusieurs années de suite, de bonnes récoltes de SAINFOIN, de LUZERNE ou de TRÉFLE, ont aussi reçu une excellente préparation pour la vigne. De tous les végétaux admis dans notre agriculture, il n'en est même aucun de plus propre à succéder à une vigne que sa vieillesse a forcé d'arracher, et qu'on se propose de renouveler au bout de quelques années. L'arrachage et l'extraction des racines de la vigne, exécuté avec soin (et cet article est de la plus grande importance) dispose merveilleusement le terrain à recevoir les semences de ces deux excellents fourrages; celles-ci, à leur tour, le nettoient des plantes parasites et gourmandes, en les couvrant de toute l'épaisseur de leurs tiges touffues[1]. Leurs racines, qui plongent profondément dans la terre, en divisent encore les molécules; ces plantes, enfin, par leur longue durée, donnent à toute la masse du terrain le temps de revivifier et de s'imprégner de nouveau des principes alimentaires de la vigne. Au reste, qu'on prépare pour la cultiver soit une terre neuve ou en friche, soit une terre déjà en rapport, l'article essentiel est qu'elle soit assez divisée dans son étendue et dans sa profondeur pour que les racines naissantes puissent la pénétrer aisément, et sans que leur direction naturelle en soit contrariée.

Modes de plantation. Plantation à la taravelle, en fosses ou en tranchées.

La plantation de la vigne s'exécute de trois manières : soit en formant un trou avec le *rhingar*, le *plantoir* de fer ou la *taravelle*; soit en creusant des fosses isolées; soit en ouvrant des tranchées ou rayons parallèles d'une extrémité à l'autre du champ. Dans les environs

[1] Dans la Côte-d'Or, on nomme *toppe* le terrain d'une vigne nouvellement arrachée.

d'Orléans on l'exécute d'une quatrième manière dite à la balance, en enfonçant la bêche dans la terre bien défoncée et bien ameublie à un tiers ou deux cinquièmes de mètre de profondeur ; on agite la bêche d'arrière en avant et d'avant en arrière, de manière à former un trou long d'un quart de mètre sur un quinzième de mètre de large, et ensuite on y enfonce la crossette ou le plant en l'obliquant un peu, et un coup de pied ou deux suffisent pour le consolider dans le trou, qui se trouve rebouché par cette pression. La nature du terrain et la forme de sa surface indiquent la manière qui doit être préférée. Dans les roches tendres, sur les coteaux escarpés, pierreux, graveleux ou caillouteux, la taravelle est le seul instrument dont on puisse faire usage. La description qu'en donne Olivier de Serres est très exacte : « Cet « instrument ressemble aux grands ter-« raires des charpentiers. Il est composé « d'une barre de fer longue de trois « pieds et grosse comme le manche du « hoyau, le bout entrant en terre étant « arrondi en pointe, bien forgé et acéré ; « l'autre, regardant en haut, est attaché « à une pièce de bois transversante, fai-« sant le tout la figure d'un T, pour le « tenir avec les mains, et afin que la tara-« velle n'enfonce trop dans terre, mais « justement elle y entre selon la résolu-« tion que vous aurez prise d'y enfoncer « le complant, un arrêt sera mis à la pièce « de fer entrant dans terre à l'endroit « remarqué à cette cause ; lequel arrêt « étant aussi de fer servira en outre à y « mettre le pied dessus pour, pressant « en bas, aider aux mains à faire entrer « la taravelle dans terre, au cas qu'on « la rencontre dure et forte. »

L'ouvrier, pour ouvrir le trou destiné à recevoir la bouture, la crossette, ou le chevelu, doit diriger la taravelle de façon que les ceps en s'élevant contractent une inclinaison un peu contraire à celle du terrain. La distance qu'on s'est déterminé à laisser entre eux doit ré-

gler la profondeur de la plantation ; car pour être conséquent dans un système de culture, il faut chercher à faire correspondre le volume et la quantité des racines avec ceux des branches. Il est possible qu'à une température très favorable à la vigne il soit avantageux d'enfoncer les plants jusqu'à 15 ou 18 pouces, et qu'ailleurs il suffise de l'enterrer à 8 ou 10 pouces. Quoi qu'il en soit, on le taillera de manière à ce qu'il n'en reste hors de terre qu'un ou deux nœuds ; plus on lui laisserait d'élévation, et plus on l'exposerait à l'effet des intempéries. C'est toujours du nœud le plus voisin de la surface de la terre que part la tige. Si quelque cause le détruit ou l'empêche d'épanouir, il suffit de découvrir avec le doigt l'œil inférieur qui l'avoisine, et celui-ci le remplace aussitôt.

Le vigneron porteur de la taravelle est aussi pourvu d'une mesure qu'il applique d'un trou à l'autre, pour les ouvrir à la distance prescrite par le maître ; et il suit dans son opération les lignes parallèles qui, d'avance, auront été tracées au cordeau, et de manière que la plantation présente un quinconce parfaitement régulier. Cette forme laisse plus libres que toute autre les mouvements des ouvriers, soit qu'ils taillent, qu'ils pâlissent, qu'ils labourent ou qu'ils vendangent ; elle donne aussi plus de facilité pour transporter, étendre et égaliser les engrais.

A mesure que chaque trou est formé, un second ouvrier qui suit le premier tire chaque brin du vaisseau plein d'eau où il a séjourné depuis sa formation, si elle est récente, ou depuis son extraction des fossés, si elle est ancienne, et l'introduit dans ce même trou. Une troisième personne l'y assujettit, non en piétinant, selon l'usage ordinaire, mais en remplissant le surplus de l'ouverture de quelques poignées de terreau ou de terre végétale ; il ne s'agit pas de donner aux parois de ces trous la dureté d'une muraille, mais seulement d'empêcher la formation ou de détruire les interstices qui sépareraient les molécules de la terre autour du plant. Quelques cultivateurs, jaloux de ne négliger aucun des moyens propres à assurer le succès de leur plantation, font répandre dans chaque trou un peu d'eau de mare ou mieux encore de jus de fumier. Il affaisse convenablement la terre et la rapproche avec égalité de toutes les parties de la bouture.

Le mode de plantation à la taravelle, que nous venons de décrire, est beaucoup plus connu dans nos vignobles du midi que dans ceux du centre et du nord; dans les premiers même son emploi, dont le plus grand mérite est l'économie, n'est pas toujours possible. On a quelquefois à planter dans des terres, à des expositions très favorables à la vigne, où la taravelle ne pourrait être employée, parce que le terrain trop mouvant, comblerait le trou avant qu'on eût eu le temps d'y introduire la bouture; il en est d'autres dont la surface est tellement hérissée de roches, qu'il est impossible d'y ouvrir des tranchées ou des rayons. On se borne alors à pratiquer des fouilles d'espace en espace, de 15 à 18 pouces de profondeur et d'ouverture. On jette au fond la terre la plus émiée de la surface dans une épaisseur d'environ 1 pouce, puis on y place le plant bouture ou chevelu, plus ou moins perpendiculairement, suivant la nécessité de multiplier ou de restreindre la qualité des racines. On recouvre d'abord avec le surplus de la première terre qui n'a pas été employée au fond de la fosse; on emploie ensuite celle de la seconde fouille, et celle de la troisième devient la couche supérieure.

Quand le terrain est en pente douce, quand la terre a plus de liaison et de consistance qu'il n'en faudrait pour ce genre de culture, on plante ordinairement dans des tranchées ou rayons, ouverts d'un bout à l'autre de la pièce. Ce mode de plantation est le plus usité dans le nord et regardé comme le meilleur. On donne, ou plutôt on doit donner à ces fossés des dimensions en profondeur et en largeur relatives aussi à l'espacement des ceps, c'est à dire à la nécessité d'augmenter ou de diminuer le nombre des racines. Dès que la première tranchée est ouverte, occupez-vous de sa plantation, afin que rien ne s'oppose à l'ouverture de la seconde et de celles qui doivent la suivre. Si vous craignez que votre terre ne soit pas assez mûre, assez divisée, il faut y suppléer en répandant une plus grande quantité de terreau dans les tranchées; car la plus mauvaise des méthodes est celle qui contraint de revenir pendant deux ou trois années de suite sur le même terrain pour en terminer la plantation: c'est prolonger la jeunesse de la vigne, et la forcer par conséquent à ne donner pendant longtemps qu'un vin sans qualité. N'allez pas non plus former deux rangs de ceps dans le même rayon, en inclinant les uns à droite, les autres à gauche, et forçant ainsi les racines à se réunir, à se pelotonner, à s'étouffer ou à se chancir mutuellement. Dressez votre plant au milieu du fossé; et s'il est enraciné, donnez à le placer les mêmes soins, la même attention qu'exigent tous les jeunes arbres qu'on replante. Faites en sorte que, votre plantation achevée, le terrain soit uni dans toute son étendue. Ces éminences qui forment entre elles de petits sillons ne sont que des réservoirs d'humidité et les moyens de favoriser les gelées. Ayez toujours à votre disposition un certain nombre de marcottes pour remplacer les plants qui viendraient à périr pendant les trois premières années de la plantation. Enfin n'oubliez pas, en cantonnant, pour ainsi dire, vos divers cépages, en formant de chacune des races des colonies séparées, que vous évitez par ce moyen la nécessité de revenir à plusieurs reprises sur le même terrain pour y faire la vendange.

Dans plusieurs vignobles, au rapport

de M. Cavoleau, et surtout dans ceux du nord, lorsque l'on plante en tranchées, on creuse celles-ci à une distance double de celle qui doit séparer les lignes de plant ; le vide est ensuite rempli par des PROVINS ou marcottes, à la quatrième ou cinquième année. C'est aussi par des provins que sont le plus souvent remplacés, comme nous l'avons déjà dit, les plants qui n'ont pas pris racine la première année, et ensuite ceux qui périssent de maladie ou d'accident, ou que l'on arrache par une cause quelconque. Nous avons aussi mentionné plus haut le provignage périodique et partiel d'une vigne entière, moyen sûr de la faire durer longtemps et de l'avoir toujours jeune, et aussi d'obtenir toujours des récoltes abondantes, mais de très médiocre qualité.

Espacement des plants.

« La distance à laquelle il convient de mettre le plant, dit M. Bosc, varie au point qu'il est impossible de la fixer, même par approximation. Elle dépend du genre de culture qu'on veut adopter, du désir d'avoir plus de vin ou de meilleur vin, et de la nature du terrain. On sent en effet que ceux qui font des hautains, que ceux qui font des treilles susceptibles d'être étendues à volonté, doivent planter plus éloigné que ceux qui tiennent leurs vignes basses; que moins les ceps seront gênés et mieux ils seront nourris, mieux ils seront exposés aux influences de la chaleur solaire; que dans les terres très maigres ils doivent, pour durer plus longtemps, être moins rapprochés que dans les autres. »

Près d'Orléans, dans le val de la Loire, on plante les ceps à deux pieds trois pouces de distance, et sur le coteau voisin, ainsi qu'en Sologne, on les plante à deux pieds et demi de distance. Dans les environs de Pithiviers, où la terre est plus forte et plus substantielle, on les rapproche plus que près d'Orléans.

Dans le département de l'Ain, les ceps sont disposés en quinconce à un pied et demi de distance. Il en tient douze cents dans ce qu'on appelle une ouvrée, c'est à dire l'étendue que peut labourer un homme en un jour [1].

« Les vignes plantées sur deux rangées écartées de 2 pieds, dit encore M. Bosc, et séparées des quatre rangées voisines par un intervalle vide de 3 pieds, sont certainement les plus avantageuses relativement à leur durée, à l'abondance et à la qualité de leurs produits, parce qu'elles ont plus d'espace pour allonger leurs racines, et que leurs feuilles et leurs fruits jouissent plus complétement des bénignes influences de l'air et du soleil. L'espacement intermédiaire n'est pas perdu pour le produit, puisqu'on peut y diriger les ARCS ou SAUTELLES, ou y semer des plantes basses, comme LENTILLES, HARICOTS NAINS, ORGE, RAVES, etc. [2].

« Lorsqu'on veut, dans un pays un peu méridional, les environs de Lyon ou de Bordeaux, par exemple, avoir abondance de vin sans épuiser le sol, il faut mettre encore une plus grande distance, 6, 8 et même 10 pieds entre chaque cep, que je suppose plantés en lignes droites et parallèles, et disposer les sarments parallèlement au terrain, dans la ligne des rangées, à des échalas fixés dans l'intervalle des ceps. Je lis, dans le Traité de la vigne de Bidet, qu'un propriétaire des environs de Bordeaux fit arracher la moitié des ceps d'une de ses vignes pour la disposer ainsi, et que cette vigne lui donna le double de ce que donnait une vigne de même conte-

---

[1] Dans la Côte-d'Or, où l'on connaît deux manières de planter la vigne (*voy.* ci-après), celle en tranchées, la plus générale, demande, au rapport de M. Morelot, 1,000 brins de sarments pour une *ouvrée*, laquelle répond à 4 arcs 28 centiares; ce qui fait environ 24,000 brins pour un hectare.

[2] M. le comte Louis de Villeneuve s'applaudit de cette méthode pour la première année de la plantation. Il recommande la sconsonère, la BETTERAVE et les CAROTTES; mais il proscrit la pomme de terre, dont les fanes trop nombreuses nuisent aux jeunes plants.   L. V.

nance située à côté, et conduite suivant la méthode ordinaire.

« Planter des vignes en rangées écartées de 20 à 30 pieds, comme on le fait dans quelques parties des départements des Bouches-du-Rhône, de l'Isère et de Lot-et-Garonne, pour cultiver des céréales et autres articles, est une excellente méthode : en effet, non seulement on a abondance et excellence de vin, mais encore les ceps, que je suppose en palissades, font l'office d'abris et augmentent les produits de ces intervalles : ce sont de véritables haies. On cite des terrains que les vents brûlants rendaient stériles, et qu'une plantation de ce genre a seule fait devenir très productifs.

« Plus donc les vignes sont dans un climat chaud, et plus elles seront écartées. Aux environs de Paris, à une des extrémités de la zone de la vigne, on les plante à 2 pieds, et c'est la moindre distance possible. »

Voici ce qu'on lit dans un rapport fait (en 1819) à la Société centrale d'Agriculture de la Seine, par le même M. Bosc :

« Le territoire de la commune d'Izy, près Pithiviers, département du Loiret, est de nature ingrate, et les vignes qui s'y cultivent en rangées, écartées seulement d'environ 15 pouces, ne donnent année commune qu'environ quatre pièces de vin par demi-hectare.

« M. Coignet, cultivateur propriétaire dans cette commune, ayant soupçonné que ce faible produit était dû à la trop grande quantité de ceps qu'on forçait la terre de nourrir, partagea un demi-hectare en deux parties égales, qui furent plantées l'une selon la méthode ordinaire, et l'autre en ceps écartés cinq fois davantage (à 6 pieds). Ces deux parties reçurent les mêmes labours, mais la taille de la seconde a eu lieu seulement sur deux sarments opposés, afin de disposer les rangées en treilles basses.

« Depuis 1813, cette seconde moitié a constamment donné le double et quelquefois le triple de la première, et, de plus, ses frais de culture ont été moindres peut-être de moitié, attendu qu'elle n'a exigé ni autant d'engrais, ni autant d'échalas, ni autant de taille, qu'on a pu la labourer à la charrue et qu'on a pu semer sans nul inconvénient des légumes entre les rangées. »

A ce sujet, cependant, nous ne devons pas omettre de rapporter les observations consignées par M. le baron de Morogues dans son *Essai sur les moyens d'améliorer l'agriculture en France*. « Dans presque tous les vignobles des environs d'Orléans, dit M. de Morogues, on commet la faute de planter les ceps trop près. On croit que l'on obtiendra des récoltes plus abondantes, et l'on se trompe ; car un cep vigoureux porte plus de raisins que plusieurs petits ; il croît avec plus de force et vit plus longtemps, en sorte que les vignes dont les pieds sont placés à un mètre et demi ou deux mètres de distance sont plus productives et plus durables que les nôtres, dans lesquelles les ceps ne sont éloignés que de soixante ou soixante-quinze centimètres.

« Quelques personnes du département du Loiret ont essayé dans diverses communes de planter la vigne suivant la nouvelle méthode de M. Coignet. Elles ont disposé les ceps par rangées éloignées de cinq ou six pieds, destinées à être garnies de treillage à fort grands carreaux, grossièrement faits en échalas joints avec de l'osier. En diminuant le nombre des ceps on les rend plus productifs, et les raisins reçoivent mieux les rayons du soleil, à cause de l'espace qui règne entre les treilles.

« Il résulte encore de ce mode de plantation la possibilité de cultiver le sol à la charrue, et d'obtenir dans les intervalles des récoltes de nature différente, ou d'y faire croître des plantes améliorantes, destinées à être enterrées pour servir d'engrais.

« Cependant des gens dont le suffrage doit être de quelque poids craignent que le raisin ne mûrisse pas aussi bien , et qu'il ne rende un jus plus aqueux, à cause de la froideur de notre climat. On a observé que les raisins venus près de la souche mûrissent mieux que les autres et sont meilleurs ; c'est pour cela que nous tenons nos vignes très basses, et que dans le Gâtinais on les taille encore plus près de terre que dans la Sologne et le long de la rive droite de la Loire. On a pareillement remarqué que le *gamé* manque moins que les autres cépages , parce qu'il a la propriété de produire presque au ras de la souche et de porter des fruits sur les crochets les plus près du sol , quand les premiers bourgeons ont péri ; d'après cela on peut présumer que les ceps très élevés ou accolés en forme de treille et exposés à tous les vents rendront des vins moins bons que ceux provenant des ceps réduits à de plus petites dimensions. La supériorité des fruits des arbres nains sur ceux des arbres à haute tige est en faveur de cette opinion , qui ne saurait être infirmée par la réussite des raisins en treilles le long des murailles , parce que la réverbération du soleil et l'exposition hâtent la maturité.

« Au surplus, quand même la froideur de notre climat nous contraindrait à planter près en nous forçant à tenir nos ceps très bas, cela ne démentirait en rien la supériorité de la pratique opposée dans des climats plus favorables que le nôtre; et comme le raisonnement ne saurait tenir contre les faits, je me propose, afin de constater la bonté ou les inconvénients du nouveau procédé pour nos cantons, de faire planter une pièce de vigne par bandes alternatives, suivant l'ancienne et la nouvelle méthode , avec la même espèce de cépage ; j'aurai soin d'en observer les résultats et de les rendre publics [1].

[1] Après avoir fait cette expérience, ainsi que plusieurs autres personnes des environs d'Orléans, nous avons reconnu comme elles que les ceps plantés selon la méthode Coignet portaient chacun plus de raisins, mais qu'ils étaient de moindre qualité, et que la même étendue de terrain ne produisait pas autant en quantité que les vignes voi-

« Quand on plante suivant l'ancienne méthode, il est désavantageux de ne mettre les ceps qu'à deux pieds; il vaut mieux les placer à trois ou au moins à deux et demi. Alors, sans les tenir beaucoup plus haut qu'à l'ordinaire, ils acquièrent plus de vigueur, et donnent plus de fruits. Par là encore on parvient à cultiver les vignes à la charrue, ainsi qu'on le fait dans le département de la Charente-Inférieure où la vigne est façonnée avec l'araire à verge recourbée. Les ceps y sont plantés à trois pieds deux pouces de distance, et élevés sans échalas à deux pieds et demi ou trois pieds de terre.

« Dans tout le Gâtinais on fait déjà l'économie de ne pas mettre d'échalas dans les vignes; mais comme on ne peut alors tenir les ceps que très bas, et presque rampants, je doute qu'il y ait un grand avantage à suivre cette pratique, qui n'est guère usitée dans les principaux vignobles de la France.

« Dans quelques parties de la Touraine, on cultive les vignes par rangées, espacées à dix ou douze pieds de distance, et on sème entre elles des grains et des prairies artificielles qui peuvent être soumis à un assolement sagement combiné. Par l'adoption de cette méthode, le sol est moins chargé de vignes, et l'on obtient des ceps plus vigoureux, susceptibles d'être maintenus plus hauts, et de rapporter davantage proportionnellement à leur nombre. On façonne ces vignes à la charrue en cultivant les productions intermédiaires qui se sèment chaque année dans les intervalles. A cet effet, il importe de n'y introduire aucune plante vivace ; car alors on se trou-

sines , où les ceps sont quatre fois plus nombreux. Les frais de façon étaient au moins égaux ; il fallait , outre les échalas, des piquets plus coûteux, et l'intervalle entre les ceps était trop rapproché pour que la culture à la charrue à avant-train, usitée dans le pays, y fût possible, et pour que la production d'autres plantes y fût avantageuse; aussi , près d'Orléans , la méthode Coignet a-t-elle été presque généralement abandonnée au bout de dix ans pour reprendre l'ancienne méthode.

B. de M.

verait contraint de façonner les ceps à
la main comme dans les vignes ordinaires.

« Au reste, quand on façonne les ceps
à la charrue, cela ne peut exempter de
façonner à la main le pied de chaque
cep, à la distance où la charrue ne pourrait en approcher sans les endommager. »

§ IV. DES DIFFÉRENTES MANIÈRES DE
CONDUIRE LA VIGNE.

Dans ce qui précède, on a pu pres-
sentir déjà la différence que le climat,
abstraction faite de toute autre considération, doit apporter et apporte en
effet dans la manière de conduire la
vigne. Les grappes, qui mûrissent en
Sicile et dans les îles de l'Archipel au
sommet des plus grands arbres, en Italie sur des arbres rabattus à 10 ou 12
pieds de haut, dans les plaines du Languedoc sur des souches de 2 à 3 pieds,
ne peuvent mûrir dans le nord que lorsqu'elles sont tenues à quelques pouces
de terre ou appliquées contre un mur.

Ceci indique qu'il doit y avoir, sous
ce seul rapport, autant de modes de
culture de vigne qu'il y a de climats.

Une terre riche en principes végétatifs
peut nourrir des vignes plus élevées, et
sur le même espace un plus grand nombre de vignes qu'une terre aride. Ces
deux sortes de terres, du moins dans les
extrêmes, exigent donc une culture différente.

Les vignes plantées sur des côteaux
très inclinés en demandent également
une un peu différente de celle en plaine,
et parmi ces dernières celles qui conservent les eaux des pluies pendant
l'hiver (leur nombre ne laisse pas d'être
considérable) une culture différente
de celles qui restent sèches pendant
toute l'année.

Enfin, chaque variété en exige également une particulière, et cette circonstance entre peut-être pour beaucoup
dans le non-succès des efforts faits par
tant de propriétaires qui ont tenté de

relever la qualité de leurs vins par l'introduction du plant pris dans les plus
fameux vignobles.

On voit combien il est difficile de ramener à des principes fixes et univer-
sels une culture susceptible de tant de
variations locales.

Nous reviendrons plus loin sur les
différents procédés de culture suivis
dans les vignobles les plus renommés,
tant du nord que du midi; quant à présent, nous ne nous occuperons que de
ce qu'on peut appeler le port de la vigne.

Sous ce dernier point de vue, on distingue trois principales sortes de vignes
(nous ne parlons pas des cultures jardinières); les vignes hautes, dites *hautains* et *treilles,* les vignes moyennes
et les vignes basses. Ecoutons le bon
Olivier de Serres, dont le vieux langage
conserve un si grand charme :

« Les anciens ont divisé leurs vignes
en cinq sortes, à savoir : l'une traînante
et rampante en terre sans aucune élévation; autre soutenue d'elle-même sur
son tige et pied, un peu rehaussée, sans
autre moyen que de son propre bois;
autre eslevée et soutenue par paisseaux
et eschalats; autre en treillages hautement; et la cinquième jetée sur les arbres s'agraffant aux branches : la révolution des temps a ôté de ce nombre
la première, n'estant telle vigne rampante aujourd'hui en usage; restent les
autres quatre que mettons en trois ordres
pour ne les confondre, à savoir : en
basse, moyenne et haute, desquelles on
se sert par tout ce royaume : diverse-
ment toutefois, selon les propriétés des
climats, froidures et chaleurs qui règnent
particulièrement par les provinces. »

Art. 1er. *Vignes hautes ou hautains.*

Les hautains, que les anciens nom-
maient *vignes arbustives,* sont communs en Italie, en Espagne et dans nos
départements de la Provence, du Languedoc, dans la partie orientale du Dauphiné, dans le Bigorre, la Navarre et le
Béarn. Ce genre de culture est suivi en

France, non généralement, mais d'espace en espace, depuis les Pyrénées et les bords de la Méditerranée jusqu'aux frontières de la Bourgogne. On entend par hautain, proprement dit, un cep lié contre le pied d'un arbre, dont les sarments se confondent avec ses branches. De toutes les manières de cultiver la vigne, il n'en est aucune de plus pittoresque, de plus agréable aux yeux. « Je fis à pied et lentement, dit un voyageur déjà ancien, Baretti, la plus grande partie du chemin qui conduit de Mollis de Reys jusqu'à Barcelonne, jouissant d'une perspective assez belle pour rappeler l'idée des Champs-Élysées. C'était une suite non interrompue de vignes soutenues par des mûriers régulièrement plantés ; les branches de vignes y pendent partout en festons d'un arbre à l'autre. J'en ai vu de pareilles dans les duchés de Mantoue et de Modène, avec cette seule différence qu'en Italie, les vignes sont accolées à des ormes. » D'autres voyageurs décrivent avec la même complaisance le spectacle qu'offrent celles-ci à l'œil du voyageur. Le sol de la Lombardie est uni et riche, il contient de superbes pâturages, des champs fertiles et beaucoup de mûriers blancs destinés tout à la fois à produire la nourriture des vers à soie, et à servir de support aux vignes qui montent jusqu'à l'extrémité de leurs branches. Les ormes et les peupliers servent au même usage [1]. Les chemins qui traversent cette contrée sont larges, unis et bordés de haies taillées et soignées avec la plus grande exactitude. De ces haies sortent, d'espace en espace, à la distance de quarante ou cinquante verges les uns des autres, des arbres autour desquels monte la vigne. Après s'être entrelacée dans leurs branches, elle en sort pour se former en guirlandes qui pendent d'arbre

en arbre au-dessus des haies. Les sarments s'étendent ensuite à droite et à gauche ; on les soutient avec des pieux ou des poteaux plantés parallèlement aux arbres ; et ils forment alors des espèces d'auvents, des toits obliques qui règnent des deux côtés des chemins, et au dehors comme au dedans. Cette architecture naturelle s'étend dans presque toute la Lombardie.

La plupart de nos hautains de Provence présentent un spectacle non moins pittoresque. L'œil du voyageur, peu accoutumé à ce genre de plantation, promène avec plaisir ses regards sur les différentes productions du sol : tout y annonce l'ordre symétrique d'un jardin. Ici un rang d'oliviers forme une espèce d'espalier, le vert pâle de leurs feuilles contrastant merveilleusement avec celui du blé qui croît à leurs pieds ; la vigne forme un peu plus loin un autre espalier, ou bien elle y est plantée en masses. Quelques particuliers la marient aussi avec l'amandier ou l'ormeau, et les sarments, se mêlant avec leurs branches, forment des têtes singulières et touffues ; d'autres, enfin, laissent la vigne sans soutien, et dans un sol fécond elle pousse des jets forts et vigoureux, qui s'entrelacent les uns dans les autres. Il faut convenir que ces mélanges de diverses récoltes forment un ensemble charmant ; mais que d'abus décrits en peu de mots ! car il ne s'agit pas ici du coup d'œil : c'est la production qui nous intéresse. Nous y reviendrons tout à l'heure.

Pour établir ces hautains, on plante deux, trois ou quatre ceps au pied de chaque arbre ; les sarments, dressés d'abord le long des troncs, sont disposés ensuite de manière à former des berceaux, à courir en festons, à garnir les branches jusqu'à la sommité des arbres.

Quand on veut former un berceau entre les hautains, on fixe des pieux de distance en distance, et l'on plante à leur pied des ceps de vigne dont ils soutien-

---

[1] On y emploie aussi le petit érable, l'amandier commun, les pruniers domestiques et le robinier. En général, il faut préférer les arbres rustiques, qui souffrent la taille, qui ont les plus petites feuilles et l'ombrage le plus léger.

nent les tiges et qui étendent leurs sarments au-dessus du berceau.

La taille des premières années de plantation des hautains doit être aussi allongée que possible, eu égard à la vigueur des ceps et à la constitution du bois, afin que les sarments atteignent plus tôt les branches inférieures des arbres. Elle sera ensuite raccourcie, suivant le nombre de mères-branches qu'on voudra faire naître. Celles-ci une fois obtenues et placées convenablement, la taille se réduit à ne laisser à chacune d'elles que d'un à cinq sarments exposés aux rayons du soleil. On doit les tailler d'un à deux yeux plus longs que ceux qui se trouvent dans les positions inclinée, horizontale ou pendante. La plupart des arbres servant de support aux hautains ont besoin d'être taillés, si ce n'est tous les ans ou de deux années l'une, au moins tous les trois ans. Les très gros arbres, tels que les noyers, les peupliers, etc., ne se taillent point. On les élague de temps en temps; on supprime seulement leur bois mort et quelques-unes de leurs petites branches de l'intérieur. La vigne qui grimpe sur ces arbres est plus souvent abandonnée à elle-même, sans éprouver de taille régulière; aussi les fruits mûrissent-ils fort mal et donnent-ils un vin pitoyable. On assure même que celui qui est fait avec des raisins récoltés sur les noyers contracte une saveur de brou de noix très nauséabonde. Si un pareil fait est vrai, ce ne peut être parce que la sève des noyers alimente les vignes, mais parce que les sécrétions des feuilles de cet arbre, entraînées par les pluies, tombent sur les grappes, qui s'en imprègnent et en conservent la saveur.

Les ormes et l'érable champêtre se taillent le plus ordinairement en éventail, en même temps que les vignes qu'ils soutiennent. On fait en sorte que les têtes des arbres se touchent, qu'elles n'offrent pas une épaisseur de deux pieds et qu'elles forment une palissade régulière sur toutes ses faces.

Les mûriers et les amandiers, privés intérieurement de branches, prennent la forme de vases arrondis extérieurement. On arrête l'extrémité de leurs rameaux, pour qu'ils ne s'étendent pas à une trop grande hauteur.

Enfin on transforme en buissons arrondis de cinq à sept pieds de haut les divers pruniers qui servent de supports à la vigne, et on dispose les sarments de celle-ci de manière à leur faire couvrir la surface extérieure de ces buissons.

Les hautains ne sont pas admissibles dans les grandes cultures des pays du nord et du centre de la France; ils sont employés seulement dans quelques cantons du midi. Il est fâcheux que les vins qu'ils produisent ne soient pas de meilleure qualité; car rien n'est plus propre à orner les campagnes, et à leur donner un air d'abondance et de richesse.

Art. 2. *Vignes moyennes.*

Sans vouloir nous astreindre à des divisions trop rigoureuses, nous comprenons sous le titre de *vignes moyennes* toutes celles, quel que soit le mode de conduite auquel elles soient soumises, qui tiennent, quant à l'élévation à laquelle on les laisse parvenir, le milieu entre les hautains et les vignes basses, celles-ci n'excédant pas deux pieds de hauteur.

Dans les vignes moyennes, les sarments sont supportés par des treillis ou d'arbrisseaux ou de bois mort, par des palissades ou des échalas.

Vignes moyennes ou treilles.

Les vignes de grande culture, dites *en treilles*, ont ordinairement pour support des perches, qui, par leur entrelacement, forment de larges treillages verticaux, lesquels s'élèvent souvent jusqu'à 10 et 12 pieds, mais qui n'ont parfois que 3, 4 ou 5 pieds de hauteur. L'entretien de ces vignes est coûteux; surtout pour les treilles hautes, à cause de la quantité de bois qu'elles exigent;

Quelquefois, au lieu de perches, ce sont de petits arbres plantés à 6 ou 7 pieds les uns des autres, et qui soutiennent un, deux ou trois rangs de perchettes horizontales, sur lesquelles on palisse ceux des sarments qu'on ne laisse pas monter dans la tête des arbres. Cette disposition des vignes en treilles basses (*pl.* CCCXXV, *fig.* 6, ci-dessus, p. 257) est usitée dans les vignobles des environs de Cahors, d'Albi, d'Agen et dans tout le Médoc; on la retrouve aux environs de Vesoul, de Besançon, de Grenoble, de Lyon, de Dijon, d'Autun, d'Angers, de Colmar, d'Auxerre, de Troyes, et jusque dans le département de l'Aisne.

Une manière très avantageuse et en même temps très agréable de cultiver la vigne, c'est de la planter en quinconce ou en lignes, alternativement avec des arbres qu'on tient très bas, à 2 ou 3 pieds par exemple, et auxquels on laisse un petit nombre de bourgeons chaque année. La distance entre les arbres est de 10 pieds. On taille les ceps de manière qu'ils aient chaque année six sarments, dont chacun s'attache à l'arbre le plus voisin. Ces sarments, qui font guirlande, portent une quantité de fruits qui sont assez près de terre pour jouir du bénéfice de la chaleur qui en émane, et qui ne sont pas privés de celui des rayons du soleil. C'est en petit la culture en hautain usitée en Italie; mais elle est bien mieux calculée, et plus en rapport avec les principes.

On a indiqué les érables comme employés dans ce cas; mais M. Bosc croit l'épine préférable (*cratægus oxyacantha*), parce qu'elle grossit moins rapidement, s'accommode mieux des mauvais terrains, et donne moins d'ombre par ses feuilles.

Cette même disposition de la vigne se voit dans l'île de Madère.

« J'ai lieu d'être surpris, ajoute M. Bosc, que cette pratique, si en concordance avec la théorie, ne soit pas plus généralement adoptée. Un pieu

XVII.

pourrait remplir partout l'objet des arbres vivants, si on craignait leur présence. »

Les jeunes vignes des environs de Bordeaux, des environs de La Rochelle, des environs de Lyon, d'Angers, sont assujetties contre un échalas, parce que leurs sarments commencent à n'avoir plus, dans ces localités, assez de force pour se soutenir par eux-mêmes; les vieilles sont très peu élevées au dessus de terre. On n'y laboure qu'à la pioche.

Dans la Bourgogne, la Champagne, les environs de Paris et d'Orléans, enfin dans tout le reste de la France, tous les ceps sont tenus le plus près possible de la terre, et chacun a son échalas (*pl.* CCCXXV, *fig.* 7). On n'y laboure qu'à la pioche.

Plus le climat est froid, et plus les ceps doivent être tenus bas, afin que ces raisins puissent mieux mûrir; car il est d'expérience que ceux qui sont à une petite distance de terre, profitant de l'abri qu'elle leur donne et du calorique rayonnant qui en émane pendant la nuit toutes les fois que la température de l'air diminue, doivent acquérir plus de qualité.

En Italie même, auprès de Barletta, dans la Pouille, on tient les vignes fort basses (à 2 pieds), et ce, dit-on, pour que le raisin mûrisse davantage.

Sur les bords du Rhône, à Côte-Rôtie, et notamment dans les vignobles de Condrieux, on voit des exemples d'une disposition particulière de la vigne sur échalas (*pl.* CCCXXV, *fig.* 8), disposition qui convient sur des côteaux escarpés, pour utiliser les petites portions de terre végétale qui se trouvent çà et là entre les rochers nus.

Pour cultiver ainsi la vigne, on ouvre des fosses circulaires de 2 à 5 pieds de diamètre, suivant que la localité le permet; on les creuse de 2 à 3 pieds de profondeur, et on forme à leur surface des AUGETS concaves d'à peu près 6 pouces au dessus du sol environnant.

On place de 8 en 8 pouces, et à 3 pouces en dedans du bord extérieur de la fosse, des plants de vignes d'espèce vigoureuse, à grosses grappes, et d'une longue vie. Vers la troisième année, on enfonce solidement au pied de chaque cep une perchette droite, d'un bois dur, tel que celui du châtaignier, du micocoulier, du chêne, du robinier, et longue de 7 à 9 pieds. C'est à ces perchettes que sont attachés les sarments, à mesure qu'ils grandissent; lorsqu'elles en sont couvertes, elles forment sur les côteaux des cônes très pittoresques.

La taille des vignes en cône diffère des précédentes en ce que, au lieu de faire croître les bourgeons à fruits à la base des ceps seulement, il faut les répartir dans les deux tiers inférieurs des cônes, afin d'obtenir une plus grande abondance de raisins.

Le procédé consiste à tailler long les premières années, pour prolonger les tiges et déterminer à 8 ou 10 pouces au dessous les unes des autres, la formation de têtes ou mères-branches, sur lesquelles naissent les bourgeons fructifères.

Une telle pratique convient exclusivement aux pays méridionaux; elle empêche les raisins d'être brûlés par les rayons directs du soleil et par leur réverbération sur des sols secs et de couleur blanche. Les vins que fournissent ces raisins sont très généreux, se conservent longtemps et sont d'un prix très élevé.

Il est à peine utile de dire qu'elle est inadmissible dans les parties du centre et surtout du nord de la France. On sent assez que les raisins y mûriraient mal, et que leur produit n'indemniserait pas des frais de culture.

Art. 3. *Vignes basses.*

On distingue deux sortes de vignes basses. Les premières, appelées *vignes courantes* et *vignes rampantes*, ont 2 pieds de hauteur au plus, et les sarments qui en sortent se soutiennent d'eux-mêmes, ou du moins on ne leur

donne aucun appui (*Pl.* CCCXLII, *fig.* 1); elles sont communes en Dauphiné, en Provence, en Gascogne, en Poitou, en Anjou et dans les deux départements de la Charente, ainsi que sur les bords de la Loire, depuis Blois jusqu'au delà de Nantes, où les vignes blanches sont cultivées sans échalas. Dans la partie de l'Aunis qui borde les rivages de l'Océan, ces vignes sont nommées *rampantes*, avec d'autant plus de raison que, pour les soustraire à l'impétuosité des vents, on laisse à peine quelques pouces de hauteur à chaque tige, et que ses rameaux, avec leurs feuilles et leurs fruits, se traînent pour ainsi dire sur la terre [1]. Enfin les *vignes basses* proprement dites, et ce sont les plus communes depuis les frontières de la Bourgogne et le milieu de la Touraine jusqu'aux départements les plus septentrionaux de la France, ont des tiges hautes de 4 pouces à 2 pieds, selon leur espacement et leur grosseur. Elles sont liées à un échalas d'abord au pied de la tige; puis l'ouvrier, réunissant en paquet tous les sarments de l'année, les attache ou plutôt les garrotte pêle-mêle avec les feuilles, les vrilles, les faux bourgeons, les gourmands et souvent une partie des grappes, vers l'extrémité supérieure de l'échalas, par un ou plusieurs liens de paille ou d'osier.

Art. 4. *Considérations sur ces différents modes de conduire la vigne.*

On pourrait demander aux cultivateurs de nos différents vignobles s'ils ont appris par l'expérience à devoir préférer l'une des méthodes que nous venons de passer en revue, aux autres; ou bien si la hauteur qu'ils donnent aux ceps leur a été indiquée par leurs ancêtres; en un mot, si ce n'est pas par coutume,

[1] M. Dussieux conseille, pour parer aux inconvénients des vignes rampantes, d'en soutenir les sarments sur des fourchettes fichées en terre à la hauteur d'un pied, plus ou moins. (*Voy.* la *fig.* 5, pl. CCCXLII.)

plutôt que par raisonnement, qu'ils se décident? Il faut qu'ils sachent que le vin qu'on retire du raisin d'un cep lié à un arbre n'égalera jamais en bonté celui d'une vigne basse; que le fruit des hautains ne mûrit jamais aussi bien que celui des vignes basses, parce que celui-ci est placé de manière à recevoir la réverbération du soleil, qui est au moins aussi chaude que le soleil même. Le plan incliné des coteaux le réfléchit mieux que toute autre exposition; d'ailleurs, le raisin enfermé dans les têtes des arbres est trop couvert par leurs feuilles et par les siennes propres pour éprouver le contact des rayons.

Peut-être dans les parties de notre territoire où la culture en hautains est usitée aura-t-on cru originairement ne pouvoir mieux faire que de suivre l'exemple des Italiens, qui ont cultivé la vigne avant nous; mais on n'a pas fait attention que la chaleur est plus vive, plus forte, plus soutenue en Italie que dans nos provinces les plus méridionales, et qu'à l'exception d'un très petit nombre de crûs les vins de ces contrées sont communs et peu propres à être conservés.

La culture en treilles hautes est moins vicieuse que celle en hautains attachés à des arbres élevés sur lesquels les sarments s'étendent. Dans celle-ci, la vigne présente moins de surface : on est obligé d'étendre horizontalement, souvent même de courber les sarments; la sève, ne montant plus alors en ligne droite, est moins véhémente dans sa course; quand elle parvient aux bourgeons, elle est en moindre quantité et mieux élaborée. Le défaut de cette culture ne consiste que dans la trop grande élévation de ses branches à fruit, et l'expérience prouve que, même dans nos provinces les plus méridionales, le raisin qui vient à la hauteur de plus de six pieds ne donne que des vins sans caractère et sans durée.

Plus le raisin est rapproché de la surface de la terre (pourvu toutefois qu'il ne soit pas en contact avec elle, car cette cir-constance lui fait perdre toutes ses qualités), plus est sensible la réverbération, et plus est forte la chaleur. Sur un plan très incliné, dans les pentes très escarpées, on peut donner plus de hauteur et plus de distance aux ceps que sur un sol uni ou modérément incliné, parce que la coupe presque verticale du terrain réfléchit horizontalement les rayons, à peu près comme les murailles sur lesquelles on espalie. On pourrait objecter que plus les grappes sont près de terre, plus elles sont exposées aux gelées. Cela est vrai; mais la gelée est un malheur accidentel; il nous faut tendre à obtenir, avant tout, une maturité constante; et nous ne pourrions l'espérer dans plus de la moitié de nos vignobles, si nous voulions y cultiver les vignes élevées.

Au surplus, les trois sortes de vignes que nous avons décrites peuvent s'accommoder de nos divers climats de France. Les vignes en treilles conviendraient parfaitement à la température de nos provinces méridionales, en les bornant à la hauteur de 4 pieds et demi à 5 pieds, y compris les bifurcations ou mères-branches. Les vignes moyennes se plaisent et réussissent dans nos vignobles du centre; nos départements septentrionaux, où la culture de la vigne est introduite, ne peuvent admettre que les vignes basses. Nous supposons toujours qu'il peut y avoir partout des exceptions fondées sur des causes locales, ou sur la nature de certains cépages. Il appartient à la sagacité du cultivateur de saisir ces différences et de les faire tourner à son profit.

§ V. DE LA TAILLE.

Si les brins qui ont formé une nouvelle plantation ont été bien choisis; si la culture en a été soignée, les deux yeux qu'on a laissés apparents pousseront, dès la première année, chacun un sarment. Ce nouveau bois a-t-il de la consistance? est-il proportionné à celui du maître brin qui l'a produit? est-il mûr? on peut déjà le tailler. Dans le cas contraire, attendez que la végétation de sa seconde année lui ait donné plus de force. Nous n'avons point à redouter encore la multiplicité des organes qui aspirent, puisque nous n'aurons de longtemps que du bois à espérer.'

La taille a pour objet, sur la vigne faite ou en rapport, d'empêcher la dissémination de la sève et la formation d'une quantité infinie de sarments, de brindilles, de chiffones et de feuilles qui sortiraient en foule de tous ses yeux, étendraient la surface de chaque cep d'une manière démesurée et multiplieraient au delà de toute proportion ses facultés d'aspiration. En le débarrassant du bois qu'on appelle superflu, on concentre la sève dans une partie des sarments qu'on juge les plus propres à produire de beaux, de bons fruits, des fruits mûrs. Par la même opération, sur la vigne qui est encore dans l'enfance, on emploie toute la sève à nourrir le brin qui doit être converti en souche et devenir une tige capable de produire le nombre de bras ou de mères-branches relatif à la hauteur et au volume qu'on se propose de laisser prendre au cep.

La première taille de la vigne n'entraîne aucun embarras; elle est facile : il ne s'agit que d'enlever en entier le jet le plus élevé des deux yeux mis à découvert dans la plantation, et de rogner le second près du tronc, immédiatement au dessus du premier œil. L'année suivante, si la vigne est destinée à devenir une vigne moyenne, on taillera sur trois sarments, et on enlèvera les autres rez de la souche; si elle ne doit être qu'une vigne basse, on ne laissera subsister que deux flèches ou coursons. Un seul suffit à la vigne naine, et c'est sur le sarment le plus bas qu'il doit être formé. Dans tous les cas, on ne laisse sur chaque flèche que l'œil le plus voisin du tronc. A la troisième taille, on donne un bourgeon de plus à chaque tête; et le nombre des têtes ou mères-branches doit être ménagé de manière que la vigne moyenne en ait au moins trois et rarement plus

de quatre, même quand elle est parvenue au plus haut point d'élévation qu'on veut lui prescrire. Deux mères-branches suffisent à la vigne basse, et ce n'est jamais que du tronc ou de la souche que doivent partir immédiatement les sarments à fruit ou les flèches de la vigne naine, préférant toujours les plus bas, mais de façon que les raisins ne touchent pas par terre. A quatre ans, la vigne bien plantée a déjà de la force; elle commence à donner du fruit; on peut tailler à deux yeux sur les deux ou trois sarments les plus vigoureux. La cinquième taille demande encore quelques ménagements particuliers; coupez à deux yeux seulement sur le bois le plus fort; bornez à un seul bourgeon le produit du sarment inférieur, et ne laissez pas en tout au-delà de cinq flèches. Le jeune plant est enfin devenu une vigne faite. Les mêmes principes qui ont dirigé jusqu'ici le cultivateur dans la façon de la taille le guideront de même dans la suite, toutefois avec cette différence que les ceps ayant acquis plus de vigueur, il peut porter dans la taille non pas moins d'attention, mais une attention moins minutieuse. Nous opérerons donc désormais d'après les principes qui nous ont guidés jusqu'ici; mais nous n'oublierons pas qu'ils se modifient dans leur application, plus encore dans l'exercice de la taille que dans toutes les autres façons dont se compose la culture de la vigne. Faut-il tailler court ou long, laisser peu ou beaucoup de coursons? On ne peut se régler à cet égard que sur les climats, les expositions, la nature des terrains, la vigueur plus ou moins grande des sujets, la qualité particulière du bois suivant la température de l'année et les événements de l'année précédente. On doit considérer l'âge des vignes, la distance des ceps, la nature et l'espèce des raisins. En Bourgogne, le *maurillon* ne veut pas être taillé comme le *gamet*; en Guyenne, la *folle* et le *muscat* demandent chacun un genre particulier de taille. La vigne trop chargée s'épuise bientôt; trop déchargée, elle ne produit que du bois. Dans nos climats chauds du midi un cep de vigne moyenne, élevé de 4 à 5 pieds, éloigné dans la même proportion des autres ceps, garni de trois ou quatre branches-mères qui lui donnent la figure d'un triangle ou celle d'un cul de lampe, peut supporter cinq ou six flèches sur chacune de ses branches, et chacune de ces flèches peut être garnie sans inconvénient de quatre à six yeux. La vigne basse dont l'espacement est beaucoup moindre et dont la tige ne doit être divisée qu'en deux parties est assez chargée de deux ou trois flèches sur chaque branche; chaque flèche portant un, deux et trois yeux, selon la grosseur du bois et sa franchise. Le cep de la vigne basse n'est point bifurqué; il est moins espacé; il ne présente que la forme d'un arbrisseau, trois ou quatre flèches taillées à un ou deux yeux seulement sont une charge proportionnée à ses forces. Une vigne vieille demande les mêmes soins, la même attention que si elle était encore dans l'enfance; elle veut être taillée court et souvent ravalée. Le besoin de la rajeunir donne un grand prix aux jets, quoique d'abord stériles, qui naissent vers le bas de la souche; on ne peut apporter trop de soins à leur conservation, puisque quand on est obligé de rabaisser, c'est sur leur seul produit que repose tout l'espoir du vigneron. Non seulement la vieillesse, mais le nombre des accidents auxquels la vigne est exposée fait souvent une loi de cette mesure. Par exemple, qu'une vigne ait été entièrement maltraitée par la gelée, et qu'on ne puisse plus compter sur ses arrière-bourgeons, on coupera jusque sur la souche l'ancien et le nouveau bois. Des vers blancs auront attaqué et rongé la racine; la vigne aura jauni et dépéri; on ne peut être alors trop attentif à la tailler court. Si, dans l'année même, des gelées de printemps ont fatigué ou détruit les bourgeons, il faut ravaler sur ceux qui sont restés sains, et l'année suivante rabattre sur le seul bon bois qui a poussé des sous-yeux ou qui a percé de la souche. Si au contraire l'année précédente la vigne a coulé, et que la sève, n'ayant point été employée à produire du fruit, ait fait des pousses démesurées, on ne risque rien alors de l'allonger et de la charger amplement, sauf à la ménager à la taille suivante si on la trouve fatiguée. Dans les années sèches, la vigne fait peu de bois; alors taillez court, chargez peu si l'hiver a été rigoureux; si le bois et les boutons en bourre ont gelé en partie, ne vous hâtez pas de retrancher le bois gelé: on peut encore espérer une récolte sur les arrière-bourgeons. Peu après que la température sera devenue plus douce, examinez les bois qui ont souffert et les yeux qui sont éteints, tirez sur les bons bois et sur les bons yeux, dussiez-vous même allonger plus que de coutume, sauf à ravaler l'année suivante et à asseoir la taille sur le bois qui aura poussé immédiatement de la souche.

Quelle est la saison la plus favorable à la taille? Cette question est encore à résoudre; ni les vignerons, ni les œnologistes ne sont d'accord entre eux sur ce point. Il ne faut pas s'en étonner, parce que les uns et les autres ont toujours généralisé leurs principes et constamment raisonné d'après les événements particuliers aux lieux, aux expositions, au sol, au climat dans lesquels les premiers ont travaillé et sur lesquels les seconds ont observé. Au reste, le différend dont il s'agit ne peut embrasser que deux saisons, l'automne, ou plutôt l'hiver, et le printemps. Les partisans de la taille d'automne ou d'hiver se déterminent d'après les considérations suivantes : 1° Ce travail fait en automne laisse plus de temps pour vaquer à la foule des occupations que prescrit le retour du printemps; 2° toutes les variations de l'atmosphère qui peuvent imprimer du mouvement à la sève (et elles sont assez communes dans les hivers ordinaires) concourent à l'avancement de la vigne; elles portent déjà de la nourriture dans les vaisseaux et dans les rudiments des bourgeons; dès les premiers beaux jours ceux-ci se développent. Cette espèce de précocité s'étend à toutes les périodes de la végétation; la vigne y gagne au moins quinze jours de chaleur; de là un bois plus tôt formé et mieux aoûté; de là des fruits plus mûrs; de là une maturité qui précède le retour des premières gelées, dont l'effet est de resserrer les fibres du bois, de sécher les feuilles, de durcir l'enveloppe de la pulpe, et, par conséquent, d'arrêter tout à coup la circulation de la sève, et d'empêcher la formation du muqueux doux-sucré.

Ceux qui se font une loi de suivre le système opposé se fondent sur les désastres occasionnés par les hivers rigoureux, dont les effets sont bien autrement sensibles pour la vigne taillée dès l'automne que pour celle qui ne recevra cette façon qu'après les grandes gelées. Le bois de la vigne est moelleux et spongieux, ses pores sont très ouverts; elle est abondante en sève; en la taillant l'hiver, la gelée, les frimas, le givre, les neiges, les brouillards morfondants et toutes les humidités froides, entrant par toutes les ouvertures faites à la plante, se congèlent et pénètrent jusque dans son intérieur. Les gelées printanières ont aussi bien plus d'action sur les jeunes bourgeons que sur les boutons encore revêtus de leur bourre.

Les raisons dont on s'autorise pour suivre chacune de ces méthodes sont incontestables. Le talent consiste à savoir les modifier l'une par l'autre. En effet, ici, la taille d'automne ou d'hiver doit être préférée; là, on ne doit admettre que celle du printemps[1]; telle race

veut être taillée tôt, telle autre demande à l'être tard. Le cultivateur a le plus grand intérêt à obtenir dans le même temps la maturité de tous les différents cépages; et cependant les uns sont précoces, les autres sont tardifs; retarder la végétation des uns, avancer celle des autres, les connaître tous, et les diriger tous vers la même fin, est une partie essentielle de l'art de les cultiver. Il ne nous reste plus qu'un mot à ajouter sur cet article important de la culture de la vigne: si on taille trop tôt, c'est à dire avant la chute entière des feuilles, avant que le bois ait acquis le terme de sa maturité, il ne restera pas aux plants trois ans d'existence. Ce fait est constaté par l'expérience et par une longue suite d'observations. Si on taille trop tard, après que la sève a repris son cours, la plus grande partie s'en dissipera en pleurs, en pure perte pour la végétation. L'époque redoutable partout pour la taille est celle des grands froids, parce qu'alors, comme le dit Olivier de Serres, *les froidures pénètrent dedans la vigne par ses grosses entrées.* (*Voy.* l'article TAILLE.) Dans tous les cas, l'ouvrier doit choisir un beau jour et se pourvoir d'une serpette bien tranchante, pour éviter de faire éclater le bois. La coupure, comme pour former le haut d'une crossette, doit présenter la forme d'un bec de flûte; elle résulte en effet du coup de poignet par lequel la serpette est tirée de bas en haut. Il est essentiel que la taille soit faite à 4 ou 5 lignes de distance de l'œil le plus voisin,

[1] Une taille précoce est très avantageuse dans les vignobles où l'on craint peu les gelées tardives, surtout pour les vignes un peu vieilles, parce que les pousses sont aussi plus précoces et plus vigoureuses. C'est par ces motifs qu'on la commence dès le mois de novembre ou celui de décembre, et qu'on la fait en janvier et février dans dix-neuf départements, dont la plupart sont situés dans le

midi; ce sont ceux de l'Allier, de l'Ardèche, de l'Aude, des Bouches-du-Rhône, du Gard, du Gers, de la Gironde, de l'Hérault, d'Indre-et-Loire, des Landes, du Loiret, du Lot, de la Meuse, des Hautes et Basses-Pyrénées, des Pyrénées-Orientales, de la Haute-Saône, de Vaucluse et de la Vienne; mais dans aucun la taille n'est générale à cette époque.
(CAVOLEAU.)

Dans le département du Loiret, par exemple, on ne commence guère qu'en janvier et en février à tailler la vigne, et on continue en mars et même en avril; mais c'est trop tard dans ce dernier mois, parce qu'alors la vigne est en pleine sève.
B. de M.

et du côté qui lui est opposé. Par cette double attention, on évite que l'effet de la gelée, par laquelle le bois pourrait être surpris, ne s'étende jusqu'à la bourre; on la préserve aussi de la chute de l'eau ou des pleurs dirigés vers elle par le talus de la coupure. Quand on voit le vigneron muni, pendant la façon de la taille, d'une ample provision d'onguent de Saint-Fiacre, pour couvrir les plaies qu'il est souvent obligé de faire à la souche, et employer adroitement le dos de sa serpette pour enlever les mousses naissantes, pour aplanir les excavations qui servent d'asile aux insectes malfaisants ou à leur ponte, on peut le juger un homme attentif et soigneux. Le maître peut se reposer jusqu'à un certain point sur sa vigilance. S'il commet quelques erreurs, elles seront plutôt l'effet de son peu d'instruction que de sa bonne volonté. N'espérez jamais autant du vigneron auquel vous aurez donné vos vignes à bail que du journalier que vous paierez bien. Le fermier ne fera rien pour ménager votre vigne, pour en prolonger la durée; il fera tout pour en hâter la destruction : son intérêt le veut ainsi. Il taillera indifféremment sur le fort et sur le faible; il n'a d'autre but que d'obtenir des récoltes abondantes; vous serez bien heureux si la taille de sa dernière année de jouissance ne met pas un terme prochain à la vôtre; car il ne taillera vraisemblablement qu'*à vin* ou qu'*à mort*, expressions qui sont synonymes quant à l'effet.

Les *sautelles* ou *pleyons* sont principalement usités dans les vignobles du nord, qui tirent le plus à la quantité. Ce sont des sarments laissés presque dans toute leur longueur, et qu'après avoir inclinés, ou même courbés en arc, on attache à un échalas ou avec des liens. (*Pl.* CCCXLII, *fig.* 2.)

Lorsqu'en faisant cette opération on laisse en même temps monter un bourgeon, la racine souffre peu, parce que ce bourgeon supplée à la faiblesse de la végétation du sarment. C'est d'après ce principe qu'on doit tailler, surtout les vignes basses, comme plus délicates que les autres.

Une observation faite par les vignerons doit être consignée ici, parce qu'elle est appuyée sur la plus saine théorie : c'est que si on ne se hâte pas de courber les sarments laissés fort longs (les sautelles, pleyons, etc.), dans l'intention d'avoir beaucoup de fruit, on en a peu. En effet, la sève, montant avec rapidité, développe les boutons à bois qui se trouvent les plus élevés, et ne fait qu'effleurer ceux à fruit qui sont au bas, lesquels finissent même quelquefois par *s'éteindre*, c'est à dire s'oblitérer, lorsque le cep est très vigoureux, ou l'année humide et chaude.

Les vignes qu'on force à produire une trop grande quantité de fruits donnent de plus mauvais vin et durent moins longtemps. Le principe en est commun à tous les arbres. Un propriétaire jaloux de la réputation de son crû et du bien-être de ses enfants doit donc empêcher son vigneron de laisser trop de coursons, de faire trop de sautelles. Il faut que chaque cep ait juste le nombre de bourgeons et de grappes qu'il peut nourrir. Ainsi on en laissera davantage sur celui qui est très vigoureux, que ce soit par l'effet de sa nature, de son âge ou de la terre où il se trouve. Il est quelques vignobles où on est obligé de replanter les vignes tous les quinze à vingt ans, c'est à dire peu après qu'elles sont arrivées à l'époque de leur plein rapport, parce qu'on les force trop en production dans leurs premières années.

Les vignes plantées en terrain aride ne supportent pas toujours l'arqûre : il en est de même des variétés faibles par leur nature même. Il ne faut donc pas se livrer avec trop d'avidité à cette opération.

Les sautelles de l'année précédente, avec un, deux, et même trois sarments de la dernière pousse, sont quelquefois conservées pour être mises en terre, l'année suivante, au point d'où sortent ces sarments, et fournir ainsi une, deux ou trois boutures, qui seront d'autant plus vigoureuses que la sautelle ayant déjà la courbure nécessaire, la sève sera moins gênée dans sa marche.

On ne doit surtout jamais négliger cette pratique dans les jardins où on cultive des vignes basses.

Dans quelques-uns des vignobles des environs de Paris, et sans doute autre part, on introduit l'extrémité des sautelles en terre, c'est à dire qu'on les transforme en véritables marcottes, qui, par le moyen des racines qu'elles prennent, favorisent le grossissement des grains. On lève et coupe ces marcottes l'hiver suivant. Cette pratique est bonne surtout pour les terrains maigres et les expositions chaudes.

Dans l'Orléanais, on laisse les sautelles, qu'on y appelle *queue d'anneau*, deux ou trois ans sans les couper; ce qui nuit nécessairement aux produits, puisque dans ce cas les grappes et les grains deviennent plus petits.

Nous avons parlé plus haut du *provignage*, qu'on emploie ordinairement à la quatrième année de la plantation des vignes neuves, pour suppléer aux plants manqués; nous renvoyons à ce que nous en avons dit.

§ VI. Des autres travaux d'entretien de la vigne.

Art. 1er. *Echalassage.*

Quoique nous ayons déjà fait mention de la pratique générale dans nos vignobles du centre et du nord, de soutenir les sarments de la vigne au moyen d'É-CHALAS (*voy.* ce mot), nous devons nous arrêter ici plus particulièrement sur cette pratique : nous citerons les excellentes observations de M. Cavoleau (*OEnologie française*).

« La pratique de l'échalassage, dit cet auteur, est usitée dans cinquante-quatre départements ou parties de département; mais dans douze, les échalas sont supprimés lorsque la tige de la vigne, à l'âge de cinq ou six ans, a acquis assez de force pour soutenir les branches; dans quarante-deux, elle est échalassée pendant toute sa durée. Nous trouvons au contraire vingt-sept départements ou parties de département où les échalas ne sont point du tout en usage : ce sont particulièrement ceux du midi et quelques-uns du centre et de l'ouest.

« Les échalas sont l'objet d'une grande dépense, et il serait bien à désirer qu'on pût en supprimer l'usage.

« Il faut un certain degré de chaleur, et de chaleur continue, pour mûrir le raisin, qui la reçoit, pendant le jour, ou directement du soleil, ou par réverbération, lorsque les rayons du soleil sont réfléchis par les graviers qui couvrent la terre; et qui la reçoit en outre pendant la nuit, lorsqu'elle s'échappe de la terre pour se mettre de niveau avec la température de l'atmosphère. A la petite distance où sont placés les ceps de vigne, dans le nord et le centre de la France, si les sarments n'étaient pas soutenus, ils couvriraient de leurs larges feuilles et les raisins et la terre, et l'action du soleil serait ainsi très affaiblie. Les échalas semblent donc indispensables dans ce cas, et leur longueur doit presque égaler celle des sarments. Mais n'y a-t-il donc pas de moyen de diminuer cette grande consommation de bois? Nous en connaissons deux, qui ont l'un avec l'autre beaucoup d'analogie, et qui sont pratiqués dans quelques vignobles du département de la Haute-Loire, de l'arrondissement de Nantua, département de l'Ain ; du Mâconnais, après les cinq ou six premières années de production ; des arrondissements de Perpignan, de Gray et de La Rochelle. Le premier consiste à relever tous les sarments et à les lier en faisceau vers l'extrémité. Pour le second, on taille la vigne en éventail, et on lie en faisceau la moitié des sarments d'un cep avec la moitié de ceux des ceps voisins; ainsi chaque ligne de ceps forme une palissade¹. Dans l'un et l'autre mode, la terre est mise à découvert et peut s'imprégner de la chaleur du soleil ; les raisins sont aussi soumis à l'influence de cet astre et suffisamment élevés au dessus de terre. Pour ceux qui croiront devoir persister dans l'usage des échalas, il y a encore un moyen d'en diminuer la dépense : c'est le palissage à 8 ou 10 pouces de hauteur, pratiqué dans le Médoc. »

¹ C'est M. Miramont, propriétaire à Maurecourt, près Pontoise, qui a imaginé, il y a une trentaine d'années, cette disposition des vignes sans échalas. Voici la conduite qu'elle exige.

On plante par lignes parallèles, à 20 ou 25 pouces de distance les unes des autres, en tous sens, des plants de vignes de petite et de moyenne stature.

On ne laisse s'élever leurs souches que de 3 à 6 pouces au-dessus de terre.

On établit une seule mère-branche ou on en fait deux, suivant qu'on désire former des pyramides isolées (pl .CCCXLII, fig. 4) ou des lignes de pyramides liées entre elles (même pl., fig. 5).

Lorsqu'on s'en tient au premier mode, on réunit les sarments de quatre pieds voisins, quand ils ont crû d'environ 2 pieds, et on les lie au point milieu de la distance des quatre ceps, à 20 pouces à peu près du niveau de la terre. Les sarments continuant de s'allonger, on établit une nouvelle ligature à 6 ou 8 pouces au-dessus de la première. Il est rare qu'on soit obligé d'en employer une troisième, excepté pour les jeunes vignes, parce que lorsqu'elles sont plus âgées on les rogne à peu de distance au-dessus de la seconde. Ces ligatures se font de préférence avec de la paille de seigle humide.

Dans le second cas, les deux mères-branches doivent être opposées entre elles et disposées dans le sens des lignes longitudinales, plus ordinairement de l'est à l'ouest.

Lorsque les sarments ont crû de la longueur convenable, on lie la moitié de ceux des quatre ceps voisins pour former une pyramide ; tandis que les autres sont réunis aux sarments des deux ceps latéraux pour composer d'autres pyramides : de manière que les bourgeons de chacune des deux mères-branches d'un cep concourent pour un quart à la formation d'un cône pyramidal.

Les rangées de pyramides doivent être séparées par un sentier de même largeur à peu près que l'espace de terrain qu'elles occupent, pour faciliter les labours et autres travaux de culture.

Dans le cas où l'on voudrait employer ce moyen de conduire la vigne sur un vieux plant qu'on est dans l'usage d'échalasser, on le pourrait facilement en marcottant en provins des sarments de ces vieux ceps, lorsqu'ils se trouvent à des distances convenables et que leurs souches ne sont pas trop élevées au-dessus de terre.

XVII.

Nous avons précédemment décrit et figuré cette disposition de la vigne en palissade.

Il est beaucoup de vignobles dans lesquels on trouve des parties de terrain où on pourrait se passer et d'échalas et de palissades. Combien de côteaux couverts de vignes, dont les cimes arides et pierreuses fournissent si peu d'aliments séveux qu'on ne laisse à la taille qu'une ou deux flèches sur chaque cep ? Il en naît des rameaux minces et courts qui portent des grappes de bonne qualité, mais petites et proportionnées à la faiblesse du plant qui les produit. A quoi bon les échalasser ? On conçoit que, vers le milieu du coteau, où la végétation est forte, que vers le bas où elle est quelquefois même luxurieuse, il faut donner un appui aux sarments ; mais sur la hauteur, où ils ne manquent pas d'air, où ils se soutiennent d'eux-mêmes, leur fournir des échalas n'est qu'une dépense inutile et du temps perdu L'usage de les employer, répond-t-on, est introduit dans la contrée ; et on en met partout. Voilà le mal. L'agriculture ne fera de vrais progrès que quand les cultivateurs se rendront compte des motifs qui déterminent les diverses pratiques de leur art.

Attacher les jeunes pousses aux échalas, se nomme ACCOLER. (*Voy.* ce mot.)

Art. 2. *Ebourgeonnement, rognure, épamprement, effeuillage.*

Ces diverses opérations, plus ou moins généralement pratiquées dans nos vignobles, reposent sur le même principe que la taille : retrancher les parties superflues du plant, pour assurer plus de nourriture aux parties conservées, notamment aux fruits. (*Voy.* les articles TAILLE, EBOURGEONNEMENT, EFFEUILLAGE.)

Nous avons eu souvent à signaler des opérations inutiles ou même nuisibles, auxquelles les vignerons, comme les autres cultivateurs, sont entraînés par une

74

tradition irréfléchie ; les pratiques rappelées en tête de cet article n'ont pas échappé à cette loi trop commune. Partout où l'ébourgeonnement de la vigne, l'épamprement, l'effeuillage et la rognure sont en usage, nécessaires ou non, non seulement on les étend indistinctement à toutes les parties du vignoble, à toutes les races, à tous les individus ; mais on les donne à des époques fixes. Cependant elles ne devraient avoir lieu que là où elles sont nécessaires ; et le temps et la nécessité de les employer ne peuvent être prescrits positivement que par l'état de l'atmosphère et par la manière dont le temps s'est comporté. Il est vrai de dire encore que si elles sont utiles à certaines espèces, à certains individus, il en est aussi pour lesquels elles ne sont qu'une maladroite mutilation.

La vigne, comme la plupart des végétaux, absorbe bien plus de principes nutritifs, qui se convertissent en sève, par ses feuilles que par ses racines ; et l'absorption qu'elle en fait est d'autant plus grande, que ses pampres sont chargés de feuilles plus nombreuses et présentant des surfaces plus étendues. A peine ses premiers bourgeons ont-ils paru, que si la température est douce et l'atmosphère un peu humide, ils croissent avec une étonnante rapidité. Les grappes ne tardent pas à paraître ; le vigneron les contemple avec allégresse ; elles sont l'objet de tous ses soins ; il craint qu'elles ne manquent de nourriture ; il ne voit qu'avec effroi le prolongement presque démesuré des sarments ; il craint que toute la sève ne se convertisse en bois, que les grappes n'en soient affamées et que le raisin ne profite pas. Que fait-il alors ? il prend le parti de *rogner* l'extrémité du bourgeon, pour forcer la sève de refluer vers la grappe : elle reflue en effet, mais c'est pour s'échapper par tous les yeux inférieurs, et donner naissance à une foule de brindilles, de faux bourgeons et de branches chiffonnes, que bientôt après

le vigneron retranche, de crainte que tous ces rejetons ne vivent encore eux-mêmes aux dépens de la grappe : c'est ce qu'on nomme *ébourgeonner*. Enfin, dans les mêmes vues, et pour donner de l'air au fruit, il opère sur les feuilles, vers la fin de l'été, un autre retranchement qu'on appelle *épamprer*. Il résulte de très bons effets de tous ces procédés quand ils sont mis en usage à propos, qu'ils sont employés avec discernement sur des sujets jeunes et vigoureux, plantés dans un sol fécond, et à température plutôt douce que chaude ; seulement le cultivateur se trompe quant à leur effet. Ce n'est pas parce que la sève manquera au raisin, quel que soit le volume des branches et des feuilles du cep qui le porte, qu'il est quelquefois utile d'en retrancher une partie ; mais, au contraire, parce qu'il résulterait de ces nombreux produits de la végétation une sève tellement abondante, que la chaleur commune serait insuffisante, dans la plupart de nos climats, pour l'élaborer et la convertir en muqueux sucré. S'il en était autrement, les plants les plus petits ou les plus vieux, les faibles cépages, les races les plus délicates gagneraient, dans les terres les plus arides, à supporter ces diverses façons ; cependant l'on sait par expérience qu'ils n'y survivraient pas longtemps. S'il en était autrement, on rognerait, on ébourgeonnerait, on effeuillerait dans les climats les plus chauds, où la végétation de la vigne est bien autrement active et luxurieuse que dans nos vignobles du centre et du nord de la France ; et cependant ces divers procédés y sont inconnus. On n'arrête point la vigne, on ne l'ébourgeonne point, on ne l'effeuille point en Sicile, en Italie, en Espagne, ni même en Provence, en Languedoc, en Guienne, en Angoumois, ni sur la Côte du Rhône ; et le raisin n'y acquiert pas moins le volume et le degré de maturité qui conviennent pour la perfection de ce fruit : c'est que la chaleur du soleil y supplée dans ces contrées [1]. Au reste, si vous êtes obligés de l'employer dans toute l'étendue ou dans une partie de votre domaine, sur tous les individus ou sur quelques-uns seulement, employez la serpe pour rogner et pour ébourgeonner, et les ciseaux pour effeuiller. N'imitez pas, pour donner la première de ces façons, ces maladroits cultivateurs qui empoignent d'une main plusieurs bourgeons à la fois, les compriment en paquet, et, de l'autre, les tordent et les déchirent impitoyablement ; de là une foule d'éclats, d'esquilles, de filaments et de lambeaux qui empêchent la plaie de se cicatriser. Si

[1] L'ébourgeonnement est absolument inconnu dans huit départements, qui sont ceux des Bouches-du-Rhône, du Cantal, de la Charente, de la Charente-Inférieure, d'Indre-et-Loire, de la Loire-Inférieure, des Deux-Sèvres et de la Vendée.

Dans quatre départements, la Dordogne, le Gers, l'Indre et les Hautes-Pyrénées, on se borne à supprimer les bourgeons qui sortent de la tige.

L'ébourgeonnement est universel dans trente-deux départements : l'Aisne, les Basses-Alpes, les Hautes-Alpes, l'Ardèche, les Ardennes, l'Ariége, l'Aube, la Corrèze, le Doubs, l'Eure, le Jura, les Landes, le Loiret, le Lot, le Lot-et-Garonne, la Marne, la Haute-Marne, la Meurthe, la Meuse, la Moselle, la Nièvre, l'Oise, le Puy-de-Dôme, les Basses-Pyrénées, le Haut-Rhin, la Haute-Saône, la Seine, Seine-et-Marne, Seine-et-Oise, le Tarn, les Vosges et l'Yonne.

Dans les autres départements, il est plus ou moins pratiqué ; dans quelques-uns très peu, dans les autres en majeure partie ; de sorte que l'on peut dire que les deux tiers de nos vignes, à peu près, sont ébourgeonnées.

L'épamprement se fait sur une étendue de vignes beaucoup moindre que l'ébourgeonnement et la rognure. Il est pratiqué dans trente-quatre départements, mais très-peu dans la plupart, et seulement dans des terres humides ou fertiles. Il n'est à peu près général que dans la Gironde, les Basses-Pyrénées et le Haut-Rhin ; dans l'Aube, on le pratique au beau vignoble des Riceys ; dans la Dordogne, au beau vignoble de Bergerac ; dans le Gard, sur la Côte du Rhône ; dans le Maine-et-Loire, sur tous les vignobles des bons crûs ; dans le Tarn, au vignoble de Gaillac ; et partout on s'en trouve bien, même dans l'île de Corse, où la chaleur du climat semble le rendre moins nécessaire, et où il est cependant très commun ; dans l'Allier, où il était inconnu, un propriétaire de la commune de Montilly, arrondissement de Moulins, l'a mis en pratique, et son vin a acquis une supériorité prononcée.   (CAVOLEAU.)

vous coupez le bourgeon net, au milieu d'un nœud, cette plaie sera bientôt fermée. N'arrêtez pas votre vigne avant qu'elle ait fleuri, avant même que son fruit soit noué : vous l'exposeriez trop au danger de la coulure. En contrariant le cours de la sève au moment d'une crise délicate, vous l'obligez de rétrograder vers la grappe ; et le plus souvent la coulure n'est due qu'à la surabondance de sève qui se porte vers elle. Les vignerons ne suivant aucune règle particulière sur l'époque de la rognure, on ne doit pas être surpris de ce que les vignes coulent si fréquemment. Puis leur manière de rompre au hasard les bourgeons mutile souvent les grappes ; car tous ces bourgeons réunis et rompus à tort et à travers ne sont pas de la même longueur. Il importe assez peu qu'un sarment reste long ; mais on fait grand tort à celui qu'on rabaisse outre mesure. Quand on rabat trop bas les mieux nourris, ils repoussent nécessairement de toutes parts des rejetons ou de faux bourgeons, desquels résultent quelquefois des grappes nuisibles, parce qu'elles sont trop tardives. En donnant le coup de serpette pour détruire ces brindilles, opérez toujours de bas en haut, pour éviter de faire des éclats ou d'éteindre le bouton voisin. Quant aux tenons ou vrilles, il importe assez peu de les retrancher ou de les laisser subsister. Les expériences comparatives faites à cet égard n'ont donné aucun résultat positif.

On effeuille les vignes et pour modérer le cours de la sève, et pour procurer au raisin le contact immédiat des rayons du soleil et lui faire prendre ou cette belle couleur dorée, ou ce velouté pourpre, indices de la saveur et souvent de la formation du muqueux-sucré. Cette opération est très délicate ; elle doit être faite à plusieurs reprises et ne commencer que quand le raisin a acquis presque toute sa grosseur. Si on effeuille trop, le raisin sèche et pourrit avant de parvenir à son point de maturité, surtout dans les automnes pluvieux, parce qu'alors le muqueux doux, noyé dans une trop grande quantité de véhicule aqueux, ne peut plus se rapprocher, et dans un temps sec il se fane, se ride; la rafle même se sèche. Ce n'est pas tout, les bourgeons encore verts qui ne sont pas aoûtés ne mûriront point; ceux qui commencent à l'être cesseront de profiter; et les boutons n'ayant point reçu, de la part des feuilles, leur complément de végétation, ou avorteront l'année suivante, ou, s'ils font éclore des grappes, elles couleront.

Il faut mettre beaucoup de prudence en effeuillant, commencer peu à peu, aller toujours en augmentant, et s'arrêter dès que l'on s'aperçoit que la pellicule du raisin commence à se rider et le grain à se ramollir : ces indices sont certains.

« Il n'est point, dit avec grande raison M. Bosc, de procédé d'agriculture plus absurde et plus contraire aux intérêts présents et futurs des cultivateurs, que d'effeuiller complétement la vigne avant la récolte pour consacrer la feuille à la nourriture des bestiaux, comme on le fait dans quelques lieux.

« Dans d'autres endroits, on effeuille après la récolte, ou, ce qui est encore pire, on met les vaches et les moutons dans les vignes pour en manger les feuilles. Ces usages sont encore dans le cas d'être proscrits, parce qu'ils nuisent nécessairement aux récoltes futures, et amènent plus tôt les ceps à la caducité; cependant, dans le besoin, on peut y recourir, parce que de deux maux il faut choisir le moindre.

« Mais, dira-t-on, n'y a-t-il donc pas moyen de tirer parti des feuilles de la vigne pour la nourriture des bestiaux? Il y a moyen, répondrai-je; mais alors il faut ou n'en enlever qu'une petite portion, comme on le fait dans les monts d'Or près Lyon, ou la cultiver pour cet objet seulement.

« Dans les pays plus froids, des vignes qui entreraient en grande quantité dans la composition d'une HAIE (voy. ce mot), en fourniraient immensément, qu'on pourrait employer en vert ou en sec. »

Art. 3. *Labours et façons.*

Il est utile, et même indispensable, de donner des labours à la vigne. Les labours divisent la terre, la rendent perméable à l'humidité et susceptible d'être pénétrée par les rayons du soleil; ils la nettoient d'une foule d'herbes dans lesquelles la vigne se perdrait, pour ainsi dire, si l'on n'avait le soin de les extirper, et à plusieurs reprises, dans le courant de l'année. Dans le nord de la France, une vigne faite ne vivrait peut-être pas trois ans sans labours.

Cependant il ne faut pas appliquer à la vigne tous les avantages qu'on attribue, dans les autres genres de culture, à la fréquence des labours. La vigne est une plante vivace, qui, bien cultivée, est susceptible de prospérer dans le même terrain pendant une longue suite d'années. A peine est-elle sortie de l'enfance, que tout le chevelu qui part de son collet s'étend en tous sens, mais à peu de profondeur, dans toute l'étendue de la terre qu'on lui a consacrée. Les racines de la partie inférieure plongent et pénètrent plus avant en terre; le fer du laboureur ne peut les atteindre, mais elles contribuent beaucoup moins que les premières à la nutrition de la plante, parce que celles-ci sont frappées par la lumière, et qu'elles trouvent à leur portée les substances alimentaires que l'air dépose à la surface de la terre. Aussi devrait-on proscrire partout l'usage introduit dans quelques vignobles d'ébarber les ceps, c'est à dire de râcler la souche avec un instrument tranchant, pour en détacher tous ces précieux filaments qu'on traite comme des gourmands ou des parasites, tandis qu'ils sont les premiers moyens employés par la nature pour opérer la végétation, et qu'ils doivent être considérés comme les organes les plus utiles à la plante. Non seulement il est absurde de l'en dépouiller, mais il ne faut pas ignorer qu'ils ne veulent être ni fréquemment mis à découvert, ni sans cesse tourmentés et dérangés de leurs fonctions. Il peut résulter d'aussi graves inconvénients du trop de labours que des labours donnés à contre-temps, à de certaines époques de la végétation, et pendant ou immédiatement après certaines manières d'être du temps. On est quelquefois surpris de ce qu'une vigne jeune et vigoureuse tombe tout à coup dans un état de langueur. On voit ses feuilles pâlir et s'incliner, la croissance du raisin s'arrêter; on attribue le mal dont elle est atteinte à de mauvais vents qui n'ont pas soufflé, à des insectes qui n'ont pas paru, à la privation des engrais dont elle n'avait pas besoin : le cultivateur s'alarme, voit la cause de ce mal partout où elle n'est pas; car le plus souvent il est l'effet d'un labour donné mal à propos, ou en temps inopportun.

Trois labours au moins sont nécessaires à la vigne, et paraissent suffire à sa prospérité. Le premier doit avoir lieu d'abord après la taille, sitôt que le terrain est débarrassé des sarments qu'elle a supprimés. S'ils étaient encore attachés aux ceps, ils seraient un obstacle continuel à l'exécution du travail; l'ouvrier perdrait son temps et ne trouverait à s'en dédommager qu'en faisant une mauvaise besogne. Le premier labour peut donc avoir lieu, dans les climats chauds, dès la fin de l'automne, c'est à dire là où il est avantageux que l'humidité de l'hiver pénètre jusqu'aux racines inférieures de la plante; autrement la terre dont elles sont entourées se maintiendrait constamment compacte ou en poussière, selon sa nature. Dans les vignobles où la taille a lieu à la fin de l'hiver, le labour ne peut la suivre de trop près, afin que la terre soit essorée non seulement avant l'épanouissement de la fleur, mais même, si cela est possible, avant l'apparition du bourgeon. La terre nouvellement remuée se couvre

de vapeurs qui provoquent les gelées; on courrait risque d'en voir frapper les productions nouvellement écloses. Le labour ne doit pas être d'égale profondeur dans toutes les terres, ni sur toutes les parties du même côteau. Les terres un peu compactes veulent être remuées plus profondément que les terres sèches et pierreuses; vers le bas des pentes où les racines sont beaucoup plus enterrées qu'on ne le désirerait, il faut pénétrer plus avant que sur les crêtes où les racines resteraient à nu, si on ne modifiait ce travail avec intelligence. Labourez dans les vallons et dans les terres liées jusqu'à 3 pouces et demi de profondeur; mais ne donnez que 2 à 3 pouces de guéret aux terres légères et dans les pentes escarpées. Les meilleures vignes étant presque toujours en côte, l'ouvrier doit se placer en travers pour exécuter le labour. De haut en bas, l'attitude serait trop gênante; il ne pourrait la supporter. S'il travaillait de bas en haut, il attirerait toutes les terres sur la partie basse, vers laquelle elles ne se portent d'elles-mêmes que trop facilement : il ne peut résulter que de nombreux inconvénients de la manie de DÉCHAUSSER les racines de la vigne avant l'hiver, de les mettre à découvert pour ramener la terre qui les couvre entre deux rangées de ceps, où on lui donne la forme d'un sillon très bombé. Cette plante est originaire des climats chauds de l'Asie; le froid est son ennemi le plus redoutable; disposer ses racines de manière à être mises en contact avec la glace, le givre, les frimas, c'est lui préparer un traitement tout à fait opposé à sa nature. Loin de tourmenter ses racines en exécutant le labour, il faut, au contraire, que l'instrument qu'on emploie ne fasse, pour ainsi dire, que planer sur la terre qui avoisine le cep de plus près. La forme de l'instrument dont on se sert doit varier comme la nature du terrain. La BÊCHE, par exemple, ne peut pénétrer un sol rude et pierreux; d'ailleurs, la surface de son tranchant est trop étendue pour qu'on ne risque pas sans cesse de meurtrir un grand nombre de racines. On en fait usage cependant dans quelques uns de nos vignobles du nord; et même lorsqu'on l'emploie avec adresse, il peut en résulter un très bon travail; mais les ouvriers adroits et soigneux sont rares, et on ne peut conseiller l'usage de cet instrument pour le labour des vignes. L'effet de la FOURCHE est presque nul dans un sol propre à cette plante; la terre s'échappe de tous côtés à travers les branches qui la composent. Le CROCHET n'est pas dangereux, mais il exécute mal; il ne remue pas assez la terre, il ne la déplace pas; il ne fait que la sillonner. De tous les instruments de labour, le plus propre à celui de la vigne, c'est la HOUE. Mais la houe se modifie de trois ou quatre manières; à savoir : la houe commune ou presque carrée, la houe triangulaire ou en forme de truelle, la houe bifurquée et la houe à trois branches. (*Voy.* l'art. HOUE.) Il s'agit de bien appliquer, et pour la commodité de l'ouvrier et pour la perfection du travail, l'une de ces formes à l'espèce de terre qu'on laboure; et, comme la nature de la terre varie souvent dans le même vignoble, dans la même vigne, il est rare qu'une seule de ces formes suffise pour bien exécuter le labour d'une vigne d'une certaine étendue. La houe commune est préférable aux autres dans une terre douce; la houe triangulaire convient aux terres grouetteuses; et celles à deux ou trois divisions, aux terres plus ou moins pierreuses ou caillouteuses.

Pour commencer le premier labour, nous supposons la vigne en pente et ayant l'exposition du sud; l'ouvrier se place au plus haut point du coteau et de manière à s'acheminer en travers de la pente. S'il a le midi à sa droite, il tire la terre un peu obliquement de bas en haut et, par conséquent, de droite à gauche. Quand il est au bout de la première rangée, il revient un peu sur

ses pas pour commencer la seconde, mais il entre sur-le-champ dans la deuxième. Ayant dans cette position le soleil à sa gauche, il tire la terre obliquement à lui de bas en haut et de droite à gauche. Ce travail étant exécuté dans toute l'étendue de la vigne, sa surface doit présenter une suite non interrompue de petits sillons qui se prolongent en serpentant depuis la cime jusqu'au bas de la côte. Leur aspect rappelle les flots d'une nappe d'eau soulevée par un orage.

On donne le second labour d'abord après que le fruit est noué. On y procède comme au premier, à la seule différence que le vigneron se place, pour le commencer, sur le point où il avait fini le travail de la première rangée; au lieu d'avoir le midi à sa droite, il l'a à sa gauche; il conserve aux sillons qu'il crée leur ligne d'obliquité, mais dans un sens opposé au premier. Il tire la terre de gauche à droite, et de manière à ce que la partie qui était creuse devienne bombée à son tour. Ce second labour est nommé, dans plusieurs vignobles, *binage*, *premier binage*, *raclet*, *premier raclet*; mais ces expressions sont impropres, parce qu'elles donnent l'idée d'un travail plus léger, plus superficiel qu'il ne doit être. Le second labour n'est guère moins important que le premier : la terre n'est partout complétement remuée qu'après l'avoir reçu.

Le troisième est plutôt, en effet, un BINAGE, un SARCLAGE, qu'un labour proprement dit; aussi peut-il être exécuté avec plus de promptitude et avec un instrument moins lourd. Il a pour objet d'étendre la terre, d'égaliser la surface, d'extirper les herbes dont les pluies du solstice favorisent la germination et l'accroissement et d'attirer les rosées. Les gelées n'étant plus à craindre, il est bon que la terre se pénètre d'humidité pour la restituer aux plantes qui en sont alors d'autant plus avides que c'est le moment où le raisin va prendre de la grosseur. Les circonstances météorologiques ne sont rien moins qu'indifférentes pour la perfection des labours de la vigne ; aussi doit-on les avancer ou les retarder de quelques jours, suivant l'état du ciel. Un labour donné immédiatement après de longues pluies est désastreux dans les terres un peu compactes. On ne coupe alors la terre que par mottes qui, au premier coup de chaleur, se durcissent en pierres ; n'étant plus divisée, elle est privée de la qualité spongieuse qui la rend propre à s'imprégner des substances aériennes qu'elle doit tenir en réserve pour le besoin des ceps. Si la terre est trop sèche, si la chaleur est excessive quand on donne le troisième labour, on favorise l'évaporation du peu d'humidité subterranée qui rafraîchissait encore les racines, on expose la plante à la brûlure ; les feuilles jaunissent, tombent, la végétation s'arrête ; le fruit ne grossit plus ; il se dessèche et ne peut mûrir. C'est à la suite d'une pluie douce, et après que le raisin a tourné, qu'il est le plus avantageux de donner le troisième labour. On dit après que le raisin a tourné, parce que pendant la durée de cette seconde crise de la végétation, la vigne doit être impénétrable à tous. La nature veut opérer ce travail, comme celui du nouement, seule, dans le silence, et, pour ainsi dire, dans le mystère.

Le dernier labour a surtout pour objet de purger la terre de toutes les herbes qui consommeraient une partie de la substance nutritive de la vigne, qui attireraient sur elle une humidité surabondante et favoriseraient les gelées d'automne. Celles-ci ne sont pas moins funestes que les printanières. Les gelées du printemps détruisent une partie de la récolte ; celles de l'automne la détériorent en entier, parce qu'elles sont un obstacle à la maturité du fruit. Aussi, indépendamment des labours, Olivier de Serres donne-t-il au cultivateur le conseil de visiter souvent sa vigne « pour « prévenir le dommage qu'elle pourrait « recevoir des larrons, du bestail, des « vents, du traîner des raisins par terre, « du croissement des herbes et autres « événements ; la secouant, selon les « occurrences, jusqu'à la vendange. »

Dans le département du Loiret, on donne constamment quatre façons de terre ou quatre labours à la vigne, et l'omission de l'un d'eux est reconnue comme fâcheuse. Ces façons se donnent à la houe pleine, appelée marre, ou à la houe refendue appelée *croie*, selon que le sol est doux ou pierreux.

La première façon, appelée *parage*, se donne immédiatement après la récolte et lors de l'arrachage des charniers ou échalas ; dans le mois de novembre elle consiste à relever la terre des ornes ou sentiers et à la rejeter sur les pouées ou planches.

La seconde, qui s'appelle *binage*, consiste à façonner et à ouvrir les pouées ou planches ; elle se fait au moment de la taille et du liage des ceps, qu'elle suit immédiatement en janvier et février ; elle est suivie du repiquage des charniers ou échalas.

La troisième, appelée *rebinage*, sert à arracher l'herbe et à rafraîchir le guéret ; elle se donne au moment de l'ébourgeonnage et de l'accolage des sarments, quand le raisin est noué, en mai ou juin.

La quatrième, appelée *retroussage*, se donne quinze jours ou un mois avant la vendange, quand le raisin est arrivé à sa grosseur, au moment où il va tourner ou se colorer ; elle est accompagnée de l'effeuillage des seules feuilles des vignes qui s'opposent à ce que les raisins reçoivent l'influence du soleil ; elle a lieu en août ou septembre.

Les différentes façons ou labours que nous venons d'énumérer se donnent généralement à bras ; c'est un travail pénible et très dispendieux, mais indispensable sur les hauteurs un peu escarpées, et surtout pour les petits propriétaires, dont le nombre est immense.

Aussi a-t-on souvent exprimé le regret que l'usage de la charrue dans les façons de la vigne ne devienne pas plus général qu'il ne l'est aujourd'hui. L'usage de cet instrument est inconnu au nord du 46ᵉ degré la latitude ; car on ne peut compter les faibles essais qui en ont été faits dans la Vendée, la Loire-Inférieure et le Loiret. C'est au midi qu'on le rencontre, dans les départements de l'Ain, de l'Ariége, de l'Aude, des Bouches-du-Rhône, de la Charente, de la Charente-Inférieure, de la Dordogne, de la Drôme, du Gard, de la Haute-Garonne, du Gers, de la Gironde, de l'Hérault, de l'Isère, des Landes, du Lot, de Lot-et-Garonne, des Basses-Pyrénées, des Pyrénées-Orientales, du Tarn, de Tarn-et-Garonne, et de Vaucluse.

Il faut pourtant observer que jamais les labours à la charrue ne valent ceux à bras, et que souvent ils ne sont guère plus économiques. Les labours superficiels donnés à bras ne s'évaluent chacun qu'à 12 francs par hectare dans le département du Loiret, et ceux à la charrue ne pourraient dispenser des labours à bras entre les ceps et à leurs pieds ; la charrue ou le cultivateur ne pourraient aller jusque-là sans risque de les endommager.

Les labours des vignes à la charrue ne sont économiques que là où la vigne est plantée par rangées éloignées d'au moins trois ou quatre mètres, et quand on cultive d'autres plantes entre ses rangées ; hors de cela, dans les vignes plus rapprochées, la façon à la charrue jointe au supplément nécessaire des façons à donner à bras, revient plus cher qu'une façon à bras complète. Si les vignes n'étaient éloignées que de vingt-sept pouces, la difficulté des retours de cultivateur, et l'obligation, la nécessité de revenir une seconde fois sur le même terrain pour terminer avec la houe à bras, nécessiteraient pour un hectare à façonner l'emploi d'au moins trois journées d'homme et de deux de cheval, tandis que cinq ou au plus six journées d'homme suffisent pour donner encore mieux

cette façon complète avec la houe à bras.

Il est bon d'observer à ce sujet que les agriculteurs théoriciens ou agronomes, ne se rendant pas un compte exact des petits obstacles que la charrue et la houe à cheval rencontrent dans la pratique, croient souvent à tort que son emploie en certaines circonstances est plus économique que celui de la houe à bras. Ce que nous venons d'observer à l'égard des vignes dont les ceps sont rapprochés a lieu aussi dans mille autres circonstances, où un homme avec une marre ou un croie donne plus économiquement une façon superficielle qu'avec le cultivateur, dont le fer ne peut pas raser le pied des plantes fort rapprochées ou étalées sans risquer de les endommager, et où alors il faut nécessairement revenir une seconde fois sur le terrain pour donner à chaque pied le complément de façon qui lui est nécessaire. Quelque régulière que soit faite la plantation, les plantes en s'étalant ou en se déversant rendent le complément de travail à la main indispensable.

Non seulement j'ai eu par moi-même la preuve de ce résultat dans des vignes plantées selon la méthode Coignet, qui m'ont coûté moins cher à faire façonner à bras qu'avec la herse à cheval, mais j'ai constamment la preuve de ce fait chaque année dans les façons que je fais donner aux allées de mon parc de la Source ; il y en a environ quatre hectares d'étendue ; elles ont de douze mètres et demie à dix mètres de largeur, et elles ont divers courbures. J'avais fourni à mon jardinier des cultivateurs et des herses destinées à être tirées par des chevaux qu'il aurait loués à son compte pour donner les façons à la herse. Après en avoir essayé pendant quelques années, il m'a demandé moins cher pour donner ces façons avec la houe à bras et le râteau ; les façons sont beaucoup mieux faites, les bordures des allées beaucoup plus régulières, et en tout l'ouvrage bien meilleur, et pourtant il est bien plus économique. Mon prix est fait pour chaque façon de houe à bras suivie d'une façon au râteau, à raison de 12 francs par hectare d'allées. Il serait impossible de le faire aussi bien et au même prix à l'aide du cultivateur et de la herse traînés par des chevaux.

§ VII. Des engrais et des amendements.

Tout partisan de la bonne qualité des produits agricoles ne saurait trop réprouver le système trop généralement adopté dans une grande partie de nos vignobles du nord, où l'on pense gagner beaucoup à beaucoup fumer les vignes. Par ce moyen on obtient, à la vérité, des récoltes plus abondantes, plus de vin; mais un vin sans qualité, qui n'est jamais de garde, et qui rappelle souvent quand on le boit l'odeur des substances dégoûtantes qui l'ont produit [1]. Comment peut-on croire qu'il y ait de l'avantage à détériorer sa récolte, à faire perdre aux productions de son domaine la réputation dont elles jouissaient, ou à les priver de celle qu'elles sont susceptibles d'acquérir? Comment peut-on s'imaginer qu'il y ait du bénéfice à fabriquer un vin qu'on est obligé de vendre tout chaud, au sortir de la cuve, quand on pense que souvent sa valeur serait quintuplée après deux ou trois ans de garde?

D'ailleurs cette abondance de la récolte, cette brillante végétation que le fumier détermine, ne sont, en quelque sorte, qu'illusoires, parce qu'elles ne peuvent être que passagères. Dans les vignobles où la méthode de fumer est introduite, on ne fume guère que tous les dix ans. Il n'est pas douteux que l'effet des fumiers est très remarquable pendant les trois ou quatre premières

années qui suivent leur introduction dans la vigne; mais une année de plus, et les ceps languissent déjà. Ne trouvant plus ni la même nourriture, ni la nourriture abondante à laquelle on les avait accoutumés, ils souffrent de cette privation et souvent y succombent. On perd ainsi une partie de ses plants par trop ou trop peu de nourriture.

Le fumier, composé de litières nouvellement sorties des étables et des écuries, doit être absolument proscrit des vignes, de même que les dépôts des voiries et les gadoues; mais la vigne peut recevoir, et souvent il est avantageux de lui donner des amendements terreux, qui suppléent à la maigreur de la terre, à son épuisement, ou à ce que par sa nature elle laisse à désirer pour le plus grand avantage de ce genre de culture. Aucun amendement ne paraît lui mieux convenir que le TERREAU ou terre végétale proprement dite, qui résulte de la décomposition des végétaux. Les mousses, les feuilles, les gazons mêlés ensemble, réunis en grande masse, et abandonnés pendant deux ans à l'effet de la fermentation, forment cet engrais par excellence. Cependant, comme il est souvent impossible de se procurer, en quantité suffisante, ces principes du meilleur des amendements, les cultivateurs les plus intelligents ont recours aux terres qui résultent du curage des rivières, des étangs, des fossés, aux balayures des chemins et des rues; ils en forment des monceaux composés alternativement d'une couche de ces sortes de terres, et d'une couche de vieux fumier de bœufs ou de vaches, de chevaux ou de bergeries; ils laissent hiverner ce mélange, le remuent ensuite à la bêche dans tous les sens et à plusieurs reprises pendant une année, après laquelle ils le transportent dans les vignes. Les qualités des différents engrais étant très inégales, on ne doit se déterminer pour la préférence qu'on donne à l'un sur les autres que d'après la nature et l'exposition du terrain qui doit le rece-

[1] Les vignes du pays d'Aunis et autres voisines, qui se fument avec des VARECS, produisent des raisins qui non seulement en prennent l'odeur, mais qui donnent de la SOUDE par leur incinération. Les vins de ces vignes s'emploient principalement pour faire de l'eau-de-vie.

voir. Tel engrais serait mortel pour les ceps d'un vignoble, pour ceux qui sont placés dans certaines parties d'une vigne, et qui d'ailleurs, dans le même canton, dans d'autres parties de la même vigne, ranimerait la végétation, revivifierait les plants, les rajeunirait en quelque sorte. On amende les parties les moins sèches des vignes en y répandant du sable, et surtout du sable des ravins, parce qu'il est constamment mêlé d'humus; on les amende aussi avec des coquillages, des marnes et autres substances calcaires. On peut leur donner pour engrais les cendres, la suie, la colombine, la poulnée, et même les matières fécales; mais il est indispensable que celles-ci aient été longtemps exposées à l'air, et qu'elles soient réduites en poudrette. Tous doivent être mêlés en général avec de bonnes terres franches, pour en rendre l'effet moins actif et plus durable [1]. S'il est des circonstances où il soit avantageux de les distribuer seuls et sans aucun mélange, comme sur des terres excessivement humides, vu leur conversion en

vigne, on ne doit les répandre qu'à la main, par poignée, comme on sème le blé. La terre végétale seule est capable de ranimer pour plusieurs années la végétation des ceps qui languissent dans les terrains maigres et vers la crête des coteaux les plus élevés. Ainsi le grand art d'amender et de fumer réside dans la connaissance de l'effet des différents engrais, et dans leur application proportionnée au besoin des différentes espèces de terres. En les composant, en les mêlant avec des terres franches ou végétatives, dans la mesure d'une moitié, d'un tiers ou d'un quart, et même en n'employant que du sable, de la marne, ou seulement de la terre, on modifie à volonté l'effet de tous. Quelques cultivateurs ont employé des râclures de cornes, dans la proportion de vingt hectolitres par demi-hectare; quelques vignerons des environs de Metz font usage des ongles des pieds de mouton. Toutes ces matières ont réussi comme engrais de la vigne. Elles contiennent en effet beaucoup d'hydrogène et de car-

---

[1] Voici deux préparations d'engrais de nature différente, que M. le comte Louis de Villeneuve fait connaître dans son *Essai d'un manuel d'agriculture* :

« J'ai fait construire, dit M. de Villeneuve, devant la porte de ma bergerie, une petite cour fermée, dans laquelle on étend au printemps de douze à seize charretées de terre, et par-dessus un peu de paille. Vers le mois de mai, avant de commencer le parcage des champs, le troupeau passe les nuits chaudes dans cette cour (M. de Villeneuve écrit dans le département de Tarn-et-Garonne), où il s'arrête habituellement une demi-heure avant de rentrer le soir dans la bergerie. Au bout d'un mois, les valets remuent cette terre sens dessus dessous, remettent un peu de paille, et continuent ainsi de mois en mois jusqu'au troisième, où l'on porte de nouveau quelques charretées de terre et de paille. Les pluies de l'hiver pénétrant cette masse, la réduisent en bon terreau : transporté au printemps au pied des souches, il leur donne une grande vigueur, sans nuire, comme le fumier ordinaire, à la qualité du vin.

« Le second procédé consiste dans le mélange de la colombine ou fiente de pigeon, avec le marc de raisin. Après les vendanges, on transporte chaque jour plusieurs grands paniers de ce marc dans le pigeonnier. Les pépins de raisin, qui fournissent une nourriture excellente pour les pigeons, sont

un moyen d'augmenter la colombine, en les engageant à séjourner plus longtemps dans le colombier.

« Quand le tas est assez considérable, on l'enlève et on le met sous le pigeonnier, en y mêlant tout ce qu'on a retiré des nids, et au bout de deux mois, ce mélange est transporté dans un creux, auprès des étables à cochons. On commence par mettre au fond une forte couche de fumier de cochon, et par-dessus, le mélange extrait du pigeonnier; on y ajoute enfin les fientes des oies, canards et autres volailles.

« Mes étables à cochons sont construites de manière que l'écoulement du liquide de chaque loge soit dirigé dans le creux dont je viens de parler, et contribue ainsi à bonifier l'engrais. Le fumier de cochon étant de sa nature frais et onctueux, tandis que la colombine est au contraire un engrais sec et chaud, il en résulte un amalgame parfait pour les vignes. Si le mois de février est beau, je n'attends pas plus longtemps à l'y faire transporter; des journaliers déchaussent les souches, et des femmes portent dans des paniers le terreau, qu'elles déposent au pied de chacune, en le recouvrant légèrement pour qu'il ne se dessèche pas. De cette manière, les premières pluies font pénétrer jusqu'aux racines les sels végétaux dont il abonde, et l'on jouit la même année de l'effet de l'amendement. »

bone, deux des principaux agents de la végétation. Enfouies dans la terre, leur décomposition est lente, presque insensible, et ne paraît pas entraîner d'inconvénient; mais la difficulté de s'en procurer en quantité suffisante pour les grandes exploitations ne nous permet pas de les compter parmi les engrais habituels.

L'automne est le temps qu'on choisit ordinairement pour le transport des engrais. Le cultivateur est moins pressé de travail pendant cette saison que dans les autres. Dans beaucoup d'endroits, on les transporte à dos d'ânes, de mulets ou de chevaux, dans des paniers dont le fond est à charnière d'un côté et tenu clos de l'autre, par le moyen d'une cheville. Il suffit de la tirer pour que, par l'effet du poids, le fond s'ouvre et que la décharge s'opère. On laisse l'engrais ainsi amoncelé d'espace en espace; et la combinaison achève de s'opérer entre les différentes parties dont il est composé, en attendant le moment de l'étendre. Dans les vignes à pentes douces, on emploie les voitures à ce transport; et, de toutes celles que nous connaissons, il n'en est point de plus commode pour TERRER non seulement les vignes, mais tous les champs, à quelque sorte de culture qu'ils soient consacrés, que le petit tombereau à bascule et en forme de trémie, qu'on nomme *Perronet*, du nom du célèbre ingénieur qui l'a inventé. Un enfant de quatorze ou quinze ans peut le charger, le conduire et le décharger avec la plus grande facilité. On pénètre dans la vigne par des allées qui ont dû être formées au temps de la plantation, soit pour séparer entre elles les races et les variétés des cépages, soit pour exporter la vendange. Elles servent aussi de dépôt aux engrais jusqu'à ce qu'ils soient répartis dans les massifs avec des hottes ou des paniers; travail dont les femmes et les enfants s'occupent à mesure qu'on taille et immédiatement avant le premier labour. En le donnant, on mêle l'engrais avec la terre,

pour en faciliter la combinaison, on l'enfouit pour le soustraire à l'air : autrement il attirerait l'humidité et favoriserait les gelées. On doit l'étendre le plus également qu'on le peut sur toute la surface du terrain, et non par poignées au pied des ceps : ce n'est pas à quelques lignes de la souche que sont placés les orifices des racines; elles se sont traînées bien au delà. D'ailleurs, elles savent s'étendre, se détourner, s'il le faut, et aller chercher l'engrais partout où il se trouve.

La méthode de fumer la vigne toute à la fois est à réformer. D'abord, le besoin d'engrais n'est pas partout le même; et s'il résulte quelque accident de celui qu'on a employé, comme des obstructions dans les canaux séveux, une végétation forcée ou quelque mauvais goût au vin, n'étant que partiel, l'effet en sera, pour ainsi dire, insensible. Il vaut donc mieux n'amender annuellement qu'une certaine quantité de terre, et renouveler les engrais plus souvent et avec discrétion, que d'en employer beaucoup à la fois et seulement tous les dix ans.

Dans les environs d'Orléans on fume les vignes dès que leur végétation semble se trop ralentir; il est ainsi des vignes qui sont fumées tous les quatre ou cinq ans, d'autres qui ne le sont qu'après dix ans d'intervalle et quelquefois plus. Il est bien reconnu que la fumure, en rendant les récoltes plus abondantes, rend le vin de qualité moindre; et en effet, qualité et quantité ne peuvent guère se trouver réunies dans la récolte d'un vignoble. Mais pourtant, comme en définitive tout en agriculture se réduit au calcul du produit net, il importe de savoir si trois hectolitres de vin qui se vendront nus et tous frais faits 5 fr. chaque, ne rapporteront pas plus au cultivateur qu'une moindre quantité de qualité supérieure qui ne se vendra dans le même vignoble que de un à deux francs de plus; c'est là le calcul que font tous nos vignerons, et ce n'est pas sans motif qu'ils préfèrent la quantité obtenue par la fumure à la qualité obtenue sans fumier.

On conçoit que dans des vignobles des premiers crûs de la Champagne, de la Bourgogne, du Bordelais, des côtes du Rhin, où le vin est d'un prix excessif, prix de fantaisie qui ne se soutient qu'en raison de la qualité supérieure des produits, il y ait avantage à ne pas fumer la vigne et à sacrifier la quantité à la qualité des récoltes. Mais il n'en est pas ainsi dans les lieux où l'on ne récolte que des vins médiocres dont la qualité, à année pareille, rehausse peu la valeur. Ainsi j'ai vu dans des vignes dépendantes de mes propriétés celles bien fumées et faites par mes vignerons à moitié produire dans une même année jusqu'à cent hectolitres à l'hectare de vins vendus 5 fr. l'hectolitre, tandis que mes vignes de réserve que je ne fumais pas ne me donnaient que vingt-cinq hectolitres de vin que je vendais 7 fr. l'hectolitre nu. J'avais donc d'un côté une recette de 500 fr. et de l'autre une de 175 fr. En défalquant les frais de vendange de part et d'autre à raison de 1 fr. l'hectolitre, il restait pour l'hectare fumé 400 fr. de produit et 150 pour celui non fumé. La fumure de l'hectare augmentant les frais du premier de 500 fr. tous les cinq ans ou de 100 fr. par an, il ne restait donc que 300 fr. pour son produit; mais c'était encore le double de celui de l'hectare de vigne non fumée; et comme chacun de ces hectares coûtait 120 fr. de façon, 30 fr. pour l'entretien des échalas, et 20 fr. d'impôt, il en résultait que j'étais en perte de 20 fr. par an sur l'hectare non fumé. En retranchant des 300 fr., produit de l'autre hectare donné à moitié à mes vignerons, les frais à ma charge, à savoir, 30 fr. pour les échalas et 20 fr. pour les impôts, il me restait sur ma portion de recette de 150 fr., 100 fr. de produit net au lieu de 20 fr. de perte. Dans la même année aussi ayant fait ce calcul, je n'ai

conservé de vignes peu fumées que celles où je voulais récolter du vin pour ma réserve, et j'ai engagé mes vignerons à fumer le plus possible leurs vignes dont je partageais les récoltes, convaincu comme je le suis qu'en agriculture c'est le produit qu'il faut chercher à obtenir pour ne pas être dupe; c'est aussi le produit qu'il faut chercher à obtenir dans l'intérêt public, parce qu'il y a plus de gens qui ne peuvent boire que du vin à bas prix que de ceux qui en boivent de cher; la preuve en est que définitive tous les vins finissent par se consommer et se vendre. Ne fumons pas les bons crûs, cela sera sans doute utile, mais fumons les médiocres pour en obtenir davantage.

Parmi les engrais les plus éminemment propres aux vignes, il faut compter les plantes enterrées en vert. (*Voy.* RÉCOLTES ENTERRÉES.)

Il est beaucoup de plantes annuelles qu'on pourrait semer dans les vignes immédiatement après la vendange, et qui auraient assez de temps, dans le climat de Montpellier, pour parvenir à presque toute leur croissance, et pouvoir être enfouies par le premier labour d'hiver. Le SARRASIN est dans ce cas pour le midi seulement de la France. Dans le centre et le nord il gèle trop aisément, et la récolte des vignes est trop tardive pour qu'il y soit d'aucun usage sous ce rapport. Il est même impossible d'employer les engrais verts dans les vignes du nord et du centre de la France, parce que l'intervalle des cultures, qui y sont nécessaires, ne laisserait que l'hiver pour végéter aux plantes semées pour engrais, et que dans cette saison la végétation est nulle. Au surplus, l'engrais du sarrasin est peu durable; mais enfin il produit un effet, et cet effet peut être répété tous les deux ou trois ans. Il ne lui faut qu'un léger ratissage pour qu'il réussisse sur une terre qui a eu deux binages d'été, et son enfouissage ne cause aucune dépense extraordinaire; cependant, comme il craint les gelées, il exige qu'on rapproche l'époque du labour d'hiver, afin qu'il soit enterré avant les froids qui le feraient périr.

On voit dans Columelle que les anciens semaient du LUPIN dans leurs vignes pour les engraisser. Pourquoi cette pratique, qui avait lieu en Italie, ne serait-elle pas essayée dans le midi de la France? Il est d'ailleurs d'autres plantes annuelles qui peuvent y pousser après la vendange.

Les cultivateurs du canton de Vaugneras, département du Rhône, fument leurs vignes en y semant des VESCES d'hiver en octobre, vesces qu'on plâtre au printemps, qu'on enterre vers le milieu de mai. On ne peut trop employer cette excellente méthode, qui a pour elle la théorie et la pratique.

Une des plantes qu'il conviendrait le mieux de cultiver dans les vignes, pour l'enterrer comme engrais, est la FÈVE DE MARAIS. Tous les ans, il faudrait donc en garnir les places vides, pour enfouir, après avoir récolté les premières fèves, les tiges au pied des ceps les plus faibles à la suite du labour de juin.

Dans plusieurs vignobles, on enterre de la BRUYÈRE, des fagots de broussailles, les produits des élagages, etc., au pied des ceps pendant l'été, pour améliorer le sol, et on obtient ce résultat pour plusieurs années consécutives.

Si, malgré les inconvénients des engrais animaux, et même des fumiers, on veut en faire usage, il faut les laisser se décomposer complétement à l'air, c'est à dire ne les employer qu'au bout de deux à trois ans, lorsqu'ils auront perdu toute odeur.

L'opinion générale des œnologistes, et des expériences irrécusables, témoignent que si la nature fétide des engrais qu'on emploie pour la vigne n'est pas la cause unique de ce qu'on nomme, dans les vins de beaucoup de vignobles, *goût de terroir*, cette cause du moins exerce une influence puissante sur la saveur particulière des raisins, et, par suite, sur celle du vin.

§ VIII. DESCRIPTION PARTICULIÈRE DU MODE DE CULTURE SUIVI DANS QUELQUES VIGNOBLES RENOMMÉS DE FRANCE.

Nous n'étendrons pas beaucoup ces notices spéciales; dans la plupart des opérations qu'elles auraient à retracer, elles ne seraient guère que la répétition des principes généraux, des préceptes et des exemples contenus dans tout cet article. Nous nous bornerons à citer, comme plus particulièrement dignes d'attention, les pratiques des vignerons de la Côte-d'Or et de ceux du Mâconnais (Bourgogne), de ceux des environs d'Auxerre (Champagne), et de ceux du Médoc dans le Bordelais.

C'est principalement de la notice des différents vignobles de France, composée par M. Bosc, que nous extrairons ces renseignements; dans la *Bibliographie agricole* placée en tête de cet ouvrage, nous avons d'ailleurs indiqué avec soin toutes les sources auxquelles on peut puiser des renseignements plus ou moins complets sur les différents vignobles de la France.

Côte-d'Or.

C'est au véritable pineau, variété propre à ce département autant qu'au climat, intermédiaire entre les climats chauds et les climats froids, que les vins de Bourgogne doivent leur mérite et leur réputation. La vieillesse de la plupart des vignes y entre aussi pour beaucoup.

La base de la culture des vignes, en Bourgogne comme en Champagne, consiste à provigner tous les ans régulièrement une partie des ceps, sans jamais séparer les provins de leur mère, de manière qu'au bout de dix, douze, quinze ans au plus, selon la nature de la terre et l'espèce du plant, tous ayant été couchés, il en résulte que dans certaines de ces vignes qui ont quatre à cinq ans de plantation, les souches parcourent sous terre des distances considérables (plusieurs centaines de toises peut-être), et cependant n'offrent jamais à l'observateur superficiel que des ceps de l'âge ci-dessus indiqué.

En provignant, on tâche de coucher toujours les ceps dans la même direction, pour que les souches anciennes ne se croisent pas avec les nouvelles, et on veille à ce qu'ils restent toujours à une distance suffisante les uns des autres pour que leurs grappes puissent éprouver sans obstacle l'utile influence de la chaleur des rayons du soleil.

Quant à la taille, aux ébourgeonnements, aux labours, ils n'offrent que des nuances de différence avec la pratique des vignobles voisins, principalement de la Champagne. On échalasse presque partout; cependant on voit quelques vignes rampantes, et quelques autres disposées en treilles.

Culture du Mâconnais (Saône-et-Loire).

Les travaux préparatoires dans le Mâconnais consistent, avant la plantation, à labourer, bêcher, ou *miner* le terrain suivant sa qualité. Dans les terres sablonneuses, que l'on nomme sur les lieux sol *morgon*, telles qu'elles le sont dans les communes de Chenas, Romanèche, les Thoreins, Fleury, Jullienas et Leyne, réputées pour le vin rouge, on mine le terrain, c'est à dire qu'on le pioche à la profondeur de quinze à dix-huit pouces.

Dans les terres fortes, telles que celles des communes de Chaintré, Fuissé, Pouilly, Vergisson, Vinzelles, réputées pour leur vin blanc, et celles de Prissé, Davayé, Charnay, Chânes, Crêches, réputées pour leur vin rouge, on y laboure à six ou huit pouces de profondeur, ou on bêche.

Ces travaux se font indistinctement quelques mois, ou immédiatement avant la plantation.

Dans les terrains forts on plante les vignes rouges et blanches vers le 15 décembre; dans le *morgon* en février et mars, si le temps le permet; sinon en avril, quelquefois même en mai. Des plantations faites à cette époque ont très bien réussi.

On ne connaît, à proprement parler, que deux plants, le *bourguignon* pour les vins rouges, et le *chardonnet* pour les blancs. Le bourguignon paraît être le même que le *pineau* de Bourgogne. Il y a bien aussi quelques ceps d'un plant nommé *gamet blanc*, mais qui n'a point de rapport avec le gamet de la Côte-d'Or.

C'est en général au nord de leur commune que les cultivateurs vont chercher leur plant. Ils prennent le chardonnet à Vergisson, à Pierreclos, à Bussières, lieux peu éloignés, mais dont la situation élevée y rend la température plus basse.

Quant au *bourguignon*, on le tire de Davayé, de Prissé, de Saint-Sorlain, des Bouteaux et de Colonge.

Quelques communes, et notamment Saint-Amour, la chapelle de Guinchay, Jullienas, Chenas, Fleury, Romanèche, vont prendre leur plant dans la Dombe (Ain), à Villefranche et à Pommiers, département du Rhône. Le plant de ce dernier endroit, quoique du bourguignon, est connu sous le nom de plant de la *Bronde*.

On a remarqué que, si on prenait des chapons dans une vigne du pays, plantée avec du plant de la Dombe ou de Pommiers, la plantation qu'on en faisait réussissait beaucoup moins bien qu'avec du plant tiré directement de ces deux endroits.

On plante des boutures auxquelles on donne le nom de *chapons*. On est dans l'usage de faire tremper ces chapons quelques jours dans l'eau courante avant de les planter.

On plante partout en quinconce. Dans les terrains légers et dans ceux que l'on nomme *morgon*, on espace le plant rouge de seize à vingt pouces, et le blanc de vingt-huit à trente-six pouces; dans les terrains forts, l'intervalle entre chaque cep est de vingt à vingt-huit pouces pour le plant rouge, et de vingt-six à quarante pour le blanc. Il faut remarquer que l'espace intermédiaire entre chaque plant est d'autant plus grand que le terrain est meilleur.

Dans les terrains plats ou légèrement en pente, on fait un trou carré de huit à dix pouces de profondeur; dans les terrains plus inclinés, on fait le trou plus profond, afin que, malgré les eaux pluviales qui entraînent toujours la terre, le chapon se trouve suffisamment enterré. Quelquefois on plante un seul chapon dans chaque trou; moins souvent on met alternativement un chapon dans un trou, et deux chapons dans le trou suivant. On ploie le chapon de façon à ce qu'il soit couché dans son trou de la longueur de six pouces; on a soin qu'il ne soit pas cassé et que le talon soit tourné vers le soleil levant; à mesure que la plantation se fait, on recouvre de terre. Aussitôt que la plantation est faite, on égalise le terrain, et l'on rogne tous les chapons plantés, de façon à ce qu'ils n'aient que trois bourgeons hors de terre. On a essayé quelques plantations au piquet; les vignes ainsi plantées n'ont pas duré plus de quinze ans.

Dans les terrains sablonneux et morgon, on met la nouvelle plantation en bon bois dès la première année et dans les terrains forts à la seconde seulement : on *coupe le col* à trois ans, c'est à dire qu'on coupe toutes les pousses qui se sont élevées au dessus du bon bois. Cette pratique n'a pas lieu à Saint-Sorlain, Verzé, Igé et Azé, au nord de Mâcon, où on laisse deux ou trois baguettes, ce qui donne un produit considérable en quantité, mais non en qualité. Il faut aussi remarquer que leurs terrains sont extrêmement forts.

La taille se fait ensuite tous les ans pour les plants rouges, en consultant la qualité du terrain pour laisser plus ou

moins de cornes. Les vignes rouges en plein rapport s'élèvent de dix-huit pouces à deux pieds au dessus du sol.

Quant à la vigne blanche, sa conduite est tout à fait différente; aussi est-elle l'orgueil du vigneron qui la dirige avec tous les soins qu'elle exige. On la met en bon bois la troisième année; la quatrième année, on choisit, parmi les sarments qui ont poussé, un jet vigoureux que l'on raccourcit jusqu'à ce qu'il n'ait plus que quinze à dix-huit pouces de longueur. On enlève cinq ou six bourgeons de son extrémité supérieure, on le ploie en arc en le faisant venir du côté opposé à celui de son insertion sur le cep; on pique son extrémité en terre, et on assujettit ce sarment et le cep sur un échalas planté au pied de ce dernier; cela s'appelle *faire un archet*. A la taille de la cinquième année, on fait un autre *archet* du côté opposé, de façon que le cep a la forme d'un arc; et, comme il est devenu plus fort, on plante deux autres échalas au pied de chaque archet. Ces deux échalas sont plantés obliquement, de façon que leur extrémité supérieure vient rejoindre celle de l'échalas du milieu sur lequel on les lie. A cette taille, on coupe l'extrémité du premier archet qui était planté en terre, de façon que cet archet ne porte que trois ou quatre sarments. Ces sarments sont ramenés vers l'échalas du milieu sur lequel on les fixe encore. A la sixième année on se conduit à l'égard du second archet comme nous venons de le dire pour le premier. Les années suivantes on laisse sur les archets des cornes de dix pouces environ de longueur, auxquelles on n'enlève pas de bourgeons; on les reploie toujours comme on l'a fait pour les archets, en les assujettissant sur les échalas; le cep prend successivement la forme d'une espèce de quenouille. A la douzième année, la vigne s'élève de quatre pieds à quatre pieds et demi; elle est alors assez forte pour se soutenir elle-même, et on supprime les échalas. On continue toujours de laisser des queues que l'on reploie de la même manière et que l'on fixe avec un osier sur le sarment du centre.

On pioche la vigne trois fois l'an, la première fois en mars ou avril, la deuxième en mai ou juin, et la troisième en juillet et août; ces trois opérations s'appellent, dans le pays, la première *semarder*, la deuxième *biner*, et la troisième *tiercer*.

On *monde* (ébourgeonne) dans quelques communes au nord-est de Mâcon; cette opération se fait en mai.

On *accole*, c'est-à-dire on lie la vigne après la floraison; c'est alors que, dans les vignes blanches, on rompt avec les doigts l'extrémité de tous les gourmands qui poussent sur les archets, afin de faire refluer la sève vers la tige du cep.

Dans les vignes rouges, on échalasse aussitôt qu'on a mis les ceps en bon bois, et on supprime les échalas vers la sixième année.

On *déchausse* à la troisième année les vignes rouges, pour enlever toutes les petites racines qui poussent à la superficie du sol. C'est la quatrième année que cela se fait pour les vignes blanches; cette opération n'a jamais lieu qu'une fois.

On *provigne* pour remplacer les vides, en arquant un sarment ou en couchant le cep tout entier.

La *rognure* n'est pas en usage.

Culture dans l'Auxerrois (Yonne).

Dans le canton d'Auxerre, la plupart des vignes sont disposées en treilles de 3 ou 4 pieds de haut.

Les variétés les plus estimées dans ce vignoble sont les *pineaux noir, blanc* et *gris* (cendré); le *plant vert*, le *tresseau*, le *romain*, le *plant d'Orléans* ou *teinturier*, le *pineau de Collonges* et le *gamet*.

Le *pineau* est la variété qui donne le meilleur vin, et le *gamet*, celle qui fournit le plus mauvais. Malheureusement il produit beaucoup, et on le multiplie avec excès; ce qui com-

mence à altérer la réputation des vins d'Auxerre.

Les *pineaux noir* et *blanc* sont sujets à couler; le noir vit le plus longtemps. On connaît des vignes qui en sont plantées, telles que celle de Migraine, qui ont plus de deux siècles constatés. Plus le plant est vieux, meilleur est le vin.

Le *pineau noir* exige l'exposition la plus favorable, le sud ou le sud-est, et une terre forte à mi-côte. Dans les terres légères et maigres, il produit moins, ne dure pas longtemps et même dégénère. Ce fait est en opposition au principe général, mais n'en est pas moins vrai.

Le *pineau blanc*, le *plant vert* et le *romain* réussissent bien sur le haut des côtes, et y sont d'un excellent produit; le *teinturier* ou *plant d'Orléans* se plaît dans les terrains bas et humides.

Quand on plante une vigne dans un terrain humide, on emploie des crossettes, et quand c'est dans un terrain sec, on fait usage de plant enraciné.

L'époque de la plantation est le commencement de l'hiver pour les terres légères, et la fin pour les terres fortes. Il ne faut pas planter pendant les gelées.

On met les crossettes pendant huit jours dans l'eau avant de les planter; c'est sur les ceps les plus vigoureux qu'il faut les prendre; tantôt on leur laisse du bois de deux ans, tantôt on ne leur en laisse pas.

Il est passé en principe que les crossettes de romain ou de tresseau doivent être prises sur une vieille vigne, et les pineaux et autres cépages sur une jeune, c'est à dire de six à sept ans.

Le plant enraciné, qu'on appelle *chevelée*, s'obtient en mettant des crossettes en RIGOLES (*voyez* ce mot) dans un terrain un peu frais, à une distance de 6 à 8 pouces et un peu inclinés. On lui donne deux ou trois binages par an pour détruire les mauvaises herbes. Il ne se relève qu'au bout de deux ans, au moment précis de la plantation.

Avant de planter, on trace des raies écartées d'environ 2 pieds et demi, et, autant que possible, dans la direction de l'est à l'ouest. Ces raies s'appellent des *perchées.*

Après avoir tracé ces perchées, on trace les marteaux, qui sont des allées perpendiculaires aux perchées, plus ou moins nombreuses, plus ou moins larges, qui servent à placer les terres rapportées et les fumiers qui sont destinés à rétablir la vigne lorsqu'elle sera fatiguée de produire.

Quand ces deux tracés sont finis, on creuse dans la direction des perchées des fosses à 2 ou 3 pieds de distance l'une de l'autre et d'un pied carré, et on y place les crossettes ou les chevelées. On ne fait ces fosses que les unes après les autres, de manière que la première est comblée avec la terre tirée de la seconde.

Le premier labour ne se donne à la plantation que quand les boutons commencent à se développer. On taille ensuite à deux yeux.

De plus, on donne deux autres binages dans le cours de l'été, et en automne on butte le plant pour le garantir des fortes gelées de l'hiver.

Au printemps suivant, lors du premier binage, on détruit ces buttes.

Il faut avoir attention, lorsqu'on laboure en été une plantation de crossettes, de choisir un jour sans soleil, parce que la terre pourrait être desséchée au point que leur reprise serait retardée jusqu'à la pousse d'automne. On appelle cette circonstance *brûler.*

Si le plant ne prenait pas racine, on *recoulerait* l'année suivante, c'est à dire qu'on planterait d'autres crossettes ou de la chevelée. Souvent ces chevelées sont prises dans des fosses où on a mis à cet effet deux crossettes dans la même, ce qu'on nomme une *guette.*

La seconde année, on taille à un ou deux yeux, suivant la force du cep. On choisit, pour la taille, la branche la plus proche de terre et on abat l'autre; puis on laboure comme la première fois.

Cette année, on *amorce* la vigne, c'est à dire qu'on met sur son pied, au moyen d'une petite fosse (angelot), l'épaisseur de deux doigts de fumier.

On laisse à la troisième année, encore suivant la force du cep, deux membres ou coursons, dont le plus fort sera taillé à trois yeux, et le plus faible à un œil, pour en faire un *no*, ou *recours.*

A la quatrième année, on commence à provigner. Il est reconnu que plus une vigne est provignée et meilleure elle est, surtout le tresseau. C'est aussi le moyen de rétablir le pineau dégénéré.

Lorsque la vigne est à sa sixième ou septième année, on la met en perches et on la fume.

Les engrais que l'on emploie communément sont des fumiers, quelquefois des vidanges et des boues de rue.

C'est pendant l'hiver qu'on fait ordinairement cette opération. Pour une vigne fumée à *pan*, on *ruelle* la vigne de deux perchées l'une, et on met une épaisseur de trois à quatre doigts de fumier dans la rigole. De cette manière tous les ceps se trouvent fumés d'un côté, ce qui a moins d'inconvénients que si on fumait des deux à la fois. Le fumier est recouvert, ou immédiatement ou à la fin de l'hiver, par le labour.

Quant aux terres qu'on emploie au même objet, on préfère celles qui contiennent le plus d'humus.

Pour entretenir une vigne en bon état, il faut fumer les provins toutes les fois qu'on en fait.

Voici la série des opérations que nécessitent, depuis l'époque de la vendange, chaque année, les vignes qui sont en plein rapport.

1° *Marquer.* C'est reconnaître et marquer les ceps sur lesquels on veut prendre des crossettes. On le fait lorsque les raisins sont sur pied.

2° *Délier.* C'est couper les liens par

XVII.   76

lesquels les sarments étaient attachés aux échalas ou aux perches.

3° *Rueller*. Opération qui consiste à relever contre les ceps la terre du milieu des perchées. Ses résultats préservent les ceps de l'action des gelées et favorisent l'écoulement des eaux.

4° *Curer en pied*. On donne ce nom à la coupe des sarments qui sortent des souches, ou *corées*. Quelques personnes curent au pied aussitôt après la vendange, d'autres seulement au moment de la taille. Dans les vignobles où on ébourgeonne rigoureusement, cette opération serait sans objet.

.5° *Tailler*. On est dans l'habitude de tailler de même tous les plants, à la réserve du gamet et du teinturier, auxquels il faut laisser moins de longueur qu'aux autres.

Là, comme ailleurs, les avis sont partagés sur le moment où il est le plus convenable de tailler. Les uns le font avant, les autres après l'hiver ; cependant on s'accorde assez à reconnaître qu'il faut tailler les vieilles vignes en automne, et les jeunes au printemps.

Lorsque la vigne est forte, on laisse à un cep quatre membres (coursons), même plus, quand on vise à la quantité plutôt qu'à la qualité. Si la vigne n'est pas en perches (en treilles), il faut choisir les plus voisins de la surface de la terre.

Si un cep n'a pas assez de membres, on laisse un des sarments qui partent du tronc, et on le taille à deux yeux pour former un no. Les deux bourgeons qui naissent, qu'on appelle *éseilles*, se conservent s'ils sont assez forts ; dans le cas contraire, le plus faible est supprimé. Ensuite on supprime le vieux bois qui est au-dessus du point de leur insertion.

On laisse à chaque membre (courson) trois ou quatre boutons, si on veut ménager sa vigne ; mais quand on fume beaucoup, on en laisse davantage.

Il est des cas où on est obligé de couper la vigne par le pied, et de recom-

mencer une nouvelle souche avec un ou deux des bourgeons qu'elle repousse de ses racines ; c'est principalement quand ses pousses sont excessivement faibles, ou qu'elle a été gelée.

6° *Sarmenter*. C'est ramasser les sarments après la taille.

7° *Paisseler*. Cette opération consiste à ficher les paisseaux ou échalas en terre.

On place les perches en même temps que le paisseau auquel on les attache à l'aide de liens d'osier. C'est ce que les vignerons appellent *coudre*. On les met à un pied et demi au-dessus de terre. Elles se dépassent réciproquement de 6 pouces (*épondures*), et elles sont attachées ensemble avec un lien (*mouchet*).

Les avantages que présentent les vignes mises en perche (treille) sont d'être infiniment plus propres, mieux exposées au soleil, mieux garanties des vents, et de coûter moins de mise dehors en paisseaux.

La hauteur du paisseau est d'environ 4 pieds, et la longueur de la perche d'environ 8 pieds.

8° *Baisser*. On donne ce nom à l'opération d'attacher les coursons aux paisseaux ou aux perches. Elle se pratique quelques jours après le paisselage. L'osier ou la filasse sont les substances dont on se sert de préférence.

9° *Sombrer*. Labourer profondément les vignes. Il est d'usage de sombrer les terres fortes en avril ; cependant on est souvent obligé d'attendre plus tard, pour que la terre soit *coudrée* (desséchée). Quant aux terres légères, dites *pruches*, et aux lieux exposés à la gelée, on ne sombre guère que vers la mimai.

10° *Momasser*. Ce mot est synonyme d'ébourgeonner. On momasse dès que les bourgeons ont acquis une certaine longueur, qu'ils montrent leur fruit. Les bourgeons poussés sur la souche sont d'abord abattus, et ensuite ceux surnuméraires qui n'ont pas de fruit.

Cependant, si on veut faire un no à la prochaine taille, il faut laisser celui de ces bourgeons qui est le plus vigoureux.

11° *Biner*. Léger labour qui se donne immédiatement avant ou immédiatement après la floraison. Lorsque la vigne est un peu avancée, et que les gelées ne sont pas à craindre, il est mieux de biner avant la fleur, dont cette opération favorise le développement. Jamais on ne doit toucher à la vigne quand elle est en fleur.

12° *Accoler*. Attacher les bourgeons aux paisseaux. On accole à la fin de mai ou au commencement de juin, selon que la vigne est plus ou moins avancée.

1° *Rogner*. Synonyme d'ARRÊTER, PINCER (*voyez* ces mots). Il est des vignes qu'on ne rogne qu'une fois, ce sont les plus faibles; d'autres qu'on rogne deux et même trois fois.

14° *Débiner*. Petit binage pour enlever les mauvaises herbes. Ce binage se fait au milieu d'août.

15° *Provigner*. On provigne en couchant un cep tout entier dans une fosse faite du côté qu'il s'agit de garnir, et selon la direction de la perchée, cep dont on dispose les sarments dans la même direction, et qu'on recouvre ensuite de terre.

Dans les terres légères, on fait les provins en mai, et on fume les provins en les faisant; mais dans les terres fortes on les fait en hiver, et on attend la seconde année.

Il est une autre manière de provigner, qu'on appelle *provigner en sautelle*, parce qu'on se contente de courber un sarment et de le plonger dans une fosse. Elle s'emploie lorsqu'un cep est trop faible pour être couché en entier, ou lorsqu'il n'y a qu'une place à garnir. Deux ans après, on coupe la sautelle rez le cep, et on met en terre la portion qui n'y était pas.

Un provin est dit *baillard* quand son peu de longueur n'a pas permis de le mettre la première année au lieu qu'il

doit occuper; on l'y amène successivement.

16° *Greffer*. On fait rarement cette opération dans les vignes d'Auxerre.

Culture des vignobles du Bordelais. Médoc.

Dans les environs de Bordeaux, on distingue quatre vignobles principaux : les *Graves*, où on ne cultive que du raisin rouge : il est dans du gravier; le *Médoc*, où on cultive aussi le rouge de préférence : il est aussi dans le gravier; les côtes ou coteaux de l'*Entre-deux-mers*, où les rouges et les blancs sont confusément mêlés : c'est un sol calcaire; enfin les *Palus*, où il y a également mélange : c'est une argile mêlée de sable, produit des anciennes alluvions des rivières. Dans tous ces vignobles, on est persuadé que le nombre des cépages ou variétés de raisin concourt à améliorer la qualité du vin. On a soin seulement de planter les variétés hâtives dans les terrains froids, et les tardives dans les bonnes expositions, afin que la maturité arrive en même temps.

Le *pied rouge*, ou *pied-de-perdrix*, est un des cépages les plus estimés dans les vignobles des environs de Bordeaux.

Il y a des cépages qui donnent un mauvais vin dans certaines localités et du bon dans d'autres : par exemple, le *penouille*, qui est fort estimé seulement dans le bas Médoc; le *petit verdat*, qui ne mûrit que dans le Palus; la *folle*, qui ne réussit qu'à Bergerac, etc.

On nomme *vignes pleines* celles qui sont plantées en quinconce, et *joalles*, ou *joualles*, ou *jovalles*, celles qui sont en lignes très écartées : ces dernières donnent constamment du vin inférieur, à égalité de terrain et d'exposition, ce qui a également été observé ailleurs.

Dans ces vignobles, on regarde l'exposition voisine du nord, c'est à dire celle qui ressent les impressions du soleil, mais qui est la plus éloignée possible du midi, comme la meilleure, parce que les vents du nord dessèchent la terre, et que l'humidité y est le plus grand ennemi de la vigne.

Avant de planter une vigne, dans le Bordelais, on laboure la terre et on la divise en planches de cinq pieds de large par des rigoles plus ou moins profondes et destinées à l'écoulement des eaux.

Les crossettes ne sont pas d'usage dans les vignobles des environs de Bordeaux. Ce sont des boutures simples, appelées *artes* ou *flèches*, qu'on préfère pour la plantation. On choisit les plus grosses, dont les nœuds sont les plus rapprochés, et on les plante des deux côtés de chaque planche à 6 pieds de distance dans les Palus, à 4 pieds dans les Graves, et à 3 pieds dans le Médoc, où on laboure avec des bœufs. Un plantoir est le moyen employé pour mettre en terre les boutures, qu'on coupe à un ou deux yeux au dessus de la surface de la terre.

Beaucoup de boutures sont en même temps plantées en pépinière, pour pouvoir suppléer, l'année suivante, à celles qui n'ont pas réussi dans les planches.

Quelques personnes préfèrent exécuter leurs plantations avec du plant enraciné de trois ans, qu'on appelle *barbeau*; et, dans ce cas, elles font des tranchées; mais on observe que les avantages de cette méthode ne compensent pas l'augmentation de dépense à laquelle elle donne lieu.

Des labours fréquents sont donnés aux vignes nouvellement plantées. Plus elles en ont et plus elles prospèrent. Chaque année on taille, à un ou deux yeux, le plus fort des sarments qui ont poussé, et on fait sauter tous les autres.

Les hautains et même les treilles donnent beaucoup de vin; mais il est reconnu, aux environs de Bordeaux, que leur vin est inférieur à celui des vignes basses; c'est pourquoi ces dernières sont presque les seules qu'on plante aujourd'hui.

Lorsqu'une vigne offre des places vides, on les remplit successivement (et après avoir fumé le terrain), 1° avec des boutures, 2° avec du plant enraciné, 3° en couchant les ceps voisins. Si le terrain est si épuisé qu'il ne puisse plus nourrir de nouveaux ceps, ou la vigne si vieille qu'elle ne se prête pas à ce dernier moyen, et que ses productions soient peu abondantes, alors on l'arrache, et l'on cultive pendant quelques années à sa place, ou des céréales, ou du fourrage, ou des légumes, ou, mieux, successivement tous ces objets.

Les provins sont laissés deux ans attachés à leur mère, après quoi on les en sépare en les coupant; ils donnent du raisin la première année, et ensuite n'en donnent plus que la quatrième.

Dans les terres fortes, on provigne les sarments; dans les légères, on les couche en entier.

Tous les quatre ou cinq ans, on déchausse la vigne pour la *débarber*, c'est à dire pour couper les petites racines qui tracent à la superficie du terrain, et on profite ordinairement de cette opération pour la *terreauter* ou la fumer.

Les gelées nuisent aujourd'hui beaucoup plus à la vigne qu'autrefois.

On prévient les effets de ces gelées en ne taillant que lorsque les boutons s'ouvrent; souvent par ce moyen on retarde leur pousse, mais aussi on empêche le raisin d'arriver à toute sa maturité, et on énerve les souches.

La coulure a toujours lieu par les vents du nord-ouest. Les vignes les plus vigoureuses y sont les moins exposées.

On était autrefois persuadé, dans les vignobles des environs de Bordeaux, qu'on ne pouvait trop souvent labourer les vignes pour les entretenir dans un état satisfaisant de fertilité, et qu'il fallait ne leur donner du fumier qu'à la dernière extrémité. Aujourd'hui l'augmentation du prix de la main d'œuvre a amené une conduite diamétralement opposée, au grand détriment de la qualité du vin. Ceux à qui on reproche d'exagérer ainsi les engrais se défendent en disant que le fumier ne détériore le vin que pendant deux ou trois ans, et qu'après il reprend sa bonne qualité. Cela est vrai jusqu'à un certain point; mais, une fois l'opinion formée en sens contraire, elle ne revient point facilement, et d'ailleurs quand on a osé mettre une fois du fumier dans sa vigne, on ne craint plus de continuer à en mettre toutes les fois qu'on remarque une diminution dans les produits.

Les vignerons qui ont de la marne sous leur main la mélangent avec du fumier, et portent le tout dans leurs vignes un an après. Ils prétendent, avec quelque fondement, que cet engrais ne nuit pas autant à la qualité du vin que le fumier pur et non consommé.

La première opération qu'on fasse dans les vignes après les vendanges, c'est d'ôter les échalas et d'*ebarber*, c'est à dire de couper l'extrémité des sarments pour les employer, avec les feuilles qui s'y trouvent, à la nourriture des bestiaux; après quoi on les *déchausse*, façon qui consiste à découvrir le pied de chaque cep en faisant une espèce de fosse tout autour, et à couper avec une serpette les racines superficielles qui auraient pu naître dans le courant de l'année. On laisse ainsi le collet des racines à l'air pendant un certain temps; mais il faut les recouvrir avant les fortes gélées, qui pourraient les endommager. C'est ordinairement en les recouvrant qu'on fume les vignes, et cela en mettant un petit panier de fumier au pied de chaque cep qu'on juge en avoir besoin, par la faiblesse de ses pousses précédentes; car rarement on les fume en entier. C'est encore alors qu'on *provigne* et qu'on commence la *taille*.

Les différents cantons du Bordelais diffèrent cependant d'opinion sur l'époque où il faut tailler, plusieurs, tels que Sainte-Foi, Bergerac, etc., pensant qu'il est mieux de tailler après qu'avant l'hiver.

Les vignes taillées en automne sont plus exposées aux fortes gelées de l'hiver, et comme les cépages qui ont beaucoup de moelle, principalement parmi les blancs, les craignent plus que les autres, il serait bon de tailler à différentes époques les uns et les autres.

On nomme *côte* la partie des sarments qu'on conserve lorsqu'ils n'ont que deux ou trois boutons; si elle en a davantage, c'est un *tiran;* lorsqu'elle est longue et courbée en un seul sens, c'est un *arte*, et à plusieurs sens un *tirette*.

Il faut toujours tailler le plus bas qu'il est possible, eu égard aux différentes variétés, excepté pour les hautains ou les treilles. On ne laisse généralement qu'un courson à deux yeux; cependant les variétés vigoureuses par leur nature peuvent supporter une et même deux flèches (sautelles) qui augmenteront leur produit.

Un des principaux objets de la taille après ceux-ci, c'est d'occasionner la sortie de nouveaux bourgeons au dessous des anciens, afin de pouvoir supprimer ces derniers, et de tenir toujours la souche basse.

Lorsque les vignes sont si basses que les raisins traînent à terre, on aime mieux faire un trou pour les en éloigner, que de relever le cep, parce qu'on est persuadé que plus ils sont près de terre et meilleur est le vin.

Ceci s'applique aux vignes de l'Entre-deux-mers; car dans les Palus ce sont des vignes hautes, et dans les Graves des vignes moyennes.

Dans l'Entre-deux-mers, il y a beaucoup de vignes basses qu'on cultive sans échalas, et qu'on taille à deux ou trois yeux. Leurs bourgeons sont exposés à ramper, ce qui prive les raisins de l'influence des rayons du soleil, et rend le vin de médiocre qualité. C'est la variété appelée *la folle*, qui domine dans ces vignobles, qui fournit les excellents vins de Castres, de Langon, de Sauterne, de Barzac, etc. Ces vignes s'appellent *vi-*

gnes pleines, parce que tout le terrain en est couvert.

C'est cette *folle* qui fait l'excellent vin de Bergerac; mais là on taille encore plus court, et on y a beaucoup plus de soin des vignes que dans l'Entre-deux-mers, dont le terrain paraît peu fertile.

La culture du vignoble de Saint-Emilion, qui fournit un vin si rapproché de celui de Bourgogne, ne diffère pas de celle de l'Entre-deux-mers.

Les vignes rouges et basses du Médoc sont plantées dans un sol caillouteux, mêlé d'un peu de terre ou siliceuse ou calcaire, ou très rarement alumineuse; on trouve, à peu de profondeur, une pierre ferrugineuse appelée *alios*.

Les vignobles sont généralement placés sur des pentes douces, sans fosses, haies, ni arbres.

Les ceps sont plantés à la barre, en quinconce, espacés de deux à trois pieds, et rigoureusement alignés; on les tient extrêmement bas (neuf à douze pouces), pour que les grappes se trouvent plus rapprochées des cailloux qui, par la réverbération de la chaleur que le soleil y a accumulée, hâtent leur maturité. On peut dire que la qualité du vin est en raison inverse de la hauteur du cep. Ils ont tous deux bras inclinés, auxquels on laisse de deux à huit boutons. Le tout est assujetti avec des carassons garnis d'un rang de traverses qu'on nomme *lattes*, de sorte que chaque rang forme un contre-espalier aussi long que la pièce.

Ces vignes sont travaillées à l'araire, les bœufs passent chacun dans un sillon.

A la première façon, on déchausse les ceps, et le peu de terre que la charrue a laissée dans leur entre-deux est enlevé à la houe : alors ils sont au fond du sillon.

Au mois d'avril, on rechausse les ceps, et alors ils sont au haut du sillon.

Les troisième et quatrième façons se donnent dans les mois de mai, juin et juillet; elles sont précédées par le *levage*, qui consiste à assujettir les pampres contre les lattes, pour que les bœufs puissent passer, et elles ne diffèrent des précédentes qu'en ce qu'il faut ramasser le chiendent, qui est toujours abondant.

On épampre avec précaution pour empêcher que le raisin ne grille.

Les vendanges commencent vers la mi-septembre, c'est à dire quinze jours ou trois semaines avant le reste du département.

On égrappe une plus ou moins grande quantité, selon le plus ou moins de maturité.

Les quatre variétés les plus estimées sont : le *carmenot sauvignon*, le *petit verdot*, le *manim* et le *malbec*.

Les autres fournissent davantage de vin, mais de moins bon; ce sont le *carmenot*, le *carmenegre*, l'*embalouzat*, le *parde* ou *œil-de-perdrix*, le *peleavnille*. Ce dernier est le plus mauvais.

Le produit moyen de ces vignes est d'environ six barriques par arpent métrique.

Les frais de culture sont extrêmement élevés ; ils vont, non compris les barriques, à 400 fr. par arpent.

« Deux modes de culture, dit M. Lenoir, paraissent réunir, chacun sous le climat où on l'emploie, toutes les conditions nécessaires pour obtenir de la vigne les produits les meilleurs et les plus abondants : ce sont ceux employés, d'une part, en Champagne et en Bourgogne, et, d'autre part, la culture du Médoc. Celle-ci est excellente dans toutes nos contrées méridionales; l'autre convient parfaitement au climat de nos régions du nord.

« Le provignage périodique qui caractérise la culture de la Champagne et de la Bourgogne est le seul moyen de concilier la durée séculaire de la vigne, condition presque indispensable pour obtenir de bons vins, avec une continuelle jeunesse qui entretient sa fécondité; c'est aussi le seul moyen d'empêcher l'élévation du tronc, qui, éloignant les raisins du sol, retarde toujours leur maturité.

« Le provignage périodique n'est pas incompatible avec la régularité de la plantation; cependant, tel qu'on le pratique, il établit promptement la plus grande irrégularité dans la disposition des ceps. L'expérience prouve que ce n'est pas un mal; dans une vigne plantée en rangées régulières, l'air qui circule trop librement empêche la chaleur solaire de s'accumuler dans le sol; aussi remarque-t-on que les raisins mûrissent plus tard dans ces vignes que dans celles dont les ceps sont disposés sans ordre.

« La culture de la vigne, en treilles de neuf à douze pouces de hauteur, telle qu'elle est pratiquée dans le Médoc, est parfaitement appropriée aux circonstances locales. Là, le plus grand fléau de la vigne, c'est l'humidité de l'air, qui est entretenue par l'abondance des eaux et surtout par la prédominance des vents d'ouest; là tout ce qui tend à dessécher le sol ou à empêcher l'air de rester stagnant entre les ceps, est utile : sous ce rapport, rien n'est mieux imaginé que la disposition de la vigne en treillages extrêmement bas, et en rangées espacées de trois pieds. Cet espacement a en outre l'avantage de permettre de faire faire à la charrue des labours multipliés, qu'il serait très coûteux et peut-être impossible de faire exécuter à bras dans des vignobles aussi étendus.

« Le provignage n'est pratiqué, dans les vignes du Médoc, que pour remplacer les ceps morts ou qui sont reconnus de mauvaise qualité. Le provignage est presque toujours partiel, c'est à dire qu'on couche un sarment et non le cep. Le provin est séparé du cep à la seconde année. Il constitue alors un cep nouveau, dont les fruits restent longtemps médiocres.

« Le provignage périodique pourrait être introduit avec avantage dans ces vignobles précieux, dont il éterniserait la durée, en améliorant les produi s. Exécuté avec intelligence, il ne détruirait pas la régularité de la plantation.

« Telle qu'elle est, la culture du Médoc est l'amélioration la plus utile à introduire dans les vignobles qui s'étendent jusqu'à trente lieues de la mer, entre la Gironde et la Basse-Loire. Ces vignobles, la plupart *rampants*, sont très étendus et produisent une immense quantité de vins plus que médiocres, dont, fort heureusement, la majeure partie est convertie en eau-de-vie.

« La culture du Médoc, pourvu qu'on élevât un peu plus les treilles, serait aussi très applicable aux vignobles de l'Aude, de l'Hérault, du Gard, des Bouches-du-Rhône, etc.

« Dans ces contrées, ce n'est pas l'humidité de l'air qui est à craindre, c'est son extrême sécheresse : il faut donc, si on y met la vigne en treilles, tenir celles-ci plus hautes, et surtout ne pas trop espacer les rangées. Le sol étant plus couvert se dessèche moins, et les ceps, ayant moins d'espace pour étendre leurs racines, végètent plus faiblement, ce qui est toujours favorable à la qualité du vin. Trois pieds d'intervalle entre les ceps, et autant entre les rangées, suffisent partout : l'hectare peut contenir alors 10,500 ceps, ce qui est au moins le double de ce qui existe, terme moyen, sur cette surface, dans les vignobles de nos provinces les plus méridionales. »

§ IX. DES CIRCONSTANCES ATMOSPHÉRIQUES NUISIBLES A LA VIGNE. DE SES MALADIES. DE SES ENNEMIS.

Souvent les éléments, les hommes et les animaux semblent s'être concertés pour porter de funestes atteintes à la vigne, surtout vers les contrées du nord. Dans les régions méridionales, où les gelées sont rares, où la chaleur atmosphérique permet de donner un grand espacement aux ceps, où leur végétation est active et vigoureuse, sans que l'abondance de la sève soit un obstacle à la maturité du fruit, elle est à l'abri des maladies et des accidents, ou du moins leur effet est peu sensible; mais dans les pays septentrionaux il en est tout autrement, parce que la vigne y est nécessairement faible et délicate. Une plante robuste s'aperçoit à peine d'une atteinte qui sera mortelle pour un individu de la même espèce moins fort et moins vigoureux.

Art. 1er. *Influence des Saisons et des Météores.*

« Il est de fait, dit M. Chaptal, que la nature du vin varie selon le caractère que présente la saison. Une saison froide et pluvieuse, dans un pays naturellement chaud et sec, produira sur le raisin le même effet que le climat du nord; cette interversion dans la température, en rapprochant les climats, en assimile et en identifie toutes les productions.

« La vigne aime la chaleur, et le raisin ne parvient à son degré de perfection que dans des terres légères et frappées d'un soleil ardent : lorsqu'une année pluvieuse entretient le sol dans une humidité constante, et maintient dans l'atmosphère une température humide et froide, le raisin n'acquiert ni sucre ni parfum, et le vin qui en provient est nécessairement faible et insipide. Ces sortes de vins se conservent difficilement : la petite quantité d'alcool qu'ils contiennent ne peut pas les préserver de la décomposition; et la forte proportion de ferment qui y existe y détermine des mouvements qui tendent sans cesse à les dénaturer. Ces vins tournent au *gras*, quelquefois à l'*aigre*. Ils contiennent tous beaucoup d'acide malique. C'est cet acide qui leur donne un goût particulier, une aigreur qui n'est point acéteuse, et qui fait un caractère qui domine d'autant plus dans les vins, qu'ils sont moins spiritueux.

« L'influence des saisons sur la vigne est tellement connue dans tous les pays de vignobles que, longtemps avant la vendange, on prédit quelle sera la nature du vin. En général, lorsque la saison est froide, le vin est rude et de mauvais goût; lorsqu'elle est pluvieuse, il est faible, peu spiritueux, abondant, et on le destine d'avance (au moins dans le midi) à la distillation, quoiqu'il fournisse peu d'*esprit*, parce qu'il serait à la fois difficile à conserver et désagréable à boire.

« Les pluies qui surviennent à l'époque ou aux approches de la vendange sont toujours les plus dangereuses; alors le raisin n'a plus assez de temps ni assez de force pour en élaborer les sucs; il se remplit d'eau et ne présente plus à la fermentation qu'un fluide très liquide, qui tient en dissolution une trop petite quantité de sucre pour que le produit de la décomposition soit fort et spiritueux.

« Les pluies qui tombent au moment de la floraison font *couler* le raisin et sont dangereuses (*voy*. COULURE); mais celles qui surviennent dans les premiers moments de l'accroissement du raisin lui sont très favorables : elles fournissent à l'organisation du végétal l'aliment principal de la nutrition; et si une chaleur soutenue vient ensuite en faciliter l'élaboration, la qualité du raisin ne peut qu'être parfaite. En général, les temps les plus favorables au raisin sont ceux qui donnent alternativement de la chaleur et des pluies douces.

« Les vents sont constamment préjudiciables à la vigne : ils dessèchent les tiges, les raisins et le sol; ils produisent, surtout dans les terres fortes, une couche dure et compacte qui s'oppose au passage libre de l'air et de l'eau, et entretient par ce moyen, autour de la racine, une humidité putride qui tend à la corrompre. Aussi les agriculteurs évitent-ils avec soin de planter la vigne dans des terrains exposés aux vents : ils préfèrent des lieux tranquilles, bien abrités, où la plante ne reçoive que l'influence bénigne du soleil et de la chaleur.

« Les brouillards sont encore très dangereux pour la vigne; ils sont mortels pour la fleur, et nuisent essentiellement au raisin. Outre des miasmes putrides que les météores déposent trop souvent sur les productions des champs, ils ont toujours l'inconvénient d'humecter la surface du végétal, et d'y former une couche d'eau d'autant plus évaporable, que l'intérieur de la plante et la terre ne sont pas humectés dans la même proportion; de manière que les rayons du soleil tombant sur cette couche légère d'humidité, l'évaporent en un instant, et au sentiment de fraîcheur déterminé par cet acte de l'évaporation succède une chaleur d'autant plus nuisible que le passage a été plus brusque. Les brouillards ont encore l'inconvénient d'être souvent suivis de petites gelées blanches, qui sont d'autant plus dangereuses que la plante se trouve recouverte d'humidité.

« Quoique la chaleur soit nécessaire pour mûrir, sucrer et parfumer le raisin, ce serait une erreur de croire que, par sa seule action, elle puisse produire tous les effets désirables. On ne peut la considérer que comme un mode nécessaire d'élaboration; ce qui suppose que la terre est suffisamment pourvue des sucs qui doivent fournir à son travail. Il faut de la chaleur, sans doute; mais il ne faut pas que cette chaleur s'exerce sur une terre desséchée; car, dans ce cas, elle brûle plutôt qu'elle ne vivifie. Le bon état d'une vigne, la bonne qualité du raisin dépendent donc d'une juste proportion, d'un équilibre parfait entre l'eau, qui doit fournir l'aliment à la plante, et la chaleur, qui seule peut en faciliter l'élaboration.

« L'année la plus favorable à la vigne sera celle où la floraison sera accompagnée d'un temps sec, chaud et tranquille, où des pluies douces viendront nourrir le raisin lorsqu'il commence à grossir, où une chaleur constante et sans alternatives de brouillards et d'humidité aidera et favorisera le développement du fruit, où de légères pluies humecteront, de temps en temps, et selon le besoin, le sol et le cep, pendant tout le temps de l'accroissement du raisin, où enfin la maturité du raisin sera fomentée par une température sèche et chaude.

« Pour donner le meilleur vin possible, il ne manque à toutes ces circonstances favorables à la formation du raisin, qu'un temps qui se soutienne pendant les vendanges. »

Parmi ces accidents causés par l'action des saisons défavorables ou par celle des météores, les deux plus graves sont les gelées du printemps, qui suffisent quelquefois pour anéantir en quelques heures tout espoir de récolte, et les pluies de mai, qui surprennent la vigne au moment de la floraison et déterminent la *coulure*.

On a proposé un expédient pour préserver en partie les vignes de l'effet des gelées printanières : c'est d'allumer, au lever de l'aurore, des torches de paille mouillée qui produisent une fumée épaisse que l'on dirige sur la vigne en se plaçant au vent. « Malheureusement, dit M. Morelot, à qui nous devons une statistique des vignobles de la Côte-d'Or, quoique l'utilité de ce moyen ne soit pas douteuse, la pratique ne répond pas à la théorie.

« Les gelées du printemps n'arrivent jamais que par la bise et après un temps pluvieux. Ce vent est ordinairement fort; il chasse avec rapidité la fumée et la dissipe souvent sans qu'elle ait produit aucun effet. Les vignes n'en sont pas moins saisies; et d'ailleurs comment pouvoir recourir à un remède quand on est loin quelquefois de s'attendre au mal, puisque cet accident arrive au moment où on s'y attend le moins ? Cependant il serait toujours bon de tenter ce moyen; quand il ne réussirait qu'une fois sur dix, on ne perdrait pas sa peine. »

M. Suard, de Corbigny, a régularisé le procédé de fumigation des vignes. Il se sert de torches de paille de seigle très longue, de la grosseur du bras et liées fortement à six pouces du bout; cinq à six torches suffisent par personne, et quatre à cinq personnes pour parcourir et enfumer un arpent de vigne dès la pointe du jour, selon que les ceps sont plantés en lignes ou irrégulièrement.

On a beaucoup parlé de l'*incision annulaire* proposée, au commencement de ce siècle, par M. Lancry : voici en quoi ce moyen consiste. On enlève circulairement sur une branche, lorsque la sève commence à monter (cette circonstance est essentielle à observer), un anneau d'écorce de quelques lignes de largeur, de manière que le bois soit entièrement à nu. Si l'on pratiquait l'opération avant que la sève fût en mouvement, on arrêterait la végétation, et les feuilles ainsi que les rameaux ne se développeraient pas complétement : si l'on tardait à la faire, la maturité serait moins avancée. Lorsqu'elle est pratiquée à l'époque convenable, la branche porte des fruits qui mûrissent quinze, vingt, et quelquefois vingt-cinq jours plus tôt que les autres. Ces fruits sont entièrement développés et ne perdent rien de leur qualité. La branche périrait si on la laissait sur l'arbre; mais on peut la couper en automne et la mettre en terre. Le bourrelet qui s'est formé au dessus de la plaie produit facilement des racines, et l'on a un nouvel individu. Lorsque la branche est grêle ou d'un bois cassant, il faut lui donner un appui, sans quoi elle serait exposée à se rompre. « J'ai vu faire mûrir par cette pratique, dit M. Desfontaines, le verjus et le raisin de Corinthe, qui, sous le climat de Paris, parviennent rarement à maturité. Il arrive souvent que la branche soumise à l'opération porte des fruits, tandis que les autres n'en donnent pas : c'est ce que j'ai remarqué sur des pêchers dans une année où les pêches avaient manqué presque partout. »

Pour empêcher les fleurs de la vigne de couler, il suffit d'enlever un anneau d'écorce de peu de largeur, afin que les bords de la plaie puissent se rapprocher et se réunir.

Malheureusement ce moyen, dont on avait espéré les plus heureux résultats, ne paraît pas, d'après l'accord à peu près unanime des vignerons, susceptible d'application en grand. On a remarqué que les vins provenus de vignes incisées étaient faibles et de peu de garde. M. Morelot, que nous avons cité tout à l'heure, fait observer en outre que ce moyen, connu très anciennement dans sa province, y fut proscrit par les anciens ducs de Bourgogne et par le parlement de Dijon, comme funeste à la qualité du vin et dangereux pour la vigne elle-même, et que les propriétaires en firent une expresse défense dans leurs baux.

Art. 2. *Maladies de la vigne.*

Quelque attentif que soit le vigneron, il est rare que le fer qu'il emploie au labour ou au sarclage n'atteigne quelque tige. Il en résulte des blessures d'autant plus dangereuses, que souvent il s'en extravase abondamment une substance lymphatique, qui n'est autre chose que la sève destinée à la reproduction de toutes les parties de la plante. La blessure est ancienne ou nouvelle. Dans le premier cas, le suintement est médiocre : on l'étanchera facilement avec l'ONGUENT DE SAINT-FIACRE, ou seulement avec de l'argile. De la suie, ou de la fine poussière de charbon, mêlée avec du savon mou et réduite en consistance de pâte, est, au rapport de M. Dussieux, un remède efficace. Il est plus difficile d'arrêter l'écoulement d'une plaie récente, parce qu'il est plus rapide. L'application de l'onguent, celle de la cire molle, du goudron, et même d'un fer chaud, est quelquefois insuffisante. Alors dépouillez de sa première enveloppe extérieure toute la partie du cep qui avoisine la blessure; pompez-en l'humidité avec un linge usé, ou mieux encore avec une éponge, et enveloppez la branche ou la tige blessée d'un morceau de vessie ou de baudruche, enduit de poix, en forme d'emplâtre; on assujettit cet appareil avec un gros fil ciré; on le laisse subsister pendant un mois. Le point important est de soustraire la blessure au contact de l'air.

Dans les vignobles de Verdun, on nomme ceps *annulés* ceux à la base desquels il s'est formé une EXOSTOSE, qui les affaiblit d'abord au point d'empêcher toute production de fruit, et qui finit par les faire mourir. M. Bosc pensait que cette affection pouvait avoir pour cause quelque espèce de PUCERON. Couper l'exostose jusqu'au vif est le moyen le plus assuré de sauver le cep.

La vigne est sujette à une maladie que dans nos vignobles du nord on nomme *rougeô, rouget*, BRULURE (*voyez* ce dernier mot); elle est causée par les alternatives immédiates de la pluie et d'un soleil ardent. Les feuilles deviennent d'un rouge foncé, se dessèchent et tombent. Le raisin, exposé sans abri aux ardeurs du soleil, se flétrit, est comme brûlé : les vignerons de la Bourgogne disent qu'il est *arsis*.

Dans les mêmes cantons on appelle *ortiage* une maladie de la vigne qui se manifeste par des ampoules sur les feuilles, semblables à celles que produit la piqûre des orties. La végétation reste comme suspendue, les feuilles n'acquièrent qu'une partie de leur étendue. la plante souffre et le raisin se ressent bientôt de cette maladie.

« Un grand nombre de cultivateurs, dit M. Morelot, prétendent avec quelque fondement que ces deux dernières maladies sont souvent produites par un labour fait dans un moment intempestif. On ne saurait trop recommander aux vignerons de prendre garde de tomber dans un si grave inconvénient. Le troisième coup de labour peut toujours se retarder... On doit, autant que possible, attendre un temps propice, qui se présente toujours quand on sait attendre.

Art. 3. *Insectes nuisibles.*

Les fautes du cultivateur, les intempéries du ciel, ne sont pas les seuls ennemis que la vigne ait à redouter. Plusieurs genres d'insectes lui font une guerre presque continuelle, surtout dans les régions septentrionales, parce que la plupart ne résistent point aux fortes chaleurs des contrées du midi.

La pyrale de la vigne, *Pyralis vitis*, désignée souvent sous le nom de *ver de la vigne* qui est aussi appliqué aux larves de plusieurs autres insectes, est une chenille qui fait partie de la classe que M. de Réaumur appelle *rouleuses de feuilles*. La longueur est d'à peu près un demi-pouce. La ponte a lieu du 10 au 20 juillet; les femelles placent de préférence leurs œufs contre les nouveaux sarments et le dessus des feuilles. Elles étendent sur l'emplacement qui leur a paru convenable une couche de liqueur visqueuse qui tient les œufs agglomérés au nombre quelquefois de 150 à 200. Les petites chenilles sortent de ces œufs au bout de 12 à 15 jours; leur longueur alors est d'une ligne. Elles prennent peu d'accroissement avant l'hiver. Pendant cette saison elles se tiennent cachées sous la vieille écorce et dans les gerçures de la vigne, pour se montrer de nouveau au printemps suivant. C'est alors qu'elles s'attachent aux nouveaux bourgeons, qui leur offrent une nourriture délicate. Leur voracité augmente graduellement avec leur croissance, qui atteint son dernier terme dans le mois de juin, et leurs dégâts suivent la même progression. La métamorphose des larves en chrysalides s'opère au commencement de juillet; au bout d'une douzaine de jours les pyrales éclosent, s'accouplent presque aussitôt, et déposent peu après les germes d'une nouvelle lignée.

Les sociétés agronomiques de Mâcon et de Lyon se sont surtout occupées sérieusement de la destruction de ce dangereux insecte. Un concours ouvert par la seconde de ces sociétés, en 1827, est resté sans solution directe; mais il est du moins résulté des discussions suscitées par ce concours, que le seul moyen réellement efficace que le vigneron puisse opposer à la multiplication des pyrales, c'est l'ÉCHENILLAGE. Il est à désirer que le Code rural promis depuis si longtemps à la France renferme, à cet égard, des dispositions précises.

L'*eumolpe de la vigne* ou *gribouri*, appelé vulgairement, selon les localités, *écrivain*, *lisette*, *coupe-bourgeon*, *ver de la vigne*, etc., s'attache aussi aux bourgeons qu'il dévore. Il paraît au moment où la végétation commence, et disparaît vers la fin d'août. Quand on touche le cep sur lequel des gribouris se trouvent, ils resserrent leurs six pattes contre leur corps et se laissent tomber à terre. Cette particularité a fourni contre eux un moyen de destruction qui pourrait avoir un plein succès, s'il était pratiqué avec quelque ensemble : il ne s'agirait que de garnir successivement de carton, de papier, ou de quelque chose analogue, le dessous de chaque plant de vigne; en frappant ensuite sur les ceps, l'insecte qui se laisse tomber serait recueilli aisément et détruit. Une femme que l'on emploierait pendant quelques semaines dans une vigne à ne remplir que cet office, coûterait peu de chose et rendrait un service incalculable au propriétaire.

L'*attelabe de la vigne*, vulgairement *ulbère*, *ullebard*, *étulber*, *becmare*, *gribouri*, etc., attaque aussi les feuilles, les bourgeons et les raisins. Il rentre comme la pyrale dans la classe des *rouleurs de feuilles*.

Les *teignes de la grappe* et *du raisin*, dont les larves sont comprises sous la dénomination commune de *ver de la vigne*, sont d'autant plus dangereuses qu'elles sont plus difficiles à atteindre, la seconde surtout qui pénètre dans l'intérieur des grains et s'y nourrit de la pulpe.

Une espèce de CHARANÇON dite *charançon gris*, principalement répandue dans les vignobles du midi, se nourrit aussi des jeunes bourgeons.

Les larves de trois papillons, le *sphinx de la vigne*, le *sphinx porcellus* et l'*elpenor*, nuisent à la vigne en dévorant beaucoup de feuilles.

Un autre ennemi de la vigne est la larve du HANNETON, connue sous les noms de *ver blanc*, *turc*, *man*, etc. Elle s'attaque aux racines.

Une espèce de PUNAISE, la punaise bordée, *cimex marginatus*, est à redouter dans les années chaudes et humides. Elle se jette sur le raisin à l'époque des vendanges, et si l'on n'y apporte pas une grande attention, on peut en déposer dans la cuve une innombrable quantité, qui, écrasées avec le fruit, donneront au vin un goût et une odeur repoussants.

Depuis un petit nombre d'années s'est montré dans les vignes du Bas-Languedoc un insecte qui y exerce les plus grands ravages. Il y a déjà longtemps que cet insecte, rapporté par M. Dunal à l'altise bleue, ou altise des potagers, est connu en Espagne, et dès le moyen-âge on implorait le ciel contre ce fléau, dans l'église de Malaga. L'altise bleue a commencé par se répandre dans le département des Pyrénées-Orientales, d'où elle a passé, en 1819, à Vandres, commune du département de l'Hérault; et de 1819 à 1834, elle s'est étendue dans un espace de vingt-cinq lieues, avançant d'orient en occident. Cette altise a trouvé un ennemi dans la punaise bleue; mais l'homme, si intéressé à sa destruction, lui fait une chasse beaucoup plus dangereuse.

Pour tuer un grand nombre d'individus à la fois, les agriculteurs du département de l'Hérault se servent d'une espèce d'entonnoir de fer-blanc échancré à la manière d'un plat à barbe, et terminé par un sac; ils enclavent le tronc de la vigne dans l'échancrure de l'entonnoir, secouent la plante et font tomber les altises dans le sac. Ces faits, et beaucoup d'autres, recueillis avec autant de zèle que de sagacité, ont été, en 1834, consignés par M. Dunal dans un petit écrit intitulé : *Des Insectes qui attaquent la vigne dans le département de l'Hérault*, écrit que la modestie de l'auteur l'a empêché de répandre hors de son département. Cependant l'ouvrage de M. Dunal, porté de Montpellier dans l'Andalousie, a été traduit en espagnol. L'altise bleue a continué à se répandre toujours de l'est à l'ouest. Dans cet intervalle de temps, elle a gagné quatre lieues de terrain des environs, de Lunel jusqu'à Saint-Gilles.

§ X. DE LA VENDANGE.

Nous avons consacré à cette dernière et précieuse opération de la culture de la vigne, un article spécial auquel nous renvoyons. (*Voy.* VENDANGE.)

§ XI. DE LA DURÉE DES VIGNES.

« C'est généralement à l'âge de 3 ou 4 ans que la vigne donne ses premiers fruits. A 5 ou 6, elle paie amplement les frais de culture, et c'est de 7 à 10 qu'elle est en plein rapport. Le plus ou le moins de précocité dans les produits dépend d'abord de l'espèce, et ensuite de la nature du sol, de l'exposition et de la culture. Par les mêmes causes aussi, la vigne est plus ou moins longtemps productive. Dès faits assez nombreux nous font présumer que la blanche l'est plus longtemps que la rouge.

« Il y a des vignobles où la vigne cesse, dès l'âge de 25 à 30 ans, de donner des produits utiles ; dans d'autres, elle peut être cultivée avec bénéfice jusqu'à 50 et 60 ans ; dans quelques-uns enfin, elle peut même l'être jusqu'à 80 et 100 ans ; mais cela est bien rare. Nous avons vu de ces vignes séculaires, que les propriétaires continuaient à cultiver parce qu'elles produisaient d'excellent vin, en raison de leur vieillesse même ; mais ce vin leur coûtait bien cher. » (Cavoleau, *OEnol. franc.*)

D'après le principe des assolements, un terrain qui a porté de la vigne pendant un siècle ne devrait plus en recevoir avant le même espace de temps ; mais comme souvent ce terrain est impropre à toute autre culture, hors celle des bois, et qu'on ne veut pas laisser perdre les avantages de la réputation acquise par ces terrains de fournir de {bon vin, on se contente de les laisser reposer pendant quelques années, en y cultivant des céréales, des prairies artificielles ou des légumes. Une bonne pratique dans ce cas serait de fumer fortement avant ces cultures, ensuite de faire un défoncement plus profond que l'ancien, avant d'y remettre de la vigne, et de fumer encore fortement. Les fumiers, en général si contraires à la vigne, répandus ainsi d'avance, ne se font plus remarquer que par leurs bons résultats. (*Voy.* ci-dessus, § III, art. 3.)

§ XII. CULTURE JARDINIÈRE DE LA VIGNE.

Vignes en treille. — On donne généralement le nom de *treilles* à toutes les vignes développées en surface sans profondeur. Nous avons vu que dans quelques départements du midi on cultive en grand la vigne ainsi disposée sur des *treillis*, formés de jeunes arbres ou de perches réunis par des traverses ; ici, il ne sera question que du raisin cultivé pour la table, en treilles ou ESPALIERS disposés le long des murs des jardins ou des vergers.

Cette manière de disposer les ceps de la vigne, en les adossant à un mur, présente de grands avantages, pour les pays surtout où la vigne en grande culture ne peut parvenir ou ne parvient que difficilement à sa maturité. Comme la vigne est douée d'une force de végétation qui la rend susceptible de croître dans toutes sortes de terre, comme en la dirigeant contre un mur on lui procure la réverbération des rayons du soleil, qui double l'intensité de la chaleur atmosphérique, il n'existe peut-être pas une propriété rurale, même dans les contrées les plus septentrionales de la France, où l'on ne puisse se procurer des raisins très bons à manger. Mais c'est toujours en vain, il ne faut pas se le dissimuler, qu'on a cherché à obtenir des vins de quelque qualité, des raisins produits par des treilles, même quelque douce, quelque agréable, quelque parfumée qu'en fût la saveur. Il faut pour la formation du muqueux-sucré, qu'on ne doit pas confondre avec le muqueux-doux, que toute la plante nage, pour ainsi dire, et pendant un temps assez long, dans un bain de chaleur, qui paraît n'exister réellement, au moins dans nos climats, que près de la terre.

La couleur de la terre n'est pas d'un blanc éclatant comme celle d'un mur crépi à chaux et à sable, ou enduit de plâtre ; ses pores sont plus écartés que ceux des matières dont on construit les murs, et par conséquent elle ne réfléchit pas les rayons du soleil avec autant de force que ceux-ci ; mais elle se pénètre de leur chaleur pendant le jour, et elle la transmet aux plantes pendant la nuit. Il paraît qu'une chaleur durable est plus propre au développement du principe sucré qu'une chaleur plus forte, mais de moindre durée ; aussi avons-nous observé que les murs en terre et en brique sans enduits, sont plus favorables à la maturité des fruits en général, que ceux formés de grosses matières, crépis à chaux et à sable, ou recouverts de plâtre.

Un mur servant de clôture ou de pignon, et qui a l'exposition du sud-est, du sud ou du sud-ouest, peut être également propre à l'espaliement d'une vigne. On rejette 1° l'aspect du soleil levant, parce que la vigne y serait trop fréquemment exposée aux gelées ; 2° celle du couchant, parce qu'elle ne jouirait pas assez longtemps de ses regards bienfaisants ; 3° celle du nord, parce que le raisin n'y mûrirait presque jamais. Le propriétaire doit se régler dans le choix

des trois premières expositions dont on vient de parler, d'après la nature du sol et la température moyenne du climat qu'il habite. Plus sa demeure se rapproche des régions humides et froides, moins sa terre est divisée, et plus il doit rechercher le soleil et la lumière. Le même principe le dirigera dans le choix des cépages propres à former les treilles. Les *maurillons*, le *pineau*, le *sauvignon*, la *donne*, le *muscadet enfumé*, le *ciotat*, le *grec*, l'*africain*, le *malvoisie*, le *bordelais*, les *muscats*, les *chasselas*, sont de très bons raisins, quand ils sont parvenus à leur point ; mais ils ne mûrissent pas tous à la même température. Le *bordelais*, par exemple, qui produit un excellent raisin dans la Guyenne, ne donne dans le climat de Paris, même en treille, que du verjus ; et il n'y est guère connu que sous ce nom. Nous en parlerons plus loin. Les *muscats*, cultivés en plein champ dans nos départements méridionaux, y rapportent des fruits exquis ; et les mêmes cépages, quoique dirigés en espalier, ne mûrissent que difficilement et très rarement dans nos provinces du centre. Le climat a une telle influence sur les variétés et les races de la vigne, que telle qui est précoce dans un lieu, respectivement à ses congénères, est plus tardive qu'elles dans un autre. Au nord de la Loire, les races blanches mûrissent ordinairement les dernières ; et en s'approchant du midi on voit leur maturité précéder celle des cépages colorés. Cependant il en est une espèce, parmi celles que nous avons nommées, dont les produits peu recommandables, il est vrai, pour être convertis en vin, jouissent de la réputation la mieux méritée comme fruits de table, comme comestibles. Nous voulons parler du *chasselas*. Il réunit la double qualité, et de le disputer, pour la saveur, aux raisins les plus exquis, et d'être si peu délicat sur le climat, que, dirigé en treille, placé à une bonne exposition et cultivé avec soin, il prospère sur presque tous les points de la France. On connaît la renommée des chasselas de Montreuil, de Fontainebleau, de Thomery[1].

Quelles que soient les espèces de raisin dont vous vous proposez de former une ou plusieurs treilles, n'hésitez pas à leur consacrer exclusivement un mur ou une grande partie de mur.

L'usage de planter alternativement un cep de vigne, un pêcher ou un poirier est très vicieux. Il n'y a pas un bon écrivain sur le jardinage qui ne le condamne. Pour vouloir trop avoir on n'a rien ou presque rien. Les racines de ces diverses plantes se rapprochent, se mêlent les unes avec les autres et se nuisent mutuellement. La vigne, comme plus vivace, affame tellement celles qui l'avoisinent qu'elle finit par les stériliser et les détruire. On cherche en vain à justifier cette méthode en disant qu'on se borne à tirer de chaque cep un seul cordon qui, adossé au chaperon, occupe peu de place et par conséquent ne peut nuire aux arbres, dont il ne fait que le couronnement. Mais on ne réfléchit pas que cette tige en cordon se garnit d'un large et épais feuillage, qui, formant une espèce d'auvent par dessus l'arbre, lui ravit les bienfaits des pluies et des rosées, lui donne de l'ombre et s'oppose au renouvellement de l'air indispensable pour sa respiration. D'ailleurs les pampres forment des gouttières sur les branches et sur les fruits des arbres à noyaux, qui, lors des grandes averses, cavent et carient leurs blessures ou leurs cicatrices, et font extravaser la sève de tous les côtés, où elle se montre peu après en consistance de gomme. Le mauvais effet de ces cordons dominant d'autres arbres est très remarquable. Il est peu d'agriculteurs qui n'aient été à portée de voir les bras d'une treille arrêtés, par exemple, perpendiculaire-

[1] C'est de Thomery, village près de Fontainebleau, que vient à Paris la majeure partie des excellents raisins de table connus sous la dénomination générique de *Raisins de Fontainebleau*.

ment à l'axe d'un pêcher dirigé à Montreuil. On voit que toutes les branches qui partent du côté surmonté par la vigne sont basses, faibles et languissantes, et que toutes celles du côté opposé sont fortes, vigoureuses, d'une belle venue et disposées à prendre l'essor de l'indépendance ; elles dépasseraient bientôt le cordon de la vigne si le jardinier n'avait soin de les incliner quand il les palisse. Ce fait prouve assez qu'en persistant à prolonger des cordons de vigne au-dessus des espaliers, on s'obstine seulement à mal faire.

Si le mur que vous avez choisi pour y adosser une vigne n'est pas construit en terre, en pisé ou en briques bien jointes, faites-le revêtir d'un bon enduit de plâtre ou crépir de mortier à chaux et à sable. Il est important que toutes les crevasses, que tous les trous disparaissent ; ils serviraient de retraite aux insectes nuisibles à la vigne, et vous aurez assez d'autres ennemis à combattre. D'ailleurs les surfaces unies sont les plus favorables à la maturité des fruits. Comme nous n'avons point à redouter la surabondance de la sève pour ce genre de culture, parce que nous nous procurons par le moyen du reflet toute la chaleur qui lui est nécessaire, nous ne craignons ni la multiplication des racines, ni le nombre des feuilles, ni le volume et l'étendue qu'elles donneront à la plante. Cependant, puisqu'elle doit être soumise à la taille, il faut fixer un terme au prolongement de ses branches mères. Le degré d'élévation du mur et l'espèce de la vigne doivent servir de règle pour l'espacement des ceps. Plus le cep est destiné à couvrir de surface en hauteur, moins on doit laisser prendre d'étendue à ses bras ou à ses branches horizontales. Par exemple, si le mur est bas, s'il n'est élevé que de 4 à 5 pieds, on ne pourra tirer de l'arbre que deux cordons, un à droite, l'autre à gauche ; mais ils pourront être prolongés jusqu'à 15 ou 16 pieds chacun, et leurs pieds être, par conséquent, espacés du double. Si le mur est élevé de 6 pieds, les cordons de la vigne seront doublés sans inconvénient; elle produira deux branches horizontales de chaque côté, la branche supérieure plus élevée que l'inférieure d'environ 2 pieds; dans ce cas on placera les ceps à 22 pieds les uns des autres. Enfin si le mur est porté à une élévation d'un tiers, de moitié ou de plus encore, et si l'on présume pouvoir tirer des tiges trois, quatre ou cinq cordons, il faudra rapprocher les ceps dans la même proportion et ne pas oublier que plus on les force à s'élever, que plus on présente à la sève de différentes routes à parcourir en sens vertical, plus tôt on doit arrêter sa marche en largeur ou dans les conduits placés horizontalement. Mais que vous espaciez vos ceps de 30, de 20 ou de 15 pieds, n'oubliez pas qu'il est des espèces plus vivaces les unes que les autres. La végétation du *pineau*, du *muscadet*, du *sauvignon*, du *ciotat*, du *grec*, est beaucoup moins forte que celle des *muscats*, des *chasselas*, de la *donne* et du *bordelais*. La différence qui existe entre leurs diverses manières de végéter et de croître est très remarquable. Les premiers portent, comparativement aux autres, des grappes et des grains petits, des feuilles minces et étroites, et leur substance moelleuse occupe peu de place. On présume assez qu'il y aurait de l'inconséquence à vouloir obtenir autant de produits des unes que des autres; ainsi, en restreignant à une moindre étendue les branches des ceps les plus délicats, on peut les rapprocher davantage les uns des autres dans la plantation.

Nous supposons votre mur prêt et vos espèces déterminées. Si le terrain dans lequel vous voulez planter est sec et léger, ou calcaire, ou s'il repose sur un banc de marne, faites creuser en automne, à sept ou huit pouces de la muraille, des trous de deux pieds de profondeur et de trois pieds d'ouverture en carré; si la terre est humide, argileuse,

de simples trous seraient insuffisants, les racines auraient trop de peine à la pénétrer. Faites faire une tranchée d'environ trois pieds en tous sens; garnissez le fond d'une couche de pierres, de gravois, de cailloux et de gros sable. Cette couche donnera une issue aux eaux; elle assainira le terrain; mais il sera bon de la recouvrir de même que la terre du fond, dans des trous simples, de quelques travers de doigts de bonne terre végétative, mêlée d'un tiers de marne et d'un tiers de sable de ravins. Evitez toute parcimonie dans les frais d'une telle plantation; si rien n'y manque, elle durera des siècles. Placez vos marcottes ou vos plants, quels qu'ils soient, au lieu et à la distance que vous aurez déterminés, et ne permettez pas qu'on piétine la terre dont on les recouvre; celle qui formait la surface du sol doit être la première employée [1]. Dès la pre-

---

[1] Le mode de plantation invariablement suivi à Thomery est remarquable et diffère complétement de l'usage ordinaire. C'est M. Poiteau qui nous en fournit le détail.

Les enclos de Thomery sont formés de murs hauts de 8 pieds, terminés par un chaperon saillant de 9 à 10 pouces du côté intérieur, qui sert à éloigner l'eau de pluie des espaliers, et à modérer la vigueur des pousses de la vigne dans sa partie supérieure. L'intérieur des enclos est divisé par des murs de refend, hauts de 6 pieds, et dont le chaperon forme une saillie de 7 à 8 pouces de chaque côté. Ces murs de refend sont espacés de manière à former des carrés de 8 à 10 toises de côté, à peu près comme à Montreuil, et propres à concentrer la chaleur. Tous sont garnis de treillages dont les montants sont espacés de 2 pieds et dont les traverses ou lattes horizontales sont à 9 pouces de distance; la première traverse du bas est à 6 pouces de terre. Le long des murs règnent des plates-bandes qui ont 5 pieds de largeur. On défonce, on ameublit et on fume toute la plate-bande jusqu'à la profondeur de 15 à 18 pouces, ensuite on fait une tranchée large de 2 pieds, profonde de 9 à 10 pouces, parallèle au mur et à 5 pieds de distance de ce mur, tout du long de la plate-bande. On se procure la quantité de marcottes ou de crossettes nécessaire, qui ont dû être toujours choisies sur les ceps qui donnent le raisin le plus parfait; après en avoir ôté les onglets, les vrilles et tout ce qu'il y a de nuisible, on les couche en travers dans le fond de la tranchée à 20 pouces l'une de l'autre, en tournant le bout supérieur du côté du mur; ensuite on les recouvre de 4 ou 5 pouces de bonne terre, que l'on

mière année, chaque cep vous donnera plusieurs pousses, dont une au moins assez forte pour devenir une bonne tige. Si, par l'effet de quelque circonstance imprévue, aucun des sarments nouveaux d'un cep ne répondait à votre attente, dans la première année, faites-les tous disparaître au temps de la taille. La pousse de la seconde année vous donnera le jet que vous attendez; laissez-le subsister seul : enlevez sur la

plombe un peu avec le pied, tandis que d'une main on relève le bout supérieur pour l'amener à peu près dans la direction verticale, et que quelques-uns de ses yeux se trouvent hors de terre; on achève de remplir la tranchée jusqu'aux deux tiers, on met par-dessus 3 pouces de bon fumier gras à moitié consommé, qui sert à maintenir la terre fraîche et à favoriser le développement des racines. Enfin en mars on rabat le plant sur deux bons yeux les plus près de terre.

Comme la terre de Thomery est forte, et que l'on craint l'humidité, on donne une légère pente à la plate-bande du côté de l'allée; mais cette précaution serait inutile dans une terre légère et plus sèche. La terre qui n'a pas rentré dans la tranchée, puisqu'on ne l'a pas emplie entièrement, se répand sur la plate-bande et sert à l'exhausser du côté du mur.

Quand les yeux du plant se sont développés en bourgeons, on supprime les plus faibles et on ne conserve que le plus fort, que l'on attache verticalement à un échalas à mesure qu'il grandit, et dont on favorise le développement par tous les moyens connus. Si l'été était sec, il faudrait mouiller abondamment le fumier de la tranchée pour favoriser le développement des racines.

Telles sont les opérations de la première année; mais la vigne est encore loin du mur, et cependant il faut qu'elle le joigne : voici l'opération de la seconde année.

En novembre, ou pendant l'hiver jusqu'en mars, quand le temps le permet, on ouvre une seconde tranchée à côté de la première et parfaitement semblable; on y couche les bourgeons de l'année précédente, ainsi que le vieux bois qui était resté vertical, et on les recouvre de terre et de fumier, comme dans la première plantation : alors le sommet du plant ne se trouve plus qu'à environ 1 pied du mur. On le taille en mars sur deux yeux près de terre, et il en sort de vigoureux bourgeons qui donnent déjà quelques grappes; on ne laisse cependant qu'un bourgeon sur chaque pied, afin qu'il devienne aussi fort que possible, et on l'attache verticalement à un échalas comme son prédécesseur l'année d'auparavant.

Enfin, une troisième tranchée et un second couchage, opérés l'année suivante, achèvent d'amener le sommet de tous les bourgeons contre le mur, où l'on doit les attacher à 20 pouces l'un de l'autre.

souche tous les brins qui partageraient sa nourriture, et quand il sera parvenu à la hauteur de plus d'un mètre, taillez vers la fin de l'automne tout ce qui excède cette mesure; éteignez tous les yeux inférieurs, et ne laissez subsister que les deux boutons les plus voisins de la taille : il en sortira deux bourgeons, qui seront tirés l'un à droite, l'autre à gauche, et que vous fixerez à la muraille et dans une direction parfaitement horizontale, avec des loques que vous serez libre de remplacer ensuite par de simples crochets de bois (voy. PALISSAGE). Ces rameaux formeront la première division de la tige, et suffiront pour former une treille à deux branches. Les deux points d'où elles partent ne sont point géométriquement placés vis à vis l'un de l'autre; mais il ne s'en faut ordinairement que de la distance d'un bouton à l'autre : cette petite irrégularité est à peine remarquable. Pour vous procurer deux nouvelles divisions supérieures, ménagez les deux sarments qui sortiront sur chaque branche des deux yeux les plus voisins de chaque coudure; laissez-les croître verticalement; taillez-les après la maturité du bois, à la hauteur de quinze à dix-huit pouces; éteignez, comme vous l'avez déjà fait sur le sarment dont vous avez formé une tige, tous les yeux inférieurs à celui qui avoisine la taille, et il sortira de même de celui-ci un rameau, qui, appliqué horizontalement au mur, formera une double branche à chacun des deux côtés de la tige. Si la hauteur du mur permet de donner encore plus d'élévation à la treille, en multipliant ses branches, on peut répéter le même procédé trois, quatre, cinq fois, et tout autant qu'on en a besoin. Le cep était-il déjà fort au moment de la plantation? c'est une avance précieuse : il donnera un fruit dès la première année. A la quatrième, il couvrira une grande étendue de muraille, et produira une récolte abondante. Toutes les grappes sont portées par le jeune bois qui sort des branches horizontales; et c'est sur ce bois de l'année qu'on exécute la taille. Le cultivateur opérant ici sur un sujet sain, et presque toujours très vigoureux, il est moins assujetti aux petites précautions que s'il travaillait sur les plants faibles et délicats de nos vignes en grande culture. Qu'il se garde cependant de tirer indiscrètement à fruit : s'il commettait cette imprudence pendant quelques années de suite, il ruinerait sa treille; il faudrait bientôt, sinon l'arracher, du moins supprimer tout le vieux bois pour se procurer des mères branches nouvelles, et quelques récoltes extraordinaires qu'on aurait obtenues ne dédommageraient pas d'une privation absolue pendant trois ou quatre ans. On peut tailler sur les espèces les plus vivaces, à trois et quatre nœuds, et à un ou deux tout au plus sur les races délicates, à proportion de leur force. Il est à propos de supprimer de temps en temps, sur les unes et sur les autres, le bois de l'année, et celui de deux ans qu'on prévoit devoir jeter de la confusion dans l'ensemble des produits, ou les multiplier avec excès.

Les jardiniers de Thomery ne laissent pas prendre aux cordons de leurs vignes plus de 8 pieds d'étendue totale, 4 pieds d'un côté et autant de l'autre. Nous avons fait connaître ci-dessus le mode de plantation qu'ils emploient et indiqué la conduite qu'ils donnent à leurs plants pendant les trois premières années; nous allons continuer l'exposition de cette méthode pendant les années suivantes. Quoiqu'en beaucoup de points elle ne diffère pas notablement de celle que nous venons de décrire, nous croyons utile de la faire connaître dans son ensemble. Nous laissons, comme tout à l'heure, parler M. Poiteau.

Quand les pousses sont attachées au mur (à la troisième année de la plantation), il s'agit de former les cordons. Si le mur est haut de 8 pieds, on y établira 5 cordons; le premier à six pouces

de terre, et les quatre autres à 18 pouces l'un de l'autre, sur les lignes transversales du treillage disposées d'avance à cet effet. Le cep destiné au cordon le plus bas sera taillé juste à la hauteur du cordon, s'il a un œil double à cet endroit : autrement il faudrait le tailler sur l'œil qui est immédiatement au-dessus de l'endroit marqué. On favorisera aussi le développement de l'œil qui est le plus près au-dessous. Ces deux yeux doivent fournir les deux branches avec lesquelles on formera les deux bras du cep, l'un à droite et l'autre à gauche; quand le bois sera mûr, si la branche supérieure s'élevait un peu au-dessus du treillage sur lequel il faut la coucher, on la ploierait doucement jusqu'à ce qu'enfin elle s'appliquât exactement sur le treillage. Si l'autre branche, au contraire, avait pris naissance un peu trop bas, on la dirigerait verticalement jusqu'à la hauteur de l'autre, et là on la ploierait aussi sur le treillage du côté opposé, de manière à ce que les deux branches fussent sur la même ligne et parussent sortir du même point.

Le second cordon, qui est à deux pieds de terre, ne peut pas être formé aussitôt que le premier; le troisième le sera encore plus tard, et ainsi de suite. Quelle que soit la hauteur à laquelle il faille faire parvenir le cep pour le former en cordon, il convient de ne l'allonger que de 12 ou 15 pouces chaque année, et de lui conserver les bourgeons latéraux, qu'on taillera en coursons pour le faire grossir et obtenir du raisin; mais dès qu'il aura atteint la hauteur requise, et que ses deux bras auront reçu la première taille, il faudra supprimer scrupuleusement tous les coursons qui pourraient exister sur toute sa longueur.

Nous supposons tous les ceps arrivés à la hauteur qui est assignée à chacun d'eux, et que leurs deux dernières branches sont étendues l'une à droite, l'autre à gauche, pour former les deux bras du cordon; voici comme on doit tailler ces deux branches jusqu'à ce qu'elles aient chacune quatre pieds de longueur, pour ne plus s'allonger : On taillera, la première année, de manière à obtenir trois bourgeons placés à la distance de 4 à 6 pouces l'un de l'autre : deux de ces bourgeons seront convertis en coursons à la taille suivante, et le troisième, qui est le plus éloigné, sera destiné à prolonger le bras ou cordon. On aura soin pendant l'été d'attacher verticalement sur le treillage les pousses destinées à faire des coursons, et d'étendre horizontalement celle qui termine la taille et qui est destinée à allonger le cordon. A la seconde taille les deux coursons seront taillés à deux yeux, et la branche terminale sera encore taillée de manière à ce qu'il en sorte trois bourgeons éloignés de 4 à 6 pouces l'un de l'autre; deux de ces bourgeons seront palissés verticalement, et le troisième sera étendu horizontalement, comme l'année précédente, et ainsi de suite jusqu'à ce que chaque bras ait la longueur de 4 pieds; alors la pousse terminale se taillera aussi en courson : chaque bras doit avoir huit coursons, tous placés du côté supérieur autant que possible. Quand le cinquième cep sera aussi parvenu à avoir ses deux bras, longs de 4 pieds chacun, on aura, sur une surface de 8 pieds carrés, 80 coursons, qui, étant taillés à deux yeux, donneront chacun deux branches qui produiront chacune au moins deux grappes d'excellent raisin, ce qui fera 320 grappes sur une surface de 8 pieds carrés.

Les yeux du bas des bourgeons dans la vigne sont très rapprochés et très petits, il y en a au moins six sur une longueur de deux lignes : quand on taille le bourgeon long, c'est à dire à 1 ou 2 pouces, ces petits yeux s'éteignent et ne poussent pas; mais si on taille dessus, ils se développent parfaitement et donnent de très belles grappes. Les jardiniers habiles ne l'ignorent pas; ils taillent toujours les coursons à une ligne, et quelquefois moins; c'est pour-

quoi ces sortes de branches ne s'allongent jamais entre leurs mains. Ceux qui ne connaissent point l'organisation de la vigne ne conçoivent pas comment un courson qui donne des grappes depuis vingt ans n'a pas encore un pouce de long. Le SÉCATEUR est infiniment plus commode qu'une SERPETTE, pour tailler ainsi les coursons à moins d'une ligne de longueur. Si quelques personnes ont décrié cet instrument, c'est qu'elles n'en ont vu que de mal faits, et qu'elles ont exagéré la pression qu'il exerce sur l'un des côtés de la branche que l'on coupe. (*Voyez* l'article TAILLE.)

Si après la taille il se développait plus de deux bourgeons sur un courson, il faudrait supprimer le surplus quand même il y aurait des grappes; deux bourgeons garnis de deux belles grappes valent mieux qu'un plus grand nombre avec des grappes plus petites. Les jeunes bourgeons de la vigne se décollent aisément; il faut bien prendre garde, quand on les palisse pour la première fois, de les forcer à prendre une direction trop opposée à celle qu'ils peuvent avoir. On ne doit chercher à les diriger très verticalement que quand le grain est gros : jusque-là on se contente de supprimer ceux qui n'auraient pas de grappes, à ôter les vrilles, et à pincer l'extrémité de ceux qui en ont, après que la floraison est passée, s'ils paraissent vouloir trop grandir. Il est bien que tous les bourgeons s'allongent jusqu'au cordon qui est au-dessus d'eux, mais aucun ne doit le dépasser; on supprime avec soin toutes les pousses qui s'élèvent au delà.

Quand le raisin est près d'atteindre sa grosseur, il est avantageux de faire tomber dessus de l'eau en forme de pluie, au moyen d'une pompe à main : cela attendrit la peau et le fait grossir. On le découvre peu à peu, avec précaution, pour l'exposer au soleil, lui faire prendre de la couleur et augmenter sa qualité; si on se propose d'en conserver sur la treille jusqu'aux fortes gelées, on l'enferme dans des sacs de papier ou de crin, huit ou dix jours avant sa parfaite maturité : c'est aussi le moyen de les mettre à l'abri des mouches et des oiseaux.

Nous admirons, comme bien d'autres, des cordons de vigne qui ont jusqu'à deux cents pieds de longueur, et nous reconnaissons qu'il y a des parties de mur qui ne peuvent être couvertes que par des cordons dont le pied se trouve fort éloigné ; mais nous rappellerons que, quand un cordon a dépassé une certaine longueur, il ne donne plus de belles grappes qu'à son extrémité, que les coursons du centre ne produisent plus que des grappillons, et meurent peu à peu d'inanition. Cet inconvénient des grands cordons a sans doute frappé les habitants de Thomery, et c'est d'après un excellent calcul qu'ils ont fixé la longueur de leurs cordons de vigne à huit pieds ; il en résulte que la sève est également répartie entre tous les coursons, et que toutes les grappes sont bien nourries et plus belles. Nous rappellerons encore que quoique les cordons n'aient que huit pieds d'étendue à Thomery, ils ne poussent pas extraordinairement, parce que les ceps étant plantés à vingt pouces les uns des autres, leurs racines se disputent la nourriture; le chaperon du mur, qui fait une saillie de neuf à dix pouces, contribue aussi à modérer la végétation, de sorte que la vigne ne péchant par aucun excès, son fruit a toutes les qualités qu'il est susceptible d'acquérir.

Vignes en cordons. — Nous avons signalé les inconvénients des vignes associées dans les espaliers à d'autres espèces d'arbres fruitiers; cependant il peut y avoir des cas où cette association présente quelque avantage particulier ou entre dans les vues du propriétaire. On nomme vigne *en cordons* celle dont les sarments courent horizontalement, à droite et à gauche de la souche, au dessus des arbres fruitiers palissés sur le mur. Il y a des cordons simples (pl. CCCXLII, *fig.* 6) et des cordons doubles

(*fig.* 7). La plantation des cordons ne diffère pas de celle des treilles, et le mode de conduite est le même.

Vignes en berceau. — La conduite des vignes en berceau ou TONNELLE (pl. CCCXXXII, *fig.* 5) convient particulièrement aux climats chauds; elle n'est cependant pas inconnue dans le Nord, et on la trouve même usitée dans la culture en grand, dans quelques localités situées au delà du 47ᵉ degré de latitude. Mais ce sont des exceptions, qui ont d'ailleurs pour but l'agrément plutôt que l'utilité; et, comme nous venons de le dire, ce n'est que sous les climats chauds que cette pratique convient, et pour la culture des raisins de table plutôt que pour la culture en grand.

Les vignes qu'on emploie de préférence à la plantation des berceaux ou tonnelles sont choisies, pour le midi de la France, parmi les espèces fortes, d'une très longue durée, et qui produisent de grosses grappes. Dans le nord et le centre du même pays, on préfère les variétés à petites grappes, qui mûrissent de bonne heure et dont le feuillage fournit un ombrage épais.

Leur plantation est la même que celle des palissades (nous l'avons fait connaître ci-dessus, § IV, art. 2), à cela près pourtant qu'on doit rapprocher davantage les ceps, et qu'on ne s'astreint pas à orienter les lignes au midi.

Quant à la formation des têtes, on les taille de manière à obtenir des branches à fruits qui puissent être réparties sans contrainte sur toute l'étendue des berceaux et principalement sur la voûte, lorsque leur cintre est un peu élevé, afin que les grappes qu'elles donnent se trouvent pendantes dans des positions aérées, et produisent, par leur variété de formes et de couleurs, des effets agréables.

Le palissage, l'ébourgeonnage et le rognage sont les mêmes, à très peu de chose près, que pour les vignes en palissades ; il n'y a de différences que celles qui résultent de la diversité des espèces et des climats.

On forme les berceaux avec des supports en bois ou en fer, sur lesquels sont placées des traverses en gaulettes ou en cerceaux, croisées en treillage à mailles de 7 ou 8 pouces de large, sur un quart et plus de hauteur. Pour les faire durer plus longtemps, on les peint à l'huile en diverses couleurs. Le vert doit être choisi comme plus agréable à la vue.

Les tonnelles peuvent être préférées aux allées d'arbres dans les petits jardins pour fournir de l'ombrage, parce qu'elles occupent moins de place dans l'air par leurs tiges, et dans le sol par leurs racines. La vigne est, plus qu'aucun autre arbrisseau sarmenteux, propre à garnir des berceaux, parce que l'ombrage qu'elle procure est plus frais ; ses feuilles partagent avec les végétaux annuels une grande aptitude à s'emparer du calorique de l'air, et leur transpiration pendant l'obscurité est moins nuisible que celle de beaucoup d'autres plantes.

Espèces ou variétés cultivées dans les jardins.

Parmi le grand nombre de variétés de vignes qui existent et que nous avons énumérées, on en a choisi un certain nombre des plus délicates et des plus savoureuses, pour les cultiver dans les jardins. M. Noisette en a donné une liste que nous reproduisons.

A. RAISINS BLANCS.

CHASSELAS DE FONTAINEBLEAU, *doré*, *raisin de Champagne :* c'est le plus estimé pour la table. Grappes grosses, allongées, lâches, à grains ronds, peu serrés, plus ou moins gros, d'un vert clair ou jaunâtre, un peu ombré du côté du soleil, à pulpe douce et sucrée. Il mûrit fin de septembre et commencement d'octobre, et se conserve fort longtemps.

CHASSELAS DE BAR-SUR-AUBE. Grappes plus fortes, mais plus lâches, à grains

plus gros, comprimés, de même couleur, à pulpe ferme, douce, sucrée, agréable ; mûrissant quinze jours plus tôt que le chasselas de Fontainebleau, ce qui lui faisait donner la préférence dans les jardins de Brunoy. Il est plus sujet à couler.

CHASSELAS CIOUTAT, *raisin d'Autriche*. Il ne diffère du chasselas de Fontainebleau que par ses feuilles laciniées et par ses grappes plus petites, moins fournies, à grains moins gros, mais de même qualité.

CHASSELAS MUSQUÉ. Grappes plus serrées que le chasselas de Fontainebleau, à grains ronds, un peu comprimés, moins gros, d'un blanc jaune, moins transparent ; pulpe sucrée, légèrement musquée.

PETIT CHASSELAS HATIF. Grappes allongées, lâches, à grains petits, blanchâtres, se colorant moins que le chasselas ; pulpe molle, peu relevée, un peu fade.

BLANC DOUX. Grappe assez allongée, composée, à grains petits, d'un blanc clair, à pulpe liquide, douce, peu savoureuse. Il est assez précoce et très productif.

PANSE MUSQUÉE. Grappes longues, composées, lâches, à grains ovales, renflés au milieu, d'un blanc transparent, laissant apercevoir des nervures plus blanches ; pulpe assez ferme, bonne dans les années chaudes.

MUSCAT BLANC, ou *raisin de Frontignan*. Grappe moyenne, allongée, étroite, terminée en pointe arrondie ; grains très serrés, durs, croquants, d'un vert tirant sur le jaune foncé du côté du soleil, à pulpe d'un blanc bleuâtre, très musquée. Il mûrit difficilement dans les environs de Paris, surtout si l'on n'a pas la précaution d'en retrancher les grains trop serrés.

MUSCAT D'ALEXANDRIE, *passe-longue musquée*. Grappes fort grosses, rameuses, allongées, à grains volumineux, ovales, longs de près d'un pouce, d'un vert clair un peu ombré, durs, musqués et agréables. Il mûrit rarement dans les environs de Paris, à moins qu'il ne soit à une exposition très chaude.

RAISIN DE JÉRICHO, ou *de la terre promise*. Grappes composées, d'une longueur considérable (on la dit de 24 à 30 pouces), à grains très distants les uns des autres, de forme ovale, blanc; pulpe sucrée. Il mûrit mal sous le climat de Paris. Cette variété curieuse mérite d'être cultivée en serre.

CORINTHE BLANC. Grappe assez grosse, allongée, très serrée, grains ronds, petits, d'un blanc jaunâtre, à pulpe sucrée, fondante, sans pépins, fort agréable. Il mûrit en septembre.

VERDAL. Grappes grosses, grains très gros, d'un vert roussâtre, à pulpe douce, sucrée, parfumée, excellente. Il ne mûrit, dans les environs de Paris, que lorsque les années sont très chaudes.

MORILLON BLANC. Grappes composées, un peu allongées, à grains peu serrés, arrondis, de moyenne grosseur, d'un vert blanchâtre, à pulpe douce et sucrée.

RAISIN PERLÉ. Grappes peu garnies, à rafle très verte; grains de grosseur variable, ordinairement petits, ovales, d'un vert pâle, à pulpe douce et sucrée.

MORNAIN BLANC, ou *mornan, mornanche*. Il ressemble beaucoup au chasselas de Fontainebleau. Ses grains sont arrondis, d'un jaune pâle, plus ou moins roux du côté du soleil, à pulpe douce, très agréable. Il mûrit facilement, même au nord de Paris.

GOUAIS. Grappes assez grosses, à grains arrondis, d'un jaune verdâtre, à pulpe liquide, abondante, peu savoureuse.

GRISET BLANC. Grappes petites, irrégulières, serrées, à grains ronds, d'un vert grisâtre; pulpe douce, sucrée, parfumée, très agréable.

MEUNIER. Grappes courtes, épaisses, serrées, à grains ronds, gros, d'un jaune très pâle; pulpe douce, sucrée, agréable.

VERJUS, *bordelais, bourbelas*. Grap-pes composées, souvent extrêmement grosses, assez serrées; grains ovales, un peu plus renflés au sommet, gros, d'un vert jaunâtre, à pulpe ferme d'un blanc verdâtre. Il mûrit rarement; aussi ne l'emploie-t-on guère qu'en vert pour la cuisine.

CORNICHON BLANC. Grappes longues, peu serrées; grains très allongés, gros vers le milieu de leur longueur, amincis et un peu recourbés au sommet et à la base, ce qui leur donne un peu la forme de cornichons; d'un blanc jaunâtre, à pulpe douce, sucrée, très agréable. Il lui faut une bonne exposition pour acquérir toute sa maturité.

SAINT-PIERRE. Grappes grosses, serrées, à grains ronds, d'un blanc jaunâtre; pulpe douce, sucrée, très bonne.

B. RAISINS PANACHÉS.

RAISIN D'ALEP. Grappes de moyenne grosseur, peu serrées; grains blancs, noirs et panachés de ces deux couleurs sur la même grappe; pulpe liquide, peu parfumée.

CHASSELAS PANACHÉ. Grappe longue, lâche, à grains petits, blanchâtres, panachés de rouge; pulpe molle, sucrée, un peu fade.

C. RAISINS NOIRS.

PRÉCOCE DE LA MADELEINE, *raisin de juillet*. Grappe petite, serrée, à grains petits, ovales arrondis, d'un violet noir, très couverts de poussière glauque; pulpe verdâtre, peu sucrée. Tout le mérite de ce fruit consiste à mûrir en juillet et août.

CHASSELAS ROUGE. Il diffère de celui de Fontainebleau par la couleur de ses grains, qui sont rouges aussitôt que formés, et parce qu'il n'est nullement musqué.

MUSCAT VIOLET. Grappe allongée, à grains très serrés, d'un violet roussâtre; pulpe demi-ferme, sucrée, parfumée, très bonne. Il ne mûrit parfaitement que dans les étés chauds.

MUSCAT ROUGE. Grappes un peu moins

allongées et moins serrées que le muscat blanc ; grains arrondis, d'un rouge de brique ou pâle dans l'ombre, d'un violet pourpre du côté du soleil ; pulpe douce et musquée.

MUSCAT NOIR. Grappes allongées, étroites, peu serrées, à grains ronds, petits, noirs ou d'un violet foncé, couverts de poussière glauque ; pulpe rougeâtre auprès de la peau, peu musquée.

CORNICHON VIOLET. Fruit en tout semblable au cornichon blanc, mais grains violets, quelquefois verdâtres vers la tête. Il mûrit plus difficilement que l'autre dans les environs de Paris.

CORINTHE VIOLET. Fruit semblable au corinthe blanc, mais à grains un peu plus gros, d'un violet clair ; ils sont aussi sans pépins.

BOURGUIGNON NOIR. Grappes petites, raccourcies, serrées, à rafle d'un rouge foncé ; grains ovales, d'un rouge foncé.

PINEAU FLEURI DE LA CÔTE-D'OR. Grappes moyennes ; grains ovales, noirs, assez serrés, couverts d'une poussière glauque, à pulpe liquide, douce, sucrée, parfumée.

TEINTURIER. Grappes courtes, un peu serrées, à grains d'un rouge violet foncé ; pulpe de même couleur. On se sert de ce raisin pour colorer les vins.

FRANCONIE A FRUIT LONG. Grappe composée, longue et lâche ; grains longs, noirs, très couverts de poussière glauque, à pellicule dure, pulpe blanche, et pépins gros ; médiocre en qualité sous le climat de Paris, où sa maturité est difficile.

PETIT GAMÉ ROUGE. Grappes petites, un peu allongées, très serrées, d'un rouge violet peu foncé, à grains ronds, de moyenne grosseur ; pulpe douce, peu sucrée.

VERJUS VIOLET DU JURA. Grappes composées, très grosses, à grains serrés, ronds, légèrement comprimés ; pulpe plus douce que dans le verjus blanc.

Cueillette et conservation des raisins de treille.

Il faut, pour la cueillette du raisin, choisir un beau jour, et faire en sorte de le rentrer sec au FRUITIER. A mesure que le coup de ciseau sépare la grappe, et qu'on en a détaché tous les grains suspects, on étend légèrement les grappes sur des claies garnies d'un lit de mousse très sèche, on les isole et on ne les touche que le moins possible quand la claie en est recouverte ; on les transporte à la maison avec soin et sans secousse, et on les expose de nouveau avec les mêmes précautions le lendemain au soleil, si la journée est belle ; on retourne les grappes quelques heures après, et on les range ensuite dans le fruitier. A cette méthode, qui est la plus simple, la plus sûre et la plus généralement pratiquée quand les circonstances locales se trouvent d'accord avec les soins, on peut ajouter d'autres pratiques, dont voici les principales :

On suspend les grappes à des gaulettes de bois très sec, de manière qu'elles ne se touchent par aucun point. L'attention va quelquefois jusqu'à les y fixer au moyen d'un fil attaché au petit bout de la grappe, dans la vue de procurer encore plus d'isolement.

On garnit de gaulettes ou de ficelles l'intérieur d'une ou de plusieurs caisses, sur lesquelles sont rangées les grappes sans se toucher ; on les ferme ; on applique un enduit de plâtre sur toutes les jointures ; on transporte ainsi les caisses à la cave, et on les recouvre de plusieurs couches de sable fin et très sec. Le raisin se conserve ainsi très longtemps ; mais dès qu'on a entamé une caisse, il faut promptement consommer le fruit.

La paille bien sèche sert quelquefois d'enveloppe aux grappes de raisins lit sur lit. Elles se conservent en très bon état, pourvu qu'on les mette à l'abri des animaux destructeurs. D'autres fois il suffit d'isoler les grappes sur une planche, et de couvrir chacune avec un vase creux de verre ou de faïence, par exemple avec des cloches à melons ; on les enveloppe, on les surmonte d'une couche de sable fin, et le fruit s'y conserve exempt de toute sorte d'atteinte (*voy.* Fruitier).

Des raisins secs.

Les anciens non seulement connaissaient très bien l'art de dessécher les raisins au soleil, mais ils n'ignoraient pas non plus les services que l'économie domestique pouvait en retirer. Il en existe trois espèces dans le commerce, qui se débitent sous des noms et à des prix différents. Voici le procédé dont on se sert à Roquevaire en Provence et dans la Calabre pour opérer cette dessiccation.

Préparation des raisins secs à Roquevaire. — Ils sont singulièrement propres à être séchés. Indépendamment du choix des variétés, l'exposition des vignes contribue à leur donner cette qualité. Elles sont généralement placées sur des coteaux qui regardent le midi ; outre cela, le village et son territoire sont environnés de rochers qui les défendent des vents froids, et qui, répercutant les rayons du soleil, accélèrent la maturité des raisins et favorisent le développement du principe sucré, lequel manque presque entièrement aux raisins nés dans les pays froids et humides.

On ne fait sécher à Roquevaire que des raisins blancs. L'espèce la plus propre à cet usage est celle que l'on nomme *panse :* c'est un raisin dont les grains sont très gros, charnus, peu chargés de pépins, et clair-semés sur la grappe. Après la *panse* viennent le *verdal*, l'*araignan*, le gros *sicilien blanc* et la *panse musquée ;* mais ce dernier est en très petite quantité.

Première opération. Lorsque les raisins sont au degré de maturité convenable, on les cueille, on examine soigneusement les grappes pour en ôter les grains qui commencent à se gâter. On

prépare une lessive de cendres communes concentrée de 12 à 15 degrés de l'aréomètre pour les sels ; on la met en ébullition, et en cet état on y plonge l'une après l'autre les grappes, que l'on y tient jusqu'à ce que les grains commencent à se rider ; ce qui a lieu en peu d'instants, à moins que la lessive ne soit trop légère.

Deuxième opération. Pour égoutter les raisins, la méthode la plus facile et la plus convenable serait de les placer sur un égouttoir en planches, que l'on mettrait dans une position inclinée, et sous lequel on placerait un vase pour recevoir la lessive. La méthode ordinaire, moins simple, est de placer les grappes sur de grands plats de terre renversés dans d'autres plats plus grands. La lessive coule sur la partie couverte du plat supérieur, et descend dans le plat inférieur, que l'on a soin de vider de temps en temps.

Troisième opération. Quand les raisins sont bien égouttés, on les étend sur des claies ou roseaux qui ont environ 5 pieds de long sur 2 pieds de large. On les expose au soleil depuis le matin jusqu'au soir ; la nuit, on les met à couvert sous des hangars. Dix jours de beau temps suffisent pour les sécher au degré nécessaire à leur conservation ; il faut beaucoup plus de temps quand il y a des pluies. Il est arrivé quelquefois que la constance et l'abondance de ces pluies d'automne ont fait perdre par la pourriture la majeure partie de la récolte : heureusement la sécheresse du climat de la Provence rend ces événements très rares.

Les raisins secs de Calabre, dont le prix commercial est notablement plus élevé que celui des raisins secs de Roquevaire, diffèrent de ceux-ci en ce qu'ils sont plus doux ; mais ils sont moins soignés.

Les raisins secs d'Espagne tiennent de la douceur de ceux de Calabre et du goût appétissant de ceux de Provence. Ils sont, comme les premiers, sujets à être mélangés de petits grains, qui sont

) ordinairement très secs ; ils sont préparés avec beaucoup de négligence, et
arrivent assez mal conditionnés dans des
cabas, espèces de sacs de joncs nattés.

Les raisins de Damas sont d'une
qualité excellente ; il en vient avec les
grappes et sans grappes. Ils ont une
belle couleur dorée, un très bon goût
et presque point de pépins. On les apporte du Levant dans des *burtes* ou boi-
tes d'une espèce de hêtre, dont le poids
est de 10, 15, jusqu'à environ 100 livres.
Ces raisins se conservent deux saisons :
le prix en est beaucoup plus élevé que
celui des nôtres ; il est quelquefois double quand la récolte a été abondante
d'un côté et mauvaise de l'autre. Il vient
du même pays une espèce particulière
de raisins secs, dont le grain est petit et
sans pépins ; la couleur en est également dorée, mais le goût est encore plus
exquis. Ceux-ci sont rares ; ils ne viennent qu'en petites quantités et presque
toujours pour cadeaux.

Les raisins connus sous le nom de *raisins de Corinthe* viennent non seulement de l'île grecque de Zante, mais encore de celle de Lipari, située entre Naples
et la Sicile ; ceux de Lipari sont en petits barils de 200 livres environ. Ils sont
dégrappés en petits grains rouges tirant
sur le noir, extrêmement foulés. Le goût
en est acidule ; ils sont préparés mal-
proprement et souvent mêlés de terre
et de saletés ; ils ne servent que pour la
pâtisserie et pour la médecine ; ils ne
peuvent pas passer deux saisons. Ceux
de Zante, quoique d'une espèce semblable, sont infiniment supérieurs ; ils sont
égrappés. Le grain est encore plus petit,
et a plus de douceur que ceux de
Lipari. Ils ont un parfum très flatteur,
qui tient du muscat et de la violette. Ils
peuvent se conserver deux et même
trois ans quand les barriques qui les
enferment sont bien jointes et bien
conditionnées. Ces barriques sont ordinairement très grosses et pèsent jusqu'à
2000 livres. Le prix ordinaire est double de celui des raisins de Lipari, et

quelquefois le triple du prix de ceux de
Roquevaire. L'emploi n'en est pas le
même, et il ne s'en consomme guère
que pour la cuisine.

Des vignes d'ornement.

L'Amérique septentrionale nous a
fourni neuf espèces de vignes sauvages,
qui toutes sont dioïques et dont on cultive plusieurs en France dans les jardins
des curieux, mais seulement comme
objet de curiosité et d'ornement. Nous
en parlerons d'après M. Bosc, qui les a
observées sur les lieux.

La VIGNE COTONNEUSE, *Vitis la-
brusca* Lin., a les feuilles en cœur, légèrement lobées, peu profondément
dentées, d'un vert foncé et couvertes
de poils roux en dessous. Ses grappes
de fruits ne sont ordinairement composées que de cinq à six grains, d'un
demi-pouce de diamètre, à peau très
épaisse et à suc assez agréable. Elle
est très commune en Caroline, dans les
lieux humides et sur le bord des marais,
et elle s'élève au-dessus des plus grands
arbres.

La VIGNE D'ÉTÉ, *Vitis æstivalis*
Mich., a les feuilles en cœur, fortement
trilobées, profondément dentées ; les
pétioles ainsi que les nervures en dessous couverts de poils ferrugineux foncé,
et le reste du dessous de la feuille couvert de poils moins foncés. Ses grappes
sont très longues, et les femelles offrent
beaucoup de grains d'une petite grosseur. On la trouve avec la précédente,
avec laquelle on l'a longtemps confon-
due.

La VIGNE DE RENARD, *Vitis vulpina*
Lin., a les feuilles en cœur, à peine lobées, largement et obtusément dentées,
glabres et luisantes des deux côtés, les
grappes femelles abondamment garnies
de grains gros comme des pois. Elle
croît en abondance en Caroline, dans les
bons terrains, et s'élève sur les arbres
d'une moyenne hauteur ; ses raisins son
abondants et assez bons à manger. De

toutes les vignes d'Amérique, c'est celle qui se rapproche le plus de la nôtre.

La VIGNE PALMÉE, *Vitis palmata* Vahl, a les feuilles en cœur, profondément lobées et dentées par des divisions aiguës. Elles sont glabres en dessus, et légèrement velues en dessous sur leurs nervures seulement. Ses grappes sont petites.

La VIGNE DES RIVAGES, *Vitis riparia* Michaux, a les feuilles en cœur très profondément lobées, et inégalement dentées par des divisions aiguës et allongées; elles sont blanchâtres et presque glabres en dessous. Elle croît sur les bords du Mississipi; elle est connue sous le nom de *vigne des battures.*

La VIGNE SINUEUSE, *Vitis sinuosa* Bosc, a les feuilles en cœur a cinq lobes très profonds et arrondis, les dentelures fort larges. Elles sont glabres et luisantes en dessus et en dessous.

La VIGNE A FEUILLES EN COEUR, *Vitis cordifolia* Mich., a les feuilles très grandes, en cœur, à peine lobées, largement et inégalement dentées, d'un vert foncé en dessus et plus pâle en dessous.

La VIGNE A FEUILLES RONDES, *Vitis rotundifolia* Mich., a les feuilles un peu en cœur non lobées, faiblement dentées, légèrement velues en dessous sur leurs nervures, et d'un vert foncé.

La VIGNE A FEUILLES DE PERSIL, *Vitis arborea* Lin., a les feuilles deux fois pinnées, à divisions profondément dentées et quelquefois lobées, de la largeur du pouce, vert foncé en dessus, plus pâle en dessous. En Amérique elle s'élève au-dessus des plus grands arbres. L'élégance de son feuillage la rend précieuse pour l'ornement des jardins paysagers, où, bien placée et bien conduite, elle produit beaucoup d'effet.

Outre ces vignes il faut encore citer les deux espèces suivantes, dont quelques botanistes font un genre particulier, celui des *cissus :*

La VIGNE D'ORIENT, *Cissus Orientalis* Lamarck, a les feuilles peu différentes de celles de la précédente, mais ses tiges s'élèvent à peine de quelques pieds. Elle a été apportée de l'Asie mineure par Olivier. On peut également la placer comme ornement au pied des buissons dans les jardins paysagers.

La VIGNE VIERGE, *Hedera quinquefolia* Lin., *Cissus quinquefolia* H. P., que Linné avait placée parmi les LIERRES, a les feuilles palmées, à cinq à six folioles lancéolées, dentées, d'un vert noir, et glabres. Ses tiges sont radicantes à la manière du lierre, c'est à dire qu'elles s'attachent, par des griffes radiciformes, aux arbres et aux murs qui sont à sa portée. Elle est originaire d'Amérique, où elle s'élève au-dessus des plus grands arbres. On la cultive fréquemment en Europe, à raison de sa propriété de monter seule le long des murs exposés au nord, et de les garnir, sans dépense, d'une belle verdure pendant l'été. Elle perd ses feuilles en hiver.

Toutes ces vignes ne se multiplient que de marcottes et de boutures, qu'on fait en hiver ou au premier printemps. La dernière seule est dans le commerce.

VIGNE DU MONT IDA, *Vitis Idœa* Lin. C'est une espèce d'AIRELLE, l'Airelle ponctuée.

VIGNE DE LABOUR. On donne ce nom, dans le midi de la France, aux vignes plantées en rangées assez espacées pour pouvoir les labourer à la charrue. (*Voy.* l'article VIGNE, § VI, art. 3.

VIGNE VIERGE ou CISSUS A CINQ FEUILLES. (*Voy.* la fin de l'article VIGNE.)

VIGNOBLE. Ce mot est d'une acception fort vague; tantôt c'est un lieu d'une certaine étendue planté en vigne, tantôt une grande étendue de pays où il se trouve beaucoup de vignes. (*Voy.* l'article VIGNE.)

VIN. (*OEnologie.*) On appelle ainsi le jus de raisin fermenté. Par extension, le même nom a été donné à tous les liquides devenus plus ou moins alcooliques par suite des mêmes réactions spontanées:

c'est ainsi que l'on dit des vins de mé-
lasse, de jus de betteraves, de miel, de
vesou, de cerises, d'orge, de pommes, de
poires, etc. (*Voy.* les articles DISTILLA-
TION, ALCOOL, SUCRE, BIÈRE, CI-
DRE, etc.) Nous ne nous occuperons
ici que du vin proprement dit.

§ I. CONSIDÉRATIONS GÉNÉRALES. DE
LA VENDANGE ET DU FOULAGE.

Les soins plus ou moins grands apportés dans la culture de la vigne, la nature
du plant, la température, l'humidité,
la sécheresse, les engrais, la composition chimique et l'état physique du sol,
sont autant de circonstances qui modifient sans cesse la qualité des vins.

Au premier rang parmi ces influences
on doit sans aucun doute considérer la
température habituelle du lieu et l'exposition, tellement que pour une exposition défavorable il n'y a pas de compensation possible, tandis que souvent les
côteaux bien exposés donnent des vins
estimés, quoique la nature du sol et
presque toutes les autres influences semblent contraires.

En général on obtient les vins fins les
meilleurs dans les vignobles des climats
tempérés, sur les côtes les mieux inso-
lées, en cultivant une variété de vigne
assez délicate correspondant au pineau
ou noirien, tandis que les variétés développées et robustes, telles que le gamay,
cultivées dans les sols fertiles des plaines, des vallées, des revers de côteaux,
donnent des vins moins fins, plus abondants, dont la récolte manque moins
souvent; ce sont en général aussi les
vins à bouquet moins suave, moins délicat, dont il est le plus facile d'améliorer la fabrication. Nous entrerons à
ce sujet dans quelques détails, ren-
voyant pour les autres au mot VIGNE.

La vendange, dans les climats tempérés analogues aux bonnes expositions
de la Côte-d'Or, a généralement lieu
vers la fin de septembre, ou les premiers jours d'octobre; son produit est
en général de quantité inférieure tou-

tes les fois que le défaut de maturité ne
permet pas de récolter avant le 15 ou
le 20 octobre; non seulement le moût
obtenu est alors plus acide et moins sucré, mais la température atmosphérique, en général trop basse, surtout
durant les nuits, entrave les progrès de
la fermentation. Cette dernière circonstance doit engager à clore les halles où
s'opère la fabrication du vin, afin d'é-
viter du moins les changements brusques de température; on ménage d'ailleurs dans ce cas les moyens de ventilation qui expulsent l'acide carbonique
et préviennent les asphyxies des hommes.

Autant que cela est possible, on doit
choisir un temps sec pour faire la
vendange, lors même qu'il faut à cet
effet différer de quelques jours après la
maturité du raisin, surtout dans les
crûs où le moût est ordinairement faible et plus particulièrement encore
quant aux raisins blancs ou aux raisins
noirs qui, destinés au vin blanc, ne sont
pas cuvés. On conçoit en effet qu'il y
aurait beaucoup d'inconvénients dans
ces occurrences à rendre plus faible par
l'eau de mouillage des jus déjà trop
légers. (*Voy.* l'article VENDANGE.)

Le FOULAGE du raisin se fait généralement encore par des hommes qui tré-
pignent le raisin avec leurs pieds, et il se
répète plusieurs fois, d'abord au fur et
à mesure que la cuve s'emplit, et ensuite
lorsque la macération et un premier
mouvement de fermentation ont affaibli
la consistance de la peau et du tissu intérieur du raisin. Il serait avantageux d'é-
craser le raisin plus uniformément à
l'aide d'un procédé mécanique; on permettrait ainsi à presque toutes les parties du jus de sortir à la fois, et pour le
vin rouge de réagir plus également et
plus longtemps sur la matière colorante
adhérente à la pellicule. Il en résulterait un autre avantage relativement à la
fabrication du vin blanc; nous l'indi-
querons plus loin.

Le seul écueil à éviter dans un écrasage mécanique du raisin serait le broyage des rafles et des pépins, ce qui pourrait être avantageux relativement à des moûts trop fades et sucrés; mais en général cela donnerait au liquide une saveur trop acerbe, et quelquefois une proportion trop forte de tannin. On parvient d'ailleurs à éviter cet inconvénient à l'aide de cylindres unis ou cannelés, mais assez peu rapprochés pour que les grains plus volumineux soient seuls rompus sans que les rafles et les pépins fussent sensiblement attaqués, la macération et le premier degré de fermentation suffisant d'ailleurs pour finir de désagréger le tissu lâche des grains de raisins seulement entr'ouverts. Ces résultats sont facilement obtenus en revêtant chacun des cylindres avec un treillis en fil de fer à larges mailles; les aspérités ainsi produites suffisent pour engager les grappes et rompre les grains sans que le rapprochement soit tel que les pépins et les rafles s'écrasent.

On peut d'ailleurs réunir plusieurs des conditions utiles précitées en écrasant la vendange dans des baquets à part, et versant ceux-ci successivement dans la cuve. On conçoit qu'alors un bien plus petit nombre de grains puisse échapper, que la macération et la fermentation soient plus simultanées. (*Voy.* l'article FOULAGE.)

Dans plusieurs vignobles on écrase au dessus de la cuve en piétinant les grappes sur un grillage en bois, en sorte que le jus s'écoulant aussitôt n'empêche pas l'écrasage.

Une méthode plus expéditive encore employée d'abord aux environs de Bordeaux consiste dans l'écrasage en grand dans un fouloir en maçonnerie; c'est une sorte de cellier dont le sol exhaussé de 1 mètre est recouvert de dalles bien cimentées en pente et contre-pentes. Une porte cintrée à chaque bout facilite l'accès des charges de raisin, qui, sur voitures ou à dos d'hommes, ou d'animaux, se trouvent à peu près au niveau du dallage. Le raisin versé sur ce sol est étendu, trépigné; le jus coule dans un cuvier, dans une pièce contiguë au fouloir où se trouvent les cuves à fermentation. A l'aide de pompes ou de seaux et de conduits en bois, on puise dans le cuvier, pour emplir successivement chaque cuve, et l'on y répartit à volonté le marc foulé que l'on pousse à la pelle vers une porte où des mannes le reçoivent.

Le cellier à fermentation doit être clos, avons-nous dit, afin de régulariser la fermentation malgré les variations de température. On a remarqué, en effet, que dans les halles ouvertes et lorsque la superficie du liquide est tout entière en contact avec l'air atmosphérique, les progrès de la fermentation sont très variables; tantôt par un temps chaud et lorsque le moût est à une densité de 10 à 12 degrés, la fermentation se termine en 24 ou 36 heures, tandis que par un temps froid elle est ralentie au point de durer 8 à 10 jours. Dans ce dernier cas, une déperdition assez considérable a lieu; le vin s'altère et devient trop acide. Ces circonstances sont surtout nuisibles aux vins faibles qui éprouvent plus fortement les altérations précitées.

§ II. DES DIVERS SYSTÈMES DE FERMENTATION.

Le raisin des climats froids et des pays humides, et en général celui qui n'est pas parfaitement mûr, même dans les pays chauds, contient plus d'eau et d'acide, et moins de matière sucrée, que les raisins des climats méridionaux et que ceux qui sont arrivés à une maturité convenable en raison d'une exposition favorable. Les anciens n'ignoraient pas tous ces faits et leur influence; ils en savaient tenir compte dans leur pratique de réduire le moût à une plus grande densité à l'aide de l'ébullition, ou d'ajouter au moût une certaine quantité de miel, en raison du défaut de sucre dans ces jus. Ces méthodes rationnelles nous ont été transmises. Elles ont été mieux démontrées par les applications de la chimie, et perfectionnées surtout par l'emploi de nouvelles substances sucrées et des dosages plus précis.

La dessiccation du raisin au soleil ou à l'étuve fut considérée dès longtemps comme un autre moyen de corriger l'excès d'eau, tandis que l'addition de l'eau ou du tartre a été jugée convenable pour étendre les moûts trop épais ou trop sucrés. Si dans le raisin il n'y a pas assez de sucre, il n'y aura pas une production d'alcool suffisante, et par suite les vins ne seront pas généreux ni de garde et délicats; au contraire, si le sucre est trop abondant, les vins pourront être trop épais, trop sucrés et peu spiritueux.

Nous reviendrons plus loin sur les additions à faire dans ces deux sens opposés suivant l'occurrence; mais d'abord nous devons montrer comment dans l'acte même de la fermentation on peut réunir les conditions utiles pour tirer le meilleur parti possible du moût à convertir en vin.

Parmi le grand nombre de recettes œnologiques adoptées en différentes contrées et par les divers vignerons, il est deux méthodes générales dans lesquelles rentrent toutes les autres. D'après l'une, la plus ancienne, on fait fermenter la vendange au libre contact de l'air atmosphérique, tandis que par la seconde on interdit plus ou moins complètement l'accès à l'air.

Les propriétaires qui suivent la première méthode, après avoir foulé le raisin, emplissent les cuves ou les tonneaux, ne laissant qu'un vide de la dixième ou douzième partie de leur capacité, et laissant en repos la fermentation commencer; et un autre renouvelle le foulage aussitôt que la fermentation s'établit, en le répétant à peu près de douze en douze heures pendant trois ou quatre jours de la durée de la fermentation tumultueuse; puis on laisse la vendange tranquille jusqu'au moment du décu-

vage. Celui qui suit la nouvelle méthode remplit d'abord les cuves à la hauteur ci-dessus indiquée, puis il ferme aussitôt exactement la cuve avec un couvercle qui s'appuie sur des tasseaux cloués à l'intérieur, et lute tous les joints avec de l'argile ou du plâtre.

Les Bourguignons eux-mêmes, qui depuis des siècles font d'excellents vins, ont changé leur mode de fermentation depuis un certain nombre d'années. Autrefois ils préparaient leurs vins dans des cuves entièrement découvertes. Actuellement plusieurs d'entre eux ont adopté le moyen terme suivant : lorsque la cuve est suffisamment pleine, on place sur la vendange un couvercle en bois qui entre dans la cuve, laissant un intervalle tout autour d'environ 18 lignes ou 2 pouces, qui permet à ce couvercle de suivre les mouvements de la fermentation, et en même temps laisse une large issue au gaz carbonique. On voit qu'ainsi on parvient à éviter l'action nuisible de l'air sur une grande partie des surfaces imprégnées de vin.

Cette méthode mixte est depuis quelque temps employée dans plusieurs vignobles en France et en Lombardie. Chacun de ces systèmes, appliqué dans des circonstances semblables particulières de maturité, de température et de quantités, en supposant le foulage plus ou moins complet, avec ou sans rafles, peut présenter des avantages et des inconvénients divers qu'il convient de signaler afin d'apprendre à réaliser les uns et éviter les autres. Par l'ancienne méthode, si la température est douce et peu variable, la fermentation au libre contact de l'air extérieur, plus tumultueuse, marche plus rapidement. Les vins qu'on obtient alors ont plus de couleur, de bouquet et de corps, c'est à dire dissolvent de plus fortes proportions des principes contenus dans les pépins, les pellicules et les rafles, par suite de la facilité qu'on a de fouler et refouler plusieurs fois la vendange; activée ainsi, la fermentation devient plus uniforme sur tous les points de la cuvée ; les écumes tombent dans le liquide, et le ferment ou la levure qu'elles recèlent se répartit bien et soutient le mouvement. Enfin la matière sucrée se décompose plus complétement, et les vins sont par conséquent plus spiritueux. Mais le libre accès de l'air sur la vendange, et la rupture du chapeau, occasionnent de grandes déperditions de chaleur, déperditions nuisibles surtout par les temps froids. Une partie du liquide vineux s'acidifie par l'action de l'air entre les raffles et les pellicules, et le vin moins spiritueux, moins généreux, est plus disposé à se détériorer en s'acidifiant davantage. La nouvelle méthode conserve à la vendange une température plus égale, puisque l'air extérieur l'influence moins directement. Elle s'oppose aussi à la déperdition du bouquet et à l'acidification de l'alcool ; mais le vin ne prend pas autant de couleur ni de corps, ce qui, dans le commerce, est un obstacle à la vente des vins qui n'offrent pas ces caractères au degré voulu, quoiqu'ils puissent être alors plus spiritueux et d'un goût plus délicat. C'est un fait constaté par tous les œnologues; ils savent aussi que dans certains crûs il convient de ménager les proportions de la matière colorante et des autres substances précitées.

Ce qui prouve que les vins non soumis au refoulage pendant la fermentation doivent être moins colorés, c'est que le vin fourni par le pressurage du marc en provenant a plus de couleur et de corps que le premier vin soutiré.

Chaptal a conseillé une disposition ingénieuse qui réunit les avantages d'une sorte de foulage spontané et constant, et permet de clore les cuves; voici comment il décrit sa méthode :

«Pour maintenir, durant la fermentation du raisin écrasé, le marc constamment au centre, il faut fixer solidement, à vis ou à clous, dans l'intérieur de la cuve, un fort cercle à 18 pouces du niveau; tailler ensuite, grossièrement si l'on veut, un fond en plusieurs pièces mobiles, d'une telle dimension que, passées sous le cercle, elles y soient maintenues et ne puissent remonter lorsqu'on vient à remplir la cuve. Les choses ainsi préparées, on verse la vendange comme à l'ordinaire, et quand la cuve est pleine, on tire du jus par le robinet du fond jusqu'à ce que le niveau descende au dessous du cercle intérieur. A ce moment on passe sous le cercle le fond mobile, qui, soutenu par la vendange, est aussi facile à ajuster que posé sur une table; maintenu par le cercle sous lequel on l'a placé, ce fond ne remonte pas lorsqu'on reverse dans la cuve le moût soutiré ; il maintient le marc entre deux vins, la fermentation marche rapidement et de la manière la plus régulière.

« Le raisin, baignant complétement, cède plus largement encore sa couleur au vin qui le détrempe que par des foulages mêmes réitérés. »

Dans le Médoc, et pour des crûs analogues, l'inconvénient du défaut d'immersion du marc n'existe pas, et au contraire si le raisin baignant sans cesse cédait plus largement sa couleur au vin qui le détrempe, il pourrait réaliser un inconvénient réel, les vins fins n'ayant pas besoin d'une couleur très prononcée. Il est donc utile, suivant les localités et les circonstances atmosphériques, de pouvoir régler à volonté la durée de l'immersion du marc dans le moût.

On ferme d'ailleurs les cuves disposées suivant la méthode Chaptal, avec un couvercle dont le diamètre a quelques pouces de plus que son ouverture, les douves comprises, afin que dans la partie qui dépasse on puisse établir des vis, des crochets en fer, ou des boulons et des clavettes capables de le tenir solidement en place; ou bien encore on le charge tout simplement de quelques quintaux de pierres. Afin de mieux fermer hermétiquement, on peut appliquer préalablement une sorte de bourrelet sur la tranche supérieure des douves, puis enfin mastiquer les joints avec de la terre grasse.

Bassi, qui admet l'utilité du refoulement, a dirigé tous ses efforts vers les moyens d'accorder les deux méthodes de vinification. Il opère dans une cuve fermée par un couvercle en bois fort de la même épaisseur que les douves.

Une moitié de ce couvercle est mise à demeure dans une rainure ou jable pratiqué à l'intérieur des douves comme pour les fonds de tonneaux et cuviers; l'autre moitié mobile s'appuie sur un bord intérieur ou feuillure au pourtour et dans le bois même de la cuve : cette partie se ferme de manière à être spontanément soulevée (lors même qu'elle vient à se gonfler par l'humidité), et à servir de soupape de sûreté dans le cas où le chapeau, poussé par la force expansive du gaz, et par l'accroissement de volume du liquide, exercerait une forte pression contre les parois de la cuve. En effet, la partie mobile du couvercle, quoique lutée avec de l'argile mêlée de sable et de cendre, offre néanmoins, relativement à toutes les autres parties, un point moins résistant.

Le but principal de cette disposition est de donner à volonté plus de couleur au vin par le refoulement, et encore de permettre un nouveau foulage du marc en le retirant de la cuve au bout de quelques jours, en le piétinant dans des cuviers à part, ou sur une dalle en pente. Cette pratique évite de rendre le vin âpre en le laissant trop longtemps dans la cuve.

Le refoulement, toutefois, ne pouvant dans ce système avoir lieu sans que le couvercle soit enlevé et la vendange exposée au libre contact de l'air, le vin est sujet à quelque déperdition d'alcool et d'arôme.

Stancovich, ayant aussi reconnu que le marc des cuves closes refuse de communiquer au vin son parfum et sa couleur, parce qu'il ne se trouve pas plongé dans le moût, proposa d'abandonner les anciennes cuves et de les remplacer par des foudres dont la fermeture fût opérée par un ajutage adapté à leur bonde supérieure, qu'il appelle le *nez*, selon le langage des tonneliers. C'est une pièce en bois de trois pouces d'épaisseur et d'un pied de largeur et longueur, percée au centre d'une ouverture circulaire de 8 pouces de diamtère, dans laquelle on adapte un bondon qui dépasse d'environ un pouce et demi; celui-ci est percé lui-même à son centre d'un trou de bonde ordinaire. Le nez est fixé à la partie convexe du foudre par des boulons en bois à vis qui, à l'aide d'un mastic interposé, le font coïncider parfaitement avec la superficie des douves. L'ouverture sur laquelle s'adapte le gros bondon est entaillée tout autour d'une gorge circulaire de trois lignes, dans laquelle on verse un mastic fondu fait de parties égales de suif ou de colophane, ou de tout autre mastic gras ou résineux; on rend ainsi l'ouverture de la bonde aussi hermétiquement close qu'on peut le désirer. Le deuxième petit trou concentrique est également environné d'une rigole, et son bondon se lute de la même manière; le foudre reste donc à volonté bouché comme une bouteille. Rempli avec du raisin préalablement bien foulé jusqu'aux cinq sixièmes de sa capacité, ce foudre n'en présente qu'un sixième libre pour les phénomènes de la fermentation, et cette partie, étant la plus étroite du foudre, oppose à l'élévation du chapeau une surface toujours décroissante, et produit, en partie du moins, l'effet des cuves à faux-fonds qui tiennent le chapeau constamment immergé.

Dans la vue de réunir au système de la fermeture constante des cuves pendant la fermentation le refoulement à volonté qui peut donner aux vins le plus de couleur, de bouquet et de corps, M. Rubiao imagina un mécanisme fort simple et analogue à la disposition qui permet aux droguistes de piler diverses substances à mortier clos. Cette disposition ingénieuse consiste dans un agitateur construit ainsi : un manche en bois passe par un large trou circulaire fait au milieu du couvercle de la cuve. A la partie inférieure du manche sont attachés deux bras entaillés à angle obtus; la partie supérieure restée au dehors forme un levier par lequel, à l'aide de mouvements alternatifs d'ondulation et de demi-rotation, et de pilonage qu'on lui imprime à volonté, les bras intérieurs s'abaissent, s'élèvent et se déplacent horizontalement, font tourner et plonger le chapeau. Ces mouvements circulaires sont facilités par le petit axe en fer qui traverse le manche presque à son insertion dans le couvercle, formant deux saillies qui servent d'appui sur le plan d'une plaque en fer destinée à supporter le frottement. L'ouverture dans laquelle passe le manche se trouve fermée par une sorte d'entonnoir renversé, conique, en cuir ou d'un tissu imperméable, flexible; on aura soin de l'attacher à sa base et à son sommet dans les rainures pratiquées exprès. Tel est l'ensemble du mécanisme appelé fouleur, dont les pièces vont être décrites pour faire mieux comprendre et sa construction et son usage.

Le fouleur se compose d'un gros morceau de bois d'un diamètre d'équarrissage, et long de deux mètres; la partie supérieure et extérieure, de forme cylindrique, a 1,6, et le reste qui est quadrangulaire a 4 décimètres de longueur. A 0,05 au dessus de sa portion équarrie on a pratiqué un trou traversé par une cheville en fer qui déborde des deux côtés. A 1,35 au dessus de ce même trou, il s'en trouve un autre perpendiculaire à l'axe. Comme le premier, il a 0,024 de diamètre, et sert à donner passage à une autre forte cheville en bois sur laquelle s'appuient les mains des ouvriers lorsqu'ils mettent en mouvement le fouleur. A 0,5 au dessus du premier trou, on pratique autour du manche une gorge de 0,008 de profondeur, et 0,016 d'ouverture, qui doit recevoir le sommet de la bourse conique.

Dans la partie taillée en parallélipipède rectangle du manche et sur deux faces opposées, s'ajustent deux bras dans des mortaises de 0,025. Ces deux bras sont retenus dans leurs mortaises par une cheville en bois qui les traverse, ainsi que le corps du manche; des coins en bois élargissent ses extrémités, de manière que cette cheville produit l'effet d'un tiran boulonné et s'oppose à tout effort d'écartement; deux autres chevilles pour chaque bras, plus petites que la première, sont adaptées latéralement, et, pénétrant dans le corps du manche, consolident encore l'ensemble. Pour mieux assurer les bras, un liteau en bois, large de 0,05, et de 0,025 d'épaisseur, traverse l'extrémité inférieure carrée du manche; ou elle est entaillée dans toute sa largeur, et arrive jusqu'aux bras, auxquels elle se réunit en forme d'arc-boutant, et de cette manière elle les appuie et les lie, consolidée d'ailleurs par des chevilles en bois, de manière à ce que toutes ces pièces se trouvent fortement liées.

Pour adapter le fouleur au couvercle de la cuve, il faut faire dans le centre de celui-ci une ouverture circulaire, ayant à la partie supérieure 0,125 de diamètre, et à la partie inférieure ou intérieure 0,25, de manière que l'ouverture s'évase à l'intérieur. Comme le bord supérieur de cette ouverture doit prêter un point d'appui au manche, il faut renforcer ce rebord à l'aide d'une rondelle en fer de 0,05 de diamètre et épaisse de 0,004, munie de quatre oreilles opposées de 0,1, ayant chacune deux trous pour les fixer avec des clous, ou mieux encore avec des vis. Le mouvement de la cheville en fer doit glisser par dessus cette rondelle.

Sur le plan supérieur du couvercle, et précisément à son centre, on place une autre rondelle en bois, de 0,35 de diamètre, et de 0,35 d'épaisseur, dont le centre est percé d'une ouverture circulaire d'un diamètre égal à celui de l'ouverture pratiquée dans le couvercle ; évasé en sens contraire, elle offre l'aspect d'un double entonnoir. Par cette disposition de l'ouverture, on voit que le manche du fouleur pivote et s'appuie sur la réunion des deux cônes, et qu'il peut être mis en mouvement au dessus comme au dedans de la cuve. La cheville en bois, de 0,35 de longueur et de 0,025 d'épaisseur, sert de double poignée pour faire mouvoir l'appareil.

L'entrée du grand levier dans le couvercle de la cuve se ferme par la bourse conique en un tissu flexible comme de la toile. Sa base ou son ouverture la plus grande a une circonférence de 1,1 ; la plus petite de 0,4, et toutes les deux ont une coulisse par laquelle on passe une cordelette pour les renforcer. La plus grande s'adapte dans la rainure faite dans l'épaisseur de la circonférence de la rondelle, et la plus petite dans celle ouverte sur le grand levier. Avant d'appliquer cette bourse, on doit l'enduire d'un mastic gras pour boucher ses pores le mieux possible. Le mastic que l'auteur trouve le mieux approprié à cet usage se compose de deux parties de cire vierge, autant de cire purifiée et de térébenthine, de trois parties de suif, et d'une et demie d'huile de noix ou d'huile de graine de lin cuite, le tout fondu ensemble ; on l'étend encore chaud avec un pinceau sur les deux faces de la bourse, jusqu'à ce que tous les pores soient bien bouchés. Un double tissu semblable serait plus solide encore et plus imperméable.

Cette bourse doit être plus longue que la distance entre les deux rainures où elle s'attache, attendu qu'elle a à suivre le mouvement ondulatoire du manche du fouleur et à se plier et se tordre, et enfin à se raccourcir pour se prêter au mouvement de rotation. Mais si ce dernier mouvement du manche n'était pas limité, il arriverait que la bourse s'entortillerait tellement, qu'elle se détacherait et peut-être se déchirerait. Après avoir remarqué que l'on obtient le refoulement total dans la cuve par un demi-tour de manche du fouleur en raison de son triple mouvement, M. Rubiao place dans la cavité circulaire des pivots deux cloisons de fer latérales aux ouvertures qui laissent passer ces mêmes pivots, et diamétralement opposées entre elles et fixées au cercle de fer. Ces deux cloisons partagent en deux la cavité circulaire et bornent le mouvement de rotation du manche du fouleur à un demi-tour. Tout le fer qui entre dans la construction de cette machine doit être étamé, tant pour éviter que pour retarder les effets de la rouille.

La construction dont nous venons de parler ne convient qu'aux cuves à couvercle mobile. S'il s'agit de cuves à couvercle à demeure comme leur fond, il faudra faire le manche en deux parties assemblées un peu au dessus et au dessous du trou *a*, suivant les circonstances particulières. Toutes les cuves à couvercle à demeure ont une trappe pour qu'un homme puisse entrer les nettoyer et pour en extraire le marc après le décuvage du vin ; ainsi, après avoir séparé les deux portions du manche, on introduit par la trappe la partie qui maintient les bras, et ensuite on les assemble très facilement en passant cette dernière par l'ouverture centrale pratiquée dans le couvercle. On assemble ces deux portions ou par une vis qui traverse le manche, ou par un rapprochement latéral consolidé au moyen de chevilles en fer percées à leur bout pour y placer des clavettes aussi en fer, ce qui rendra l'assemblage très solide. On peut de même appliquer ce mécanisme aux foudres, en passant, par la porte pratiquée sur le fond antérieur, la partie inférieure du manche attachée à une corde, dont le bout, sortant par la bonde du tonneau, sert à faire monter cette partie inférieure après que les raisins y auront été jetés, et on assemblera alors les deux parties comme on a déjà dit. Dans l'application ordinaire aux cuves closes à volonté, le couvercle sera placé après qu'on aura jeté le raisin préalablement bien foulé et après un premier refoulement ou brassage pour distribuer également dans le liquide les parties solides, et rendre homogène toute la vendange.

Si le cellier où sont placées les cuves n'a pas un plat fond assez élevé pour permettre de dresser verticalement le manche du fouleur, il faudra faire usage d'un manche coudé à angle droit, lequel remplit les mêmes fonctions que le manche droit, la distance étant égale entre le point d'application de la force et le centre du mouvement. Cette invention, à laquelle l'institut impérial et royal des sciences des arts et des lettres de Milan a décerné en 1826 une médaille d'argent, est applicable aux cuves anciennes, car l'adoption de cet appareil n'entraîne d'ailleurs que peu de frais.

En admettant donc le besoin du refoulement pendant la fermentation vineuse, et ayant trouvé un moyen pour l'exécuter sans ouvrir les cuves, le vigneron doit concevoir qu'il n'est pas facile de fixer combien de fois il faudra répéter le refoulement pour en obtenir les plus grands avantages. Il y a des lois générales que l'œnologue doit appliquer et dont il doit user selon les circonstances, et ces lois sont : que le refoulement ne doit pas avoir lieu après la période de fermentation la plus tumultueuse, parce qu'alors il est difficile d'obtenir la limpidité du vin, circonstance qui contrarie beaucoup ceux qui désirent ou ont besoin d'un décuvage plus soigné ; que leur nombre sera d'autant plus grand que le raisin contiendra plus de matière sucrée, que la température atmosphérique sera plus basse et qu'on voudra un vin plus coloré et plus corsé, *et vice versâ*. Pour terme moyen, six ou huit refoulements suffiront dans les circonstances régulières et ordinaires. Après que ces opérations seront ainsi terminées, il n'y aura plus qu'à attendre le moment où le vin sera fait pour le décuver.

Afin de reconnaître les progrès de la fermentation, on peut adapter un tube en fer-blanc recourbé à angle droit et formant la seule issue à la sortie du gaz : on reconnaît que celui-ci sort en plus ou moins grande abondance, ou même cesse presque entièrement de se dégager, par l'impression qu'il produit sur la flamme d'une bougie que l'on en approche à dessein.

Un autre moyen qui permet de juger de l'activité de la fermentation et empêche le contact de l'air lorsqu'elle est finie, consiste à placer dans le couvercle un tube doublement recourbé et dont la branche extérieure plonge de quelques lignes dans un vase rempli d'eau : le mouvement plus ou moins rapide des bulles qui traversent ce liquide indique l'état de la fermentation. On conçoit d'ailleurs que l'air ne puisse entrer tant que l'orifice du tube est couvert d'une légère couche d'eau, et mieux encore si un renflement au milieu de la deuxième branche empêche le passage de l'eau dans la cuve lorsqu'il y a absorption.

On peut enfin réaliser plus facilement encore les conditions favorables précitées, avec un ustensile désigné sous le nom de bonde hydraulique, et que M. Sébille Auger a introduit avec succès dans la fabrication des vins du département de Maine et Loire.

J'avais précédemment indiqué un petit ustensile nommé double tube de sûreté. Il se compose de deux boules en verre, soufflées à la lampe, communiquant ensemble à la partie inférieure par un siphon renversé, et à la partie supérieure, l'une avec le tonneau, cuve ou flacon contenant le liquide en fermentation, l'autre avec l'air extérieur par un tube distinct terminé en entonnoir ; on verse par celui-ci un peu d'eau, en sorte que les deux boules soient au quart pleines.

Voulant rendre cet appareil le moins fragile et le moins volumineux possible en le renfermant dans une seule enveloppe, j'imaginai d'en produire tous les effets au moyen d'une bonde unique, creuse, en fer-blanc ou en cuivre étamé. La bonde est séparée en deux capacités au moyen d'un diaphragme; ce dernier étant moins long que la bonde, laisse à sa partie inférieure un passage libre de quelques lignes de hauteur; un tube ouvert des deux bouts, établit une communication libre entre l'intérieur du tonneau ou de la cuve et la partie supérieure d'une des deux capacités de la bonde, et met celle-ci en communication avec l'air extérieur : on conçoit que la boule, contenant de l'eau au quart de sa hauteur, les gaz de l'intérieur du vase qu'elle bouche, de même que l'air extérieur, ne peuvent passer sans vaincre la résistance de l'eau refluée d'une capacité dans l'autre.

On peut d'ailleurs faire paraître à l'extérieur chacun de ces deux effets à l'aide d'un flotteur en liége, surmonté d'une tige. Enfin on adapte très facilement cette bonde à toutes les ouvertures, en la faisant entrer d'abord dans une grande bonde en liége.

Un avantage de cette bonde hydraulique que les autres n'offrent pas, c'est qu'elle peut être posée non seulement sur les cuves et tonneaux isolés, mais même sur les tonneaux qui en supportent d'autres engerbés; elle peut en effet être assez courte pour dépasser à peine ou point du tout les cerceaux de la pièce. (On trouve chez M. Collardeau cette bonde, ainsi que l'emporte pièce utile pour la fixer dans les broches en liége, et les divers autres ustensiles destinés aux transvasements et aux essais des vins.)

Une autre bonde à fermeture, plus simple encore de construction, a été indiquée par M. Baudot d'Angers; elle consiste dans une boule ordinaire creusée à la partie supérieure en segment, au fond duquel un canal cylindrique communique avec l'intérieur du vase; on pose dans le creux supérieur une balle sphérique qui vient boucher librement l'orifice du canal cylindrique, et le déplace légèrement lorsque les gaz intérieurs pressent pour s'échapper. On voit d'ailleurs que ce mode de fermeture est moins exact que les précédents; mais il est préférable à divers moyens grossiers, tels que des feuilles de vigne ou du linge maintenus par un caillou ou un fragment de brique.

§. III. Décuvage.

De quelque manière que la fermentation ait été dirigée, lorsqu'elle a cessé d'être tumultueuse, que le vin n'est plus sensiblement sucré ni trouble, on procède au soutirage. Assez ordinairement cette opération se pratique en enfonçant une manne en osier peu serré dans la cuve, et puisant le liquide qui afflue constamment dans des tonneaux munis d'un large entonnoir. Il vaut mieux adapter une grosse cannelle près du fond de la cuve; puis, à l'aide d'un tuyau en cuivre, on dirige le liquide soutiré dans des tonneaux rangés de manière à ce que leur bonde se trouve de quelques pouces au dessous du niveau de la cannelle.

Lorsque l'on a soutiré tout le vin qui peut ainsi s'écouler spontanément, on porte dans des paniers en osier serré imperméable au liquide, tout le marc au PRESSOIR; le liquide qui s'écoule le premier avant que la pression soit fortement exercée, et désigné sous le nom de *mère-goutte*, est réparti également entre les fûts qui contiennent le vin soutiré; il convient même d'y ajouter aussi, et par portions égales, tout le vin exprimé sous une forte pression. Ce dernier est plus coloré, plus acerbe; il contribue à éclaircir et fait conserver le vin soutiré. On obtient aussi une qualité moyenne, mais on pourrait fractionner les produits successifs de l'expression;

les premiers seuls, qui s'écoulent rapidement et en quelques heures, seraient réunis à toute la masse du vin soutiré, tandis que ceux obtenus plus lentement, plus altérés que les principes extraits des pepins et des râfles comme par le contact prolongé de l'air atmosphérique, donneraient un vin d'une qualité inférieure.

On a proposé d'éviter le goût acerbe des râfles en égrappant au fur et à mesure de la récolte; mais l'expérience a démontré que le vin n'est pas sensiblement plus agréable, sauf celui de la dernière expression, et que cette précaution ne convient évidemment que pour les raisins dont la plupart des grains ont manqué par suite de la coulure. Alors en effet la proportion des râfles étant beaucoup plus considérable qu'à l'ordinaire, leur goût acerbe dominerait et rendrait le vin peu agréable.

Dans les contrées méridionales, le moût trop riche en matière sucrée pour que la fermentation marche rapidement, est assez souvent longtemps trouble ou trop doux. On peut parer à cet inconvénient en entretenant la température à 15 ou 18°, soit à l'aide d'un calorifère placé dans le cellier, soit en faisant circuler dans les citernes, ou dans les foudres qui contiennent le vin en fermentation, le tube d'un calorifère à circulation d'eau.

Dans les contrées septentrionales, ou dans les saisons pendant lesquelles la température est habituellement trop basse pour que la maturation du raisin ait produit une portion suffisante de sucre, on obtient un vin trop léger, et qui passe rapidement à l'acide. Pour éviter cet inconvénient il convient de rapprocher à moitié, aux deux tiers de son volume, une partie du moût trop faible. On augmente ainsi sa densité et la proportion de matière sucrée fermentescible, ainsi que celle de l'alcool qui en résulte et dont la présence augmente la force du vin et en assure la conservation. On conçoit d'ailleurs que la portion du moût non soumise à l'action de la chaleur retient une quantité suffisante de ferment pour développer la réaction spontanée que l'on nomme fermentation. C'est même un des effets utiles de l'ébullition d'une partie du moût, que la séparation d'une matière azotée désignée sous le nom d'albumine, matière qui aurait augmenté la proportion du ferment, toujours trop considérable dans les moûts trop faibles.

Le rapprochement du sucre de raisin doit s'effectuer le plus rapidement possible, afin d'éviter l'altération plus grande qu'il éprouverait sous l'influence de l'action prolongée de la température. Les chaudières à bascule, et mieux encore les appareils évaporatoires de Roth, sont très convenables pour ces évaporations rapides. (*Voy.* l'article SUCRE, où l'on en a donné la description.)

Lorsqu'on ne peut avoir recours au rapprochement pour augmenter la force du moût, il convient d'ajouter trois, quatre ou cinq centièmes de sucre avant que la fermentation ait fait des progrès sensibles, c'est-à-dire immédiatement après le soutirage.

§. IV. DES VINS BLANCS.

Dans un grand nombre de crus, les vignobles sont pour la plus grande partie consacrés à la production des vins blancs, ces derniers, comme vins légers, exigent le plus de soins pour leur confection.

On sait que quelques raisins verts suffisent pour nuire sensiblement à la qualité d'une pièce de vin. Il faut donc, si on tient à la qualité, faire un choix dans la vigne, ne prendre dans une première tournée que les raisins bien mûrs, et laisser pour une seconde récolte ceux qui sont verts et qui feront un vin inférieur qu'on appelle *vin de tri*. Il est même avantageux de laisser quelques jours sur le cep le raisin après qu'il est mûr.

En général on pressure le soir toute la vendange du jour et l'on reçoit le moût qui en vient dans des cuves séparées, où il reste en repos. Après quelques heures il se forme à la surface une écume qu'on enlève et qu'on fait égoutter pour retirer une partie du moût qu'elle retient. Cette écume se montre une seconde et quelquefois une troisième fois avant que la fermentation ne se manifeste. Aussitôt que l'on reconnaît le plus petit indice de fermentation vive, on se hâte d'enlever la dernière écume et de faire couler le moût clair dans des barriques où il doit fermenter.

Il faut éviter de mettre dans les barriques la portion trouble du moût qui s'est déposé au fond des cuves. Cette portion doit être ajoutée au vin de *tri*. Si l'on se sert de cuves, au lieu d'écumer le moût il serait plus commode de le soutirer dès qu'on apercevrait les indices de fermentation. A cet effet on aurait une grande cuve pourvue d'un robinet placé à un ou deux pouces au dessus du fond.

Un autre moyen de débarrasser le moût de l'excès d'albumine et de ferment qu'il contient, consiste à le chauffer avec précaution avant qu'il ait commencé à fermenter. Le moût, quoique d'une composition fort complexe, peut cependant, sous le rapport de la fermentation, être considéré comme formé principalement d'eau, de sucre et de ferment; c'est surtout le rapport de ces trois substances entre elles qui détermine la marche de la fermentation, et aussi en partie la qualité ou du moins la force du vin. Dans les bonnes années le sucre est en excès relativement au ferment; dans les années médiocres, et à plus forte raison dans les mauvaises, le ferment est au contraire en excès par rapport au sucre, et le moût est aussi plus aqueux. Dans le premier cas le vin est pourvu de toutes les qualités que comporte le cru qui l'a fourni : il n'y a rien à y ajouter, et on laisse la fermentation marcher seule; mais pour les autres cas il convient d'augmenter la proportion de sucre, ou, ce qui revient au

même, celle de l'alcool, puisqu'en définitive le sucre se trouve converti en cette dernière substance par l'effet de la fermentation. Huit livres de sucre ou 8 litres d'alcool à 56° suffisent généralement pour une pièce de vin de 223 litres. Le sucre s'ajoute dans la cuve même; quant à l'alcool, aussitôt que la fermentation tumultueuse est apaisée, on le mélange dans la pièce.

Les vins blancs que l'on croirait disposés à *graisser* par suite d'un défaut de tannin, pourraient être préservés de cette maladie en ajoutant au moût des râfles bien mûres de raisin. Le tannin, en contribuant à la conservation des vins, les rend d'ailleurs propres à être clarifiés par la colle ou par la gélatine.

On doit soutirer les vins blancs aussitôt que les premières gelées les ont éclaircis, et au plus tard à la fin de la lune de février.

Vin mousseux.—Dans la fabrication de ce vin, on emploie généralement les raisins noirs de première qualité, notamment ceux qu'on récolte sur le plant dit *noirien*, cultivé dans les meilleures expositions. (*Voy.* au mot VIGNE.) Comme il importe beaucoup d'éviter que la matière colorante adhérente à l'enveloppe des grains se dissolve dans le suc, on doit obtenir celui-ci rapidement, en sorte qu'il reste le moins longtemps possible en contact avec les pellicules et la râfle. A cet effet on le pressure immédiatement après la récolte, puis on se hâte, dès que l'écoulement cesse d'être abondant, de recouper le marc autour de la plate-forme du pressoir, de replacer au dessus les parties ainsi taillées, et de soumettre à une nouvelle pression. Après avoir répété cette opération une seconde fois, on doit tailler et recharger deux fois le marc pour l'épuiser de la plus grande partie du jus qu'il retient; mais le produit des deux dernières opérations ayant acquis une teinte rosée, doit être mis à part pour servir à la confection d'une espèce particulière de vin mousseux ayant cette nuance. Quant au marc exprimé, il retient encore une assez grande quantité de suc dans des cellules non déchirées; il convient de le mélanger aux cuvées de vin rouge en le foulant avec elles. Le premier mouvement de fermentation achève de désagréger le tissu du raisin, permet aussi au jus de s'en écouler, et la matière colorante, plus abondante dans ces marcs que dans le raisin non exprimé, ajoute à la coloration des cuvées du vin rouge, souvent trop faible en Champagne ainsi qu'en Bourgogne.

Le moût sensiblement incolore obtenu des trois premières pressions est immédiatement versé dans les tonneaux, dont on ne remplit ainsi que les trois quarts de la capacité; la fermentation ne tarde pas à s'y manifester. On la laisse continuer pendant environ quinze jours, en ménageant par la bonde entr'ouverte une issue au gaz, ou mieux en adaptant aux tonneaux la bonde hydraulique décrite ci-dessus. Au bout de ce temps, on remplit chacun des tonneaux avec le vin de quelques uns d'entre eux, on les bouche exactement; et l'on assujetit même la bonde à l'aide d'un bout de cerceau passé en travers et cloué sur les deux douves voisines.

On doit avoir le soin, pour contenir le moût, comme pour les transvasements ultérieurs, de n'employer que des tonneaux neufs en bois autres que le chêne, ou des barriques à vin blanc, rincées à l'eau bouillante. Ces précautions s'appliquent d'ailleurs à tous les vins blancs.

Au mois de janvier suivant on soutire au clair, puis on procède à un premier collage à l'aide de la colle de poisson. Quarante jours après, on soutire et on procède à un deuxième collage. On est quelquefois obligé de répéter une troisième fois cette opération, si la lie est trop abondante.

Au mois de mai on soutire à clair dans des bouteilles, en ayant le soin d'ajouter dans chacune d'elles une petite mesure de liqueur équivalant à environ trois centièmes du volume de vin. On donne

le nom de *liqueur* à une sorte de sirop que l'on prépare en faisant dissoudre du sucre candi dans son volume de vin blanc liquide.

Lorsque les bouteilles sont ainsi remplies, on assujettit les bouchons solidement à l'aide d'une ficelle et d'un fil d'archal; on couche les bouteilles, le goulot incliné sous un angle d'environ vingt degrés, afin que le dépôt de lie ou ferment qui se forme par suite des progrès d'une fermentation lente s'approche du goulot ou du bouchon. Au bout de huit à dix jours, on augmente l'inclinaison des bouteilles dans le même sens, et on la porte à environ 45 degrés; deux ou trois jours après, on relève encore davantage le fond de la bouteille, en lui imprimant quelques petites secousses afin de rassembler le mieux possible le dépôt sur le bouchon.

Les bouteilles sont alors maintenues dans une position verticale, le goulot dirigé vers le bas. Un ouvrier habile les prend alors sous les bras les unes après les autres; il retire peu à peu le bouchon sur lequel le dépôt a été rassemblé, et laissant un instant une partie de la section entr'ouverte, il parvient à laisser expulser le dépôt, par l'effet de la pression intérieure, sans faire couler une grande quantité de liquide et en resserrant le bouchon aussitôt que ce dégorgeage est fait. Si le vin est encore troublé ou nuageux dans la bouteille, on doit ajouter, avec une nouvelle dose de liqueur, une petite quantité de colle, et, dans tous les cas, il faut replacer la bouteille dans la situation verticale, le col dirigé vers le bas. On prend encore les mêmes précautions pour rassembler une deuxième fois le dépôt sur le bouchon; en sorte qu'au bout de deux à trois mois on puisse procéder à un nouveau dégorgeage. Alors si l'on trouve que le vin n'est pas assez doux ou assez mousseux, on doit y ajouter encore une dose de liqueur; il faut même quelquefois, pour réunir les qualités voulues, c'est-à-dire obtenir un vin suffisamment

mousseux, légèrement doux et très limpide, faire dégorger jusqu'à trois fois et
opérer trois additions de liqueur.

Le vin mousseux préparé comme nous
venons de le dire depuis très longtemps
en Champagne, et seulement depuis
quelques années dans plusieurs autres
localités, et notamment en Bourgogne,
est ordinairement bon à boire au bout de
dix-huit à trente mois, suivant que la
saison a fait faire des progrès plus ou
moins rapides à la fermentation.

On recherche dans ces sortes de vins
non seulement une grande diaphanéïté
et un bouquet agréable, mais encore
une légèreté qui jusqu'ici ne s'est pas
encore réalisée au même degré qu'en
Champagne, du moins réunie aux deux
premières qualités : aussi les crûs de
cette province conservent-ils la faveur
commerciale dont ils étaient en possession depuis si longtemps.

Parmi les causes du prix élevé des
vins mousseux, on doit ajouter aux frais
considérables de main-d'œuvre qu'ils
nécessitent, des chances énormes de
déperdition, non seulement par suite
des altérations que ces vins sont sujets
à éprouver, mais encore par la fracture
des vases qui les contiennent. La casse
des bouteilles renfermant des vins mousseux s'élève en général de quinze à
trente-trois pour cent; on conçoit qu'elle
augmente de toute cette valeur perdue
le prix du vin échappé à la déperdition.

§. V. Conservation des vins.

Les vins riches en alcool, de même
que ceux dans lesquels le tannin abonde, se conservent très facilement et
gagnent même généralement en qualité
par le temps ou les transports; mais les
vins faibles des mauvais crûs doivent
être consommés dans les douze ou treize
mois à dater de leur extraction. On retarde un peu leur détérioration en les
conservant dans des caves bien fraîches.

Les vins blancs doivent être gardés en
tonneaux constamment pleins et bouchés; autrement ils se coloreraient en
brun, ou en jaune, outre qu'il en résulterait une déperdition.

La plupart des vins blancs légers ne
sont agréables à boire que lorsqu'ils ont
encore une saveur douce; il faut donc
éviter qu'une fermentation trop complète ne détruise tout le sucre, et à cet
effet les tenir dans les caves les plus froides possible. Un des moyens accessoires
consiste à faire brûler une mèche sou-
frée dans la barrique vide; à chaque soutirage l'acide sulfureux qui se forme se
condense en partie dans le vin que l'on
y verse, suspend la fermentation, et
contribue à prévenir la coloration brune
ou jaune.

§. VI. Soutirage des vins.

Une température basse comme au
moment d'une petite gelée favorise cette
opération, en faisant cesser les mouvements de fermentation. On y procède
surtout vers la fin de février pour les
vins légers; quant aux vins forts on ne
les soutire qu'au bout d'un an ou de dix-
huit mois, *afin de les laisser plus
longtemps sur la lie,* c'est à dire en
contact avec plus de ferment, et de favoriser ainsi les progrès d'une fermentation souvent trop lente.

Pour soutirer le vin d'une pièce dans
l'autre, on se sert des grosses cannelles
droites, sur la tête desquelles on peut
frapper à coup de maillet, soit afin d'enfoncer par l'autre bout dans la pièce une
broche en bois cylindrique restée d'un
soutirage précédent, soit pour achever
de perforer le trou qui vient d'être à cet
effet presque entièrement percé avec un
vilbrequin à grosse mèche.

Avec cette cannelle, en y adaptant un
petit tuyau condé, on soutire dans des
brocs qu'on va porter dans le tonneau à
remplir. Cette méthode, encore très usitée, est défectueuse; chaque fois que l'on
ferme la cannelle pour changer de broc,
il s'opère dans la pièce un choc en retour du liquide, dont on arrête ainsi
brusquement le mouvement, et on
trouble le vin.

On peut économiser de la main-d'œuvre, en même temps que l'on évite l'inconvénient précité, en adaptant à la cannelle un bout légèrement conique, en bois ou mieux en cuivre, qui termine un tuyau de cuir. On introduit l'autre bout dans la bonde de la pièce vide, si celle-ci peut être placée au dessous de la première, et, dans le cas contraire, on adapte l'autre bout du tuyau en cuir à une cannelle semblable posée à la pièce vide, et en ouvrant les deux cannelles, on conçoit que le liquide se mette de niveau dans les deux fûts sans autre main-d'œuvre.

Pour achever le soutirage, on adapte la tuyère d'un soufflet sur la pièce à vider et l'on insuffle l'air, dont la pression refoule le vin dans la deuxième pièce; d'ailleurs le passage de l'air dans le tuyau avertit que le soutirage est fini, et l'on ferme aussitôt les cannelles.

Ce moyen peut même s'appliquer aux transvasements des *foudres*, contenant jusqu'à 100 barriques ou environ 23,000 litres, dans divers fûts.

On préfère aujourd'hui, pour les transvasements entre les pièces de jauge, les *siphons* de M. Collardeau.

§. VII. Mise en bouteilles.

On doit toujours soutirer le vin avant de le mettre en bouteilles, afin d'éviter qu'il ne dépose; pour les vins fins où le tannin manque, et surtout les vins blancs, on se sert de colle de poisson battue détrempée à froid, malaxée dans l'eau passée au travers d'un linge, et délayée dans du vin blanc; les vins rouges ordinaires se *collent* avec l'albumine des œufs. On bat bien à cet effet avec des verges six blancs d'œufs dans deux ou trois fois leur volume d'eau, puis on jette le tout dans la pièce, dont on a tiré préalablement 2 ou 3 litres; on introduit un bâton, dont le bout fendu en quatre, s'écartant dans le vin, facilite l'agitation, que l'on doit opérer vivement et dans tous les sens; on remplit la pièce avec le vin qu'on avait tiré, puis on laisse

en repos jusqu'au moment de la mise en bouteilles, c'est à dire pendant six à quinze jours, suivant que la température est plus ou moins basse.

On emploie de préférence pour coller les vins forts, surtout ceux qui sont acerbes ou durs par l'effet du tannin, un demi-litre de sang de mouton ou de bœuf battu tout chaud, et l'on opère comme nous venons de le dire. Cette forte proportion d'albumine rend le vin moins dur; il peut même être utile, afin d'augmenter cet effet, de coller ainsi plusieurs fois de suite.

Enfin on se sert encore pour coller les vins rouges, surtout les plus astringents, de *colle forte* ou *gélatine* exempte de mauvaise odeur; on en fait dissoudre à chaud 25 grammes dans environ 200 grammes d'eau; puis on mêle cette solution avec un demi-litre de vin, et on jette le tout dans la pièce, en opérant comme avec à la colle de poisson.

Remplissage. — Cette opération, qui a pour objet de compenser les déperditions ordinaires de la transpiration du bois et des coulages accidentels, est encore utile pour prévenir la coloration des vins blancs, la formation d'une certaine quantité d'acide ou de moisissures, toutes altérations qui pourraient résulter d'une *vidange* prolongée dans les pièces.

§. VIII. Maladies des vins.

On désigne ainsi plusieurs altérations accidentelles, auxquelles il est important de remédier.

1° *La pousse.* — C'est le nom que l'on donne à un mouvement de fermentation tumultueuse qui se manifeste quelque temps après que le vin a été mis en barriques. Lorsque dans ce cas celles-ci ont été hermétiquement closes, il peut arriver que la pression intérieure augmente au point de faire rompre les cercles, ou d'entr'ouvrir les douves de fond en forçant les barres qui les traversent. On ne s'aperçoit quelquefois de cet accident que lorsqu'une ou plusieurs barriques ont ainsi fait une espèce d'explosion, et laissé perdre une grande partie ou la totalité du vin qu'elles contenaient. Les appareils de sûreté que nous avons décrits plus haut, et surtout les bondes hydrauliques, préviennent constamment cette cause de déperdition. Toutefois, lorsqu'on aperçoit la fermentation tumultueuse se reproduire à cette époque, il convient de la faire cesser, de peur que ses progrès rapides n'enlèvent au vin toute la matière sucrée et le fassent passer à l'*amer*. On arrête la fermentation en transvasant le vin dans des barriques ·fortement imprégnées d'acide sulfureux à l'aide d'une mèche sulfurée; on y parviendrait mieux encore, sans doute, en ajoutant au vin un millième de sulfate de chaux. Enfin il paraît que l'on réussit encore à suspendre la fermentation en ajoutant dans chaque barrique une demi-livre de semence de moutarde.

Dans tous les cas il convient de coller les vins de cette nature aussitôt que la fermentation a été apaisée, afin d'enlever le ferment en suspension, qui est la principale cause de l'accident précité.

2° *Passage de l'acide.* — On désigne ainsi le développement d'un excès d'acide dans le vin; ce phénomène est dû soit à une trop faible proportion d'alcool, soit à la température trop élevée de l'air des caves, soit à des secousses répétées, soit enfin au contact de l'air lorsque les pièces sont restées en vidange ou débouchées. Le meilleur moyen de pallier le mauvais effet produit, consiste à couper le vin acide avec son volume d'un vin plus fort et moins avancé, à coller ce mélange, à le tirer en bouteilles et à le consommer le plus promptement possible, car il est d'expérience qu'un tel vin n'est plus de garde.

Cette maladie du vin a donné lieu autrefois à des accidents fort graves par suite de l'addition de litharge faite dans le but d'adoucir le vin; on produisait ainsi un sel (l'acétate de plomb), doux à la vérité, et qui changeait complètement la saveur aigre, mais dont l'action vénéneuse est bien connue. Des réglements de police et la surveillance éclairée du conseil de salubrité ont fait complètement cesser cet abus. La saturation de l'acide par les bases alcalines est sujette à d'autres inconvénients dont nous avons parlé à l'occasion du vin blanc.

3° *Graisse des vins.* — On dit que les vins *tournent au gras*, lorsqu'ils acquièrent une consistance visqueuse; ils deviennent alors tout à fait impropres à servir de boisson. Longtemps on a ignoré la véritable cause de ce singulier phénomène. M. François, pharmacien de Nantes, est parvenu à la découvrir; il a démontré qu'elle tenait à la présence d'une matière azotée, analogue à la gliadine; et en effet ce sont les vins blancs, surtout ceux qui contiennent le moins de tannin, qui sont sujets à cette maladie. Le même chimiste fut naturellement porté à en chercher le remède dans une addition de matière astringente. Sans doute le tan, la noix de galles, le bablack, et toutes les substances riches en tannin eussent produit l'effet désiré; mais il fallait éviter d'ajouter une matière dont la saveur désagréable nuisit à la qualité du vin. M. François est parvenu à ce résultat en employant des sorbes (fruit du sorbier), lorsqu'elles sont le plus astringentes, c'est à dire un peu avant l'époque de leur maturité. Voici comment on opère : on écrase dans un mortier une livre de ces fruits que l'on jette dans une barrique contenant le vin filant, ou dans laquelle on a transvasé les bouteilles qui le renfermaient; on agite vivement et à plusieurs reprises, puis on laisse reposer·pendant un jour ou deux. Alors le tannin s'unissant à la substance azotée, la sépare du liquide auquel elle communiquait la viscosité. On clarifie avec de la colle de poisson comme nous l'avons dit plus haut, et l'on tire en bouteilles le vin qui a repris toute sa fluidité, et qui n'est plus sujet à la même maladie. On arriverait probablement au même résultat en employant des pépins, ou des râfles écrasés.

4° *Gout de fût.* —Les vins acquièrent souvent, dans des fûts qui sont longtemps restés vides, cette saveur désagréable par suite du développement des moisissures. Il est ordinairement difficile, et quelquefois impossible d'enlever entièrement ce goût désagréable ; l'un des moyens qui réussissent le mieux consiste, après avoir changé la pièce, à agiter fortement dans le vin environ une livre d'huile d'olive fraîche. Il paraît qu'une huile essentielle, principale cause du mauvais goût, est entraînée à la superficie par l'huile ajoutée, et qu'ainsi le goût désagréable qu'elle occasionnait diminue beaucoup.   (PAYEN.)

VINAIGRE. (*Chimie agric. Econ. domest.*) Sans entrer dans des détails fort étendus sur la fabrication en grand du vinaigre, nous nous contenterons de donner ici une notice succincte des procédés suivis dans les fabriques d'Orléans, dont les vinaigres ont depuis longtemps une réputation méritée.

On sait dans tout pays que du vin peu généreux n'a jamais produit de bon vinaigre, et que tous les procédés de fabrication ne réussissent pas également bien. Autrefois on déterminait l'acétification par l'addition de branches de vigne et de râfles de raisins ; mais nos fabricants éclairés ont renoncé à cette pratique, qui introduit dans la liqueur une quantité considérable de matière fermentescible qui s'oppose à sa conservation. Le procédé le plus généralement adopté est celui-ci :

Le fabricant dispose dans son atelier trois rangs de tonneaux les uns au dessus des autres ; ces tonneaux, de la capacité de 400 litres, sont percés, à la partie supérieure, d'une ouverture de 2 pouces de diamètre, qu'on ne ferme jamais. Il verse, dans chacun d'eux, 100 litres de vinaigre bouillant, et les abandonne à eux-mêmes pendant huit jours ; alors on y mêle 10 litres de vin soutiré au clair ;

huit jours après, il en ajoute autant ; et et suivant que la fermentation est plus ou moins active, il verse à pareilles distances des quantités égales, ou plus grandes, ou plus petites, jusqu'à ce que les vaisseaux soient pleins. Il laisse séjourner ce vinaigre dans les tonneaux pendant quinze jours, et ne les vide qu'à moitié ; puis il procède, comme ci-dessus, à la fabrication d'une nouvelle quantité d'acide.

Il juge de la marche de la fermentation en plongeant dans la liqueur une douve qu'il retire aussitôt ; quand le sommet mouillé de la douve sort chargé d'écume, c'est un signe que la *mère* travaille avec activité, et qu'il faut ajouter une plus grande quantité de vin ; dans le cas contraire, il diminue la dose du vin, ou bien il prolonge les intervalles.

En été, la température de l'atelier est suffisante ; mais, en hiver, le fabricant a soin de l'entretenir à 18 ou 20 degrés, au moyen de poêles. Il y aurait de l'inconvénient à la porter plus haut ; le vinaigre serait pauvre en acide. Les liqueurs vineuses ne s'aigrissent jamais tant qu'elles contiennent encore du principe sucré ; aussi dans la fabrication du vinaigre, le vin d'un an est-il préféré au vin nouveau, parce que celui-ci éprouve un reste de fermentation spiritueuse qui s'oppose à la dégénération acide.

Le vin qui est destiné à l'acétification est tenu dans des tonneaux dont le fond est garni de copeaux de hêtre sur lesquels la lie fine se dépose et se fixe.

L'acétification n'est pas le dernier terme de la décomposition des liqueurs vineuses. Le vinaigre est lui-même très disposé à une nouvelle fermentation, qui le dénature entièrement. Si on l'expose aux variations ordinaires de l'atmosphère, et surtout au contact de l'air, sa transparence se trouble, il s'y amasse une quantité considérable d'insectes que l'on nomme *mouches à vinaigre :* il prend une odeur de moisi, perd son acidité et laisse déposer beaucoup de flocons; enfin il se recouvre d'une pellicule épaisse et visqueuse, semblable à ce que l'on nomme *mère du vinaigre*.

La manière de gouverner la fermentation et la qualité du vin contribuent sans doute à la conservation du résultat; mais, malgré le choix du vin et la bonté du procédé, le vinaigre n'en est pas moins sujet à s'altérer un peu plus tard.

Le meilleur moyen de le conserver consiste à le tenir à l'abri de toute influence de l'air extérieur, dans des vases propres et bien bouchés; à le placer dans un lieu frais, et surtout à ne jamais le laisser en vidange. Le plus léger dépôt suffit pour le détériorer; aussi, quand on s'aperçoit de sa formation, on doit le clarifier au plus tôt et le transvaser[1].

Le procédé suivant mérite aussi d'être cité : il consiste à renfermer le vinaigre dans des bouteilles de verre, et à les exposer pendant un quart d'heure à l'action de l'eau bouillante; après ce temps, il peut se conserver des années entières avec le contact de l'air, comme dans des vaisseaux à moitié pleins. Sans doute que ce degré de chaleur coagule ou dénature le ferment qu'il contient, mais aussi il dissipe un peu du principe aromatique du vinaigre.

Vinaigre domestique. — On achète un baril de vinaigre rouge ou blanc de la meilleure qualité; on en tire quelques pintes pour la consommation de la maison, et on le remplit aussitôt par une égale quantité de vin bien clair et de la même couleur; on bouche simplement le baril avec du papier ou du linge, appliqué légèrement sur l'ouverture, et on le tient à une température de 18 à 20 degrés; à mesure qu'on en a besoin, on

[1] Pour clarifier le vinaigre, il suffit d'y verser un verre de lait bouillant pour 25 litres de vinaigre, et d'agiter pour bien faire le mélange; le dépôt ne tarde pas à se faire. Le vinaigre prend ainsi une couleur paille, et acquiert même une odeur très agréable; quoique moins complètement, les râfles de raisins blancs desséchées produisent sur le vinaigre un effet semblable.

soutire la quantité susmentionnée du vinaigre bien conditionné, sans qu'il s'y forme de marc ni de dépôt sensible. Il existe encore maintenant, dans beaucoup de ménages, du vinaigre dont la première foudation remonte au delà de cinquante ans, et qui est encore excellent. Sans doute que quand il s'agit du commerce de vinaigre, il faut bien avoir recours aux procédés exécutés en grand dans les ateliers consacrés à ce genre de fabrique.

Des vinaigres parfumés. — Pour rendre le vinaigre plus agréable et plus généralement utile, on le charge de la partie odorante et sapide des plantes, qu'on a eu la précaution auparavant de monder, de diviser, et d'épuiser de leur humidité surabondante par une dessiccation forte et prompte : autrement leur eau de végétation passerait bientôt dans le vinaigre en échange de l'acide que celui-ci leur fournirait, ce qui diminuerait son action et l'exposerait bientôt à s'altérer. Une considération, c'est que dans ce cas le vinaigre blanc doit être employé de préférence pour la préparation des vinaigres composés; qu'il faut que les végétaux aromatiques n'y séjournent que le moins possible, et que quand une fois l'acide s'est emparé de tout ce qu'il peut en extraire, il n'y a pas un moment à perdre pour les séparer, par la raison qu'ils réagissent sur l'acide comme la lie sur le vin, et le décomposent. Voici quelques exemples de ces vinaigres dont on trouve des recettes plus ou moins imparfaites dans tous les traités d'économie domestique.

Les framboises, l'estragon, le sureau et les roses ayant été les premiers végétaux mis à macérer dans le vinaigre, il paraît juste de faire connaître les procédés d'après lesquels on peut parvenir à faire ces vinaigres sans qu'ils soient exposés à perdre en peu de temps leur transparence, et à se recouvrir d'une pellicule épaisse et visqueuse, qui détruit insensiblement leur force au point que souvent on est forcé de les jeter.

Vinaigre framboisé. On met dans une cruche autant de framboises mûres et bien épluchées qu'elle pourra en contenir; on verse par dessus 2 à 3 pintes de vinaigre, et après huit jours de macération au soleil on jette le vinaigre et les framboises sur un tamis de crin; la liqueur, passée sans expression, claire et saturée de l'arome du fruit, est distribuée dans des bouteilles, avec la précaution d'ajouter une couche d'huile.

Vinaigre d'estragon. Après avoir épluché l'estragon, on l'expose quelques jours au soleil; quand il est fané et non séché, on le met dans une cruche, que l'on remplit de vinaigre; on laisse le tout en macération pendant quinze jours. Au bout de ce temps on décante la liqueur, on exprime le marc et on filtre, soit au coton, soit au papier gris, pour être mis en bouteilles, qu'on tient bien bouchées et dans un endroit frais.

Vinaigre surare. On choisit des fleurs de sureau au moment de leur épanouissement; on les épluche en ne laissant aucune partie de la tige, qui donnerait de l'âcreté; on met ces fleurs à demi séchées dans le vinaigre, et on expose la cruche bien bouchée à l'ardeur du soleil pendant deux semaines; on décante ensuite, on exprime et on filtre comme ci-dessus.

Si, comme on le recommande dans tous les livres, on laissait le vinaigre surare sur son marc sans le passer, pour s'en servir au besoin, loin d'avoir plus de qualité, il se détériorerait bientôt, parce que dans cet état il serait sur la voie de la décomposition; il convient donc d'en séparer le marc, et de distribuer la liqueur dans des bouteilles.

Vinaigre rosat. On obtient un vinaigre agréable pour le goût et pour la couleur avec du vinaigre blanc, dans lequel on a mis à infuser au soleil, pendant une semaine, des roses effeuillées; mais il faut avoir soin d'exprimer fortement le marc, de filtrer la liqueur, et de la distribuer dans des vases bien bouchés. C'est en suivant ce procédé qu'on prépare un vinaigre d'un goût très agréable avec des fleurs de vigne sauvage, en l'exposant de la même manière au soleil.

VINAIGRIER. C'est le SUMAC GLABRE.

VINAIRE et VINEUX. Adjectifs employés pour désigner ce qui se rapporte au VIN. *Vaisseau vinaire, fermentation vineuse*, etc.

VINASSE. Résidu de la distillation des vins. (*Voy.* DISTILLATION, VIN et EAU-DE-VIE.)

VINCRE. C'est la PERVENCHE, dans l'ancien Boulonnais.

VINEUX. (*Voy.* VINAIRE.)

On donne aussi le nom de *vineux*, dans quelques vignobles, aux sarments qu'on laisse de presque toute leur longueur, afin de leur faire produire une grande quantité de grappes. Dans ce cas, ce terme est synonyme de SAUTELLE, PLOYON, ARC, etc.

VINÉE. (*Architect. rur.*) Lieu destiné à placer les cuves de fermentation dans un VENDANGEOIR. (*Voy.* ce mot.) Comme le degré convenable de fermentation des vins en cuve est un point important à saisir pour assurer la bonté de leur fabrication (*V.* au mot VIN), il est nécessaire de placer la vinée à la plus grande proximité du propriétaire, afin qu'à tout moment il puisse s'y transporter pour examiner les progrès de la fermentation, sans même être obligé de sortir dans sa cour. Il est également à désirer que cette pièce soit aussi à la proximité du cellier et du pressoir, ou plutôt qu'elle puisse communiquer directement à ces deux pièces, pour obtenir la plus grande commodité et la plus grande économie de temps dans le transport au cellier de la mère-goutte et du vin de pressurage, ainsi qu'une grande facilité de surveillance sur ces trois pièces.

Enfin, il est également avantageux que la vinée, ou au moins le cellier, ait une communication directe avec les caves, pour y descendre plus économiquement les vins nouveaux après leur premier soutirage.   (DE PERTHUIS.)

VINETIER. (*Voy.* Épine-vinette.)

VINIFICATION. Confection du VIN par la FERMENTATION. (*Voy.* ces deux mots.)

VIN-PIERRE. Dans quelques lieux, ce mot désigne le TARTRE du vin.

VIOLET. On donne ce nom, dans la Haute-Saône, à une maladie des cochons qui ne paraît pas différer de la SOIE. (*Voy.* ce mot.)

VIOLETTE, *Viola.* (*Hortic.*) Charmante petite plante indigène, type d'une famille particulière dans la pentandrie monogynie, et dont on connaît près de 100 espèces. L'une des plus remarquables est la *Pensée,* ou violette tricolore.

VIOLIER ou RAVENELLE. C'est la GIROFLÉE JAUNE.

VIORNE, *Viburnum.* (*Horticult.*) Arbrisseau dont on connaît 32 espèces, tant indigènes qu'exotiques, formant un genre dans la famille des CHÈVREFEUILLES. On cultive les viornes pour l'ornement des bosquets. Toutes les espèces ont les feuilles opposées, et de jolies fleurs blanches, réunies en corymbes comme celles des CORNOUILLERS; elles sont très nombreuses, et s'épanouissent au retour du printemps. Plusieurs espèces étrangères doivent être abritées en hiver dans la serre tempérée. Le LAURIER-TIN, *Viburnum tinus* L., qui est originaire d'Espagne, craint aussi les gelées; mais on peut l'élever en pleine terre en lui donnant un abri contre les vents du nord. Celui-ci conserve sa verdure toute l'année, et quand l'hiver est doux, il fleurit quelquefois dans cette saison. C'est un très bel arbrisseau. Ses baies deviennent bleues en mûrissant. Lobel dit qu'elles sont huileuses.

L'OBIER de nos bois, *V. opulus* L., se distingue par ses feuilles lobées, par ses fleurs rayonnantes, et par ses baies qui se colorent d'un rouge vif à l'époque de la maturité. La BOULE DE NEIGE, *V. opulus sterilis,* n'est qu'une variété de cette espèce, dont toutes les fleurs ont doublé et sont devenues stériles.

Ses fleurs, réunies en sphères suspendues aux sommités des branches, sont d'une blancheur éclatante et d'une grande beauté. Comme elles s'épanouissent avec les LILAS, les ARBRES DE JUDÉE et les CYTISES, on les plante ensemble et on en forme des massifs. Les diverses espèces qui nous sont venues d'Amérique, telles que la VIORNE DENTÉE, *V. dentatum* L., celle A FEUILLES D'ÉRABLE, *V. acerifolium* Wild., les espèces A FEUILLES DE POIRIER et DE PRUNIER, *V. pirifolium* Lam., *V. prunifolium* L., méritent aussi une place distinguée dans les bosquets de printemps.

On multiplie ces arbrisseaux de drageons, de boutures, de marcottes, et de graines qui ne lèvent que la seconde année. Ils aiment les terres légères, fraîches et un peu ombragées.

VIORNE DES PAUVRES ou VIORNE CLÉMATITE. (*Voy.* CLÉMATITE.)

VIPÉRINE, *Echium.* (*Botan. agric. Agricult.*) Genre de plantes de la famille des BORAGINÉES, dont on compte plus de 60 espèces. L'une d'elles, la VIPÉRINE VULGAIRE, *E. vulgare* L., indigène dans les champs incultes de toutes les parties de l'Europe, sur la lisière de nos bois, etc., est très commune dans quelques cantons, sous le nom d'*herbe aux vipères,* qu'elle doit à la croyance que ses semences sont un spécifique contre la morsure des vipères. Ses tiges cylindriques, simples, velues, ponctuées de rouge et de noir, sont hautes de 2 pieds et plus; ses feuilles sont lancéolées, rudes au toucher et tachetées comme la tige, les radicales longues et pétiolées, les caulinaires éparses et sessiles; ses fleurs sont bleues, rouges, violettes ou blanches, et disposées en épi unilatéral à l'extrémité de la tige. Les bestiaux n'y touchent pas.

Plusieurs vipérines étrangères sont admises dans nos jardins d'ornement.

VIQUELIN. Dans les environs de Rouen, ce sont des fagots composés de brins de plus d'un pouce de diamètre.

VIREUX. (*Terme de botan.*) Qui a
une odeur puante et forte.

VIRGILIER a bois jaune, *Virgilia
lutea* Mich. Arbre qui, dans l'Amérique
du nord sa patrie, atteint 30 à 40 pieds ;
chez nous il ne dépasse guère la moitié
de cette élévation. On en connaît 4 espèces, dont on a formé un genre particulier dans la famille des légumineuses. On le rencontre dans quelques
jardins d'ornement. Il demande une
terre plus sèche qu'humide. Il multiplie
de graines.

VITOMON. Dénomination vulgaire du
vertige des bêtes à laine.

VITRE. On donne ce nom , dans le
Calvados, aux seigles et aux froments
dont beaucoup de graines sont avor-
tées et dont les balles offrent par conséquent une demi-transparence que ne
présentent pas celles de ces plantes qui
sont garnies de leur graine.

VIVACE. (*Terme de botan.*) Une
plante vivace est celle qui vit plus de
3 ans. On les désigne ainsi par opposition aux plantes annuelles, bisannuel-
les et trisannuelles.

VIVE-JAUGE. (*Hortic.*) On a donné
ce nom à l'opération de déchausser,
autant que possible, un arbre languis-
sant, de lui laisser passer l'hiver les racines à nu, et de substituer, au printemps, du fumier à la terre, fumier
qu'on recouvre de quelques pouces de
terre.

Cette pratique peut souvent remplir
son objet, mais souvent aussi elle peut
causer la mort de l'arbre, car l'excès
d'engrais est mortel dans beaucoup de
cas ; de plus, elle expose les fruits à
prendre un mauvais goût : en conséquence elle est peu suivie. Il vaut beaucoup mieux remplacer la mauvaise
terre, ou la terre usée qui se trouve autour des racines de cet arbre, par de la
bonne ou de la nouvelle terre.

On appelle aussi vive-jauge l'opération de recouvrir de fumier une plantation d'asperges, et le fumier de
terre. Ici, il n'y a pas à craindre au

même degré les inconvénients précédents, à raison de la nature de la plante ;
mais il vaut cependant beaucoup mieux
améliorer la terre avant la plantation.

VIVIER. (*Econ. rur.*) Pièce d'eau
voisine de la maison, dans laquelle on
dépose du poisson provenant de la pêche des rivières et des étangs, pour en
avoir toujours, dans le besoin, à sa disposition.

Lorsque les grands propriétaires ha-
bitaient pendant toute l'année leurs
châteaux, qu'ils avaient besoin de rassembler autour d'eux des moyens de
subsistance permanents, ils avaient
tous des viviers. Olivier de Serres en
parle longuement ; aujourd'hui ils sont
beaucoup plus rares. Cependant Rozier
recommande avec raison, à tous les
propriétaires de la campagne, d'avoir
un vivier à proximité de leur habitation.

La position d'un vivier est toujours
subordonnée, comme on pense bien,
au cours des eaux ; mais s'il est exposé
au soleil et bien aéré, le poisson en sera
meilleur.

Le vivier au milieu duquel passera un
ruisseau, ou dans lequel entrera un filet
tiré d'une rivière, sera préférable à
celui formé d'eau stagnante ; cependant
il ne faut pas que l'eau en soit trop
vive, parce que le poisson, du moins la
carpe, la tanche et la perche, n'y
trouvent pas assez de moyens de subsistance.

Lorsqu'on veut conserver des bro-
chets et des truites dans un vivier où
il y a des carpes, des perches et des tan-
ches, et on doit le vouloir pour consommer l'alvin, il faut que ce soit dans
une séparation à claire-voie du vivier,
ou dans un vivier séparé, parce que,
quelque gros que soit le poisson qui se
trouve mêlé avec ces deux premiers, il
est tourmenté par eux et maigrit au lieu
d'engraisser.

Il n'est pas bon, quoique des écrivains
respectables l'aient conseillé, de faire
tomber dans le vivier les eaux des la-

viers, les égouts des fumiers, parce que, à moins que ses eaux ne soient très courantes, il en résulterait la mort du poisson ; mais il est très avantageux d'y jeter les restes de la cuisine, soit de viande, soit de légumes cuits et crus, objets dont se nourrissent fort bien la carpe et la tanche. Si on prévoit que la glace couvre pendant l'hiver les eaux du vivier, on jette d'avance au fond une certaine quantité d'orge, de seigle, de blé, ou autres graines, aux dépens desquelles les mêmes poissons vivent jusqu'au dégel.

On prend les poissons dans les viviers avec la trouble ou la seine, et à mesure du besoin.

VIVROGNE. (*Voy.* NOIR-MUSEAU.)

VOICHIVE. Portion d'une grange qui, dans le département des Ardennes, sert à placer les graines.

VOITURE. (*Econ. rur.*) Machine propre à effectuer les transports lourds et volumineux.

Il est à peu près inutile de prévenir que nous ne nous occuperons, dans cet article, que des voitures appropriées aux besoins de l'économie rurale.

Les occupations, les travaux du cultivateur ne se bornent pas aux labours des terres, à la culture des plantes, à la récolte des fruits ; il faut engranger ceux-ci, les transporter à la ferme, et souvent de là au marché. Ces divers transports se font avec des voitures traînées par des chevaux, des bœufs ou des mulets ; moyen simple, économique, qui a universellement remplacé, dans les exploitations rurales de quelque importance, les anciennes méthodes coûteuses et embarrassantes des transports à dos de chevaux ou de mulets, ou sur des HOTTES.

Il est aisé de concevoir que la voiture la plus avantageuse est celle qui, par sa forme et l'exactitude de ses proportions, étant susceptible de recevoir la charge la plus considérable, peut être mue par la moindre force.

Les mêmes formes de voitures ne conviennent pas également dans tous les pays, à toutes les localités, ni indistinctement aux différentes espèces de bestiaux qu'on peut employer au trait. Par exemple, les voitures les plus communes dans les plaines, sur les chemins larges, droits et unis de la Flandre, tirées par de grands et vigoureux chevaux de Frise, communément attelés plusieurs de front, ne pourraient être d'aucun usage dans les régions montagneuses, sur les chemins étroits, rocailleux et escarpés des Vosges, des Ardennes, du Cantal, de la Haute-Vienne, de la Creuse, de la Corrèze, de la Dordogne, etc., où les bœufs exécutent presque tous les travaux de la culture. Souvent même on doit trouver dans une ferme suffisamment pourvue des instruments et des meubles nécessaires à l'exploitation, différentes sortes de voitures, parce que les unes sont plus propres que les autres au transport de telle ou telle espèce de récolte, de tel ou tel genre d'engrais, et que la facilité de charger et de transporter produit une grande économie de temps, bien inappréciable en agriculture. Cependant il faut se garder de multiplier ces sortes de meubles au delà du besoin. Une sage économie se prête aux dépenses nécessaires, mais ne les excède pas.

Les voitures les plus employées dans l'agriculture sont le *char* ou *chariot*, les *charrettes*, les *tombereaux*, et les *haquets*.

Nous ne comptons parmi les voitures ni les BROUETTES ni les DIABLES, qui se traînent à bras d'hommes, et auxquels nous avons consacré des articles spéciaux.

Les *chariots* sont ordinairement montés sur quatre roues, et les chevaux ou les mulets qui les traînent sont attelés à un timon ; deux roues seulement portent les autres voitures.

Quand ces dernières sont tirées par des bœufs, on attelle ces animaux à un timon ; quand elles doivent recevoir un attelage de chevaux ou de mulets, l'un d'eux est placé dans des limons ou dans une limonière, et le surplus de l'attelage le précède, les chevaux ou mulets étant placés de file, à la queue l'un de l'autre.

Les chariots et les *charrettes* ne diffèrent guère entre eux que par le nombre des roues ; leur construction est très simple : ces voitures sont formées de deux maîtres brins, appelés timons, unis l'un à l'autre par quatre, six, ou huit épars qui servent à soutenir les planches qui deviennent le fond ou le plancher de la voiture. Cette première partie, posée et fixée sur un ou deux essieux, est le bâti, la charge ou la cage de la voiture. La partie des limons qui excède la charge forme le brancard, dans lequel on fait entrer le cheval ou le mulet qui doit remplir les fonctions de limonier. Quand la voiture est destinée à être traînée par des animaux attelés de front, deux à deux, les limons ne dépassent pas la charge, mais il part du milieu de l'espace qui les sépare une pièce appelée timon ou aiguille, laquelle, étant assujettie dans une traverse, se prolonge de 6 pieds au moins entre deux bêtes de trait, et sert à les attacher. Ce point de l'attache est le principal point de la résistance. Toutes les pièces qui concourent à former l'ensemble du chariot ou de la charrette sont assujetties et fixées les unes aux autres de manière à ne pouvoir recevoir aucune direction particulière : le mouvement que l'on voudrait imprimer à l'une se communique à toutes les autres, et dans le même sens. Il n'en est pas de même du *tombereau* ; celui-ci est composé de deux parties très distinctes et susceptibles d'être mues en sens différent : 1° la voiture proprement dite, qui est une grosse caisse sans couvercle. Elle est faite de planches enfermées dans des gisans. En tirant du devant une traverse à coulisse, toute la charge fait la bascule en arrière ; 2° le brancard, qui ne tient à la voiture que par deux boulons autour desquels se meuvent librement, mais de bas en haut seulement, les deux pièces qui forment le brancard, de manière que quand le tombereau fait la bascule, le cheval et le brancard dans lequel il est attelé n'éprouvent ni secousse ni déplacement.

La limonière ou le brancard du *haquet* diffère peu de celui du tombereau ; mais le haquet, étant spécialement destiné à transporter des fûts qu'on place sur la charge longitudinalement, c'est à dire fond contre fond, est à proportion plus long et moins large que les autres voitures. Outre qu'il est susceptible de faire la bascule comme le tombereau, il est pourvu d'un moulinet placé entre le brancard et la charge, par le moyen duquel un seul homme peut, avec un câble, charger et décharger les plus lourds fardeaux. (*V. pl.* CCCXLIII, *fig.* 1 et 2, et l'explication des planches, fin du vol [1].) Il est fâcheux que cette espèce de voiture très commode, très ingénieuse, et dont l'invention est due à l'un des plus beaux génies qu'ait produit la France, Pascal, ne soit guère connue que dans nos grandes villes commerçantes. Combien de services elle rendrait dans les campagnes, et surtout dans les pays à vin et à cidre ? Les chars, chariots et charrettes servent au transport de toutes espèces de grains en gerbe ou en sac, à celui des pailles, des fourrages, des bois et des fumiers à demi consommés. Les tombereaux conviennent davantage pour transporter les racines, les tubercules, les fruits à cidre, la terre, le sable, la marne, la chaux, les gravois et les engrais les plus précieux, tels que la colombine et la poulnée.

Nous avons dit que la solidité et la facilité à être mues étaient les qualités essentielles des voitures.

La solidité dépend 1° de la bonté du bois qu'on emploie à leur construction, de sa parfaite siccité et de l'application

[1] La charrette ou traîneau suédois à bascule (même pl., *fig.* 3) est construite sur le même principe.

de certaines espèces de bois à la confection de certaines parties de la voiture. Par exemple, l'expérience a appris que l'orme est le meilleur de tous les bois pour faire les moyeux et les jantes des roues, le chêne pour les rayons et les épars ou les traverses, le frêne pour les limons et les brancards, et le cormier pour l'essieu, quand on croit pouvoir se dispenser de l'avoir en fer. On fait aussi de très bonnes jantes avec de l'érable. 2° Dans la juste proportion de toutes les pièces, dans la précision des assemblages, dans l'exemption de toute espèce de nœuds. Quand l'ouvrier rend son ouvrage examinez-en attentivement toutes les parties. Si vous y remarquez des fentes, des *disjointures*, des nœuds, des irrégularités dans les distances qui séparent les rayons de roues, ne l'acceptez pas; les cavités, de quelque espèce qu'elles soient, sont autant de réservoirs où l'eau s'éjourne et travaille incessamment à la destruction du bois. Quant aux nœuds, le charron ne manquera pas de vous observer qu'ils sont une qualité dans les moyeux, parce qu'ils les rendent plus durs et plus propres à résister au frottement continuel de l'essieu. Cette raison est bonne quelquefois, mais le plus souvent elle n'est que spécieuse. Sur cent moyeux formés de bois très noueux, les quatre cinquièmes ne valent rien, parce qu'il est rare que plusieurs nœuds existent, sans que quelques-uns recèlent des principes ou même un commencement de dissolution. 3° Enfin, dans la pureté, la douceur, la ductilité du fer employé à former l'essieu de la voiture ou les bandages des roues. N'adoptez pas les bandages d'une seule pièce : cette forme expose à trop d'inconvénients. Si la bande se casse sur un point, il faut plus de temps et de travail pour la réparer que pour la placer à neuf; au contraire, le bandage étant divisé en six, si la brisure a lieu sur l'une des parties, le travail pour la réparer est trois ou quatre fois moindre. Exigez que chaque partie du

bandage soit coupée à fausse équerre; la surface des jantes en est mieux garantie de toute espèce de frottement.

Une voiture est mue d'autant plus facilement, que les différentes pièces dont elle est composée sont entre elles dans une proportion plus exacte, et que le bois dont elles sont formées a la force et la grosseur suffisantes pour soutenir la charge, sans qu'il reste un excédant de poids qui formerait surcharge. Il faut convenir que les ouvriers en charronnage se trompent rarement en moins dans l'épaisseur ou dans la circonférence qu'ils laissent au bois dans la construction des voitures. Nous avons même observé, dans les provinces du sud-ouest de la France, qu'ils commettent beaucoup d'erreurs dans le sens opposé. De combien de livres les charrettes de ces pays pourraient être déchargées, sans nuire à leur solidité! Elles sont massives et grossièrement faites; on laisse les timons et les limons équarris, quand, de la suppression de l'équarrissage, il résulterait allégement dans le poids de la voiture, et facilité d'écoulement à l'eau, dans les temps humides. Le nombre des roues, leur hauteur et le diamètre des jantes influent aussi beaucoup sur le roulage. Des expériences nombreuses montrent que sur un plan horizontal, quatre roues ne facilitent pas plus le tirage que deux; que s'il en résulte quelque avantage pour descendre une côte, parce que la charge portant sur plus de surface il en résulte plus de facilité au limonier ou aux timoniers pour en soutenir le poids, par cela même cet avantage disparaît quand il s'agit de monter sur un plan incliné, parce que les obstacles se multiplient en raison de l'étendue de la surface à vaincre. D'ailleurs, deux essieux, ou quatre roues, produiraient de très grands embarras dans la plupart de nos chemins vicinaux, presque toujours étroits, tortueux et coupés par des embranchements, dans lesquels les voitures même

XVII.   82

à deux roues ne tournent qu'avec peine. Les chariots ne conviennent que pour le roulage proprement dit, que sur les grandes routes, ou dans les chemins droits et soigneusement entretenus.

Il n'est pas douteux que les roues hautes ne favorisent beaucoup la puissance qui tire; mais cette hauteur est relative, car il paraît qu'elle doit être proportionnée à la taille des bêtes de trait. Aussi pensons-nous qu'on doit se déterminer à cet égard d'après le principe suivant. Où se trouve, dans une voiture, le centre de la force d'inertie? à l'essieu. Où est placé le centre de la puissance qui agit? sur le poitrail du cheval ou sur le front du bœuf. Ainsi, en plaçant l'essieu à la hauteur du poitrail de l'un ou du front de l'autre, pouvant tirer une ligne horizontale qui aboutisse à ces deux points, on aura une correspondance parfaite entre la puissance qui tire et la force qui résiste. Nous avons constamment observé que les bœufs, avant d'être attelés ou de tirer, ont le haut de la tête presque de niveau avec le haut des épaules; mais pour mettre la force d'inertie en mouvement, pour charroyer, ils baissent la tête jusqu'à ce que leur front soit au niveau de l'essieu; ainsi, plus les roues sont basses, plus l'essieu avoisine la terre, et plus ils sont obligés de baisser la tête; quelquefois même c'est au point qu'en montant un plan incliné, leur bouche effleure, pour ainsi dire, la surface du terrain. On conçoit combien une pareille position doit leur être pénible. Donc, s'il devait y avoir obliquité dans la ligne correspondante dont nous venons de parler, il serait indispensable de faire partir du centre de la force d'inertie le point le plus élevé de cette ligne, pour aller aboutir, en descendant, à celui de la puissance agissante. Il est hors de toute raison de lui donner une direction en sens contraire. D'après ce principe, que nous croyons sûr, il appartient au cultivateur seul de prescrire la hauteur de ses roues, puis-

que leur diamètre doit être relatif à la taille des animaux, et à l'espèce d'animaux qu'il emploie au trait.

Nous dirons peu de chose sur la grandeur des voitures, parce qu'elle doit être relative à l'étendue de l'exploitation, au nombre et à la force des bêtes de trait qu'on entretient dans la ferme. On en emploie qui ont depuis 5 pieds jusqu'à 18 pieds de longueur. La largeur du fond est, pour ainsi dire, la même pour les petites et pour les grandes charrettes; mais on élargit les unes et les autres par le moyen des ridelles, qui, placées verticalement, et un peu obliquement de chaque côté, augmentent, à 2 pieds et demi de hauteur, la largeur de la voiture de 15 ou 18 pouces. Cette capacité n'augmente pas dans la même proportion jusqu'à une grande hauteur, parce que si les ridelles étaient trop inclinées elles se trouveraient en frottement avec les roues; mais, par le moyen de deux bâtis, qu'on peut nommer guindages, placés l'un sur le devant, l'autre sur le derrière de la charrette, un habile chargeur, car c'est un talent que de bien charger, peut ranger jusqu'à six milliers pesant de fourrage sur une voiture de 15 pieds seulement de longueur.

On doit, en Angleterre, au célèbre Arthur Young une sorte de révolution relativement à l'emploi des charrettes. Des observations et des expériences nombreuses l'avaient convaincu que la force des chevaux s'accroît à proportion qu'on en diminue le nombre dans les attelages, et qu'elle va toujours en augmentant, jusqu'à ce que l'on en vienne à n'en atteler qu'un seul à une charrette.

Pour le transport des grains, de la paille, du foin et du bois, les fermiers anglais se servent ordinairement d'une voiture tirée par quatre chevaux; pour conduire le fumier ou de la terre; ils font usage du tombereau ou d'un char traîné par trois ou quatre chevaux; les rouliers, assez généralement, n'emploient que des voitures à larges roues et attelées de huit chevaux.

Un homme qui n'a pas moins fait pour les progrès de notre agriculture qu'Arthur Young pour l'avancement de l'agriculture britannique, M. Mathieu de Dombasle, se trouve ici complètement d'accord avec le célèbre agronome anglais. Nous citons ses propres paroles. (1ʳᵉ livraison des *Annales agricoles de Roville.*)

» J'ai adopté exclusivement, pour tous les travaux de la ferme, l'emploi de petits chariots conduits par un cheval, et je m'en applaudis tous les jours davantage : je considère cet usage comme m'apportant autant d'économie dans les travaux de charrois, que les charrues simples dans le labourage. C'est à ces chariots autant qu'à la charrue, que je dois l'avantage d'avoir pu diminuer le nombre de mes bêtes de trait, si fort au dessous de la proportion ordinaire, tout en restant beaucoup plus fort en attelages que le commun des cultivateurs.

» Ces chariots (*pl.* CCCXLIV, *voy.* l'explication des figures, fin du volume) sont construits sur le modèle de ceux qu'emploient les rouliers de la Franche-Comté, et en particulier de Saint-Claude, à la réserve des roues de devant, qui sont d'environ un pied plus basses que celles de derrière, tandis que dans les chariots comtois elles sont presque égales, et sauf quelques modifications pour les approprier aux usages ruraux. Je savais bien que la hauteur des roues de devant diminue beaucoup la résistance, surtout dans les chemins raboteux et lorsque les roues s'enfoncent dans la terre; mais je craignais, dans les travaux de la campagne, et pour la circulation des voitures dans la cour de la ferme, l'incommodité qui résulte de la nécessité de faire un très long circuit pour tourner, inconvénient qui est bien moins sensible dans le travail du roulage sur les grandes routes.

» Cependant, dans le nombre des

chariots que j'ai fait construire, j'en ai fait faire un dont les roues sont entièrement semblables à celles des chariots comtois. Dans le commencement, mes valets ont eu beaucoup de peine à s'habituer à le manœuvrer, et ils prétendaient qu'il serait beaucoup plus versant que les autres; mais l'expérience leur a montré qu'il ne s'agissait que de savoir s'y prendre, et aujourd'hui c'est à celui-là qu'ils donnent décidément la préférence, parce que le cheval qui le conduit est beaucoup moins chargé : je crois qu'on peut évaluer cette différence à 300 livres au moins. Il est probable qu'à l'avenir je ferai construire de cette manière les chariots dont j'aurai besoin.

» Mes chariots sont construits légèrement, mais en bois choisi, et la plupart en frêne; les essieux sont en fer, avec des boîtes de fonte. On y adapte à volonté des échelles à foin, des échelles à fumier, ou des tombereaux longs en planches de sapin, pour la conduite du sable, des pommes de terre, etc. Ces tombereaux contiennent environ neuf hectolitres de pommes de terre, ce qui fait la charge d'un cheval : en général, ces chariots se chargent d'un mille de foin, ou d'un poids égal en gerbes; lorsque les chemins sont beaux, on charge de douze à quinze cents livres de racines. Sur les routes, on peut toujours donner cette charge à un cheval de moyenne taille.

» L'expérience m'a démontré qu'il y a de grands avantages à isoler les bêtes pour le tirage : dans un attelage de quatre ou six chevaux, il se rencontre toujours des différences individuelles, sous le rapport de la force et de l'ardeur. Les chevaux les plus ardents tirent toujours plus que les autres, et par cette raison durent moins longtemps, même en supposant qu'ils sont conduits par un bon charretier; mais si c'est un homme maladroit, inexpérimenté ou négligent, l'inconvénient est encore bien plus grave. D'ailleurs, il est presque impossible, si ce n'est à un très petit nombre d'excellents charretiers, de faire *prendre* à la fois, dans un pas difficile, tous les chevaux d'un attelage; lorsqu'au contraire chaque cheval n'a affaire qu'à sa charge, on proportionne le chargement à la force de chacun, et chacun est forcé d'employer constamment ses forces. Aussi, dans l'attelage isolé, le même nombre de chevaux conduit constamment une charge à peu près double. Pour le transport des récoltes, ou la conduite des fumiers, chacun de mes chevaux conduit au moins un mille; tandis que les autres cultivateurs du pays, avec des attelages de quatre chevaux de même force que les miens chargent très rarement plus de deux mille.

» Le chargement et le déchargement des petites voitures sont aussi plus faciles, et proportionnellement plus prompts que ceux des gros chariots, et il arrive beaucoup moins d'accidents de rupture, soit des chariots, soit des traits ou des harnais. Moyennant un nombre suffisant de petits chariots pour que le chargement du fumier ou le déchargement du foin ou des gerbes se fasse toujours avec un chariot dételé, le service se fait avec une très grande promptitude, parce qu'il ne faut qu'un instant pour dételer et atteler de nouveau.

» Sur une route, un homme peut conduire trois ou quatre de ces chariots; mais pour la rentrée des récoltes et autres travaux semblables, un homme est nécessaire pour chaque cheval, en sorte que cela emploie réellement un plus grand nombre d'hommes qu'avec des attelages de quatre ou six chevaux, proportionnellement au nombre de bêtes, mais non pas proportionnellement à la quantité d'ouvrage fait : car, sous ce dernier rapport, l'avantage reste encore aux petits chariots, quoique dans une beaucoup moins grande proportion que pour le nombre des bêtes de trait. D'ailleurs, lorsqu'il s'agit de conduire un cheval seul, tout homme

y est propre; tandis qu'avec un attelage nombreux, il est nécessaire d'y mettre un habile charretier, sous peine de ruiner les chevaux.

» L'emploi des chariots attelés d'un seul cheval dispense aussi le cultivateur de la nécessité d'avoir des voitures à jantes larges, pour les transports qu'il exécute sur les routes, ce qui est l'objet d'une très grande dépense; ces mêmes chariots servent à tous les genres de travaux. Pour monter une côte, ou pour franchir un pas difficile, on dédouble l'attelage, et l'on passe en deux fois, de sorte qu'on n'est pas forcé de diminuer la charge de chaque cheval pour le passage d'un seul endroit, comme cela arrive lorsqu'on n'emploie qu'un seul chariot.

» Je suis convaincu, ajoute M. de Dombasle, qu'il y aurait encore plus d'avantage, sous le rapport de la force de tirage, à l'emploi des charrettes à deux roues attelées d'un seul cheval; mais le chargement et le déchargement seraient moins commodes, et elles sont beaucoup plus versantes que les chariots à quatre roues. »

Dans les figures du chariot de Roville, on remarquera un mode d'attelage qui est propre à M. de Dombasle; il consiste à remplacer le palonnier par une chaîne roulant sur deux poulies ou galets en fonte.

Le *chariot flamand*, beaucoup moins léger que celui de Roville, est destiné à recevoir des charges pesantes. On peut en voir la figure dans l'ouvrage de M. Cordier.

La *pl.* CCCXLV montre la *charrette ordinaire*. La *fig.* 1re ne montre qu'un côté de cette charrette, en supposant la roue enlevée; mais il est facile de suppléer à ce que la figure ne représente pas. La longueur totale, de *a* en *b*, varie de 14 à 19 pieds; la largeur est de 4 à 5 pieds. Dans la *fig.* 2, la charrette est vue par derrière.

La *guimbarde* ou charrette à foin (*pl.* CCCXLV, *fig.* 3) est destinée plus spécialement, dans la plupart des fermes, au transport des foins en bottes ou des blés en gerbes, à des distances un peu considérables. Elle ne diffère guère de la charrette ordinaire, à part la grandeur, que par l'addition, à l'avant et à l'arrière, de deux cadres *a* et *b* destinés à maintenir la charge de chaque côté.

On voit aussi des charrettes destinées à ces sortes de transports présentant peu de poids sous un grand volume, surmontées d'un large cadre en bois, posé horisontalement sur les bords supérieurs des côtés de la charrette, de manière à être plus élevé que les roues qu'il déborde de chaque côté. Une forte partie de la charge porte sur ce cadre, qu'on ôte ou qu'on remet à volonté. La *pl.* CCCXLVI montre une charrette ainsi disposée en plan, vue par dessus (*fig.* 1), de côté (*fig.* 2) et par derrière (*fig.* 3). Le cadre additionnel est fixé à la partie inférieure de la voiture par quatre boulons à écrou *a a*. Ordinairement les côtés de la charrette, au lieu d'être à claire-voie, sont garnis de planches comme dans la figure.

Cette charrette a l'inconvénient de porter trop en arrière le centre de gravité; mais on peut aisément remédier à ce défaut dans la construction.

En outre, comme la ligne de tirage ne peut être la même pour deux chevaux attelés l'un devant l'autre à la même voiture, et que les efforts du premier augmentent la charge du second, on a imaginé en Angleterre de fixer à l'axe des roues une poulie *c*, dans laquelle passe une corde *d*, attachée par l'une de ses extrémités au collier du cheval de brancard et par l'autre à celui du cheval mis en avant. Par ce moyen, si l'un se ralentit, les efforts de l'autre produisent une pression sur son collier et l'obligent à agir ou à être porté en arrière; mouvement qui est réglé par un crochet *e*, attachée d'une part au collier du cheval de brancard et qui glisse dans une tringle fixée sur chaque brancard, et sert ainsi à indiquer comparativement l'effort de traction de chacun des chevaux de l'attelage.

Dans la *figure* 3, on voit comment le cadre est soutenu par les montants. Les roues sont inclinées en dehors, ce qui a lieu en ménageant une légère déviation vers le bas, aux deux extrémités de l'essieu.

Les Suédois ont une charrette usitée pour des transports analogues, et dans laquelle le même but est atteint en renfermant les roues dans des tambours sur lesquels porte une portion de la charge, et qui se trouvent dans l'intérieur même de la voiture. (*Voy.* cette charrette, *pl.* CCCXLV, *fig.* 4.)

Parmi les charrettes étrangères dont M. le comte de Lasteyrie a réuni les nombreux dessins dans sa *collection de machines et instruments aratoires*, on doit remarquer les suivants :

La *charrette anglaise en gondole* (*pl.* CCCXLV, *fig.* 5). Les deux côtés longitudinaux sont formés par des pièces de bois qui se prolongent et se relèvent aux deux extrémités, de manière à pouvoir augmenter la charge au besoin. Ces pièces sont affermies l'une à l'autre et sur le corps de la voiture avec des barres de fer à boulon. La partie inférieure est garnie de planches sur les côtés, pour mieux contenir les petits objets. On la renverse sur le derrière au moyen d'une bride *a* percée de trous; il suffit pour cela d'enlever la cheville qui la retient. Cette bride sert aussi à fixer le centre de gravité, lorsque le chargement est fait. Ce moyen ingénieux mérite d'être imité. Une chaine fixée sur le brancard empêche que la charrette ne se renverse sur le derrière. On adapte à l'extrémité du timon un joug à collier *b* pour les bœufs. Cette charrette légère est usitée pour le transport des moissons, des fourrages, du fumier, etc.

La *charrette belge* garnie en dessous d'un large et long panier en éclisses suspendu par des chaines (*pl.* CCCXLV, *fig.* 6). Cette disposition, qu'on peut au reste modifier, offre de grands avantages pour diverses sortes de transports.

La *charrette romaine* (*pl.* CCCXLVI, *fig.* 4) est usitée dans la campagne de Rome; le modèle en est dû, dit-on, à Michel-Ange.

C'est, comme nous l'avons dit plus haut, aux déblais et au transport des terres que sont employés les tombereaux. Les *fig.* 4 et 5 (*pl.* CCCXLIII) montrent un tombereau ordinaire, la première vu par le côté, la seconde vu par derrière. Le CAMION (*voy.* ce mot) déjà représenté et décrit (*voy.* la *pl.* LXXIII, *fig.* 1 et 2) n'est qu'un tombereau en petites proportions. Dans quelques parties de la Suisse, on emploie pour les transports du fumier et autres une sorte de tombereau à bras, que nous avons figuré d'après M. de Lasteyrie (*pl.* CCCXLIII, *fig.* 6).

Dans la moitié du siècle dernier, le célèbre ingénieur Perronet, à qui l'on doit la construction du beau pont de Neuilly, près Paris, imagina une sorte de tombereau prismatique à bascule, pour les transports de terres, dont l'usage s'est perpétué dans les travaux publics. Ce *tombereau-Perronet* (*pl.* CCCXLIII, *fig.* 7) n'est pas assez connu dans nos campagnes. Il est propre non seulement aux transports des terres, de la marne, etc., mais encore à celui de certains fruits ou racines, comme les châtaignes, les noix, les pommes de terre, etc., surtout à de médiocres distances. Un petit cheval ou un âne peuvent aisément le traîner. Il suffit, lorsqu'on veut le décharger, de défaire le crochet fixé sur un des côtés ou sur la traverse de devant; la caisse, traversée par l'essieu sur lequel elle roule, se renverse alors en arrière par un léger mouvement, et laisse tomber sa charge.

M. Palissart fils a imaginé en 1834, un instrument propre à opérer des transports ou des déplacements de terres dans les champs, soit pour APLANIR et égaliser le sol, soit pour TERRER des champs ou des vignes, etc., instrument

auquel il a donné assez improprement le nom de *tombereau mécanique*, et qui n'est qu'une modification de ceux qui sont très anciennement connus en France, en Belgique, en Angleterre et ailleurs sous les noms de *ravale, mollebart, pelle à un cheval*, etc. (*voy.* RAVALE). Des essais suivis avec soin à Paris, par des membres de la Société centrale d'agriculture, n'ont pas montré un avantage bien décidé sur les instruments analogues déjà connus, et d'ailleurs son prix élevé ne permettra guères qu'il se propage dans nos campagnes. Nous en avons cependant fait graver une figure (*pl.* CCCXXXII, *fig.* 6, ci-dessus, p. 339), qui en fera suffisamment connaître la forme et le jeu.

On a souvent recommandé au cultivateur, dans le cours de cet ouvrage, de veiller à ce que ses instruments aratoires ne restent pas exposés aux injures du temps, parce que les alternatives de l'humidité et de la chaleur sont les principaux agents de la destruction du bois. C'est ici le cas de leur renouveler cette invitation. Il n'est pas toujours possible, il est vrai, de se procurer des HANGARS assez vastes; mais deux bonnes couches de couleur à l'huile suffisent pour garantir les voitures de toutes les impressions destructives. Cette légère dépense est bientôt réparée; car il n'est pas douteux que les réparations et le renouvellement des voitures abandonnées à l'air, dans une ferme dont l'exploitation s'étend sur cent ou cent cinquante hectares, ne nécessitent, année commune, un déboursé de 400 à 500 fr.

VOLAILLE. Ce nom se donne collectivement à tous les oiseaux qui s'élèvent dans nos basses-cours pour en manger la chair et les œufs.

Ainsi le COQ et la POULE, le DINDON et la DINDE, l'OIE, le CANARD COMMUN et le CANARD MUSQUÉ, la PINTADE, le PAON et le PIGEON sont des volailles. (*Voy.* ces mots et l'art. OISEAUX DE BASSE-COUR.)

Les efforts faits à différentes époques pour rendre domestiques le FAISAN, le COQ DE BRUYÈRE et l'OUTARDE, oiseaux fort dignes d'être introduits dans nos basses-cours, ont été sans résultats, quoique ces oiseaux diffèrent peu de quelques-uns des précédents.

Il n'est pas toujours de l'intérêt des cultivateurs de nourrir une grande quantité de volaille, parce que les frais qu'elle occasionne surpassent, lorsqu'une sévère économie n'y préside pas, ce qu'elle peut produire en argent; mais il est toujours bon qu'ils en aient une quantité proportionnée à leur exploitation, pour consommer toutes les graines qui tombent lors des récoltes, celles qui restent dans les pailles, celles qui ont éprouvé une altération quelconque, etc.

VOLAIN. (*Voy.* l'art. suivant.)

VOLANT. (*Agric.* et *jardin.*) Nom de la FAUCILLE, dans les environs de Genève. C'est aussi, dans quelques cantons, le nom du CROISSANT ordinaire des jardiniers. Enfin, dans les environs d'Orléans, on nomme *volain* une sorte de SERPE.

VOLIÈRE. (*Archit.* et *économ. rur.*) Lieu où sont élevés et nourris les pigeons domestiques. (*Voy.* l'art. PIGEON.) Le COLOMBIER (*voy.* ce mot) est l'endroit où l'on dispose les nids des pigeons fuyards ou libres.

La volière doit être construite dans l'endroit de la basse-cour où les alternatives du chaud et du froid se fassent le moins sentir; il faut qu'elle tire ses jours du côté du levant ou du midi, et qu'elle soit meublée de nids de figure carrée, assez profonds pour y asseoir un pigeon à l'aise. Leur nombre est en raison de trois par paire de pigeons. Communément on leur donne des terrines de plâtre, des paniers d'osier qu'on attache au mur, ou bien on élève des cabanes de bois d'un pied en tout sens; ou bien encore on pratique des trous dans l'épaisseur des murs.

A la vérité, ces différents nids ont chacun leurs inconvénients. On reproche aux cases en planches dans lesquelles on met un plateau de plâtre, de s'imprégner trop facilement de la partie humide de la fiente, et de contracter par là une odeur qui finit par occasionner des maladies aux pigeons. Dans les paniers d'osier, outre que la vermine y trouve plus aisément à s'y loger, les petits en tombent souvent, et si on n'a pas le soin de les remettre aussitôt dans leurs nids, ils ne tardent pas à périr. Les plâtres peuvent être avantageusement remplacés par des terrines de terre cuite vernissée. Ces dernières, à la vérité, sont d'un prix à peu près double; mais la facilité de les nettoyer à grande eau, et surtout leur durée, dédommagent au-delà de l'excédant de la dépense; les cavités pratiquées dans l'épaisseur du mur sont trop fraîches et ne paraissent pas leur convenir.

Quelques amateurs ont été jusqu'à faire fabriquer en terre cuite des pots assez ressemblants à ceux qu'on place pour recevoir des moineaux. Ces pots n'ont pas l'inconvénient des paniers, les petits n'en peuvent sortir; ils facilitent l'incubation et dispensent de placer des rayons en bois. Il faut avoir l'attention de mettre les nids dans l'endroit le moins clair de la volière; car les pigeons, comme tous les autres oiseaux, lorsqu'ils veulent pondre ou couver, recherchent toujours l'obscurité.

Il faut encore que la volière soit pourvue de vases destinés à contenir la boisson et la nourriture. On emploie, pour le premier objet, des bouteilles de grès à long col, qu'on renverse dans un vaisseau de terre fait exprès, et disposé de manière que l'eau tombe de la bouteille à mesure que les pigeons boivent. Cet appareil se nomme *pompe.* Pour renfermer leur nourriture, on se sert d'une trémie, qu'on divise quelquefois en plusieurs parties destinées à contenir les différentes espèces de grains qu'on leur donne.

Mais un soin qu'on ne saurait trop recommander, c'est de balayer souvent la volière, d'en faire nettoyer sous ses yeux toutes les parties, de faire transporter à quelque distance la colombine et les autres immondices, de renouveler la paille des nids tous les trois ou quatre jours au moins après la naissance des petits ; sans quoi la fiente qui les entoure ne tarde pas à leur procurer de la vermine, qui incommode quelquefois la couveuse au point de les lui faire abandonner. Il ne faut pas négliger non plus de changer leur eau le plus souvent possible en été, et de la faire dégeler plusieurs fois par jour pendant les grands froids.

Une autre précaution, c'est de ne pas enlever les pigeonneaux sans nettoyer en même temps leur nid, et y mettre de la paille fraîche ; moyennant cette précaution, et la propreté que je n'hésite pas de conseiller de porter à l'excès, il est rare d'avoir des pigeons attaqués d'autre maladie que de l'incurable vieillesse.

Il y a des espèces de pigeons qui mettent beaucoup de paille dans leur nid, d'autres qui n'en mettent que des brins. Il est bon alors de les dégarnir quand il y en a trop, parce que les œufs pourraient tomber et se casser, et d'en ajouter quand il n'y en a point, attendu que les œufs à nu sur la planche roulent de dessous la femelle, qui ne peut les embrasser comme il faut, se refroidissent et ne sont plus bons à rien. Pour éviter ces inconvénients, on fera bien de leur préparer les nids soi-même, de rompre la paille, afin qu'elle se prête mieux à la forme qu'on veut leur donner, et que les œufs ne puissent glisser entre, ce qui arrive quand elle n'a pas été préalablement brisée.

Peuplement de la volière. — Quand il s'agit de remplacer les pigeons invalides, on conserve ordinairement les pigeons éclos en septembre ou octobre, parce qu'ils sont dans toute leur force au mois de mars suivant ; d'autres préfèrent les pigeons nés au printemps, vu que leur accroissement n'a point été suspendu par le froid.

On doit avoir le soin surtout de ne jamais souffrir dans la volière ni plus ni moins de mâles que de femelles, et de n'y tenir que des ménages assortis. Un ou deux mâles non appareillés suffisent pour porter le trouble dans l'habitation, et pour déranger toutes les pontes : aussi quelques amateurs ont-ils la précaution de retirer de la volière, aussitôt qu'ils mangent seuls, tous les jeunes pigeons qu'ils destinent à augmenter le nombre des nids ou à remplacer ceux dont l'âge annonce la prochaine stérilité ; ils les réunissent dans un endroit qu'ils nomment l'appareilloir, et les laissent jusqu'à l'époque où le roucoulement des mâles et la coquetterie prononcée des femelles ne laissent aucun doute sur le sexe des individus.

Lorsqu'on tient les pigeons captifs, il faut placer devant leur demeure une cage de fil de fer, dont la grandeur est proportionnée au nombre des pigeons. La base de cette espèce de volière extérieure doit être en planches, les côtés et le devant en grillage ; la partie supérieure qui sert de toit à cette cage sera couverte de manière à ne pas permettre à la pluie d'y pénétrer, parce qu'elle y forme, avec la fiente des pigeons, une boue qui s'attache à leurs pattes et aux plumes du ventre, et qui nuit au succès de l'incubation. Le même inconvénient résulte de la liberté laissée à ces animaux dans les temps humides ; ils rentrent dans la volière les plumes chargées d'eau et les pieds de terre, mouillent leurs œufs et leurs petits, et salissent leur nid. Cet inconvénient est moindre dans les villes que dans les campagnes, parce que dans les villes ils ne volent que de toit en toit et d'une tour à l'autre.

Cette cage leur sert à aller prendre l'air et à s'échauffer au soleil. Il est nécessaire aussi, quand les pigeons ne sortent pas, de placer dans la volière un baquet de 4 pouces de profondeur, rempli d'eau, qu'on renouvelle tous les jours. Les pigeons aiment singulièrement à se baigner et à se rouler dans la poussière, pour se délivrer des pous et des puces qui les tourmentent. Si, au contraire, les pigeons jouissent de leur liberté, on placera le baquet dans la cour et près de leur demeure, car les pigeons de grosse espèce, quand ils se sont baignés, qu'ils ont leurs ailes chargées d'eau, regagnent difficilement la volière et deviennent quelquefois la proie des chats; ce qui leur arrive encore lorsqu'on n'a pas la précaution de les tenir renfermés pendant la mue.

(PARMENTIER.)

VOLIGE. (*Exploitation des bois.*) Planche mince. Le sapin, le peuplier et les autres bois blancs sont ceux dont on fait ordinairement les voliges.

VOLIS. (*Forêts.*) (*Voy.* CHABLIS.)

VORDRE. Nom du SAULE, et plus particulièrement du SAULE MARSAULT, dans l'ancienne Champagne.

VOUERAS. Nom picard d'un mélange de pois, de vesce, de lentilles et de seigle en égale quantité, qu'on sème après deux façons sur les terres qui ont porté l'avoine, et qu'on donne aux bestiaux sans avoir été battu. (*Voyez* MÉLANGE.)

VREILLE. Nom du LISERON DES CHAMPS dans les Deux-Sèvres. Dans le Boulonais, la même plante est appelée *vroncelle.*

VRESON. Charrue à VERSOIR du département des Deux-Sèvres.

VRILLE. (*Botan.*) On appelle *vrilles* ou *mains* les filets herbacés dont quelques végétaux, comme la vigne, sont pourvus pour s'accrocher aux corps qui les avoisinent.

VUDEAU. C'est un VEAU, en provençal.

VULNÉRAIRE. Espèce d'ANTHYLLIDE.

VULPIN. *Alopecurus.* (*Prairies.*) Herbe fourragère de la famille des GRAMINÉES.

On a donné à cette plante la dénomination de *vulpin,* ou *queue-de-renard,* qui répond au mot grec latinisé *alopecurus,* à cause de la ressemblance qu'on a cru remarquer entre la forme de leurs épis allongés, velus et cylindriques, et celle de la queue de cet animal.

Nous distinguons quatre espèces principales de vulpins vivaces, remarquables par leurs qualités et leur utilité sur les terrains frais et humides; le vulpin des prés, le vulpin des champs, le vulpin genouillé et le vulpin bulbeux.

Le VULPIN DES PRÉS, *A. pratensis,* est le plus élevé, le plus vigoureux et le plus précoce de tous. Ses épis nombreux, supportés par des tiges fermes, d'environ 2 à 3 pieds dans un terrain convenable, et qui sont garnies de feuilles larges, d'un vert tendre, se distinguent par leur couleur cendrée, leur grosseur et leurs balles velues. Ils paraissent de très bonne heure au printemps.

Ce vulpin, qui se plaît particulièrement dans les endroits bas et humides de nos prairies, où nous voyons constamment ses épis paraître et fleurir des premiers, peut fournir un pâturage ou un fourrage très précoce et très abondant. Son foin paraît un peu grossier, à la vérité, comme celui de toutes les graminées qui en fournissent abondamment; mais il est d'ailleurs très agréable à tous les bestiaux, lorsqu'il est fauché à temps, et surtout aux vaches, aux chevaux et aux moutons.

Cette espèce précieuse, qu'on rencontre fréquemment dans les meilleures prairies, réunit les trois principales qualités qui peuvent rendre les graminées vivaces recommandables : quantité, qualité et précocité. Linné la recommande particulièrement pour les terrains aquatiques desséchés, car elle redoute également l'excès d'humidité et de sécheresse. Nous observons que lorsqu'elle est fauchée de bonne heure, et placée dans des circonstances favo-

XVII.   83

rables, elle épie une seconde fois, et qu'elle est, comme l'avoine élevée, une des plus propres à fournir un regain abondant. Sa semence, qui se trouve quelquefois peu abondante, parce qu'elle sert de pâture à un insecte, se conserve assez longtemps dans l'épi, et peut aisément se recueillir. Nous devons encore observer que le vulpin des prés, qu'on trouve assez communément dans les contrées septentrionales, résiste très bien aux froids rigoureux [1].

Le VULPIN DES CHAMPS, *A. agrostis*, ainsi nommé parce qu'il croît souvent spontanément dans les champs cultivés un peu humides, qui ont été ensemencés de bonne heure, en automne, en froment ou en toute autre production, est généralement beaucoup moins élevé que celui des prés. Il talle ordinairement davantage, rampe aussi quelquefois sur terre, et il épie un peu plus tard. Ses tiges grêles sont surmontées d'épis plus allongés, plus minces, quelquefois penchés, et d'un vert purpurin, dont les balles sont glabres, et elles sont garnies de feuilles plus étroites et plus vertes.

Cette espèce exige moins d'humidité pour prospérer; elle fournit un pâturage assez précoce et un foin moins abondant que la précédente, mais plus fin et très délicat.

Le vulpin des champs dédommage du tort qu'il peut faire à la production du froment, par la qualité qu'il ajoute à sa paille et par le pâturage sain et abondant qu'il peut ensuite fournir aux troupeaux. Mêlé avec le trèfle et avec d'autres prairies artificielles, il en rend le fourrage très délicat et plus abondant.

Le VULPIN GENOUILLÉ, *A. genicula-tus*, ainsi nommé parce que ses tiges à demi couchées sont coudées aux articulations, s'élève ordinairement moins que le précédent, et il est plus rampant. Il a aussi un épi grêle, glabre et allongé, très rétréci à sa partie supérieure, et dont la couleur, quelquefois foncée et noirâtre, lui fait donner en quelques endroits le surnom d'*herbe noire*.

Cette espèce a d'ailleurs assez de ressemblance avec l'espèce précédente, mais elle convient plus particulièrement qu'aucune autre aux terrains aquatiques, puisqu'elle croît spontanément aux bords des mares, des étangs et des fossés les plus humides. Elle est recherchée des bestiaux, mais elle est peu profitable en fourrage, et convient plus en pâturage tardif.

Le VULPIN BULBEUX, *A. bulbosus*, ainsi nommé parce que sa racine est bulbeuse, se distingue encore aisément à son épi gros, serré et très court.

W.

WARAT. On donne ce nom, dans quelques lieux, tantôt aux FÈVES seules, tantôt à un mélange de pois, de vesce, de seigle et de fèves de marais, dont ces dernières forment la plus

grande partie, et qu'on coupe en vert pour fourrage, ou qu'on enterre avant la floraison pour améliorer le sol. (*Voy.* MÉLANGES et RÉCOLTES ENTERRÉES.)

---

[1] M. Vilmorin, qui avait d'abord pensé que le vulpin des prés ne pouvait guère s'allier avec d'autres gramens à cause de sa précocité, a reconnu depuis son erreur. Bien qu'il épie en effet beaucoup plus tôt qu'aucune autre des bonnes espèces, sa végétation soutenue et une longue reproduction

de nouvelles tiges font qu'il est encore vert et fourrageux lorsque le RAY-GRASS, la HOUQUE et d'autres bonnes espèces sont à leur point de fauchaison. Il peut être semé de bonne heure en automne, ou au printemps. Il faut environ 40 livres de semence pour un hectare.

Y.

YEBLE. (*Voy.* SUREAU.)

YEUSE. Espèce de CHÊNE. (*Voy.* ce mot.)

YEUX. (MALADIES DES YEUX.) (*Voy.* OEIL.)

YPRÉAU. Espèce de peuplier qui nous vient d'Ypres en Flandre, d'où il a pris son nom. (*Voy.* PEUPLIER.)

YUCCA, *Yucca.* (*Horticult.*) Genre de plantes de la famille des LILIACÉES. On en compte 7 espèces, toutes originaires de l'Amérique du nord.

Les yuccas sont remarquables par la singularité de leur forme et de leur feuillage, par l'élégance et la beauté de leurs fleurs : aussi sont-ils recherchés et cultivés dans les jardins des curieux. Tous, si on en excepte l'yucca filamenteux, ont une tige en colonne dont la surface est sillonnée d'un grand nombre d'anneaux circulaires comme celle des palmiers. Leurs feuilles sont dures, persistantes, éparses, très rapprochées, lancéolées, concaves en dessus, rétrécies à la base, terminées par une pointe très acérée, et placées à l'extrémité de la tige. Tous les ans il en naît un certain nombre, tandis que celles du rang inférieur se dessèchent et tombent. Ils fleurissent en été. Leurs fleurs sont très nombreuses, disposées en panicule sur une hampe longue de cinq à six décimètres, qui sort du sommet du tronc ; elles sont blanches, pendantes, campaniformes, de la grandeur et de la forme de celles de la tulipe. Les étamines sont au nombre de six, et l'ovaire, dépourvu de style, est surmonté de trois stigmates.

L'YUCCA A FEUILLES ENTIÈRES ou Y. NAIN, *Y. gloriosa* L., quoique originaire de la Caroline, est cultivé en pleine terre dans nos climats. Il résiste aux hivers, pour peu qu'on ait soin de le couvrir lorsque le froid est rigoureux. Il se distingue aisément par ses feuilles glauques et non dentées sur les bords. Sa tige est peu élevée; ses fleurs sont souvent teintes, à l'extérieur, d'une couleur violette dans leur partie moyenne.

L'YUCCA A FEUILLES D'ALOÈS , *Y. aloëfolia* L., est plus délicat. On l'abrite en hiver dans la serre tempérée : mais il vient en pleine terre dans le midi de la France. Le tronc, qui est ordinairement simple et quelquefois divisé, parvient à la hauteur de trois à cinq mètres. On reconnaît aisément cette espèce à ses feuilles dures, étroites, très piquantes, et dentées en scie. Ses fleurs sont très belles. Elle croit en Caroline et dans la Floride sur les rivages de la mer.

L'YUCCA A LARGES FEUILLES, *Y. draconis* L., fleurit rarement dans nos climats; il se distingue du précédent par ses feuilles larges, pendantes et d'un vert clair. Je pense qu'il pourrait réussir en pleine terre dans nos départements les plus méridionaux.

L'YUCCA FILAMENTEUX, *Y. filamentosa* L., a la tige très courte. Ses feuilles sont d'une couleur glauque, plus étroites, et surtout remarquables par des filaments blancs qui se détachent de leurs bords. Il fleurit assez rarement dans nos jardins. Ses fleurs ressemblent à celles des autres espèces. Michaux l'a observé en Caroline et en Virginie le long des rivages de la mer.

On multiplie les yuccas de rejetons qui sortent du tronc ou du collet de la racine, et qu'on laisse faner pendant quinze ou vingt jours avant de les planter. La culture des yuccas exige peu de soins. Il faut les mettre dans une terre légère et sablonneuse, les arroser peu, même en été, et avoir soin de les préserver pendant l'hiver de l'humidité, qui leur est très nuisible.

(DESFONTAINES.)

Z.

ZANTHORHIZA A FEUILLES DE PER-
SIL, *Z. aprifolia*, l'Herit. (*Horticult.*)
Arbuste de 1, 2 et 3 pieds; il est indigène du nord de l'Amérique et appartient à la famille des RENONCULACÉES.
Ses feuilles, deux fois pennées, glabres, incisées et pointues, ressemblent
un peu à celles du persil. Ses fleurs
sont petites, d'une couleur pourpre
foncée, et disposés en panicules éta-
lés et souvent inclinés, qui sortent du
sommet de la tige au dessous des feuilles. Le bois et les racines ont une couleur jaune, et peut-être qu'il serait possible d'en tirer parti pour la teinture. Le
zanthorhiza se perpétue de drageons, de
boutures et de graines.

(DESFONTAINES.)

ZIZANIE. Nom de l'IVRAIE, dans
quelques endroits.

ZOOLOGIE. Science qui a pour objet
les animaux. (Du grec *zôon*, animal.)

FIN DU DIX-SEPTIÈME VOLUME BIS ET DERNIER,

EXPLICATION DES PLANCHES

CONTENUES DANS LE DIX-SEPTIÈME VOLUME *bis*.

PLANCHE CCCXXXV, p. 427.

VENDANGEOIR.

Plan du rez-de-chaussée d'un vendangeoir, d'après M. de Perthuis.
1. Logement du concierge ou de l'économe.
2. Remise.
3. Garde-manger.
4. Cuisine.
5. Salle à manger.
6. Salon.
7. Vestibule.
8. Escalier. Descente de cave.
9. Vinée.
10. 11 et 12. Cuves de bois.
13. Galerie des cuves de bois.
14 et 15. Cuves de pierre.
16. Galerie des cuves de pierre.
17. Pressoir.
18. Écurie.
19. Trou à fumier.
20. Cellier.
21. Jardin.
22 et 23. Puits.

PLANCHE CCCXXXVI, p. 428.

VENDANGEOIR.

Fig. 1. Plan des caves du vendangeoir, dont la planche précédente montre le rez-de-chaussée.
Fig. 2. Coupe générale du vendangeoir (bâtiments et caves).

PLANCHE CCCXXXVII, p. 432.

ÉDUCATION DES VERS A SOIE.

Fig. 1. Papillon mâle du ver à soie commun.
Fig. 2. Papillon femelle.

Fig. 3. Chenille, ou *ver à soie* proprement dit.

Fig. 4 et 5. Tarare ou ventilateur de M. d'Arcet, pour sa *magnanerie salubre.* La *fig.* 4 présente une coupe de la machine par l'axe, suivant la ligne 1—2 de la *fig.* 5; la *fig.* 5 est une coupe suivant 3—4 de la *fig.* 4.

LÉGENDE POUR LES FIGURES 4 ET 5.

20. Extrémité de l'un des conduits en bois (*V.* la légende, pl. CCCXXXIX) destinés à diriger l'air pris au haut de la magnanerie, vers le tarare et la cheminée.

22. Tarare, ou ventilateur mécanique.

24. Conduit par lequel l'air vicié trouve une issue dans la grande cheminée.

28. Caisse en bois, où viennent aboutir les quatre conduits 20.

29. Enveloppe du tarare, communiquant d'un côté avec la caisse 28, et de l'autre avec la cheminée.

Fig. 6. Poêle pour l'atelier des vers à soie.

Fig. 7. Le fond ou la base de ce poêle.

Fig. 8. Grattoir pour détacher les œufs des linges mouillés.

Fig. 9. Boîte à faire éclore les œufs.

Fig. 10. Emporte-pièce.

Fig. 11. Petit crochet de fer.

Fig. 12. Caisse de transport.

Fig. 13. Double tranchant pour couper les feuilles.

Fig. 14. Boîte pour conserver les papillons.

PLANCHE CCCXXXVIII, p. 441.

MAGNANERIES.

Fig. 1. Plan d'un grand atelier de vers à soie, d'après **M.** le comte Dandolo.

Fig. 2. Plan d'un atelier moyen, d'après le même.

Fig. 3. Plan d'un petit atelier, d'après le même.

Fig. 4. Plan d'un atelier de grandeur moyenne, d'après les plans de **M. Bonafous.**

Fig. 5. Elévation du bâtiment précédent vu du côté du nord.

Fig. 6. Face du bâtiment, du côté du levant.

Fig. 7. Coupe du bâtiment, du levant au couchant.

Fig. 8. Coupe du midi au nord.

LÉGENDE DES FIGURES 4 à 8.

Les mêmes n°ˢ répondent aux mêmes objets dans les cinq figures.

2. Abris pour les ouvriers, à l'entrée du bâtiment. — 3. Soupiraux. Ceux qui sont rez-terre sont grillés. — 4. Vestibule pour le service de l'atelier,

servant aussi d'étuve pour faire éclore la graine des vers à soie et les élever pendant les premiers âges. — 5. (*fig.* 7 et 8) Montants fixés dans le sol et contre les chevrons du plancher, ayant dix mortaises. — 6. (*fig.* 7) Traverse ayant une entaille au milieu de l'épaisseur des montants. — 7. (*fig.* 7) Coins qui font emboîter les traverses dans les montants. — 8. Les claies. — 9. (*fig.* 7 et 8.) Galerie de bois faisant le tour contre les murs, et formant un pont pour le service de l'étage supérieur. — 10. Poêles. — 11. (*fig.* 8.) Escalier pour monter à l'étage supérieur. — 12. La cheminée. — 13. (*fig.* 6.) Une fenêtre de la pièce antérieure servant d'abri. — 16. Fenêtre du vestibule.

PLANCHE CCCXXXIX, p. 443.

GRANDE MAGNANERIE CONSTRUITE A VILLEMOMBLE, PRÈS PARIS, D'APRÈS LES PLANS DE M. D'ARCET.

Fig. 1. Plan du rez-de-chaussée.
Fig. 2. Plan du premier étage.

LÉGENDE.

Fig. 1. M. Pièce en partie divisée dans sa longueur par des piliers 1, 1, 1, qui supportent le plancher du premier étage.—2. Cloison qui isole de la grande pièce l'espace 3, qui sert de chambre à air chaud ou à air froid, et d'où part la ventilation de la magnanerie. — 4. Calorifère dont le tuyau (5) se rend dans la cheminée générale (6). — 14. Gaines en bois fixées horizontalement sous le plancher. Ces tuyaux prennent l'air, amené au degré convenable de température et d'humidité dans la chambre à air (3), et le conduisent dans la magnanerie.

Fig. 2. C'est dans cette pièce du premier étage que se placent les vers à soie pendant toute leur éducation. — On voit en 7 les points de départ des quatre conduits en bois 14, par lesquels l'air chauffé ou refroidi convenablement passe de la chambre à air 3 (*fig.* 1), dans la magnanerie. Les places indiquées par 8 représentent les claies sur lesquelles on élève les vers à soie. On voit en 9 la cloison qui sépare la grande pièce en deux ateliers tout semblables.

Nous n'entrerons pas ici dans de plus grands détails, parce qu'il sera plus facile de bien comprendre ce plan quand on aura étudié la description des coupes verticales du bâtiment. (*Voy.* la légende de la pl. suivante).

PLANCHE CCCXL, p. 444.

DÉTAILS DE LA MAGNANERIE DE M. D'ARCET.

Fig. 1. Vue de face de la cloison 2 (*fig.* 1 de la planche précédente) formant la chambre à air (3) au rez-de-chaussée de la magnanerie. C'est une coupe verticale de la partie inférieure du bâtiment, selon la ligne GH du plan.

Fig. 2. Coupe verticale de la chambre à air (3), selon la ligne EF de la *fig.* 1 de la planche précédente. Cette coupe, où la cloison 2 ne paraît pas, indique les dispositions intérieures de la chambre à air (3).

Fig. 3. Coupe transversale de tout le bâtiment, selon la ligne IJ des *fig.* 1 et 2 de la planche précédente.

Fig. 4. Vue de face de tout le bâtiment. La partie à droite est représentée ouverte et coupée, selon la ligne KL de la *fig.* 1 de la planche précédente.

Fig. 5. Élévation de l'un des deux petits côtés du bâtiment.

LÉGENDE.

Les mêmes n^{os} répondent aux mêmes objets dans toutes les figures.

2. Cloison séparant entièrement la capacité 3 de l'atelier M, dans toute la largeur du bâtiment.

3. Chambre à air.

4. Massif du calorifère.

5. Tuyau du calorifère. Il est doublement coudé à droite ou à gauche pour échauffer facilement le courant ventilateur qui traverse la chambre à air 3. Ce tuyau s'élève, en sortant de cette chambre, à quelques mètres de hauteur, dans la cheminée générale, où il va établir l'appel qui occasionne la ventilation forcée de tout le système. Le tuyau est garni d'une clef à sa partie supérieure, près du plancher 16.

8. Claies ou filets sur lesquels on place les vers à soie.

10. Portes du foyer et du cendrier du calorifère.

11. Porte par laquelle on peut entrer dans la chambre à air 3, pour nettoyer, chaque année, les tuyaux du calorifère. Cette porte sert aussi à poser sur le calorifère une caisse en cuivre ou en zinc, remplie, selon le besoin, d'eau ou de glace.

12. Ouvertures garnies de portes à coulisse en bois, par lesquelles on laisse entrer dans la capacité 3 la quantité d'air nécessaire pour ventiler convenablement la magnanerie. La cloison 2 est garnie de huit de ces chatières.

13. Portes par lesquelles on introduit dans la chambre à air 3 des caisses 18 remplies d'eau, dans le but d'obvier convenablement à la trop grande sécheresse du courant ventilateur, ou bien garnies de glace, pour refroidir cet air au degré convenable, soit lorsque la température extérieure se trouve trop élevée, soit lorsque, par défaut de soin, le chauffeur a fait trop grand feu dans l'appareil calorifère. Il y a quatre autres portes plus petites, à droite et à gauche de celle-ci, pour le service des huit petites caisses pareilles 18, placées sur les tables 17.

14. Gaines en bois fixées horizontalement sous le plancher du premier étage : ces tuyaux prennent l'air, amené au degré convenable de température et d'humidité dans la chambre à air 3, et le conduisent dans la magnanerie.

Il existe quatre de ces gaines ou conduits; on les voit ponctués et en plan aux fig. 1 et 2 de la précédente planche, et ces figures indiquent bien la disposition des trous inégaux 15, par lesquels le courant ventilateur doit passer de ces conduits au dessous des claies 8 et dans l'intérieur de la magnanerie.

15. Coupe des trous inégaux par lesquels l'air entre dans la magnanerie en sortant des conduits horizontaux 14. La somme des ouvertures de ces trous inégaux doit être, pour chaque conduit 14, à la section transversale de ce conduit, dans le rapport de 5 à 4. Dans la magnanerie de Villemomble, chacun des quatre conduits 14 a une section de 0 mètr. car., 165 : la somme des trous inégaux 15 de chaque conduit 14 doit donc équivaloir à 0 m. c., 206. Chaque conduit 14 a soixante ouvertures inégales 15. La première, du côté de l'entrée de l'air, n'a que 14 millimètres de diamètre; les cinquante-neuf autres croissent en progression arithmétique, de ma-

nière à ce que la somme de ces soixante trous équivale à 0 m. c., 206. On pourra établir la dimension de chacun de ces trous, soit par le calcul, soit par tâtonnement : un menuisier, pour peu qu'il soit intelligent, saura bien exécuter ce travail.

16. Plancher qui sépare le rez-de-chaussée du premier étage 0, où se placent les vers à soie pendant leur éducation.

17. Tables sur lesquelles se posent, à droite et à gauche du calorifère, les caisses en cuivre ou en zinc 18, remplies, selon le besoin, d'eau chaude ou de glace : ces tables occupent la moitié de la largeur de la chambre à air 3.

18. Caisses en cuivre ou en zinc, que l'on remplit d'eau chaude ou de glace, selon que l'on a besoin de charger d'humidité le courant ventilateur, ou de diminuer la température de cet air.

19. Coupes des trous inégaux des conduits supérieurs : ici tout est pareil à ce qui a été décrit plus haut au n° 15, en parlant des conduits 14 et de leurs trous inégaux ; seulement les trous inégaux y servent en sens inverse : ils prennent l'air dans le haut de la magnanerie, le conduisent dans les tuyaux en bois 20, et de là dans la cheminée générale 21 par l'ouverture 23, ou dans le tarare 22, qui lui-même le refoule dans la grande cheminée.

20. Coupes des quatre conduits en bois destinés à diriger l'air pris au haut de la magnanerie, vers le tarare 22 et la grande cheminée 21. Ces quatre conduits en bois sont absolument construits comme les quatre qui, placés sous le plancher de l'atelier, amènent, par le bas, le courant ventilateur qui part de la chambre à air 3[1]. On voit en plan, aux *fig.* 1 et 2 de la planche précédente, de quelle manière ces conduits sont posés, soit sous le sol, soit sur le plafond de la magnanerie. La *fig.* 3 présente la coupe transversale des quatre conduits; dans la *fig.* 4 on voit la coupe longitudinale de l'un d'eux.

Les quatre conduits 20 viennent se réunir près du tarare 22 en un seul coffre, où ce tarare peut prendre l'air, et, d'un autre côté, communique directement en 23 avec la grande cheminée 21 : une tirette placée entre le tarare et la cheminée sert à envoyer à volonté l'air de la magnanerie soit au tarare, soit directement dans la grande cheminée. Lorsque cette tirette est fermée et que l'on fait tourner le tarare, l'air de la magnanerie est alors poussé dans la grande cheminée par l'ouverture 24, qui communique de la caisse du tarare à cette cheminée.

21. Grande cheminée de ventilation : cette cheminée, qui est ici construite avec luxe et dans le but d'orner le bâtiment, aurait pu être construite en pigeonnage et comme le sont les cheminées ordinaires de nos maisons : sa section horizontale aurait pu n'avoir qu'une surface triple de celle que présente la somme des sections verticales des quatre conduits 20.

22. Tarare ou ventilateur mécanique : on ne doit s'en servir que dans le cas où il ne faudrait pas échauffer le courant d'air dans la chambre 3 et où l'on ne voudrait pas se servir du fourneau d'appel spécial, construit en 25 au pied de la cheminée générale. On peut faire fonctionner ce tarare, soit d'en haut, directement, soit d'en bas, au moyen d'une corde sans fin et de deux poulies. (*Voy.* les plans particuliers de ce tarare, pl. CCCXXXVII, *fig.* 4 et 5, et la légende de cette planche.)

23. Communication directe du coffre où viennent se réunir les quatre conduits 20, avec la grande cheminée : la section verticale de ce passage doit

---

[1] Ces gaînes ou conduits en bois peuvent être construits économiquement : dans ce cas, il faudrait seulement avoir soin d'en couvrir les défauts de jonction et les fissures avec de la toile ou du papier gris trempé dans une dissolution de colle-forte.

avoir, ainsi que la section du coffre en bois qui y aboutit, cinq fois la surface de la section transversale d'un des conduits 20.

24. Conduit par lequel l'air vicié dans la magnanerie passe du tarare dans la grande cheminée. Ce conduit doit avoir la même section que celle donnée au passage 23.

25. Fourneau d'appel spécial, construit en dehors du bâtiment et au pied de la grande cheminée: son tuyau vient se joindre à celui du calorifère, comme on le voit en 5. Ce fourneau d'appel et le tarare sont établis dans le même but, qui est de toujours pouvoir opérer la ventilation de la magnanerie lorsque l'air extérieur se trouve à la température voulue, et dans le cas où, cet air se trouvant plus chaud qu'il ne faudrait, il deviendrait nécessaire de le refroidir convenablement, au moyen de la glace, avant de l'introduire dans la pièce où sont les vers à soie.

26. Planchers qui divisent la magnanerie, dans sa hauteur, en trois étages: ces planchers servent à tourner autour des huit piles de claies, pour en pouvoir faire commodément le service.

27. Petits escaliers servant à monter aux différents étages sur les planchers 26.

28. (fig. 3.) Vue de face de la caisse en bois où viennent se réunir les quatre conduits 20.

29. (Même figure.) Enveloppe du tarare, communiquant d'un côté avec la caisse 28, et de l'autre avec l'intérieur de la grande cheminée de ventilation.

PLANCHE CCCXLI, p. 446.

ÉDUCATION DES VERS A SOIE.

Fig. **1.** Claies pour déposer les vers à soie dans la magnanière.
Fig. **2.** Une de ces claies vue isolément.
Fig. **3.** Coupe-feuille mécanique.
Fig. **4.** Châssis pour placer les papillons.
Fig. **5.** Chevalet pour étendre les linges sur lesquels on doit recueillir la graine.
Fig. **6.** Châssis en cordes pour placer les œufs.
Fig. **7.** Panier pour le service des ateliers.
Fig. **8.** Haies artificielles formées dans les claies, pour les vers à soie.

PLANCHE CCCXLII, p. 522.

CULTURE DE LA VIGNE.

Fig. **1.** Vigne courante, ou sur souche.
Fig. **2.** Vignes en sautelles ou ployons.
Fig. **3.** Vigne rampante, soutenue sur des fourchettes de bois.
Fig. **4.** Disposition des sarments de quatre vignes voisines, soutenues sans échalas, en pyramide isolée au moyen d'une ligature au sommet.
Fig. **5.** Disposition analogue pour une ligne de plants réunis en pyramides continues.
Fig. **6.** Vigne palissée en cordon simple.
Fig. **7.** Vigne en cordon double.

PLANCHE CCCXLIII, p. 648.

HAQUET ET TOMBEREAUX.

Fig. 1 et 2. Profil et plan du haquet ordinaire.

> Le haquet est composé d'un brancard mobile, au dessus duquel est placé un moulinet *a*, qui sert à serrer la corde qui retient les tonneaux. Les deux poulins ou pièces longitudinales qui forment le corps du haquet, sont taillés à plan incliné sur la surface supérieure, ainsi qu'on le voit en *b* (*fig.* 2). Le brancard est attaché au corps du haquet au moyen d'un boulon de fer avec ses écrous, de manière que le haquet fait la bascule, et se baisse sur le derrière pour faciliter le chargement.

Fig. 3. Traîneau suédois à bascule.
Fig. 4. Tombereau ordinaire à bascule.
Fig. 5. Le même, vu par derrière.
Fig. 6. Tombereau à bras du canton de Glaris, en Suisse.
Fig. 7. Tombereau-Perronet.

PLANCHE CCCXLIV, p. 651.

CHARIOT A UN CHEVAL, DE ROVILLE.

Fig. 1. Charpente inférieure du chariot, vue en plan.
Fig. 2. Le chariot vu de côté, garni de l'échelage que l'on emploie pour le transport des gerbes et du foin.
Fig. 3. Section du chariot avec son échelage, suivant un plan vertical passant par le milieu de l'essieu de devant.
Fig. 4. Limonière vue en dessous.

LÉGENDE.

Les mêmes lettres se rapportent aux mêmes objets dans toutes les figures.

> *a.* Logne servant à lier l'avant-train au derrière du chariot au moyen de la broche ouvrière *l*.
> *b b'* Armonts de l'essieu de derrière, servant à le rapprocher ou à l'éloigner de devant, quand on veut raccourcir ou allonger le chariot, en les faisant glisser le long de la logne *a*.
> *a' b'* Branches de la limonière.
> *d.* Porte-fond.
> *e.* Essieu de derrière.
> *f. f'.* Roues de derrière.
> *g., g'.* Roues de devant.
> *h.* Essieu de devant fixé à la logne *a*. au moyen de la broche ouvrière *l* et mobile dans la direction circulaire autour de cette broche, comme axe. Cet essieu, qui est de fer, est surmonté d'une encastrure en bois *z* (*Fig.* 2).
> *i, i, i', i',* Armonts d'avant-train invariablement attachés sur l'essieu, servant à communiquer à ce dernier le mouvement circulaire au moyen de la limonière, en lui faisant prendre une direction oblique par rapport à la logne *a* lorsque le chariot tourne à droite ou à gauche.

j. j' Sourie ou traverse, maintenant les extrémités des armonts *i i i' i'*. et glissant en frottant sur la logue *a* afin de soutenir le devant des armonts à une hauteur constante.

k. (*Fig.* 1 et 4.) Boulon liant la limonière aux armonts.

m. Traverse servant à consolider l'extrémité antérieure des armonts.

n. Traverse servant à lier les deux branches, et au moyen de laquelle la limonière se trouve supportée sur les armonts.

q. (*fig.* 2) Galets en fonte sur lesquels se place une chaîne telle qu'elle est représentée *fig.* 4; aux deux bouts de cette chaîne, les crochets *z'*, *z'*, servent à attacher les traits du cheval.

r. Lissoir.

s. Chémé, morceau de bois dans lequel sont emmanchés les bras de devant, et pouvant décrire sur l'essieu un mouvement circulaire autour de la broche ouvrière *l*, comme on le voit *fig.* 3.

t. Bras de devant.

u. Bras de derrière.

v. Échelle.

x. Petite échelle placée en avant du chariot, entre les échelons de laquelle se glisse le bout d'une perche destinée à serrer le chargement, au moyen d'une corde que l'on fixe à l'autre extrémité de la perche, et qui s'enroule sur un treuil placé au bas des échelles, à l'extrémité postérieure du chariot.

y. (*fig.* 3) Planche servant à former le fond du chariot.

PLANCHE CCCXLV, p. 652.

VOITURES RURALES.

Fig. 1. Charrette ordinaire. Un des côtés, la roue enlevée.

Fig. 2. La même charrette vue par derrière.

Fig. 3. Guimbarde ou charrette à foin.

Fig. 4. Charrette suédoise à roues couvertes.

Fig. 5. Charrette anglaise en gondole.

Fig. 6. Charrette belge garnie en dessous d'un grand panier en éclisses.

PLANCHE CCCXLVI, p. 654.

CHARRETTES.

Fig. 1. Vue en plan, par dessus, d'une charrette surmontée d'un large cadre en bois débordant de chaque côté les roues qu'il surmonte.

Fig. 2. Profil de la charrette surmontée de son cadre, avec l'ajustement d'une corde sur poulie destinée à régler et égaliser le tirage des chevaux.

Fig. 3. La même charrette vue par derrière.

Fig. 4. Charrette des environs de Rome.

www.ingramcontent.com/pod-product-compliance
Lightning Source LLC
Chambersburg PA
CBHW070255200326
41518CB00010B/1792